GRUNDZÜGE DER DIFFERENTIAL- UND INTEGRALRECHNUNG

VON

DR. GERHARD KOWALEWSKI

O. Ö. PROFESSOR DER MATHEMATIK AN DER
TECHNISCHEN HOCHSCHULE ZU DRESDEN

VIERTE, VERBESSERTE AUFLAGE

VERMEHRT DURCH EINEN ANHANG ÜBER FREDHOLMSCHE
DETERMINANTEN UND INTEGRALGLEICHUNGEN

MIT 31 FIGUREN IM TEXT

1928

Springer Fachmedien Wiesbaden GmbH

ISBN 978-3-663-15373-3   ISBN 978-3-663-15944-5 (eBook)
DOI 10.1007/978-3-663-15944-5
Softcover reprint of the hardcover 4th edition 1928

DEM ANDENKEN

ERNESTO CESÀROS

GEWIDMET

Vorwort zur ersten und zweiten Auflage.

Ich anerkenne kein anderes Interesse der Menschheit
als das Interesse der Wahrheit
(Salomon Maimon)

In der Sammlung „Aus Natur und Geisteswelt" habe ich eine „Einführung in die Infinitesimalrechnung" erscheinen lassen, mit der das vorliegende Buch viele Berührungspunkte hat. Nur wird hier vieles gründlicher und ausführlicher behandelt, so vor allem die Theorie der Irrationalzahlen.

Bei der Definition der Irrationalzahlen habe ich mich an Dedekind angeschlossen. Die Rechnungsarten sind dann aber in einer Weise eingeführt, die wieder an Cantor erinnert. Ich bin zu dieser Darstellung durch die Arbeiten Baires angeregt worden.

Der Begriff „Grenzwert" läßt sich, wie ich schon in meiner kleinen Schrift gezeigt habe, sehr einfach beschreiben, wenn man sich des Ausdrucks „fast alle" bedient. Haben die Glieder einer unendlichen Menge mit einer endlichen Anzahl von Ausnahmen eine gewisse Eigenschaft, so sage ich, daß fast alle Glieder der Menge diese Eigenschaft besitzen. Die Formel $\lim x_n = x$ bedeutet dann, daß in jeder Umgebung von x fast alle x_n liegen.

Der Kenner wird auch an andern Stellen des Buches neue Formulierungen und Vereinfachungen bemerken, die hoffentlich das Studium der Infinitesimalrechnung erleichtern.

Ich habe mich bemüht, überall möglichst streng zu sein. Nur bei der geometrischen Interpretation der Zahlen mittelst der Zahlenlinie fürchtete ich den Leser abzuschrecken, wenn ich auf eine Erörterung der zugrunde liegenden Axiome eingegangen wäre. Durch

a*

die Arbeiten Hölders sind die einschlägigen Fragen mit abschließender Gründlichkeit erledigt.

Hervorgehoben sei noch, daß ich mich aus Rücksicht auf den Umfang des Buches auf das reelle Gebiet beschränkt habe.

Bei der 2. Auflage wurde das ganze Werk einer gründlichen Durchmusterung unterzogen. Größere Änderungen sind nicht erfolgt, da keine der durchweg anerkennenden Beurteilungen dazu Veranlassung bot.

Möge sich das aus langjähriger Lehrerfahrung erwachsene Werk weiterhin der Gunst unserer studierenden Jugend erfreuen!

Bonn, im September 1908.
Prag, im Februar 1919.

G. Kowalewski.

Vorwort zur vierten Auflage.

Das Buch ist einer erneuten Durchsicht unterzogen und durch einen Anhang über Fredholmsche Determinanten und Integralgleichungen vermehrt worden.

Dresden-Weißer Hirsch, im Oktober 1927.

Gerhard Kowalewski.

Inhaltsübersicht.

Erster Anhang.

Zweiter Anhang.

Einleitung.

Die Probleme, die zur Erfindung der Infinitesimalrechnung den Anstoß gaben, waren das **Tangentenproblem**, das Problem der **Maxima und Minima** und das der Berechnung von **Linien, Flächen und Körpern**.

Schon die alten griechischen Geometer haben sich in speziellen Fällen mit diesen Problemen beschäftigt. Vor allen ist **Archimedes** (287—212) zu nennen, der zur Berechnung von Flächen und Körpern, sowie zur Bestimmung von Schwerpunkten eine Art Integralrechnung benutzte. Berühmt ist seine Quadratur eines Parabelsegments, ebenso seine Kreis- und Kugelberechnung.

Aber erst nach Begründung der analytischen Geometrie durch **Vieta** (1540—1603) und **Descartes** (1596—1650) konnten die genannten Probleme in voller Allgemeinheit behandelt werden.

Sie fanden ihre Erledigung in **Newtons** Fluxionsrechnung und **Leibnizens** Differential- und Integralrechnung. Beide Rechnungsarten unterscheiden sich nur in den Bezeichnungen. Die von **Leibniz** (1646—1716) eingeführte Symbolik ist aber so zweckmäßig, daß sie die **Newtons** gänzlich verdrängt hat.

Newton (1642—1727) hielt seine Fluxionsrechnung sehr lange zurück, weil er wahrscheinlich einen exakten Aufbau dieser Disziplin vermißte. In seinem berühmten Werk „Philosophiae naturalis principia mathematica" (1686—1687) leitet er alles nach den strengen Methoden der Griechen ab und macht von der Fluxionsrechnung überhaupt keinen Gebrauch.

Leibniz veröffentlichte schon 1684 in den „Acta eruditorum" eine kurze Note über seine Differentialrechnung, und unbekümmert um die mangelhaften Grundlagen der neuen Rechnungsart machten er und seine Schüler (vor allem die **Bernouillis**) den ausgiebigsten Gebrauch von ihr.

Das war für den Fortschritt der Wissenschaft ein Segen. Das große Gebiet, das durch die Infinitesimalmethode erschlossen war, mußte zunächst nach den verschiedensten Richtungen durchforscht werden. Erst dann konnte (in der zweiten Hälfte des 19. Jahrhunderts) eine kritische Periode kommen, wo man dem neuen Kalkül eine solide Grundlage zu geben versuchte.

Es stellte sich heraus, daß vor allem eine exakte Fassung des Zahlbegriffs nötig war. Dedekind, Weierstraß und G. Cantor zeigten Wege zu einer strengen Einführung der Irrationalzahlen. Und jetzt ist man imstande, die Infinitesimalrechnung in völlig einwandsfreier Weise aufzubauen. Auch ihre Anwendung auf die Geometrie ist einer kritischen Prüfung unterzogen worden, und die diesbezüglichen Probleme können als erledigt gelten.

Wir werden im folgenden die Grundzüge der Differential- und Integralrechnung in strenger Weise entwickeln und demgemäß mit Betrachtungen über irrationale Zahlen beginnen.

Kapitel 1.

Einführung der Irrationalzahlen.

§ 1. Rationale Zahlen. Die ganzen Zahlen 0, 1, — 1, 2, — 2, ... sowie die positiven und die negativen Brüche nennt man rationale Zahlen oder Rationalzahlen.[1]) Sie reichen aus, um jede Gleichung von der Form

$$ax + b = 0$$

aufzulösen, wo a und b ganze Zahlen sind und a von Null verschieden ist.

Beschränkte man aber den Zahlbegriff auf die rationalen Zahlen, so wäre z. B. schon die Gleichung

$$x^2 - 2 = 0$$

nicht mehr lösbar.

Um dies zu beweisen, bemerke man, daß jede gerade ganze Zahl ein gerades Quadrat liefert, jede ungerade ganze Zahl dagegen ein ungerades Quadrat. Sind nun m und n zwei teilerfremde ganze Zahlen, so würde aus

$$\left(\frac{m}{n}\right)^2 = 2 \quad \text{oder} \quad m^2 = 2n^2$$

folgen, daß m gerade ist, also

$$m = 2m' \quad (m' \text{ eine ganze Zahl}).$$

Dann hätte man aber

$$4m'^2 = 2n^2, \quad \text{d. h.} \quad 2m'^2 = n^2,$$

und n müßte ebenfalls gerade sein, also

$$n = 2n' \quad (n' \text{ eine ganze Zahl}).$$

m und n wären also nicht teilerfremd, gegen die Voraussetzung.

---

1) Wir nehmen an, daß der Leser mit diesen Zahlen zu rechnen weiß, wie es auf der Schule gelehrt wird.

1*

Es gibt keine Rationalzahl, deren Quadrat gleich 2 ist.

Um solche Vorkommnisse wie die Unauflösbarkeit der Gleichung $x^2 - 2 = 0$ auszuschalten, hat man eine Erweiterung des Zahlbegriffs vorgenommen, die wir jetzt darlegen wollen.

§ 2. Schnitte im Gebiet der Rationalzahlen. Unter einem Schnitt im Gebiete der Rationalzahlen verstehen wir mit Dedekind[1]) eine Einteilung dieser Zahlen in eine untere und eine obere Klasse derart, daß jede Zahl der unteren Klasse kleiner ist als jede Zahl der oberen Klasse.

Wir erhalten z. B. einen Schnitt, wenn wir von einer beliebigen Rationalzahl a ausgehen und in die eine Klasse alle Rationalzahlen werfen, die kleiner oder gleich a sind, in die andre Klasse alle Rationalzahlen, die größer als a sind.

Ebenso erhalten wir einen Schnitt, wenn wir in die eine Klasse alle Rationalzahlen werfen, die kleiner als a sind, in die andre Klasse alle Rationalzahlen, die größer oder gleich a sind.

Diese beiden Schnitte haben das Eigentümliche, daß im ersten Fall in der unteren Klasse eine größte, im zweiten Fall in der oberen Klasse eine kleinste Zahl vorhanden ist (nämlich a).

Liegt ein Schnitt vor, der in der unteren Klasse eine größte Zahl a aufweist, so muß jede Rationalzahl, die größer als a ist, der oberen Klasse angehören, weil keine Zahl der unteren Klasse größer als a ist. Andererseits ist jede Zahl der oberen Klasse größer als jede Zahl der unteren Klasse, also auch größer als a. Die obere Klasse besteht somit aus allen Rationalzahlen, die größer als a sind, die untere folglich aus allen Rationalzahlen, die kleiner oder gleich a sind. Ähnlich ist es, wenn in der oberen Klasse eine kleinste Zahl a existiert. Die untere Klasse des Schnittes besteht dann aus allen Rationalzahlen, die kleiner als a sind, die obere aus allen, die größer oder gleich a sind.

Es gibt noch eine dritte Art von Schnitten, bei denen weder in der unteren Klasse eine größte noch in der oberen Klasse eine kleinste Zahl vorhanden ist.

---

1) „Stetigkeit und irrationale Zahlen“, Braunschweig, 1872.

Werfen wir z. B. in die obere Klasse alle positiven Rational-zahlen, deren Quadrat größer als 2 ist, und in die untere Klasse alle übrigen Rationalzahlen, so ist, wie man sich leicht überzeugt, ein Schnitt hergestellt. Bei diesem Schnitt gibt es aber weder in der unteren Klasse eine größte noch in der oberen Klasse eine kleinste Zahl.

Ist nämlich r eine positive Rationalzahl, die (wie 1) der unteren Klasse angehört, so hat man, weil weder $r^2 > 2$ noch $r^2 = 2$ sein kann (vgl. § 1), $r^2 < 2$. Nun wähle man die positive Rational-zahl h so, daß

$$h < 1 \quad \text{und} \quad h < \frac{2 - r^2}{2r + 1}$$

ist. Dann wird $(r + h)^2 = r^2 + 2rh + h^2 < r^2 + (2r + 1)h < 2$. In der unteren Klasse gibt es also keine größte Zahl.

Ist r eine Zahl der oberen Klasse, also $r > 0$ und $r^2 > 2$, so läßt sich die positive Rationalzahl h so wählen, daß

$$h < \frac{r^2 - 2}{2r}.$$

Dann wird $r - h$ positiv und

$$(r - h)^2 = r^2 - 2rh + h^2 > r^2 - 2rh > 2.$$

In der oberen Klasse gibt es also keine kleinste Zahl.

§ 3. **Irrationale Zahlen.** Wir haben drei verschiedene Arten von Schnitten kennen gelernt, die durch folgende Aussagen charak-terisiert sind:

1. In der unteren Klasse gibt es eine größte Zahl a.

2. In der oberen Klasse gibt es eine kleinste Zahl a.

3. Es gibt weder in der unteren Klasse eine größte noch in der oberen Klasse eine kleinste Zahl.

Im Falle 1 und 2 wollen wir nun sagen, daß durch den Schnitt die Rationalzahl a, im Falle 3 aber, daß durch ihn eine Irrational-zahl bestimmt oder definiert wird.

Darin liegt die Erweiterung des Zahlbegriffs, die oben ange-kündigt wurde.

§ 4. **Vergleichung einer Irrationalzahl und einer Rationalzahl.** Wenn ϱ eine Irrationalzahl und r eine Rational-zahl ist, so sind zwei Fälle möglich. Entweder gehört r zur unteren

Klasse des Schnittes, durch den ϱ definiert wird, oder r gehört zur oberen Klasse dieses Schnittes.

Im ersten Falle wollen wir sagen, daß r kleiner als ϱ, oder, daß ϱ größer als r ist, und schreiben

$$r < \varrho \quad \text{oder} \quad \varrho > r.$$

Im zweiten Falle wollen wir sagen, daß r größer als ϱ, oder, daß ϱ kleiner als r ist, und schreiben

$$r > \varrho \quad \text{oder} \quad \varrho < r.$$

Eine Irrationalzahl ist dieser Festsetzung zufolge größer als jede Rationalzahl der unteren Klasse und kleiner als jede Rationalzahl der oberen Klasse.

Wenn also a eine Zahl der unteren und b eine Zahl der oberen Klasse eines Schnittes ist, durch den die Zahl x bestimmt wird, so hat man, x mag rational oder irrational sein, jedenfalls

$$a \leq x \leq b,$$

d. h. keine Zahl der unteren Klasse ist größer und keine Zahl der oberen Klasse kleiner als die durch den Schnitt bestimmte Zahl.

§ 5. Ungleichungen zwischen zwei Rationalzahlen und einer Irrationalzahl. Sind r, s rational und ϱ irrational, so folgt aus

$$r < \varrho < s \quad \text{immer} \quad r < s.$$

Denn $r < \varrho$ bedeutet, daß r zur unteren, $\varrho < s$, daß s zur oberen Klasse des Schnittes gehört, durch den ϱ definiert wird. Jede Zahl der unteren Klasse ist aber kleiner als jede Zahl der oberen Klasse.

Ebenso leicht erkennt man, daß aus

$$\varrho < r < s \quad \text{immer} \quad \varrho < s$$

und aus $\qquad r < s < \varrho \quad \text{immer} \quad r < \varrho \quad$ folgt.

§ 6. Vergleichung zweier Irrationalzahlen. ϱ und σ seien zwei verschiedene Irrationalzahlen. Damit meinen wir, daß die Schnitte, durch die die Irrationalzahlen ϱ und σ definiert werden, verschieden sind.[1]) Dann muß es also eine Rationalzahl r geben,

---

1) Sind ϱ und σ durch denselben Schnitt definiert, so schreiben wir $\varrho = \sigma$ und nennen ϱ und σ gleich.

die bei dem einen Schnitt der oberen, bei dem andern Schnitt der unteren Klasse angehört, die mithin (nach § 4) größer ist als die eine, sagen wir ϱ, und kleiner als die andre der beiden Irrationalzahlen, so daß man hat

$$\varrho < r < \sigma.$$

Wir wollen in solchem Falle ϱ die kleinere und σ die größere der beiden Zahlen ϱ, σ nennen und schreiben

$$\varrho < \sigma \quad \text{oder} \quad \sigma > \varrho.$$

Zur Rechtfertigung dieser Definition bedarf es noch der Bemerkung, daß keine Rationalzahl s existieren kann, die den Ungleichungen

$$\sigma < s < \varrho$$

genügt. Aus $r < \sigma < s$ würde aber nach § 5 folgen $r < s$, aus $s < \varrho < r$ dagegen $s < r$, also ein Widerspruch.

§ 7. **Ungleichungen zwischen einer Rationalzahl und zwei Irrationalzahlen.** Sind ϱ, σ irrational und r rational, so folgt nach der Definition in § 6 aus

$$\varrho < r < \sigma \quad \text{immer} \quad \varrho < \sigma.$$

Man bemerke ferner, daß aus

$$r < \varrho < \sigma \quad \text{immer} \quad r < \sigma$$

und aus

$$\varrho < \sigma < r \quad \text{immer} \quad \varrho < r$$

folgt. Denn wegen $\varrho < \sigma$ gibt es eine Rationalzahl s derart, daß $\varrho < s < \sigma$ ist. Wir haben also im ersten Falle

$$r < \varrho < s < \sigma,$$

im zweiten Falle $\qquad \varrho < s < \sigma < r.$

Hieraus ergibt sich aber im ersten Falle $r < s < \sigma$ und $r < \sigma$, im zweiten Falle $\varrho < s < r$ und $\varrho < r$, immer unter Benutzung von § 5.

§ 8. **Ungleichungen zwischen drei Irrationalzahlen.** Sind ϱ, σ, τ irrational, so folgt aus

$$\varrho < \sigma < \tau \quad \text{immer} \quad \varrho < \tau.$$

Man wähle die Rationalzahl r so, daß $\varrho < r < \sigma$ ist. Dann hat man $\qquad \varrho < r < \sigma < \tau.$

Nach § 7 ist also $\varrho < r < \tau$ und nach § 6 $\varrho < \tau$.

§ 9. **Die reellen Zahlen**. Rationalzahlen und Irrationalzahlen nennt man reelle Zahlen oder kurz Zahlen. Wir wollen hier einige Eigenschaften dieser Zahlen zusammenstellen.

1. Sind α und β zwei verschiedene Zahlen, so ist

$$\text{entweder} \quad \alpha < \beta \quad \text{oder} \quad \alpha > \beta,$$

und wenn drei Zahlen α, β, γ zueinander in der Beziehung

$$\alpha < \beta < \gamma$$

stehen, so folgt daraus immer [1])

$$\alpha < \gamma$$

Auf Grund dieser Eigenschaften sagt man, daß die reellen Zahlen eine **geordnete Menge** bilden.

n Zahlen $\alpha_1, \alpha_2, \ldots, \alpha_n$ kann man stets so anordnen, daß keine Zahl größer (kleiner) als die folgende ist. Man nennt sie alsdann **aufsteigend (absteigend)** geordnet.

2. Wenn $\alpha < \gamma$, so läßt sich β (sogar rational) derart wählen, daß $\alpha < \beta < \gamma$ ist.

Auf Grund dieser Eigenschaft nennt man die Menge der reellen Zahlen **dicht**.

Wir sagen von β, daß es **zwischen** α und γ liegt (zwischen α und γ enthalten oder eingeschlossen oder eine Zahl zwischen α und γ ist).

Daß es wirklich zwischen α und γ eine Rationalzahl β gibt, folgt, wenn α und γ beide irrational sind, aus der Definition in § 6. Wenn α rational und γ irrational (α irrational und γ rational) ist, folgt es daraus, daß unter den Rationalzahlen, die **kleiner (größer)** als eine Irrationalzahl sind, keine die **größte (kleinste)** ist. Sind endlich α und γ beide rational, so genügt es z. B. $\beta = \frac{1}{2}(\alpha + \gamma)$ zu setzen.

Durch wiederholte Anwendung der Bemerkung 2 erkennt man, daß es n Rationalzahlen $r_1, r_2, \ldots, r_n$ gibt, die den Ungleichungen

$$\alpha < r_1 < r_2 < \cdots < r_n < \gamma$$

genügen; dabei ist n eine beliebige positive ganze Zahl.

---

1) Sind α, β, γ samtlich rational, so ist das selbstverständlich. Andernfalls ergibt es sich aus den vorigen Paragraphen.

3. Eine reelle Zahl α läßt sich stets zwischen zwei Rationalzahlen r und s einschließen, die eine vorgeschriebene Differenz d haben (d rational und positiv).

Wenn α rational ist, so genügt es

$$r = \alpha - \frac{1}{2}\,d, \quad s = \alpha + \frac{1}{2}\,d$$

zu setzen. Wenn α irrational ist, so sei r_0 eine Rationalzahl der unteren, s_0 eine Rationalzahl der oberen Klasse des zugehörigen Schnittes. Dann lassen sich die ganzen Zahlen p und q so wählen, daß

$$pd < r_0 \quad \text{und} \quad qd > s_0$$

wird. In der arithmetischen Reihe

$$pd, \ (p + 1)d, \ldots, qd$$

ist nun das Anfangsglied kleiner, das Endglied größer als α. Ist das erste Glied in dieser Reihe, das α übertrifft, nd, so setze man

$$r = (n - 1)d \quad \text{und} \quad s = nd$$

4. Wir sind von den rationalen Zahlen dadurch zu neuen Zahlen gelangt, daß wir Schnitte vornahmen. Versucht man dasselbe bei den reellen Zahlen, so ergibt sich keine Erweiterung des Zahlbegriffs. Es gilt nämlich folgender Satz:

Hat man einen Schnitt im Gebiet der reellen Zahlen[1]), so gibt es entweder in der unteren Klasse eine größte oder in der oberen Klasse eine kleinste Zahl.

Jeder Schnitt S im Gebiet der reellen Zahlen enthält, wenn man nur auf die Rationalzahlen achtet, einen Schnitt $\mathfrak{S}$ im Gebiet der Rationalzahlen. Ist α die durch $\mathfrak{S}$ definierte Zahl und $\beta > \alpha$ ($\beta < \alpha$), so läßt sich die Rationalzahl r so wählen, daß man hat

$$\beta > r > \alpha \quad (\beta < r < \alpha).$$

Da r alsdann der oberen (unteren) Klasse von $\mathfrak{S}$, also auch von S angehört, so gehört β zur oberen (unteren) Klasse von S. α ist also entweder die größte Zahl der unteren oder die kleinste Zahl der oberen Klasse von S, je nachdem es sich in der unteren oder oberen Klasse von S befindet.

---

1) D. h. eine Einteilung dieser Zahlen in zwei Klassen derart, daß jede Zahl der einen Klasse kleiner als jede Zahl der andern ist.

Auf Grund der obigen Eigenschaft nennt man die Menge der reellen Zahlen stetig.

§ 10. **Intervalle.** Ist $a < b$, so bezeichnet man den Inbegriff aller Zahlen x, die den Bedingungen

$$a < x < b$$

genügen, als das Intervall (a, b) oder (b, a).

a und b heißen die Grenzen des Intervalls, und zwar a die untere und b die obere Grenze. Die Grenzen gehören nach der obigen Definition nicht mit zu dem Intervall. Wollen wir a oder b oder a und b mit zu dem Intervall rechnen, so schreiben wir $\langle a, b)$ bzw. $(a, b\rangle$ bzw. $\langle a, b\rangle$.

Von den Zahlen, aus denen das Intervall besteht, sagen wir, daß sie dem Intervall angehören, in ihm liegen, in ihm enthalten sind, in das Intervall fallen.

(a, b) heißt eine Umgebung von x, wenn x in (a, b) enthalten ist, wenn also x zwischen a und b liegt.

Kapitel II.

Grenzwerte.

§ 11. **Zahlenfolgen.** Denkt man sich in der natürlichen Zahlenreihe $1, 2, 3 \ldots$ jedes Glied n durch eine reelle Zahl u_n ersetzt, so entsteht eine Zahlenfolge oder kurz eine Folge.

Sind alle Glieder einer Folge Rationalzahlen, so nennen wir die Folge rational.

Es gibt rationale Folgen, in denen alle Rationalzahlen vorkommen. Jede positive Rationalzahl läßt sich, und zwar nur auf eine Weise, in der Form p/q schreiben, wo p und q positive ganze Zahlen und teilerfremd sind. $p + q$ wollen wir die Höhe der betrachteten Rationalzahl nennen. Die Rationalzahlen von der Höhe n ergeben sich, wenn man in der Reihe

$$\frac{1}{n-1}, \frac{2}{n-2}, \ldots, \frac{n-1}{1}$$

diejenigen Brüche streicht, die sich kürzen lassen. Von der Höhe 2 ist nur die 1, von der Höhe 3 sind 1/2 und 2, von der Höhe 4 sind 1/3 und 3 usw. Denkt man sich nacheinander die Zahlen von der Höhe 2, 3, 4, ... aufgeschrieben[1]), so hat man eine Zahlenfolge r_1, $r_2, r_3, \ldots$, in der jede positive Rationalzahl einmal und nur einmal auftritt. Die Folge $0, r_1, -r_1, r_2, -r_2, \cdots$ enthält dann offenbar alle Rationalzahlen und jede nur einmal.[2])

Wenn die Folge $u_1', u_2', u_3', \ldots$ aus $u_1, u_2, u_3, \ldots$ durch Streichung gewisser u_n entsteht, so soll $u_1', u_2', u_3', \ldots$ eine **Teilfolge** von $u_1, u_2, u_3, \ldots$ heißen.

§ 12. **Häufungswerte einer Zahlenfolge.** Man nennt u einen Häufungswert der Folge $u_1, u_2, u_3, \ldots$, wenn in jeder Umgebung von u unendlich viele[3]) Glieder der Folge liegen. Es genügt offenbar, rational begrenzte Umgebungen zu betrachten.

Wenn man in einer Folge eine endliche Anzahl von Gliedern hinzufügt, so ist jeder Häufungswert der neuen Folge auch ein Häufungswert der alten Folge.

Ist $u_1', u_2', u_3', \ldots$ eine Teilfolge von $u_1, u_2, u_3, \ldots$, so ist jeder Häufungswert von $u_1', u_2', u_3', \ldots$ auch ein Häufungswert von $u_1, u_2, u_3, \ldots$

Eine Folge, die aus $u_1, u_2, u_3, \ldots$ durch Umordnung der Glieder entsteht, hat dieselben Häufungswerte wie $u_1, u_2, u_3, \ldots$

Die in § 11 konstruierte Folge aller Rationalzahlen hat die Eigenschaft, daß für sie jede Zahl ein Häufungswert ist. In jedem Intervall (a, b) gibt es nämlich (vgl. § 9, Bemerkung 2) unendlich viele Rationalzahlen, d. h. unendlich viele Glieder unserer Folge.

§ 13. **Beschränkte Zahlenfolgen. Satz von Weierstraß.** Eine Zahlenfolge heißt beschränkt, wenn es ein Intervall (a, b) gibt,

---

1) Die Zahlen von der Höhe n denken wir uns so geordnet, daß die Zähler zunehmen.

2) Daß die Rationalzahlen sich in Form einer Folge schreiben lassen oder, wie man sagt, eine abzählbare Menge bilden, hat Georg Cantor bemerkt.

3) D. h. nicht bloß eine endliche Anzahl.

das alle Glieder der Folge enthält. Man darf offenbar a und b als rational voraussetzen, und, wenn man will, $a = -b$ annehmen.

Liegt eine beschränkte Folge vor, so gibt es immer Rationalzahlen, die von unendlich vielen Gliedern der Folge übertroffen werden, und auch solche Rationalzahlen, die diese Eigenschaft nicht haben. Alle Rationalzahlen der ersten Art wollen wir in die untere, alle Rationalzahlen der zweiten Art in die obere Klasse werfen. Dann ist jede Zahl der unteren Klasse kleiner als jede Zahl der oberen Klasse. Es ist also ein Schnitt hergestellt.

u sei die Zahl, die durch diesen Schnitt bestimmt wird. Ist dann
$$r < u < s' < s \quad (r,\, s,\, s' \text{ rational}),$$
so gehört r zur unteren, s' zur oberen Klasse. r wird also von unendlich vielen Gliedern der Folge übertroffen, s' dagegen nicht. Daraus geht hervor, daß in (r, s) unendlich viele Glieder der Folge liegen.

Jede rational begrenzte Umgebung von u enthält hiernach unendlich viele Glieder unserer Folge. Also ist u ein Häufungswert.

Damit haben wir den Weierstraßschen Satz bewiesen, daß jede beschränkte Zahlenfolge wenigstens einen Häufungswert besitzt.

Der hier gefundene Häufungswert u hat aber noch eine besondere Eigenschaft. Ist $w > u$, so kann w kein Häufungswert unserer Folge sein. Um das zu erkennen, wähle man die Rationalzahlen r und s so, daß
$$u < r < w < s$$
ist. Wäre w ein Häufungswert, so müßten in (r, s) unendlich viele Glieder der Folge liegen. Diese würden alle größer als r sein, während doch r zur oberen Klasse des vorhin konstruierten Schnittes gehört. u ist also der größte oder, wie man auch sagt, der oberste Häufungswert der Folge.

Wirft man alle Rationalzahlen, die größer sind als unendlich viele Glieder einer beschränkten Folge, in die obere Klasse, alle andern Rationalzahlen in die untere Klasse[1]), so gelangt man zu dem kleinsten oder untersten Häufungswert.

---

1) In beiden Klassen gibt es wirklich Zahlen.

§ 14. **Beschränkte Zahlenfolgen mit einem einzigen Häufungswert.** Auf Grund des Weierstraßschen Satzes hat eine beschränkte Zahlenfolge $u_1, u_2, u_3, \ldots$ wenigstens einen Häufungswert.

Wir wollen jetzt den ausgezeichneten Fall betrachten, daß nur ein Häufungswert vorhanden ist. Nennen wir diesen einzigen Häufungswert u, so müssen in jeder Umgebung (r, s) von u unendlich viele Glieder der Folge liegen. Es gilt aber noch mehr. Außerhalb (r, s) kann es nur eine endliche Anzahl von Gliedern unserer Folge geben. Bliebe nämlich nach Unterdrückung aller Glieder u_n, die in (r, s) enthalten sind, noch eine ganze Folge $u_1', u_2', u_3', \ldots$ von Gliedern übrig, so hätte diese nach dem Weierstraßschen Satze einen Häufungswert v, der sicher von u verschieden ist, weil kein u_n' in (r, s) liegt. Nach § 12 müßte aber v auch für $u_1, u_2, u_3, \ldots$ ein Häufungswert sein. Diese Folge hätte also zwei Häufungswerte, gegen die Voraussetzung.

Wenn es in einer Folge nur eine **endliche Anzahl** von Gliedern gibt, die eine gewisse Eigenschaft **nicht** haben, so wollen wir sagen, daß **fast alle** Glieder der Folge jene Eigenschaft besitzen.

„Fast alle" soll also immer heißen: „alle mit einer endlichen Anzahl von Ausnahmen".

Nach Einführung dieser Redeweise können wir unser obiges Resultat so ausdrücken:

Hat eine beschränkte Zahlenfolge nur **einen** Häufungswert, so liegen in **jeder** Umgebung desselben **fast alle** Glieder der Folge.

Steht eine Folge $u_1, u_2, u_3, \ldots$ zu einer Zahl u in der Beziehung, daß in jeder Umgebung[1]) von u fast alle Glieder der Folge liegen, so nennt man die Folge konvergent und u ihren Grenzwert. Man sagt auch, daß die Folge, oder, daß u_n nach u konvergiert (dem Grenzwert u zustrebt, den Grenzwert u hat) und schreibt

$$\lim u_n = u.$$

____

1) Auch hier kann man sich auf rational begrenzte Umgebungen beschränken.

„lim“ ist der Anfang des lateinischen Wortes limes (Grenze). Gelesen wird diese Formel so:

$$\text{limes } u_n \text{ gleich } u.$$

Was wir oben fanden, läßt sich jetzt auch so formulieren:

Jede beschränkte Folge mit einem einzigen Häufungswert ist konvergent, und dieser Häufungswert ist ihr Grenzwert.

Zum Schluß wollen wir noch zeigen, daß umgekehrt jede konvergente Folge beschränkt und ihr Grenzwert der einzige Häufungswert ist.

$\lim u_n = u$ besagt, daß in jeder Umgebung von u fast alle u_n liegen. Ist also $a < u < b$, so gibt es nur eine endliche Anzahl von Gliedern u_n, die nicht zwischen a und b fallen. Wir wollen sie die Ausnahmeglieder nennen. Wählen wir nun ein Intervall (α, β) so, daß die Ausnahmeglieder und auch a und b darin enthalten sind, so liegen alle Glieder der Folge in (α, β). Die Folge ist also beschränkt. u ist offenbar ein Häufungswert von ihr. Wenn v von u verschieden ist, so können wir um u und v Umgebungen konstruieren, die keine Zahl gemein haben. Es genügt in der Tat, je nachdem $u > v$ oder $u < v$ ist, drei Rationalzahlen r, s, t so zu wählen, daß $r > u > s > v > t$ bzw. $r < u < s < v < t$ ist. In (r, s) liegen dann, weil $\lim u_n = u$ ist, fast alle u_n. Also enthält (s, t) nur eine endliche Anzahl solcher Glieder, und daher kann v kein Häufungswert unserer Folge sein. u ist demnach ihr einziger Häufungswert.

Nunmehr wissen wir, daß konvergente Folgen und beschränkte Folgen mit einem einzigen Häufungswert ein und dasselbe sind.

§ 15. Bemerkungen über konvergente Folgen. 1. Wenn eine Folge nach u konvergiert und man fügt eine endliche Anzahl beliebiger Glieder hinzu, so entsteht eine neue Folge, die ebenfalls nach u konvergiert.

2. Jede Teilfolge einer nach u konvergierenden Folge hat ebenfalls den Grenzwert u.

3. Jede Folge, die aus einer nach u konvergierenden Folge durch Umordnung der Glieder entsteht, hat ebenfalls den Grenzwert u.

4. Ist $\quad \lim u_n = u \quad$ und $\quad \lim \bar{u}_n = u,$

so hat auch die Folge

$$u_1,\ \bar{u}_1,\ u_2,\ \bar{u}_2,\ u_3,\ \bar{u}_3 \ldots,$$

deren $(2n-1)$-tes Glied u_n und deren $(2n)$-tes Glied $\bar{u}_n$ lautet, den Grenzwert u.

5. Wenn $\quad \lim u_n = u,\quad \lim v_n = v \quad$ und $\quad u < v$

ist, so sind fast alle u_n kleiner als die entsprechenden v_n.

Wir können nämlich wegen $u < v$ die Rationalzahlen r, s, t so wählen, daß

$$r < u < s < v < t$$

ist. Da fast alle u_n in (r, s) und fast alle v_n in (s, t) liegen, so sind fast alle u_n kleiner als die entsprechenden v_n.

6. Hat man $\quad \lim u_n' = u \quad$ und $\quad \lim u_n'' = u$

und beständig

$$u_n' \leqq u_n \leqq u_n'',$$

so ist auch

$$\lim u_n = u.$$

In jeder Umgebung von u liegen nämlich fast alle u_n' und fast alle u_n'', folglich auch fast alle u_n.

§ 16. **Monotone Folgen.** Eine Folge u_1, u_2, u_3, ... heißt aufsteigend, wenn

$$u_1 \leqq u_2 \leqq u_3 \leqq \ldots,$$

d. h. kein Glied größer als das folgende, und absteigend, wenn

$$u_1 \geqq u_2 \geqq u_3 \geqq \ldots,$$

d. h. kein Glied kleiner als das folgende ist.

Beide Arten von Folgen bezeichnet man als monotone Folgen.

Ist u_1, u_2, u_3, ... aufsteigend und beschränkt, so gibt es nach dem Weierstraßschen Satze einen Häufungswert u. Dieses u wird von keinem Glied der Folge übertroffen. Wäre nämlich $u_\nu > u$, so enthielte, wenn $r < u$ ist, (r, u_ν) nur eine endliche Anzahl von Gliedern u_n, und u könnte kein Häufungswert sein. Hätte unsere Folge zwei Häufungswerte u und v $(> u)$, so gäbe es, wenn $s > v$ ist, in (u, s) kein u_n, während doch v ein Häufungswert sein soll.

Eine beschränkte aufsteigende Folge ist also immer

konvergent und ihr Grenzwert wird von keinem Gliede der Folge übertroffen.

Ebenso leicht überzeugt man sich, daß eine beschränkte absteigende Folge immer konvergent ist und ihr Grenzwert kein Glied der Folge übertrifft

Eine monotone Folge ist also dann und nur dann konvergent, wenn sie beschränkt ist.

§ 17. Häufungswerte als Grenzwerte. Wenn u ein Häufungswert von $u_1, u_2, u_3, \ldots$ ist, so gibt es in $u_1, u_2, u_3, \ldots$ eine Teilfolge $u_1', u_2', u_3', \ldots$, die nach u konvergiert.

Nach § 9 (Bemerkung 3) läßt sich die Rationalzahl r_n so wählen, daß

$$r_n < u < r_n + \frac{1}{n}$$

ist; dabei soll n irgendeine positive ganze Zahl sein.

Wir wollen das Intervall $\left(r_n, r_n + \frac{1}{n}\right)$ kurz mit $\mathfrak{U}_n$ bezeichnen.

In $\mathfrak{U}_n$ liegen dann, weil u ein Häufungswert ist, unendlich viele u_n.
  Jetzt sei

u_1' das erste Glied der Folge, das in $\mathfrak{U}_1$ liegt;

u_2' das erste auf u_1' folgende Glied, das in $\mathfrak{U}_2$ liegt;

u_3' das erste auf u_2' folgende Glied, das in $\mathfrak{U}_3$ liegt, usw.

Offenbar ist $u_1', u_2', u_3', \ldots$ eine Teilfolge von $u_1, u_2, u_3, \ldots$ Wir wollen beweisen, daß

$$\lim u_n' = u \quad \text{ist.}$$

Es sei $\qquad r < u < s \quad (r, s \text{ rational}),$

und man wähle die Rationalzahlen r', s' so, daß

$$r < r' < u < s' < s$$

ist. Wenn dann

$$n > \frac{1}{r' - r} \quad \text{und zugleich} \quad n > \frac{1}{s - s'},$$

so liegt $\mathfrak{U}_n$ in (r, s). Wäre nämlich $r_n \leqq r$, so würde folgen

$$r_n + \frac{1}{n} < r + (r' - r), \quad \text{d. h.} \quad r_n + \frac{1}{n} < r' < u,$$

während doch $r_n + \frac{1}{n} > u$ ist. Wäre ferner $r_n + \frac{1}{n} \geqq s$, so würde folgen:

$$r_n + (s - s') > s, \quad \text{d. h.} \quad r_n > s' > u,$$

während doch $r_n < u$ ist. Wir sehen also, daß

$$r < r_n < r_n + \frac{1}{n} < s$$

ist, d. h. daß $\mathfrak{U}_n$ in (r, s) liegt, sobald nur n größer als $1 : (r' - r)$ und zugleich größer als $1 : (s - s')$ ist.

In jeder rational begrenzten Umgebung von u liegen demnach fast alle $\mathfrak{U}_n$, mithin auch fast alle u_n'. Das bedeutet aber, daß $\lim u_n' = u$ ist.

In § 11 haben wir eine rationale Zahlenfolge kennen gelernt, in der jede Rationalzahl vorkommt. In § 12 bemerkten wir, daß für diese Folge jede Zahl ein Häufungswert ist. Auf Grund des obigen Satzes gibt es daher zu jeder Zahl eine rationale Zahlenfolge, deren Grenzwert sie ist. Das läßt sich auch leicht direkt beweisen.

Kapitel III.

Die rationalen Rechnungsoperationen.

§ 18. Summe zweier Zahlen. Nach § 17 gibt es zu jeder reellen Zahl eine rationale Zahlenfolge, deren Grenzwert sie ist.

x und y seien zwei reelle Zahlen, und man habe

$$\lim x_n = x \quad \text{und} \quad \lim y_n = y \quad (x_n, y_n \text{ rational}).$$

Wir wollen die Folge

$$x_1 + y_1, \quad x_2 + y_2, \quad x_3 + y_3, \ldots \quad \text{betrachten}$$

Da jede konvergente Folge beschränkt ist, so läßt sich die positive Rationalzahl c so wählen, daß alle x_n und alle y_n in $(-c, c)$ enthalten sind. Dann liegen aber alle $x_n + y_n$ in $(-2c, 2c)$, so daß die Folge $x_1 + y_1$, $x_2 + y_2, \ldots$ beschränkt ist, also nach dem Weierstraßschen Satz wenigstens einen Häufungswert hat.

Hätte sie zwei Häufungswerte u und $v(> u)$, so gäbe es nach § 17 eine Teilfolge

$$x_1' + y_1', \quad x_2' + y_2', \ldots \text{ mit dem Grenzwert } u$$

und eine Teilfolge

$$x_1'' + y_1'', \quad x_2'' + y_2'', \ldots \text{ mit dem Grenzwert } v.$$

Wegen $u < v$ lassen sich die Rationalzahlen r, r', s, s' so wählen daß man hat

$$r < u < r' < s < v < s'.$$

Da fast alle

$$x_n' + y_n' \text{ in } (r, r')$$

und fast alle

$$x_n'' + y_n'' \text{ in } (s, s')$$

liegen, so werden die Differenzen

$$(x_n'' + y_n'') - (x_n' + y_n')$$

oder die Summen $\quad (x_n'' - x_n') + (y_n'' - y_n')$

fast alle größer sein als $s - r'$.

Andererseits lassen sich, wenn die positive Rationalzahl d vorgelegt wird, die Rationalzahlen a und b so wählen, daß man hat

$$a < x < a + d \quad \text{und} \quad b < y < b + d.$$

Fast alle x_n' und x_n'' sind dann in $(a, a + d)$ enthalten, ebenso fast alle y_n' und y_n'' in $(b, b + d)$, folglich fast alle $x_n'' - x_n'$ und $y_n'' - y_n'$ in $(- d, d)$, also fast alle

$$(x_n'' - x_n') + (y_n'' - y_n')$$

in $(- 2d, 2d)$.

Setzen wir $d = \frac{1}{2} (s - r')$, so entsteht ein Widerspruch.

Wir wissen jetzt, daß die Folge $x_1 + y_1, x_2 + y_2, \ldots$ konvergent ist (vgl. § 14). Ihren Grenzwert wollen wir mit $x + y$ bezeichnen und ihn die Summe von x und y nennen.

Damit diese Definition einen Sinn hat, muß noch folgendes gezeigt werden.

Wenn $\lim \bar{x}_n = x$ und $\lim \bar{y}_n = y$ ($\bar{x}_n, \bar{y}_n$ rational) ist, so hat man immer

$$\lim (\bar{x}_n + \bar{y}_n) = \lim (x_n + y_n).$$

Nach § 15 (Bemerkung 4) konvergiert

$$x_1, \bar{x}_1, x_2, \bar{x}_2, \ldots \text{ nach } x$$

und

$$y_1, \bar{y}_1, y_2, \bar{y}_2, \ldots \text{ nach } y.$$

Also ist die Folge

$$x_1 + y_1, \bar{x}_1 + \bar{y}_1, x_2 + y_2, \bar{x}_2 + \bar{y}_2, \ldots$$

konvergent. Nach § 15 (Bemerkung 2) streben alle Teilfolgen eine konvergenten Folge demselben Grenzwert zu. Mithin haben auch $x_n + y_n$ und $\bar{x}_n + \bar{y}_n$ denselben Grenzwert.

Wenn x und y beide rational sind, so kann man alle x_n gleich x und alle y_n gleich y setzen. Dann werden alle $x_n + y_n$, mithin auch $\lim (x_n + y_n)$, gleich $x + y$. Unsere Definition führt also im Fälle rationaler x, y zu keinem Widerspruch.

§ 19. **Produkt zweier Zahlen.** Wie in § 18 sei $\lim x_n = x$ und $\lim y_n = y$ (x_n, y_n rational). Dann ist die Folge

$$x_1 y_1, \; x_2 y_2, \; x_3 y_3, \; \ldots$$

beschränkt, weil alle ihre Glieder dem Intervall $(- c^2, c^2)$ angehören.[1]) Diese Folge hat also wenigstens einen Häufungswert.

Hätte sie zwei verschiedene Häufungswerte u und v ($> u$), so gäbe es nach § 17 eine Teilfolge

$$x_1' y_1', \; x_2' y_2', \; \ldots \text{ mit dem Grenzwert } u$$

und eine Teilfolge

$$x_1'' y_1'', \; x_2'' y_2'', \; \ldots \text{ mit dem Grenzwert } v.$$

Wählen wir die Rationalzahlen r, r', s, s' wie in § 18 derart, daß

$$r < u < r' < s < v < s'$$

ist, so liegen fast alle $x_n' y_n'$ in (r, r'), fast alle $x_n'' y_n''$ in (s, s'). Die Differenzen

$$x_n'' y_n'' - x_n' y_n'$$

werden also fast alle größer als $s - r'$ sein.

d sei eine beliebige positive Rationalzahl, und man wähle die Rationalzahlen a und b so, daß

$$a < x < a + d \quad \text{und} \quad b < y < b + d$$

ist. Fast alle x_n', x_n'' sind dann in $(a, a + d)$ und fast alle y_n', y_n'' in $(b, b + d)$ enthalten, folglich fast alle $x_n'' - x_n'$ und $y_n'' - y_n'$ in $(- d, d)$.

Beachtet man, daß

$$x_n'' y_n'' - x_n' y_n' = (x_n'' - x_n') y_n'' + (y_n'' - y_n') x_n'$$

---

1) c hat dieselbe Bedeutung wie in § 18.

ist, so ergibt sich, daß fast alle $x_n''y_n'' - x_n'y_n'$ in dem Intervall $(-2cd, 2cd)$ liegen. Andererseits sollen sie fast alle größer als $s - r'$ sein. Setzen wir

$$d = \frac{s - r'}{2c},$$

so entsteht ein Widerspruch.

Den Grenzwert der Folge $x_1y_1, x_2y_2, \ldots$ wollen wir mit xy bezeichnen und ihn das **Produkt von x und y** nennen. Dieser Grenzwert ist unabhängig davon, welche rationalen nach x bzw. y konvergierenden Folgen benutzt werden.[1]

Wenn x und y beide rational sind, so darf man alle x_n gleich x und alle y_n gleich y setzen. Dann werden alle x_ny_n, mithin auch $\lim x_ny_n$, gleich xy. Unsere Definition führt also im Falle rationaler x, y zu keinem Widerspruch.

Das Produkt $(-1)x$ wollen wir mit $-x$ bezeichnen, die Summe $x + (-y)$ mit $x - y$. Im Falle rationaler x, y entsteht kein Widerspruch, weil dann tatsächlich

$$(-1)x = -x \quad \text{und} \quad x + (-1)y = x - y \quad \text{ist.}$$

§ 20. **Reziproker Wert einer von Null verschiedenen Zahl.** Es sei $x > 0 (x < 0)$ und

$$\lim x_n = x \quad (x_n \text{ rational}).$$

Man wähle die Rationalzahlen k und k' so, daß

$$k' > x > k > 0 \quad (k' < x < k < 0)$$

ist. Fast alle x_n liegen dann in dem Intervall (k, k'). Die übrigen x_n wollen wir streichen, und es bleibe danach die Folge $\xi_1, \xi_2, \xi_3, \ldots$ übrig.

Offenbar sind alle Glieder der Folge

$$\frac{1}{\xi_1}, \frac{1}{\xi_2}, \frac{1}{\xi_3}, \ldots$$

in dem Intervall $\left(\frac{1}{k}, \frac{1}{k'}\right)$

enthalten. Diese Folge ist also **beschränkt** und hat daher wenigstens

---

[1] Beweis wie in § 18.

einen Häufungswert. Hätte sie zwei Häufungswerte u und $v\,(>u)$, so gäbe es eine Teilfolge

$$\frac{1}{\mathfrak{x}_1'},\ \frac{1}{\mathfrak{x}_2'},\ \frac{1}{\mathfrak{x}_3'},\ \dots\ \text{mit dem Grenzwert } u$$

und eine Teilfolge

$$\frac{1}{\mathfrak{x}_1''},\ \frac{1}{\mathfrak{x}_2''},\ \frac{1}{\mathfrak{x}_3''},\ \dots\ \text{mit dem Grenzwert } v.$$

Werden die Rationalzahlen $r,\ r',\ s,\ s'$ so gewählt, daß

$$r < u < r' < s < v < s'$$

ist, so liegen fast alle $1/\mathfrak{x}_n'$ in (r, r'), fast alle $1/\mathfrak{x}_n''$ in (s, s'). Fast alle Differenzen

$$\frac{1}{\mathfrak{x}_n''} - \frac{1}{\mathfrak{x}_n'}$$

werden also größer als $s - r'$ sein.

Nun sei d eine beliebige positive Rationalzahl, und man wähle die Rationalzahl a so, daß

$$a < x < a + d$$

ist. Fast alle $\mathfrak{x}_n'$ und $\mathfrak{x}_n''$ sind dann in $(a, a + d)$ enthalten, also fast alle $\mathfrak{x}_n' - \mathfrak{x}_n''$ in $(- d, d)$. Bedenkt man, daß

$$\frac{1}{\mathfrak{x}_n''} - \frac{1}{\mathfrak{x}_n'} = \frac{\mathfrak{x}_n' - \mathfrak{x}_n''}{\mathfrak{x}_n'\mathfrak{x}_n''}$$

ist, und daß alle Produkte $\mathfrak{x}_n'\mathfrak{x}_n''$ größer als k^2 sind, so ergibt sich, daß fast alle $1/\mathfrak{x}_n'' - 1/\mathfrak{x}_n'$ in das Intervall

$$\left(- \frac{d}{k^2},\ \frac{d}{k^2}\right)$$

fallen. Andererseits sollen sie aber fast alle größer als $s - r'$ sein. Setzen wir

$$d = k^2(s - r'),$$

so entsteht ein Widerspruch.

Die Folge

$$\frac{1}{\mathfrak{x}_1},\ \frac{1}{\mathfrak{x}_2},\ \frac{1}{\mathfrak{x}_3},\ \dots$$

ist also konvergent. Ihren Grenzwert wollen wir mit $1/x$ bezeichnen und den reziproken Wert von x nennen. Es ist also

$$\frac{1}{x} = \lim \frac{1}{\mathfrak{x}_n} \qquad \text{oder} \qquad \frac{1}{x} = \lim \frac{1}{x_n},$$

weil in jeder Umgebung von $1/x$ nicht nur fast alle $1/\mathfrak{x}_n$, sondern auch fast alle $1/x_n$ liegen.[1])

$1/x$ ist unabhängig davon, welche rationale nach x konvergierende Folge benutzt wird.[2])

Wenn x rational ist, so dürfen wir alle x_n gleich x setzen. Dann werden alle $1/x_n$, folglich auch der Grenzwert von $1/x_n$, gleich $1/x$. Es ergibt sich also im Falle eines rationalen x kein Widerspruch.

Das Produkt von y und $1/x$ (x ungleich Null) wollen wir mit y/x oder $y : x$ bezeichnen und es den Quotienten von y durch x nennen. Sind x und y beide rational, so entsteht kein Widerspruch.

§ 21. **Rationale Operationen.** Als Grundoperationen wollen wir die folgenden vier Operationen bezeichnen:

1. Übergang von x zu x (Identität).

2. Übergang von x zu $1/x$ (Inversion). Diese Operation läßt sich nur anwenden, wenn x von Null verschieden ist.

3. Übergang von x, y zu $x + y$ (Addition).

4. Übergang von x, y zu xy (Multiplikation).

Unter einer rationalen Operation verstehen wir die Aufeinanderfolge einer endlichen Anzahl von Grundoperationen.

Man hat, um es genauer zu beschreiben, n Zahlen

$$x_1, x_2, \ldots, x_n.$$

Indem man auf eine bzw. zwei von ihnen die Grundoperation $\mathfrak{G}_1$ anwendet, gewinnt man die Zahl x_{n+1}. Aus $x_1, x_2, \ldots, x_{n+1}$ leitet man mittels der Grundoperation $\mathfrak{G}_2$ die Zahl x_{n+2} ab usf., bis man schließlich die p Grundoperationen

$$\mathfrak{G}_1, \mathfrak{G}_2, \ldots, \mathfrak{G}_p$$

ausgeführt hat und zu x_{n+p} gelangt ist. Von x_{n+p} wird dann gesagt, daß es aus $x_1, x_2, \ldots, x_n$ durch eine rationale Operation gewonnen oder rational abgeleitet ist.

Um auszudrücken, daß eine Zahl x aus den Zahlen

$$a, b, \ldots, h$$

---

1) Die Folge $\mathfrak{x}_1, \mathfrak{x}_2, \mathfrak{x}_3, \ldots$ entstand nämlich aus $x_1, x_2, x_3, \ldots$ durch Streichung einer endlichen Anzahl von Gliedern.

2) Beweis wie in § 18.

rational abgeleitet ist, schreiben wir

$$x = \mathfrak{R}(a, b, \ldots, h).$$

Sind $a, b, \ldots, h$ sämtlich rational, so ist offenbar auch x rational.

$a, b, \ldots, h$ seien jetzt beliebige reelle Zahlen, aber so beschaffen, daß sich darauf die rationale Operation $\mathfrak{R}$ anwenden läßt. Diese Möglichkeit muß ausdrücklich gefordert werden, weil die zweite Grundoperation nicht immer anwendbar ist. Ferner sei

$$\lim a_n = a, \lim b_n = b, \ldots, \lim h_n = h \; (a_n, b_n, \ldots, h_n \text{ rational}).$$

Dann hat man $\mathfrak{R}(a, b, \ldots, h) = \lim \mathfrak{R}(a_n, b_n, \ldots, h_n).$

Wenn $\mathfrak{R}$ eine Grundoperation ist, so ist die Formel offenbar richtig.

Wir wollen annehmen, sie sei für solche rationalen Operationen $\mathfrak{R}$, die durch die Aufeinanderfolge von $p - 1$ Grundoperationen entstehen, bereits bewiesen. Gelingt es uns dann zu zeigen, daß sie auch gilt, wenn $\mathfrak{R}$ durch p aufeinanderfolgende Grundoperationen gebildet wird, so ist sie allgemein bewiesen.

$\mathfrak{G}_1$ sei die erste dieser p Grundoperationen und

$$k = \mathfrak{G}_1(a, b, \ldots, h).$$

Dann ist $\qquad \mathfrak{R}(a, b, \ldots, h) = \overline{\mathfrak{R}}(a, b, \ldots, h, k),$

wo $\overline{\mathfrak{R}}$ die Aufeinanderfolge von $p - 1$ Grundoperationen bedeutet.

Da nun $\qquad k = \lim \mathfrak{G}_1(a_n, b_n, \ldots, h_n) = \lim k_n \;^1)$

und $\qquad \overline{\mathfrak{R}}(a, b, \ldots, h, k) = \lim \overline{\mathfrak{R}}(a_n, b_n, \ldots, h_n, k_n)$

ist, so folgt

$$\mathfrak{R}(a, b, \ldots, h) = \lim \overline{\mathfrak{R}}(a_n, b_n, \ldots, h_n, k_n) = \lim \mathfrak{R}(a_n, b_n, \ldots, h_n).$$

§ 22. Rechnungsregeln für rationale Operationen. Für rationale Operationen mit rationalen Zahlen gelten, wie der Leser weiß, gewisse Rechnungsregeln. Wir nennen die folgenden:[2]

$$(1) \qquad (x + y) + z = x + (y + z), \qquad\qquad x + y = y + x, \qquad (2)$$

---

1) $k_n = \mathfrak{G}_1(a_n, b_n, \ldots, h_n)$ ist rational.

2) x, y, z sind beliebige Rationalzahlen.

$$(3) \qquad x + 0 = x, \qquad\qquad (xy)z = x(yz), \qquad (4)$$

$$(5) \qquad xy = yx, \qquad\qquad 0x = 0, \qquad (6)$$

$$(7) \qquad 1x = x, \qquad\qquad (x + y)z = xz + yz, \qquad (8)$$

$$(9) \qquad x - x = 0, \qquad\qquad \frac{x}{x} = 1 \,(x \gtrless 0) \qquad (10)$$

Alle diese Rechnungsregeln haben eine gemeinsame Form. Die linke sowohl als die rechte Seite entsteht durch Anwendung einer rationalen Operation, d. h. einer endlichen Anzahl sukzessiver Grundoperationen (§ 21), auf die Zahlen

$$0, \, 1, \, -1, \, x, \, y, \, z.$$

Jede der obigen Gleichungen läßt sich also schreiben

$$\Re(0, \, 1, \, -1, \, x, \, y, \, z) = \Re_1(0, \, 1, \, -1, \, x, \, y, \, z),$$

wobei $\Re$ und $\Re_1$ rationale Operationen bedeuten.

Nun seien x, y, z beliebige reelle Zahlen, aber von solcher Beschaffenheit, daß sich auf $0, 1, -1, x, y, z$ die Operationen $\Re$ und $\Re_1$ anwenden lassen. Ferner sei

$$\lim x_n = x, \; \lim y_n = y, \; \lim z_n = z \; (x_n, y_n, z_n \text{ rational}).$$

Dann hat man nach § 21

$$\Re(0, \, 1, \, -1, \, x, \, y, \, z) = \lim \Re(0, \, 1, \, -1, \, x_n, \, y_n, \, z_n)$$

und $\quad \Re_1(0, \, 1, \, -1, \, x, \, y, \, z) = \lim \Re_1(0, \, 1, \, -1, \, x_n, \, y_n, \, z_n).$

Da unsere Regeln für rationale x, y, z gelten, so ist

$$\Re(0, \, 1, \, -1, \, x_n, \, y_n, \, z_n) = \Re_1(0, \, 1, \, -1, \, x_n, \, y_n, \, z_n).$$

Folglich sind auch die Grenzwerte einander gleich. Die obigen Rechnungsregeln gelten also überhaupt, wenn x, y, z reelle Zahlen sind.

§ 23. **Ungleichungen.** Wenn x, y, z rational sind, so folgt aus

$$x > y \text{ immer } x + z > x + z,$$

ferner aus

$$x > y \text{ und } z > 0 \text{ immer } xz > yz.$$

Wir wollen beweisen, daß diese beiden Sätze auch dann noch gelten, wenn x, y, z beliebige reelle Zahlen sind.

Es sei $\lim x_n = x$, $\lim y_n = y$, $\lim z_n = z$ (x_n, y_n, z_n rational). Für fast alle Werte des Index n ist dann (nach § 15, Bemerkung 5)

$$x_n > y_n, \qquad (x_n > y_n \text{ und } z_n > 0)$$

folglich $\qquad x_n + z_n > y_n + z_n \qquad (x_n z_n > y_n z_n).$

Wäre nun $\qquad x + z < y + z \qquad (xz < yz),$

so müßten fast alle $x_n + z_n$ kleiner als die entsprechenden $y_n + z_n$ (fast alle $x_n z_n$ kleiner als die entsprechenden $y_n z_n$) sein. Es kann aber auch nicht $\qquad x + z = y + z \qquad (xz = yz)$

sein, weil daraus nach § 22 $x = y$ folgen würde.

Mithin ist $\qquad x + z > y + z \qquad (xz > yz).$

§ 24. Folgerungen. 1. Aus $x > y$ und $x' > y'$ folgt[1]

$$x + x' > y + y'.$$

Man hat nämlich $\qquad x + x' > y + x' > y + y'.$

Sind y, y' positiv oder null, so folgt aus

$$x > y \text{ und } x' > y' \text{ immer}[2]\ xx' > yy'.$$

Man hat nämlich im Falle $y > 0$

$$xx' > yx' > yy'.$$

Im Falle $y = 0$ ist aber $\qquad xx' > yx' = yy'.$

2. Aus $x > y$ folgt $-x < -y$. Zum Beweis setze man in

$$x + z > y + z$$

für z den Wert $-x - y$.

Wenn $x > 0$, so ist also $-x < 0$, und wenn $x < 0$, so ist $-x > 0$. Von den beiden Zahlen

$$x \quad \text{und} \quad -x$$

ist daher, sobald sie nicht beide gleich Null sind, die eine positiv,

---

1) Aus $x \gtreqless y$ und $x' \gtreqless y'$ folgt $x + x' \gtreqless y + y'$.

2) Aus $x \gtreqless y$ und $x' \gtreqless y'$ folgt, wenn y, y' positiv oder null sind $xx' \gtreqless yy'$.

d. h. größer als Null, die andere negativ, d. h kleiner als Null. Die positive bezeichnet man mit $|x|$ und nennt sie den absoluten Betrag oder kurz den Betrag von x. Man sagt auch, x sei absolut genommen gleich $|x|$. Im Fall $x = 0$ setzt man $|x| = 0$.

Offenbar ist
$$|x| = |-x|;$$
denn man hat nach § 22
$$-(-x) = (-1)(-1)x = x.$$

Ferner gilt die Formel $\quad |xy| = |x||y|,$

weil $\qquad\qquad\qquad |x| = \varepsilon x,\ |y| = \varepsilon'y, \qquad\qquad (\varepsilon,\ \varepsilon' = \pm 1)$

folglich $\qquad\qquad |x||y| = \varepsilon\varepsilon'xy = \varepsilon''xy, \qquad\qquad (\varepsilon'' = \pm 1)$

und $|x||y|$ nicht negativ.[1])

Wenn x von Null verschieden ist, so hat man (vgl. § 22, Formel 10)
$$x\frac{1}{x} = 1,$$

also
$$|x|\left|\frac{1}{x}\right| = 1,$$

mithin
$$\left|\frac{1}{x}\right| = \frac{1}{|x|}.$$

Um die Formel $\quad |x+y| \leqq |x| + |y|$
zu beweisen, bedenke man, daß
$$-|x| \leqq \pm x \leqq |x| \quad\text{und}\quad -|y| \leqq \pm y \leqq |y|$$
ist, also $\qquad -|x| - |y| \leqq \pm(x+y) \leqq |x| + |y|.$

Da $x - y + y = x$, so hat man
$$|x| \leqq |x-y| + |y|, \quad\text{also}\quad |x-y| \geqq |x| - |y|$$
und auch $\qquad\qquad |x-y| \geqq |y| - |x|.$

Schließlich machen wir noch die Bemerkung, daß die Aussagen
$$|x| < a \quad\text{und}\quad -a < x < a$$
völlig gleichbedeutend sind. Denn aus
$$|x| < a \quad\text{folgt}\quad -|x| > -a,$$

---

    1) Aus $|x| \geqq 0$, $|y| \geqq 0$ folgt nämlich $|x||y| \geqq 0$ (vgl. den zweiten Satz in § 28).

so daß $\quad -a < |x| < a\quad$ und $\quad -a < -|x| < a$
ist. Aus $\quad -a < x < a\quad$ folgt $\quad -a < -x < a.$

Ebenso sind die Aussagen
$$|y - x| < \varepsilon \quad \text{und} \quad x - \varepsilon < y < x + \varepsilon$$
völlig gleichbedeutend. Denn $|y - x| < \varepsilon$ bedeutet so viel wie
$$-\varepsilon < y - x < \varepsilon,$$
und diese Ungleichungen sind gleichbedeutend mit
$$x - \varepsilon < y < x + \varepsilon.$$

§ 25. Andere Fassung der Limesbeziehung. Wenn
$$\lim u_n = u$$
ist, so bedeutet dies nach § 14, daß in jeder Umgebung von u fast alle u_n liegen.

Verstehen wir unter ε eine positive Zahl, so ist $(u - \varepsilon,\, u + \varepsilon)$ eine Umgebung von u. Aus $\varepsilon > 0$ und $-\varepsilon < 0$ folgt nämlich nach § 23
$$u - \varepsilon < u < u + \varepsilon.$$

Durch passende Wahl von ε kann man, wenn (α, β) irgendeine Umgebung von u ist $(\alpha < u < \beta)$, erreichen, daß $(u - \varepsilon,\, u + \varepsilon)$ in (α, β) liegt. Man braucht nur zu bewirken, daß
$$\varepsilon < u - \alpha \quad \text{und} \quad \varepsilon < \beta - u \quad \text{wird.}$$

Hiernach ist klar, daß wir die Limesbeziehung auch so beschreiben können:

$\lim u_n = u$ bedeutet, daß die Ungleichung
$$|u - u_n| < \varepsilon,$$
von **fast allen** u_n erfüllt wird, wie auch die positive Zahl ε gewählt sein mag.

§ 26. Anwendungen. 1. Aus $\lim u_n = u$, $\lim v_n = v$ folgt
$$\lim (u_n + v_n) = u + v.$$

In der Tat erfüllen fast alle u_n, v_n die Ungleichungen
$$|u - u_n| < \frac{\varepsilon}{2}, \quad |v - v_n| < \frac{\varepsilon}{2}, \qquad (\varepsilon > 0)$$
folglich fast alle $u_n + v_n$ die Ungleichung

$$|(u + v) - (u_n + v_n)| < \varepsilon,$$

weil $\qquad |(u + v) - (u_n + v_n)| \leqq |u - u_n| + |v - v_n|.$

2. Aus $\lim u_n = u$, $\lim v_n = v$ folgt $\lim (u_n v_n) = uv$.

Fast alle u_n, v_n erfüllen die Ungleichungen

$$|u - u_n| < \varepsilon', \quad |v - v_n| < \varepsilon' \qquad (\varepsilon' > 0)$$

Da $\qquad uv - u_n v_n = (u - u_n)\, v + (v - v_n)\, u + (u_n - u)(v - v_n)$

ist, so genügen fast alle $u_n v_n$ der Ungleichung

$$|uv - u_n v_n| < \varepsilon'\, (|u| + |v|) + \varepsilon'^2.$$

Wird eine positive Zahl ε vorgelegt, so kann man ε' so wählen, daß

$$\varepsilon' < 1 \quad \text{und} \quad \varepsilon' < \frac{\varepsilon}{1 + |u| + |v|}$$

ist. Dann erfüllen fast alle $u_n v_n$ die Ungleichung

$$|uv - u_n v_n| < \varepsilon.$$

3. Aus $\lim u_n = u$ und $u \gtreqless 0$ folgt $\lim \dfrac{1}{u_n} = \dfrac{1}{u}$.

Fast alle u_n erfüllen die Ungleichung

$$|u - u_n| < \varepsilon'. \qquad (\varepsilon' > 0)$$

Ist $\qquad \varepsilon' < \frac{1}{2}|u|,$

so sind diese u_n dem Betrage nach alle größer als $\frac{1}{2}|u|$, weil

$$|u - u_n| \geqq |u| - |u_n|$$

Nun hat man $\qquad \dfrac{1}{u} - \dfrac{1}{u_n} = \dfrac{u_n - u}{u_n u}.$

Fast alle $\dfrac{1}{u_n}$ genügen also der Ungleichung

$$\left|\frac{1}{u} - \frac{1}{u_n}\right| < \frac{2\varepsilon'}{u^2}.$$

Wird die positive Zahl ε vorgelegt, so können wir

$$\varepsilon' = \frac{u^2}{2}\varepsilon$$

setzen. Dann erfüllen fast alle $1/u_n$ die Ungleichung

$$\left|\frac{1}{u} - \frac{1}{u_n}\right| < \varepsilon.$$

4. $u, v, \ldots x$ seien Zahlen, auf die sich die rationale Operation $\Re$ anwenden läßt. Dann folgt aus

$$\lim u_n = u, \ \lim v_n = v, \ \ldots, \ \lim x_n = x$$

immer $\qquad \lim \Re(u_n, v_n, \ldots, x_n) = \Re(u, v, \ldots, x).$

Wenn $\Re$ eine Grundoperation ist (vgl. § 21), so ist die Formel offenbar richtig.

Nehmen wir an, sie sei für solche rationalen Operationen, die durch $p - 1$ aufeinanderfolgende Grundoperationen entstehen, bereits bewiesen, und $\Re$ sei gleichbedeutend mit der Aufeinanderfolge von p Grundoperationen. Ist $\mathfrak{G}_1$ die erste von diesen Grundoperationen und

$$y = \mathfrak{G}_1(u, v, \ldots, x),$$

so hat man $\qquad \Re(u, v, \ldots, x) = \overline{\Re}(u, v, \ldots, x, y),$

wo $\overline{\Re}$ die Aufeinanderfolge von $p - 1$ Grundoperationen bedeutet. Da nun

$$y = \lim \mathfrak{G}_1(u_n, v_n, \ldots, x_n) = \lim y_n$$

und $\qquad \overline{\Re}(u, v, \ldots, x, y) = \lim \overline{\Re}(u_n, v_n, \ldots, x_n, y_n)$

ist, so folgt

$$\Re(u, v, \ldots, x) = \lim \overline{\Re}(u_n, v_n, \ldots, x_n, y_n) = \lim \Re(u_n, v_n, \ldots, x_n).$$

5. Wenn $\lim x_n = x$ ist, so hat man

$$\lim (x - x_n) = 0 \quad \text{und} \quad \lim (x_n - x) = 0,$$

also auch $\qquad \lim |x - x_n| = 0.$

Nun ist nach § 23, Nr. 2

$$|x| - |x_n| \leqq |x - x_n| \quad \text{und} \quad |x_n| - |x| \leqq |x - x_n|,$$

so daß $\qquad -|x - x_n| \leqq |x_n| - |x| \leqq |x - x_n|,$

mithin $\qquad \lim (|x_n| - |x|) = 0$

wird, also $\qquad \lim |x_n| = \lim (|x| + |x_n| - |x|) = |x|.$

Nur im Falle $x = 0$ folgt umgekehrt aus

$$\lim |x_n| = |x| \quad \text{immer} \quad \lim x_n = x.$$

§ 27. Das Cauchysche Konvergenzkriterium. Eine Folge $u_1, u_2, u_3, \ldots$ ist dann und nur dann konvergent, wenn es zu jedem positiven ε ein u_ν gibt, das sich von fast allen u_n um weniger als ε unterscheidet.[1])

Die angegebene Bedingung ist notwendig. Wenn nämlich

$$\lim u_n = u$$

ist, so genügen fast alle u_n der Ungleichung

$$|u - u_n| < \frac{\varepsilon}{2}\,.$$

Ist u_ν eins von diesen u_n, also

$$|u - u_\nu| < \frac{\varepsilon}{2},$$

so erfüllen fast alle u_n die Ungleichung

$$u_n - u_\nu < \varepsilon,$$

weil $$u_n - u_\nu = (u_n - u) + (u - u_\nu).$$

Die Bedingung ist aber auch hinreichend. Ist sie nämlich erfüllt, so gibt es ein Glied u_ϱ, von welchem sich fast alle u_n um weniger als $\frac{1}{3}\,\varepsilon$ unterscheiden.

Die Folge $u_1, u_2, u_3, \ldots$ ist daher beschränkt und hat also sicher einen Häufungswert u. Zwischen $u - \frac{1}{3}\,\varepsilon$ und $u + \frac{1}{3}\,\varepsilon$ fallen unendlich viele u_n. Es gibt also ein u_σ, das den Ungleichungen

$$|u_\varrho - u_\sigma| < \tfrac{1}{3}\,\varepsilon, \ \ |u - u_\sigma| < \tfrac{1}{3}\,\varepsilon$$

genügt. Da für fast alle u_n

$$|u_\varrho - u_n| < \tfrac{1}{3}\,\varepsilon$$

ist, so erfüllen fast alle u_n die Ungleichung

$$|u - u_n| < \varepsilon\,;$$

denn man hat

$$u - u_n = (u - u_\sigma) + (u_\sigma - u_\varrho) + (u_\varrho - u_n)\,.$$

---

1) Zwei Zahlen x und y unterscheiden sich um weniger als ε, wenn $|x - y| < \varepsilon$ ist. Diese Ausdrucksweise hätten wir auch in § 25 benutzen können.

Kapitel IV.

Funktionen einer Veränderlichen.

§ 28. **Veränderliche.** Wenn irgendeine Menge $\mathfrak{M}$ von lauter verschiedenen Zahlen vorliegt, so dürfen wir festsetzen, daß der Buchstabe x jede dieser Zahlen bedeuten kann. Einen solchen Buchstaben nennt man eine Veränderliche oder Variable, jede Zahl von $\mathfrak{M}$ einen Wert und $\mathfrak{M}$ selbst den Bereich der Veränderlichen.

Besteht $\mathfrak{M}$ aus einer einzigen Zahl, so sagt man, x sei eine Konstante.

§ 29. **Funktionen.** Wenn jedem Wert der Veränderlichen x ein bestimmter Wert der Veränderlichen y entspricht, so nennt man y eine Funktion von x und schreibt[1])

$$y = f(x).$$

x heißt die unabhängige, y die abhängige Veränderliche. Den Bereich von x nennt man den Definitionsbereich von $f(x)$.

Wenn jedem Wert der Veränderlichen x eine Zahl zugeordnet ist, so ist in dem Bereich von x eine Funktion definiert; denn die zugeordneten Zahlen kann man als die Werte einer Veränderlichen y betrachten.

§ 30. **Beispiele.** Die einfachste Funktion von x ist eine Konstante. Diese Funktion entsteht, wenn man jedem Wert von x eine und dieselbe Zahl zuordnet.

x^m (m eine positive ganze Zahl) soll, wie im Falle eines rationalen x, das Produkt von m Faktoren x bedeuten. Offenbar ist x^m eine Funktion von x. Als Bereich von x können wir hier den Inbegriff aller reellen Zahlen betrachten. Auch

$$y = a_0 x^m + a_1 x^{m-1} + \cdots + a_{m-1} x + a_m,$$

wo $a_0, a_1, \ldots, a_m$ gegebene Zahlen sind, ist eine Funktion von x. Man nennt sie eine ganze rationale Funktion m-ten Grades,

---

1) Gelesen wird diese Formel: „y gleich f von x". Statt f kann man auch andere Buchstaben benutzen.

vorausgesetzt, daß a_0 nicht gleich Null ist. Eine von Null verschiedene Konstante wollen wir als eine ganze rationale Funktion 0-ten Grades bezeichnen.

Eine ganze rationale Funktion m-ten Grades hat höchstens m Wurzeln, d. h. es gibt höchstens m Werte von x, für welche sie gleich Null ist.

Man hat, wenn x_1 eine Wurzel ist,

$$y = a_0(x^m - x_1^m) + a_1(x^{m-1} - x_1^{m-1}) + \cdots + a_{m-1}(x - x_1)$$

oder $\qquad y = (x - x_1)(a_0' x^{m-1} + a_1' x^{m-2} + \cdots + a_{m-1}'),$

wobei $\quad a_0' = a_0, \quad a_1 = a_0 x_1 + a_1, \quad a_2' = a_0 x_1^2 + a_1 x_1 + a_2, \cdots,$

$$a_{m-1}' = a_0 x_1^{m-1} + a_1 x_1^{m-2} + \cdots + a_{m-1}$$

Aus der obigen Formel kann man schließen, daß unsere Behauptung für die ganzen rationalen Funktionen m-ten Grades gilt, wenn sie für die vom $(m-1)$-ten Grade richtig ist. Für die vom 0-ten Grade ist sie aber richtig. Folglich gilt sie allgemein.

Der Quotient von zwei ganzen rationalen Funktionen

$$a_0 x^m + a_1 x^{m-1} + \cdots + a_m \quad \text{und} \quad b_0 x^n + b_1 x^{n-1} + \cdots + b_n,$$

also $\qquad \dfrac{a_0 x^m + a_1 x^{m-1} + \cdots + a_m}{b_0 x^n + b_1 x^{n-1} + \cdots + b_n},$

ist auch eine Funktion von x. Nur muß man diejenigen Werte von x ausschließen, die Wurzeln des Nenners sind. Man nennt einen solchen Quotienten eine **rationale Funktion**.

Eine rationale Funktion, deren Nenner den Grad Null hat, ist eine ganze rationale Funktion.

§ 31. Stetigkeit. x_0 sei ein Wert der Veränderlichen x, und es sei möglich eine Folge $x_1, x_2, x_3, \ldots$ von x-Werten so zu wählen daß $x_n \gtrless x_0$, aber $\lim x_n = x_0$ wird. Wenn dann für jede solche Folge

$$\lim f(x_n) = f(x_0)$$

ist, so nennt man $f(x)$ an der Stelle x_0 stetig. Andernfalls heißt $f(x)$ an der Stelle x_0 unstetig.

Eine Folge $x_1, x_2, x_3, \ldots$ von der obigen Beschaffenheit existiert dann und nur dann, wenn in jeder Umgebung von x_0 ein von x_0 verschiedener x-Wert vorhanden ist. Daß diese Bedingung notwendig ist, folgt aus der Bedeutung der Formel $\lim x_n = x_0 \, (x_n \gtrless x_0)$. Die Bedingung ist aber auch hinreichend. Gibt es z. B. in jedem der Intervalle

$$\left(x_0 - \frac{1}{n}, \; x_0 + \frac{1}{n}\right),$$

$n = 1, 2, 3, \ldots$, einen von x_0 verschiedenen x-Wert x_n, so hat man $\lim x_n = x_0$, weil x_n zwischen zwei nach x_0 konvergierenden Zahlen liegt.

Wenn es keine Folge von x-Werten gibt, so daß $\lim x_n = x_0$ und $x_n \gtrless x_0$ ist, so nennt man x_0 einen isolierten x-Wert. Es läßt sich dann um x_0 eine Umgebung konstruieren, in der x_0 der einzige x-Wert ist.

Von Stetigkeit oder Unstetigkeit an der Stelle x_0 kann man nur reden, wenn x_0 nicht isoliert ist.

Aus § 26, Nr. 4 kann man entnehmen, daß eine rationale Funktion an jeder Stelle des Definitionsbereichs stetig ist.

§ 32. **Anwendung rationaler Operationen auf stetige Funktionen.** $f(x)$, $g(x)$, $\ldots$, $u(x)$ sei eine endliche Anzahl von Funktionen mit gemeinsamem Definitionsbereich. x_0 sei ein Wert aus diesem Bereich und $f(x)$, $g(x)$, $\ldots$, $u(x)$ seien für $x = x_0$ stetig. Wenn sich die rationale Operation $\Re$ auf die Zahlen

$$f(x_0), \; g(x_0), \; \ldots, \; u(x_0)$$

anwenden läßt, so ist $\Re\left(f(x), \; g(x), \; \ldots, \; u(x)\right)$

für $x = x_0$ stetig. Ist nämlich $\lim x_n = x_0$, so hat man nach § 26, Nr. 4

$$\lim \Re\left(f(x_n), \; g(x_n), \; \ldots, \; u(x_n)\right) = \Re\left(f(x_0), \; g(x_0), \; \ldots, \; u(x_0)\right).$$

Bemerkung. Es läßt sich um x_0 eine Umgebung konstruieren, so daß $\Re$ auf $f(x)$, $g(x)$, $\ldots$, $u(x)$ anwendbar ist, sobald x jener Umgebung angehört. Gäbe es nämlich in jedem der Intervalle

$$\left(x_0 - \frac{1}{n}, \; x_0 + \frac{1}{n}\right),$$

$n = 1, 2, 3 \ldots$, ein $\bar{x}_n$, so daß $\Re$ auf $f(\bar{x}_n)$, $g(\bar{x}_n)$, $\ldots$, $u(\bar{x}_n)$ nicht anwendbar wäre, so hätte man $\lim \bar{x}_n = x_0$, also nach § 26, Nr. 4

$$\lim \Re\left(f(\bar{x}_n), \; g(\bar{x}_n), \; \ldots, \; u(\bar{x}_n)\right) = \Re\left(f(x_0), \; g(x_0), \; \ldots, \; u(x_0)\right).$$

Dann müßten aber fast alle

$$\Re\left(f(\bar{x}_n),\, g(\bar{x}_n),\, \ldots,\, u(\bar{x}_n)\right)$$

einen Sinn haben.

§ 33. Eine Eigenschaft der stetigen Funktionen. Wir beweisen zunächst folgenden Hilfssatz:

Wenn $f(a) > 0$, $f(b) < 0$ und $f(x)$ in $\langle a, b \rangle$ stetig[1]) ist, so gibt es zwischen a und b ein c derart, daß $f(c) = 0$ ist.

Angenommen, es gäbe kein solches c. Dann hat man entweder

$$f\left(\frac{a+b}{2}\right) < 0 \quad \text{oder} \quad f\left(\frac{a+b}{2}\right) > 0$$

Im ersten Falle setze man

$$a_1 = a \quad \text{und} \quad b_1 = \frac{a+b}{2},$$

im zweiten Falle $\quad a_1 = \dfrac{a+b}{2} \quad$ und $\quad b_1 = b,$

so daß also $\quad f(a_1) > 0 \quad$ und $\quad f(b_1) < 0.$

Auf (a_1, b_1) läßt sich genau dieselbe Betrachtung anwenden. Je nach dem

$$f\left(\frac{a_1+b_1}{2}\right) < 0 \quad \text{oder} \quad f\left(\frac{a_1+b_1}{2}\right) > 0,$$

hat das Intervall $\left(a_1,\, \dfrac{a_1+b_1}{2}\right) \quad$ oder $\quad \left(\dfrac{a_1+b_1}{2},\, b_1\right)$

die Eigenschaft, daß an seiner unteren Grenze a_2 die Funktion positiv, an seiner oberen Grenze b_2 dagegen negativ ist.

Dieses Halbierungsverfahren kann man in infinitum fortsetzen. Es ergibt sich dabei eine Folge von Intervallen

$$(a_1, b_1), \quad (a_2, b_2), \quad (a_3, b_3), \ldots$$

mit der Eigenschaft $\quad f(a_n) > 0, \quad f(b_n) < 0.$

Da $a_1, a_2, a_3, \ldots$ und $b_1, b_2, b_3, \ldots$ offenbar beschränkte monotone Folgen sind, so existieren nach § 16

$$\lim a_n \quad \text{und} \quad \lim b_n,$$

und wegen $\quad\quad\quad b_n - a_n = \dfrac{b-a}{2^n}$

---

1) Wir verlangen, ausführlich gesagt, folgendes: Wenn $a \leqq x_n \leqq b$ und $\lim x_n = x$ ist, so soll immer $\lim f(x_n) = f(x)$ sein.

ist $$\lim (b_n - a_n) = \lim b_n - \lim a_n = 0,$$

also $$\lim a_n = \lim b_n.$$

Bezeichnen wir diesen gemeinsamen Grenzwert mit c, so ist auf Grund der Stetigkeit
$$f(c) = \lim f(a_n) \quad \text{und} \quad f(c) = \lim f(b_n).$$
Wegen $f(a_n) > 0$ muß $f(c) \geqq 0$ und wegen $f(b_n) < 0$ muß $f(c) \leqq 0$ sein. Es folgt also $f(c) = 0$.

Jetzt ist es leicht, folgenden allgemeinen Satz zu beweisen:

$F(x)$ sei in $\langle a, b \rangle$ stetig. Ferner sei
$$F(a) = A \quad \text{und} \quad F(b) = B. \qquad (A \gtreqless B)$$
Ist dann C eine beliebige Zahl zwischen A und B, so gibt es zwischen a und b ein c, so daß
$$F(c) = C.$$

Man bilde $$f(x) = \frac{F(x) - C}{A - B}.$$

Diese Funktion erfüllt die Bedingungen des obigen Hilfssatzes. Daher gibt es zwischen a und b ein c, so daß $f(c) = 0$ ist. Das bedeutet $F(c) = C$.

§ 34. **Anwendung.** m sei eine positive ganze Zahl. Dann ist, wie wir wissen, x^m überall stetig. Wir wollen zeigen, daß die Gleichung
$$x^m = a \qquad (a > 0)$$
eine positive Wurzel hat.[1])

$F(x) = x^m$ ist für $x = 0$ kleiner als a, nämlich gleich Null. Wählt man eine ganze Zahl k größer als a, so wird
$$F(k) \geqq k > a.$$
Man hat also $$F(0) < a \quad \text{und} \quad F(k) > a.$$

Zwischen 0 und k gibt es daher nach § 33 ein c, so daß
$$F(c) = c^m = a \quad \text{ist.}[2])$$

Zwei verschiedene positive Zahlen mit der m-ten Potenz a kann es nicht geben. Aus $c_1 > c > 0$ folgt nämlich $c_1^m > c^m$.

---

1) Für $a = 0$ ist $x = 0$ die einzige Wurzel.

2) Jetzt sehen wir, daß die in § 1 betrachtete Gleichung $x^2 = 2$ lösbar ist.

Die positive Zahl c, deren m-te Potenz gleich a ist, nennt man die positive m-te Wurzel aus a und schreibt

$$c = \sqrt[m]{a} \quad \text{oder} \quad c = a^{\frac{1}{m}}.$$

Wenn $a = 1$, so ist $\sqrt[m]{a} = 1$. Wenn $a > 1$, so hat man $F(1) = 1 < a$. Mithin liegt $\sqrt[m]{a}$ zwischen 1 und k, ist also größer als 1. Wenn $a < 1$, so hat man $F(1) = 1 > a$. Mithin liegt $\sqrt[m]{a}$ zwischen 0 und 1.

§ 35. a^x für rationales $x\,(a > 0)$. Wenn x eine positive Rationalzahl, also

$$x = \frac{n}{m}$$

ist, wobei die positiven ganzen Zahlen m, n teilerfremd sein sollen, so setzen wir

$$a^x = \left(\sqrt[m]{a}\right)^n.$$

Wenn x eine negative Rationalzahl ist, so setzen wir

$$a^x = \frac{1}{a^{-x}}.$$

Ferner soll $\qquad\qquad a^0 = 1 \quad$ sein.

Jetzt hat a^x für jedes rationale x eine Bedeutung. Der Leser beweise die Formeln

$$a^{x+y} = a^x a^y \quad \text{und} \quad (a^x)^y = a^{xy},$$

ferner die Formel $\qquad (ab)^x = a^x b^x.$

Dabei ist $a > 0$, $b > 0$ und x, y sind rational.

Die letzte Formel braucht z. B. nur für $x = 1/n$ bewiesen zu werden $(n = 2, 3, \ldots)$. Es ist aber

$$\left(a^{\frac{1}{n}}\right)^n = a, \qquad \left(b^{\frac{1}{n}}\right)^n = b,$$

also $\qquad \left(a^{\frac{1}{n}} b^{\frac{1}{n}}\right)^n = ab, \quad \text{d. h.} \quad a^{\frac{1}{n}} b^{\frac{1}{n}} = (ab)^{\frac{1}{n}}.$

In ähnlicher Weise überzeugt man sich von der Richtigkeit der übrigen Formeln.

Aus der dritten Formel folgt im Falle $b = 1/a$

$$b^x = \frac{1}{a^x}.$$

Ist $b < 1$, so hat man $a > 1$. Wir können uns deshalb bei der weiteren Behandlung auf den Fall $a > 1$ beschränken. Im Falle $a = 1$ hat man beständig $a^x = 1$.

§ 36. **Eine Hilfsformel.** h sei von Null verschieden und $1 + h > 0$. Dann gilt für $n = 2, 3, 4, \ldots$ die Ungleichung

$$(1 + h)^n > 1 + nh.$$

Wir benutzen zum Beweise die vollständige Induktion. Zunächst überzeugen wir uns, daß die Ungleichung im Falle $n = 2$ richtig ist. In der Tat hat man

$$(1 + h)^2 = 1 + 2h + h^2 > 1 + 2h.$$

Sodann beweisen wir, daß die Ungleichung für den Fall $n + 1$ gilt, wenn sie für den Fall n richtig ist. Multiplizieren wir

$$(1 + h)^n > 1 + nh$$

auf beiden Seiten mit $1 + h$, so kommt

$$(1 + h)^{n+1} > (1 + nh)(1 + h).$$

Nun ist aber

$$(1 + nh)(1 + h) = 1 + (n + 1)h + nh^2 > 1 + (n + 1)h,$$

also $\qquad\qquad (1 + h)^{n+1} > 1 + (n + 1)h.$

§ 37. **Grenzwert von a^x für nach Null konvergierendes rationales x.** Wir nehmen an, daß $a > 1$ ist, mithin $\sqrt[n]{a} > 1$. Setzen wir dann

$$\sqrt[n]{a} = 1 + h_n,$$

so ist

$$a = (1 + h_n)^n > 1 + nh_n,$$

also $\quad 0 < h_n < \dfrac{a - 1}{n}\quad$ und $\quad \lim h_n = 0,\quad$ d. h. $\quad \lim \sqrt[n]{a} = 1.$

Da auch $1 : \sqrt[n]{a}$ den Grenzwert 1 hat, so konvergieren

$$a^{\frac{1}{n}} \quad \text{und} \quad a^{-\frac{1}{n}}$$

beide nach 1.

Nun sei

$$\lim x_n = 0 \quad (x_n \text{ rational})$$

und ε eine beliebige positive Zahl. Dann läßt sich ν als positive ganze Zahl so wählen, daß $a^{\frac{1}{\nu}}$, $a^{-\frac{1}{\nu}}$ beide in $(1 - \varepsilon, 1 + \varepsilon)$ liegen. Fast alle x_n sind aber in $\left(-\frac{1}{\nu}, \frac{1}{\nu}\right)$ enthalten, mithin fast alle a^{x_n}

in [1] $$\left(a^{-\frac{1}{\nu}}, a^{\frac{1}{\nu}}\right),$$ also auch in $(1 - \varepsilon, 1 + \varepsilon)$.

Das bedeutet aber, daß $\lim a^{x_n} = 1$ ist.

§ 38 a^x für beliebiges reelles x. Wir betrachten eine konvergente rationale Zahlenfolge x_1, x_2, x_3, ... Ihre Glieder lassen sich zwischen zwei rationale Zahlen k und l $(> k)$ einschließen. Die Glieder der Folge $$a^{x_1}, \ a^{x_2}, \ a^{x_3}, \ldots$$

liegen also [1] alle zwischen a^k und a^l, d. h. die Folge ist beschränkt und hat daher wenigstens einen Häufungswert. Hätte sie zwei Häufungswerte u und v $(> u)$, so gäbe es eine Teilfolge $$a^{y_1}, \ a^{y_2}, \ a^{y_3}, \ldots \text{ mit dem Grenzwert } u$$

und eine Teilfolge $$a^{z_1}, \ a^{z_2}, \ a^{z_3}, \ldots \ \text{ mit dem Grenzwert } v.$$

Wegen $u < v$ lassen sich die Rationalzahlen r, r' s, s' so wählen, daß $$r < u < r' < s < v < s'$$

ist. Da fast alle $\qquad a^{y_n}$ in (r, r')

und fast alle $\qquad a^{z_n}$ in (s, s')

liegen, so sind die Differenzen $$a^{z_n} - a^{y_n}$$

fast alle größer als $s - r'$. Bedenkt man aber, daß $$a^{z_n} - a^{y_n} = a^{y_n}\left(a^{z_n - y_n} - 1\right) < a^l \left(a^{z_n - y_n} - 1\right)$$

und $$\lim \left(z_n - y_n\right) = 0$$

ist, so ergibt sich $\qquad \lim \left(a^{z_n} - a^{y_n}\right) = 0$,

während doch fast alle $a^{z_n} - a^{y_n}$ größer als $s - r'$ sind.

Wir wissen jetzt, daß a^{x_1}, a^{x_2}, a^{x_3}, . . . eine konvergente Folge ist. Den Grenzwert dieser Folge setzen wir gleich a^x, wobei $x = \lim x_n$.

---

1) Wir benutzen hier, daß $a^x < a^y$ ist, sobald $x < y$ In der Tat hat man $y = x + z$ $(z > 0)$ und $a^y = a^x a^z > a^x$, weil $a^z > 1$ ist, was unmittelbar aus der Definition und aus § 34 (Schluß) hervorgeht.

Er ist unabhängig davon, welche nach x konvergierende rationale Folge man benutzt. Ist nämlich

$$\lim x_n = \lim \bar{x}_n = x, \quad (x_n, \bar{x}_n \text{ rational})$$

so konvergiert auch $x_1, \bar{x}_1, x_2, \bar{x}_2, \ldots$ nach x. Mithin ist

$$a^{x_1}, a^{\bar{x}_1}, a^{x_2}, a^{\bar{x}_2}, \ldots$$

konvergent. Alle Teilfolgen einer konvergenten Folge haben aber denselben Grenzwert. Man hat also insbesondere

$$\lim a^{x_n} = \lim a^{\bar{x}_n}.$$

Ist x rational, so ergibt sich kein Widerspruch. Wir dürfen dann nämlich alle x_n gleich x annehmen.

Nunmehr ist a^x für alle reellen x definiert. Man nennt a^x eine **Exponentialfunktion**.

Es ist leicht, die Formeln

$$a^{x+y} = a^x a^y, \quad (a^x)^y = a^{xy}, \quad (ab)^x = a^x b^x$$
$$(a > 0, \ b > 0),$$

die in § 35 nur für rationale x, y aufgestellt wurden, für beliebige reelle x, y zu beweisen.

Ebenso leicht überzeugt man sich, daß $a^z > 1$ ist $(a > 1)$, sobald $z > 0$. Wählt man nämlich eine Rationalzahl r zwischen 0 und z, so ist $a^r > 1$. Wenn nun $\lim z_n = z$ ist (z_n rational), so werden fast alle z_n größer als r sein, folglich fast alle a^{z_n} größer als a^r, also $\lim a^{z_n}$ sicher nicht kleiner als a^r, d. h. größer als 1.

Wenn $x < y$, so ist $a^x < a^y$. Denn man hat

$$y = x + z \quad \text{und} \quad z > 0,$$

also $a^z > 1$, mithin $\qquad a^y = a^x a^z > a^x.$

a^x nimmt demnach bei wachsendem x beständig zu.

§ 39. **Stetigkeit von a^x.** Wir wollen zeigen, daß aus

$$\lim x_n = x \quad \text{immer folgt} \quad \lim a^{x_n} = a^x.$$

Die Rationalzahl r_n läßt sich so wählen, daß

$$r_n < x_n < r_n + \frac{1}{n}$$

ist. Da $$x_n - r_n \quad \text{und} \quad \left(r_n + \frac{1}{n}\right) - x_n$$

beide zwischen 0 und $1/n$ liegen, ist

$$\lim r_n = x \quad \text{und} \quad \lim \left(r_n + \frac{1}{n}\right) = x.$$

Andererseits hat man $\quad a^{r_n} < a^{x_n} < a^{r_n + \frac{1}{n}}.$

a^{x_n} ist also zwischen zwei Zahlen eingeschlossen, die nach a^x konvergieren. Folglich konvergiert a^{x_n} ebenfalls nach a^x.

§ 40. **Logarithmen zur Basis** a. Die Exponentialfunktion a^x $(a > 1)$ hat lauter positive Werte. Denn es ist $a^0 = 1$, $a^x > 1$ (für $x > 0$), und für $x < 0$ ist a^x ebenfalls positiv, weil $a^x = 1/a^{-x}$.

Hat man ein beliebiges positives y, so läßt sich die positive ganze Zahl n so wählen, daß

$$a^{-n} < y < a^n$$

wird. Da nämlich

$$a^n > 1 + n(a-1) \quad \text{und} \quad a^{-n} < \frac{1}{1 + n(a-1)}$$

ist, so braucht man nur dafür zu sorgen, daß die Ungleichungen

$$\frac{1}{1 + n(a-1)} < y < 1 + n(a-1)$$

gelten. Diese sind aber gleichbedeutend mit

$$n > \frac{1 - y}{(a-1)y} \quad \text{und} \quad n > \frac{y-1}{a-1}.$$

Nach § 33 gibt es also zwischen $-n$ und n eine Zahl x, so daß $a^x = y$ ist, und da a^x mit wachsendem x beständig zunimmt, existiert nur ein solches x. Dieses x nennt man den Logarithmus von y zur Basis a und schreibt

$$x = \operatorname{Log} y.$$

$\operatorname{Log} y$ ist nur für positive y definiert.

Aus der Definition ergibt sich unmittelbar, daß $\operatorname{Log} y$ mit wachsendem y beständig zunimmt. Ebenso leicht findet man die Formeln

$$\operatorname{Log}(xy) = \operatorname{Log} x + \operatorname{Log} y \quad \text{und} \quad \operatorname{Log}(x^y) = y \operatorname{Log} x.$$

In der ersten sind x und y beide positiv, in der zweiten braucht nur x positiv zu sein.

§ 41. **Stetigkeit von Log x.** Es sei

$$\lim x_n = x,$$

und x sowie alle x_n seien positiv. Dann lassen sich zwei positive Zahlen k und $l\ (> k)$ wählen[1]), so daß alle x_n in (k, l) liegen. Die Folge

$$\operatorname{Log} x_1,\ \operatorname{Log} x_2,\ \operatorname{Log} x_3,\ \ldots$$

ist also beschränkt, da alle ihre Glieder zwischen $\operatorname{Log} k$ und $\operatorname{Log} l$ enthalten sind. Ist y ein Häufungswert der Folge und

$$\operatorname{Log} x_1',\ \operatorname{Log} x_2',\ \operatorname{Log} x_3',\ \ldots$$

eine Teilfolge mit dem Grenzwert y, so wird

$$\lim x_n' = \lim a^{\operatorname{Log} x_n'} \quad \text{oder} \quad x = a^y.$$

Es kann daher nur einen Häufungswert geben, und er ist gleich $\operatorname{Log} x$. Man hat also $\lim \operatorname{Log} x_n = \operatorname{Log} x$.

§ 42. **Natürliche Logarithmen.** Setzt man in der Hilfsformel aus § 36

$$h = -\frac{1}{n^2},$$

so ergibt sich nach einer leichten Umformung

$$\left(1 + \frac{1}{n-1}\right)^{n-1} < \left(1 + \frac{1}{n}\right)^{n}.$$

Die Folge $\quad \left(1 + \frac{1}{1}\right)^{1},\ \left(1 + \frac{1}{2}\right)^{2},\ \left(1 + \frac{1}{3}\right)^{3},\ \ldots$

ist hiernach aufsteigend.

Setzt man in der erwähnten Hilfsformel

$$h = \frac{1}{n^2 - 1},$$

so erhält man zunächst

$$\left(1 + \frac{1}{n^2 - 1}\right)^{n} > 1 + \frac{n}{n^2 - 1}$$

oder, da

$$\frac{n}{n^2 - 1} > \frac{n}{n^2}$$

ist,

$$\left(1 + \frac{1}{n^2 - 1}\right)^{n} > 1 + \frac{1}{n}$$

---

1) Man wähle zunächst k' und l' so, daß $0 < k' < x < l'$ ist. Nur eine endliche Anzahl von x_n liegt dann nicht in (k', l'). Diese x_n und k', l' müssen in (k, l) enthalten sein.

und schließlich $$\left(1 + \frac{1}{n-1}\right)^n > \left(1 + \frac{1}{n}\right)^{n+1}.$$

Die Folge $$\left(1 + \frac{1}{1}\right)^2, \ \left(1 + \frac{1}{2}\right)^3, \ \left(1 + \frac{1}{3}\right)^4, \ \ldots$$

ist also absteigend.

Diese Folge ist aber beschränkt. Sie hat daher einen Grenzwert, der mit e bezeichnet wird, so daß also

$$e = \lim \left(1 + \frac{1}{n}\right)^{n+1} \quad \text{ist.}$$

Weil nun $$\left(1 + \frac{1}{n}\right)^n = \frac{\left(1 + \frac{1}{n}\right)^{n+1}}{1 + \frac{1}{n}}$$

und $$\lim \left(1 + \frac{1}{n}\right) = 1$$

ist, so hat man auch $$e = \lim \left(1 + \frac{1}{n}\right)^n.$$

Die Bezeichnung e rührt von Euler her.

Wir haben e sowohl als Grenzwert einer absteigenden als auch einer aufsteigenden Folge dargestellt. Nach § 16 ist also für $n = 2, 3, 4, \ldots$

$$\left(1 + \frac{1}{n}\right)^n < e < \left(1 + \frac{1}{n}\right)^{n+1}.$$

Diese Zahl e hat man zur Basis eines Logarithmensystems gemacht und nennt die Logarithmen zur Basis e natürliche Logarithmen Zur Bezeichnung des natürlichen Logarithmus von x benutzen wir das Symbol $\log x$.

§ 43. **Andere Folgen mit dem Grenzwert e.** Wenn fast alle Glieder der Folge $a_1, a_2, a_3, \ldots$ größer als g sind, wie man auch die Zahl g wählen mag, so wollen wir sagen, daß a_n positiv unendlich wird.

Wir wollen annehmen, daß sämtliche a_n größer als 1 sind.[1]

v_n sei die größte ganze Zahl, die kleiner oder gleich a_n ist. Dann hat man $$0 \leq a_n - v_n < 1,$$

---

so daß auch v_n positiv unendlich wird. Nun ist aber

$$1 + \frac{1}{v_n + 1} < 1 + \frac{1}{a_n} \leqq 1 + \frac{1}{v_n},$$

also[1])
$$\left(1 + \frac{1}{v_n + 1}\right)^{a_n} < \left(1 + \frac{1}{a_n}\right)^{a_n} \leqq \left(1 + \frac{1}{v_n}\right)^{a_n}$$

und daher
$$\left(1 + \frac{1}{v_n + 1}\right)^{v_n} < \left(1 + \frac{1}{a_n}\right)^{a_n} < \left(1 + \frac{1}{v_n}\right)^{v_n + 1}$$

Da nun
$$\left(1 + \frac{1}{m + 1}\right)^{m} \quad \text{und} \quad \left(1 + \frac{1}{m}\right)^{m + 1}.$$

$$(m = 1, 2, 3, \ldots)$$

beide den Grenzwert e haben, läßt sich g so wählen, daß diese Zahlen für $m > g$ in $(e - \varepsilon,\ e + \varepsilon)$ liegen $(\varepsilon > 0)$. Fast alle v_n sind aber größer als g. Also sind auch die Zahlen

$$\left(1 + \frac{1}{v_n + 1}\right)^{v_n}, \quad \left(1 + \frac{1}{v_n}\right)^{v_n + 1}$$

fast alle in $(e - \varepsilon,\ e + \varepsilon)$ enthalten. Dasselbe gilt daher von den Zahlen
$$\left(1 + \frac{1}{a_n}\right)^{a_n},$$

so daß
$$\lim \left(1 + \frac{1}{a_n}\right)^{a_n} = e \quad \text{ist.}$$

$b_1,\ b_2,\ b_3,\ \ldots$ sei eine Folge von der Beschaffenheit, daß $- b_n$ positiv unendlich wird. Man sagt dann, daß b_n negativ unendlich wird.

Wir wollen annehmen, daß sämtliche b_n kleiner als $- 1$ sind.[2]) Setzen wir dann $b_n = - 1 - a_n$, so sind alle a_n positiv, und es wird

$$\left(1 + \frac{1}{b_n}\right)^{b_n} = \left(\frac{a_n}{a_n + 1}\right)^{-a_n - 1} = \left(1 + \frac{1}{a_n}\right)^{a_n} \left(1 + \frac{1}{a_n}\right).$$

Da $1/a_n$ nach Null konvergiert, so ergibt sich

$$\lim \left(1 + \frac{1}{b_n}\right)^{b_n} = e.$$

---

[1]) Wenn $z > 0$, so ist $a^z > b^z$ $(a > b > 0)$. In der Tat wird $a/b = c > 1$ und $a^z = b^z c^z > b^z$.

[2]) Nur eine endliche Anzahl von b_n braucht man zu diesem Zweck zu streichen

Zusammenfassend können wir also sagen, daß

$$\lim \left(1 + \frac{1}{\omega}\right)^{\omega} = e$$

ist, wenn $|\omega|$ unendlich[1]) wird.

Die Aussagen „$|\omega|$ wird unendlich" und

$$\text{„}\lim \frac{1}{\omega} = 0\text{"}$$

sind völlig gleichbedeutend. Wir können daher unser Resultat auch so aussprechen:

Wenn h nach Null konvergiert, aber immer ungleich Null bleibt, so wird

$$\lim \left\{ (1 + h)^{\frac{1}{h}} \right\} = e.$$

§ 44. Grenzwert von $(a^h - 1):h$. Wir setzen $a > 1$ voraus. $h\ (\gtrless 0)$ soll nach Null konvergieren. Dann ist, wie wir wissen, $\lim a^h$ gleich 1, aber a^h von 1 verschieden, also

$$a^h = 1 + k\ (k \gtrless 0) \quad \text{und} \quad \lim k = 0.$$

Da
$$h \log a = \log (1 + k),$$

so hat man
$$\frac{a^h - 1}{h} = \frac{k \log a}{\log (1 + k)} = \frac{\log a}{\log \left\{ (1 + k^{\frac{1}{k}}) \right\}}.$$

Nach § 43 ist aber $\lim \left\{ (1 + k)^{\frac{1}{k}} \right\} = e$,

also nach § 41 $\lim \log \left\{ (1 + k)^{\frac{1}{k}} \right\} = \log e = 1$,

folglich
$$\lim \frac{a^h - 1}{h} = \log a.$$

Diese Formel gilt auch für $a = 1$, weil dann beide Seiten gleich Null werden.

Im Falle $0 < a < 1$ setze man $a = 1/b$. Dann wird

$$\lim \frac{a^h - 1}{h} = \lim \frac{1 - b^h}{h b^h} = -\lim \frac{1}{b^h} \frac{b^h - 1}{h},$$

also
$$\lim \frac{a^h - 1}{h} = -\log b = \log a.$$

---

1) Es genügt in diesem Falle „unendlich" statt „positiv unendlich" zu sagen.

Kapitel V.

Geometrische Interpretation der Zahlen und Funktionen.

§45. Versinnlichung der reellen Zahlen durch die Punkte einer Geraden.[1]) Wir benutzen zur Versinnlichung der reellen Zahlen eine Gerade, die wir die Zahlenlinie nennen. Auf ihr werden zwei verschiedene Punkte O und E gewählt. O heißt der Nullpunkt oder Anfangspunkt und E der Einheitspunkt.

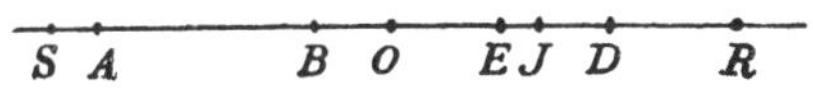

S A   B O   EJ D   R
Fig. 1.

Wird eine positive Rationalzahl r vorgelegt, so ordnen wir ihr einen Punkt R der Zahlenlinie zu, der mit E auf derselben Seite von O liegt, und zwar so, daß OR sich zu OE verhält wie r zu 1. Wenn also $r = m/n$ ist (m, n positive ganze Zahlen), so tragen wir den n-ten Teil von OE von O aus m-mal nach der Seite hin ab, auf welcher E liegt.

Den Punkt R nennen wir den Bildpunkt von r oder kurz den Punkt r. E ist der Bildpunkt der Zahl 1. Daher haben wir E den Einheitspunkt genannt.

Ist s eine negative Rationalzahl, also $s = - m/n$ (m, n positive ganze Zahlen), so tragen wir den n-ten Teil von OE von O aus m-mal nach der Seite hin ab, auf welcher E nicht liegt. Dadurch gewinnen wir einen Punkt S, der der Bildpunkt von s oder kurz der Punkt s heißen möge.

Betrachten wir schließlich noch O als den Bildpunkt der Zahl Null, so hat jede Rationalzahl ihren Bildpunkt. Wir nennen diese Bildpunkte die rationalen Punkte.

In Fig. 1 liegt E rechts von O. Sind r und r' zwei verschiedene Rationalzahlen und R bzw. R' ihre Bildpunkte, so liegt R' rechts oder links von R, je nachdem $r' > r$ oder $r' < r$ ist.

Außer den rationalen Punkten gibt es auf der Zahlenlinie noch andre, die man als irrationale bezeichnet. Konstruiert man z. B. ein

---

1) Von einer Erörterung der hier zugrunde liegenden geometrischen Axiome sehen wir ab.

Quadrat mit der Seite OE und macht OJ gleich der Diagonale dieses Quadrats, so kann J kein rationaler Punkt sein. Wäre er nämlich der Bildpunkt der Rationalzahl r, so müßte nach dem Satze des Pythagoras $r^2 = 2$ sein, was, wie wir wissen, unmöglich ist.

Ein irrationaler Punkt J führt zu einer Einteilung aller rationalen Punkte in zwei Klassen. Zu der ersten oder unteren Klasse rechnen wir alle rationalen Punkte, die links von J liegen, zu der zweiten oder oberen Klasse alle rationalen Punkte, die rechts von J liegen. Jeder Punkt der unteren Klasse liegt dann links von jedem Punkt der oberen Klasse. Ersetzen wir jeden rationalen Punkt durch die Rationalzahl, deren Bildpunkt er ist, so erhalten wir einen Schnitt (vgl. § 2). α sei die Zahl, die durch ihn bestimmt wird. Sie ist irrational; denn zwischen jedem rationalen Punkt und dem Punkt J gibt es noch andre rationale Punkte, so daß in der unteren Klasse kein Punkt am weitesten rechts und in der oberen Klasse keiner am weitesten links liegt. Wir wollen nun J als den Bildpunkt der Irrationalzahl α betrachten und ihn kurz den Punkt α nennen.

Jeder Punkt der Zahlenlinie ist also der Bildpunkt einer reellen Zahl. Man nennt diese Zahl die Abszisse des Punktes (in bezug auf den Nullpunkt O und den Einheitspunkt E). Sind P_1 und P_2 zwei verschiedene Punkte, so sind auch ihre Abszissen x_1 und x_2 verschieden und zwar liegt P_2 rechts oder links von P_1, je nachdem $x_2 > x_1$ oder $x_2 < x_1$ ist.[1])

Gibt es nun zu jeder Irrationalzahl einen Punkt, dessen Abszisse sie ist? Es liegt im Wesen unserer Raumanschauung, daß wir diese Frage nur durch ein Axiom erledigen können.

Gehörte zu der Irrationalzahl α kein Bildpunkt, so zerfielen die sämtlichen Punkte der Zahlenlinie in zwei Klassen:

1. Punkte, deren Abszisse kleiner als α ist.

2. Punkte, deren Abszisse größer als α ist.

Jeder Punkt der unteren Klasse befände sich links von jedem

---

1) Für den Fall, daß P_1 und P_2 irrationale Punkte sind, folgt dies daraus, daß zwischen P_1 und P_2 rationale Punkte liegen (vgl. § 6).

Punkt der oberen Klasse, und in der unteren Klasse läge kein Punkt am weitesten links, weil es zwischen zwei Zahlen immer noch andere gibt.

Wir stellen es nun als Axiom auf, daß etwas Derartiges nicht vorkommt (Stetigkeitsaxiom). Dann hat jede Irrationalzahl ihren Bildpunkt auf der Zahlenlinie.

Zwischen den reellen Zahlen und den Punkten der Zahlenlinie findet, wie man sagt, ein eineindeutiges Entsprechen statt. Jede Zahl hat einen bestimmten Bildpunkt auf der Zahlenlinie und jeder Punkt der Zahlenlinie ist der Bildpunkt einer bestimmten Zahl.

§ 46. **Streckenmessung.** Zwei Punkte A und B der Zahlenlinie bestimmen in dieser Reihenfolge eine Strecke. A heißt der Anfangspunkt, B der Endpunkt der Strecke. Je nachdem B rechts oder links von A liegt, tragen wir von O aus nach rechts oder links OD gleich AB ab. Die Abszisse von D nennen wir die Maßzahl der Strecke AB und bezeichnen sie mit $\overline{AB}$.

Hiernach ist die Abszisse eines Punktes P nichts anderes als $\overline{OP}$

Wenn a die Abszisse von A und b die Abszisse von B, so ist die Maßzahl der Strecke AB gleich $b - a$.

Sind a und b rational, so bedarf der Satz keines Beweises. Sind sie irrational, so lassen sich die Rationalzahlen a_n und b_n so wählen,

daß
$$a_n < a < a_n + \frac{1}{n}, \quad b_n < b < b_n + \frac{1}{n}$$

ist (vgl. § 9). P_n, Q_n seien die Bildpunkte von a_n bzw. b_n und P_n', Q_n' die von $a_n + \frac{1}{n}$ bzw. $b_n + \frac{1}{n}$.

Dann liegt $\overline{AB}$ sicher zwischen $\overline{P_n Q_n'}$ und $\overline{P_n' Q_n}$, also zwischen
$$b_n - a_n + \frac{1}{n} \quad \text{und} \quad b_n - a_n - \frac{1}{n}.$$

Da diese beiden Zahlen nach $b - a$ konvergieren, so ist
$$\overline{AB} = b - a.$$

Sind A, B, C drei beliebige Punkte der Zahlenlinie (a, b, c ihre Abszissen), so hat man immer
$$\overline{AB} + \overline{BC} + \overline{CA} = 0,$$

weil $(b - a) + (c - b) + (a - c) = 0$ ist.

Fallen B und C zusammen, so wird $\overline{BC} = 0$, und die Formel lautet

$$\overline{AB} + \overline{BA} = 0 \quad \text{oder} \quad \overline{AB} = -\overline{BA}.$$

Vier Punkte A, B, C, D der Zahlenlinie (mit den Abszissen a, b, c, d) erfüllen die von Euler angegebene Relation

$$\overline{AB} \cdot \overline{CD} + \overline{AC} \cdot \overline{DB} + \overline{AD} \cdot \overline{BC} = 0.$$

In der Tat ist

$$(b - a)(d - c) + (c - a)(b - d) + (d - a)(c - b) = 0.$$

Bemerkung. Wählt man die Punkte O' und E' so, daß

$$\overline{O'E'} = 1$$

ist, so hat AB in bezug auf O' und E' dieselbe Maßzahl wie in bezug auf O und E.

§ 47. **Versinnlichung der Zahlenpaare durch die Punkte einer Ebene.** Zwei reelle Zahlen x_1, x_2 bilden in dieser Reihenfolge ein Zahlenpaar. x_1 heißt die erste, x_2 zweite Zahl des Paares.

Wir ziehen in einer Ebene durch einen Punkt O, den wir den Anfangspunkt nennen, zwei verschiedene Geraden (Koordinatenachsen). Auf jeder von ihnen wählen wir einen von O verschiedenen Punkt E_1 bzw. E_2.[1])

Auf der Geraden OE_1 benutzen wir O als Nullpunkt, E_1 als Einheitspunkt, ebenso auf OE_2 O als Nullpunkt, E_2 als Einheitspunkt.

Ist nun P_1 der Bildpunkt von x_1 auf der Geraden OE_1 und P_2 der Bildpunkt von x_2 auf der Geraden OE_2, so ziehen wir durch P_1 und P_2 Parallelen zu OE_2 bz. OE_1 und erhalten dadurch den Punkt P. Ihn nennen wir den Bildpunkt des Zahlenpaares x_1, x_2 oder kurz den Punkt (x_1, x_2).

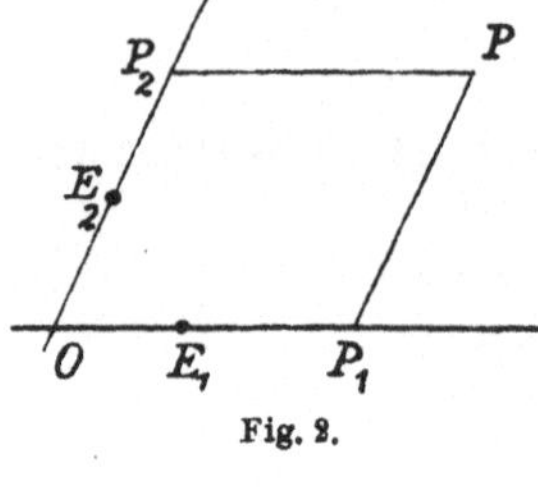

Fig. 2.

oder kurz den Punkt (x_1, x_2).

---

1) Man nimmt gewöhnlich OE_1 und OE_2 gleich lang an. Anstatt E_1 und E_2 in die Figur hineinzuzeichnen, macht man durch Pfeile kenntlich, auf welcher Seite die Einheitspunkte liegen.

Auf diese Weise ist zwischen den Zahlenpaaren und den Punkten der Ebene ein eineindeutiges Entsprechen hergestellt. Jedes Zahlenpaar hat einen bestimmten Bildpunkt in der Ebene, und jeder Punkt der Ebene ist der Bildpunkt eines bestimmten Zahlenpaares.

x_1, x_2 nennt man die Koordinaten des Punktes P.

Man pflegt auf parallelen Geraden die Einheitsstrecken[1]) so zu wählen, daß sie durch eine Parallelverschiebung zur Deckung gebracht werden können.

Hiernach ist
$$x_1 = \overline{OP_1} = \overline{P_2 P}$$
und
$$x_2 = \overline{OP_2} = \overline{P_1 P}.$$

§ 48. **Bildkurve einer Funktion.** Um eine geometrische Darstellung einer Funktion $y = f(x)$ zu erhalten, bedient man sich der in § 47 dargelegten Versinnlichung der Zahlenpaare durch die Punkte einer Ebene.

Jedem Wert der unabhängigen Veränderlichen entspricht ein Zahlenpaar
$$x, f(x),$$
das in der Ebene seinen Bildpunkt hat. Den Inbegriff der so erhaltenen Bildpunkte nennt man die Bildkurve der Funktion $f(x)$ und $y = f(x)$ die Gleichung dieser Kurve.

Durch die Bildkurve ist die Funktion vollkommen bestimmt. Denn aus der Bildkurve kann man ablesen, welcher Funktionswert jedem Wert der unabhängigen Veränderlichen x entspricht.

Wenn $f(x)$ eine Konstante ist, so ist die Bildkurve eine Parallele zur x-Achse.[2])

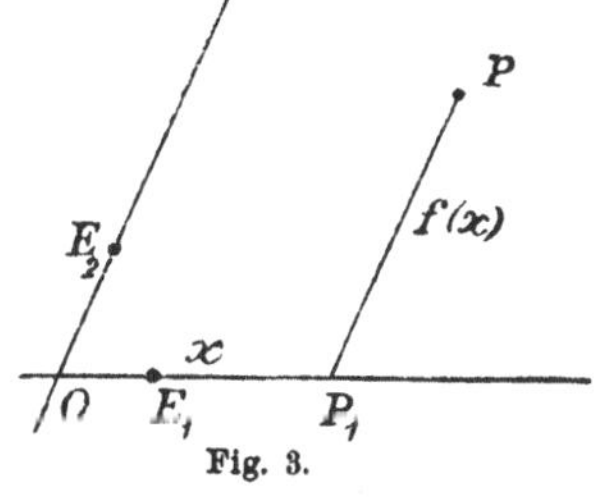
Fig. 3.

Die Bildkurve einer ganzen rationalen Funktion ersten Grades
$$y = a_0 x + a_1 \qquad (a_0 \gtrless 0)$$
ist eine Gerade, die aber nicht zur x-Achse parallel ist.

---

1) Eine Einheitsstrecke ist eine Strecke mit der Maßzahl 1.

2) OE_1 nennen wir hier die x-Achse, OE_2 die y-Achse.

Die Bildkurve einer ganzen rationalen Funktion z w e i t e n Grades ist eine P a r a b e l.

Die Bildkurve von $\qquad y = \sqrt{a^2 - x^2}$ $\qquad\qquad (- a \leqq x \leqq a)$

ist, wenn wir die Koordinatenachsen senkrecht zueinander annehmen, ein H a l b k r e i s vom Radius a.

§ 49. Versinnlichung der Zahlentripel durch die Punkte des Raumes.

Drei reelle Zahlen x_1, x_2, x_3 bilden in dieser Reihenfolge ein Z a h l e n t r i p e l. x_1 heißt die e r s t e, x_2 die z w e i t e, x_3 die d r i t t e Zahl des Tripels.

Durch einen Punkt O des Raumes, den wir den A n f a n g s-p u n k t nennen, ziehen wir drei Geraden, die nicht in einer Ebene liegen. Sie heißen die K o o r d i n a t e n a c h s e n und die drei E b e n e n die sie paarweise bestimmen, die Koordinatenebenen. Auf jeder

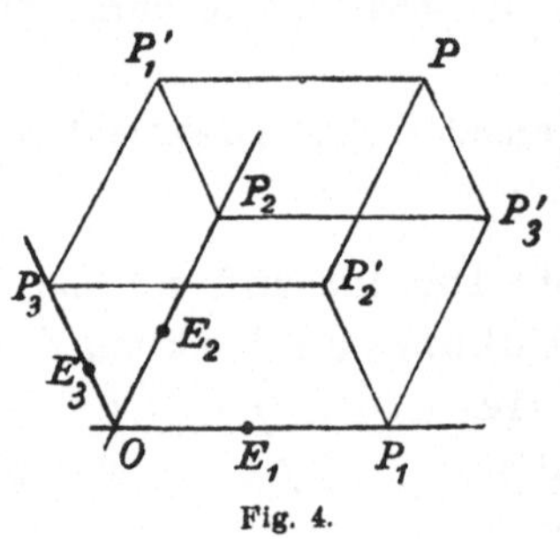

Koordinatenachse wählen wir einen von O verschiedenen Punkt (E_1 bzw. E_2 bzw. E_3).

Auf $O E_n$ ($n = 1, 2, 3$) benutzen wir O als Nullpunkt, E_n als Einheitspunkt.

Ist nun P_n der Bildpunkt von x_n auf $O E_n$, so legen wir durch P_1, P_2, P_3 Parallelebenen zu den Koordinatenebenen und erhalten dadurch den Punkt P.

Fig. 4.

Ihn nennen wir den B i l d p u n k t des Tripels x_1, x_2, x_3 oder kurz den P u n k t (x_1, x_2, x_3).

Auf diese Weise ist zwischen den Zahlentripeln und den Punkten des Raumes ein e i n e i n d e u t i g e s E n t s p r e c h e n hergestellt. Jedes Zahlentripel hat einen bestimmten Bildpunkt im Raume und jeder Punkt des Raumes ist der Bildpunkt eines bestimmten Zahlentripels.

x_1, x_2, x_3 nennt man die K o o r d i n a t e n von P.

x_2, x_3 sind die Koordinaten von $P_1{}'$ in der Ebene $O E_2 E_3$, ebenso x_3, x_1 die Koordinaten von $P_2{}'$ in der Ebene $O E_3 E_1$ und x_1, x_2 die Koordinaten von $P_3{}'$ in der Ebene $O E_1 E_2$.

§ 50. Funktionen von zwei Veränderlichen. $\mathfrak{M}$ sei irgendeine Menge von lauter verschiedenen Zahlenpaaren oder, geometrisch gesprochen, eine Menge von lauter verschiedenen Punkten einer Ebene.

Ist jedem Punkt von $\mathfrak{M}$ eine Zahl zugeordnet, so sagt man, daß in $\mathfrak{M}$ eine **Funktion** definiert ist.

Die zugeordneten Zahlen wollen wir als die Werte einer Veränderlichen z betrachten. Ferner wollen wir festsetzen, daß das Buchstabenpaar x, y jedes Zahlenpaar in $\mathfrak{M}$ bedeuten kann. Ein solches Buchstabenpaar möge ein **Variablenpaar** heißen, jedes Zahlenpaar in $\mathfrak{M}$ ein **Wertsystem** und $\mathfrak{M}$ der **Bereich** des Variablenpaares.

Es entspricht dann jedem Wertsystem von x, y ein Wert von z.

Man nennt z eine **Funktion** von x, y und schreibt[1])

$$z = f(x, y).$$

$\mathfrak{M}$ heißt der **Definitionsbereich** dieser Funktion.

Um eine geometrische Darstellung von $f(x, y)$ zu gewinnen, bedient man sich der in § 49 dargelegten Versinnlichung der Zahlentripel durch die Punkte des Raumes. Jedem Wertsystem von x, y entspricht ein Zahlentripel

$$x, y, f(x, y),$$

das seinen Bildpunkt im Raume hat. Den Inbegriff der so erhaltenen Bildpunkte nennt man die **Bildfläche** der Funktion $f(x, y)$ und $z = f(x, y)$ die **Gleichung dieser Fläche**,

$$z = ax + by + c \qquad (a, b, c \text{ Konstanten})$$

ist z. B. die Gleichung einer **Ebene**.

§ 51. Stetigkeit. (x_0, y_0) sei eine Stelle im Bereich $\mathfrak{M}$, und es sei möglich, in $\mathfrak{M}$ die Punkte

$$(x_1, y_1), (x_2, y_2), (x_3, y_3), \ldots$$

so zu wählen, daß (x_n, y_n) von (x_0, y_0) verschieden und

$$\lim x_n = x_0 \quad \text{und} \quad \lim y_n = y_0$$

---

1) Gelesen wird diese Formel: „z gleich f von x, y". Statt f kann man auch **andre Buchstaben** benutzen.

4*

ist.[1]) Wenn dann immer

$$\lim f(x_n, y_n) = f(x_0, y_0)$$

ist, so nennt man $f(x, y)$ an der Stelle (x_0, y_0) stetig. Andernfalls heißt $f(x, y)$ an der Stelle (x_0, y_0) unstetig.

Eine Folge (x_1, y_1), (x_2, y_2), (x_3, y_3), ... von der obigen Beschaffenheit existiert dann und nur dann, wenn in jeder Umgebung[2]) von (x_0, y_0) ein von (x_0, y_0) verschiedener Punkt der Menge $\mathfrak{M}$ vorhanden ist.[3])

Gibt es in $\mathfrak{M}$ keine Punktfolge, die nach (x_0, y_0) konvergiert, so nennt man (x_0, y_0) einen isolierten Punkt von $\mathfrak{M}$. In einem solchen Punkte von Stetigkeit zu reden, hat keinen Sinn.

§ 52. Funktionen von n Veränderlichen.[4])

$\mathfrak{M}$ sei irgend eine Menge von lauter verschiedenen Zahlentripeln oder, geometrisch gesprochen, eine Menge von lauter verschiedenen Punkten im Raume.[5])

Ist jedem Punkt von $\mathfrak{M}$ eine Zahl zugeordnet, so sagt man, daß in $\mathfrak{M}$ eine Funktion definiert ist.

Die zugeordneten Zahlen wollen wir als die Werte einer Veränderlichen u betrachten. Ferner wollen wir festsetzen, daß das Buchstabentripel x, y, z jedes Zahlentripel in $\mathfrak{M}$ bedeuten kann. Ein solches Buchstabentripel möge ein Variablentripel heißen, jedes

---

1) Wenn $\lim x_n = x_0$ und $\lim y_n = y_0$ ist, so sagt man, daß der Punkt (x_n, y_n) oder die Punktfolge (x_1, y_1), (x_2, y_2), (x_3, y_3), ... nach (x_0, y_0) konvergiert.

2) (a, a') sei eine Umgebung von x_0 und (b, b') eine Umgebung von y_0 (vgl. § 10). Dann bilden diejenigen Punkte, deren Koordinaten den Bedingungen $a < x < a'$ und $b < y < b'$ genügen, eine Umgebung von (x_0, y_0). Nur in diesem Sinne werden wir das Wort gebrauchen. Eine solche Umgebung wird gebildet von den inneren Punkten eines Parallelogramms, dessen Seiten zu den Koordinatenachsen parallel sind und das (x_0, y_0) in seinem Innern enthält.

3) Beweis ähnlich wie in § 31.

4) Der Einfachheit halber besprechen wir nur den Fall $n = 3$.

5) Im Falle $n > 3$ ist eine solche geometrische Darstellung nicht möglich. Trotzdem bedient man sich der geometrischen Ausdrucksweise und spricht von Punkten in einem n-dimensionalen Raum.

Zahlentripel in $\mathfrak{M}$ ein Wertsystem und $\mathfrak{M}$ der Bereich des Variablentripels.

Es entspricht dann jedem Wertsystem von x, y, z ein Wert von u. Man nennt u eine Funktion von x, y, z und schreibt [1])

$$u = f(x, y, z).$$

$\mathfrak{M}$ heißt der Definitionsbereich dieser Funktion.

(x_0, y_0, z_0) sei eine Stelle im Bereich $\mathfrak{M}$, und sie sei nicht isoliert, d. h. es sei möglich, in $\mathfrak{M}$ die Punkte

$$(x_1, y_1, z_1), (x_2, y_2, z_2), (x_3, y_3, z_3), \ldots$$

so zu wählen, daß (x_n, y_n, z_n) von (x_0, y_0, z_0) verschieden und

$$\lim x_n = x_0, \quad \lim y_n = y_0, \quad \lim z_n = z_0$$

ist.[2]) Wenn dann immer

$$\lim f(x_n, y_n, z_n) = f(x_0, y_0, z_0)$$

ist, so nennt man $f(x, y, z)$ an der Stelle (x_0, y_0, z_0) stetig. Andernfalls heißt $f(x, y, z)$ an der Stelle (x_0, y_0, z_0) unstetig.

Eine Folge $(x_1, y_1, z_1), (x_2, y_2, z_2), (x_3, y_3, z_3), \ldots$ von der obigen Beschaffenheit existiert dann und nur dann, wenn in jeder Umgebung [3]) von (x_0, y_0, z_0) ein von (x_0, y_0, z_0) verschiedener Punkt der Menge $\mathfrak{M}$ vorhanden ist.

§ 53. **Rationale Funktionen von n Veränderlichen.** $a, b, \ldots$ sei eine endliche Anzahl von Konstanten und $x_1, x_2, \ldots, x_n$ sei ein Variablensystem. Der Bereich von $x_1, x_2, \ldots, x_n$ sei so beschaffen, daß

$$\mathfrak{R}(a, b, \ldots; x_1, x_2, \ldots, x_n)$$

einen Sinn hat, wobei $\mathfrak{R}$ eine rationale Operation bedeuten soll.

Jedem Wertsystem von $x_1, x_2, \ldots, x_n$ ist auf diese Weise eine Zahl zugeordnet.

$$y = \mathfrak{R}(a, b, \ldots; x_1, x_2, \ldots, x_n)$$

---

1) Gelesen wird diese Formel: „u gleich f von x, y, z".

2) Wenn $\lim x_n = x_0$, $\lim y_n = y_0$, $\lim z_n = z_0$ ist, so sagt man, daß der Punkt (x_n, y_n, z_n) oder die Punktfolge $(x_1, y_1, z_1), (x_2, y_2, z_2), (x_3, y_3, z_3), \ldots$ nach $x_0, y_0, z_0)$ konvergiert.

3) (a, a') sei eine Umgebung von x_0, (b, b') eine von y_0, (c, c') eine von z_0. Dann bilden die Punkte, deren Koordinaten den Bedingungen $a < x < a'$, $b < y < b'$ und $c < z < c'$ genügen, eine Umgebung von (x_0, y_0, z_0).

ist also eine Funktion von $x_1, x_2, \ldots, x_n$. Man nennt diese Art von Funktionen rationale Funktionen.

Mit Hilfe von § 26, Nr. 4 erkennt man sofort, daß eine rationale Funktion an jeder Stelle ihres Definitionsbereiches stetig ist.

Kapitel VI.

Differentiation von Funktionen einer Veränderlichen.

§ 54. **Differenzenquotient.** Sind x und $x + h$ zwei verschiedene Werte aus dem Definitionsbereich von $y = f(x)$, so nennt man

$$\frac{f(x + h) - f(x)}{h}$$

einen Differenzenquotienten. Der Nenner ist die Differenz der beiden Werte $x + h$ und x, der Zähler die Differenz der zugehörigen Funktionswerte. Man pflegt den Zähler mit $\Delta f(x)$ oder Δy, den Nenner mit Δx zu bezeichnen, so daß der Differenzenquotient $\Delta f(x) \, \Delta x$ oder $\Delta y / \Delta x$ lautet. Δ soll an das Wort Differenz erinnern.

Der Differenzenquotient hat eine einfache gometrische Bedeutung. P und Q seien die Punkte der Bildkurve, die zu x und $x + h$ gehören. Dann ist (vgl. Fig. 5)

$$\frac{\Delta y}{\Delta x} = \frac{\overline{RQ}}{\overline{PR}} \, .$$

Diesen Quotienten nennt man aber die Richtungskonstante der Geraden PQ. Ist sie gleich a, so lautet die Gleichung der Geraden

$$y = a x + b.$$

Der Differenzenquotient ist also gleich der Richtungskonstanten einer Sekante[1]) der Bildkurve.

§ 55. **Ableitung und Differential.** Wenn jede Folge von Differenzenquotienten

$$\frac{f(x + h_1) - f(x)}{h_1}, \quad \frac{f(x + h_2) - f(x)}{h_2}, \quad \frac{f(x + h_3) - f(x)}{h_3}, \ldots,$$

---

1) Als Sekante einer Kurve bezeichnen wir die Verbindungsgerade zweier Kurvenpunkte.

die die Eigenschaft
$$\lim h_n = 0$$
hat, konvergent ist, so sagen wir, daß $f(x)$ an der Stelle x eine Ableitung besitzt.[1]) Wir verstehen unter der Ableitung den gemeinsamen Grenzwert aller jener Folgen.

Daß ein solcher existiert, läßt sich leicht zeigen. Ist

$$\lim \frac{f(x + h_n) - f(x)}{h_n} = A. \qquad (\lim h_n = 0)$$

und

$$\lim \frac{f(x + \bar{h}_n) - f(x)}{\bar{h}_n} = B, \qquad (\lim \bar{h}_n = 0)$$

so ist auch die Folge

$$\frac{f(x + h_1) - f(x)}{h_1}, \quad \frac{f(x + \bar{h}_1) - f(x)}{\bar{h}_1}, \quad \frac{f(x + h_2) - f(x)}{h_2}, \quad \frac{f(x + \bar{h}_2) - f(x)}{\bar{h}_2}, \ldots$$

konvergent. Alle Teilfolgen haben daher denselben Grenzwert, insbesondere ist also $A = B$.

Wir bezeichnen die Ableitung von $f(x)$ an der Stelle x mit $f'(x)$. Diese Bezeichnung rührt von Lagrange her.

Das Produkt aus $f'(x)$ und einem Zuwachs h nennt man das Differential von $f(x)$ an der Stelle x und bezeichnet es nach Leibniz mit $df(x)$, so daß

$$df(x) = f'(x)h$$

ist. Man pflegt bei allen Funktionen dasselbe h zu benutzen, so daß insbesondere

$$dx = h$$

wird.[2]) Infolgedessen dürfen wir schreiben

$$df(x) = f'(x)dx,$$

und daraus folgt
$$f'(x) = \frac{df(x)}{dx}.$$

Die Ableitung ist also ein Quotient aus zwei Differentialen. Deshalb nennt man sie auch Differentialquotient.

Die Berechnung der Ableitung oder des Differentials heißt Differentiation.

---

1) An einer isolierten Stelle des Definitionsbereichs von einer Ableitung zu reden, hat keinen Sinn.

2) Die Ableitung von $f(x) = x$ ist gleich 1, weil alle Differenzenquotienten gleich 1 sind.

§ 56. Geometrische Interpretation der Ableitung und des Differentials. Wie wir wissen, ist

$$\frac{f(x+h)-f(x)}{h}$$

die Richtungskonstante einer Sekante PQ der Bildkurve von $f(x)$. Der Folge

$$\frac{f(x+h_1)-f(x)}{h_1}, \quad \frac{f(x+h_2)-f(x)}{h_2}, \quad \frac{f(x+h_3)-f(x)}{h_3}, \; \ldots \qquad (\lim h_n = 0)$$

entspricht eine Folge von Sekanten, die alle durch P hindurchgehen

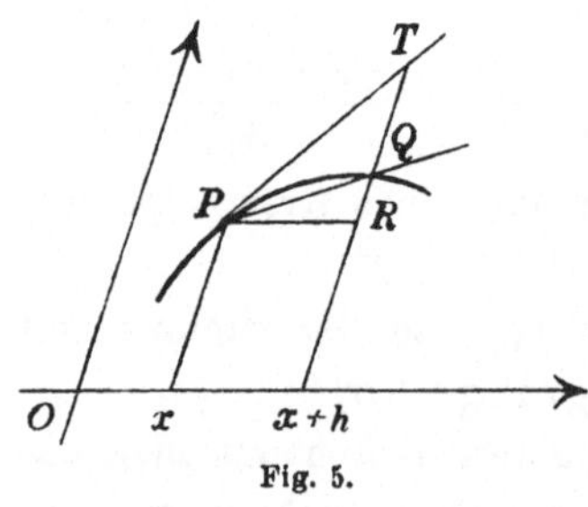

Fig. 5.

und deren Richtungskonstanten den Grenzwert $f'(x)$ haben.[1]) Ziehen wir durch P eine Gerade PT, deren Richtungskonstante gleich $f'(x)$ ist, so wollen wir sie die Grenzlage von PQ nennen.

Man pflegt nun die Tangente unserer Kurve im Punkte P gerade als die Grenzlage von PQ bei nach Null konvergierendem h zu definieren.

Demnach ist die Ableitung gleich der Richtungskonstante der Tangente der Bildkurve.

In Fig. 5 ist
$$\overline{RT} = f'(x)h = df(x).$$

Dagegen ist
$$\overline{RQ} = f(x+h) - f(x) = \Delta f(x).$$

§ 57. Differentiation von $f(x) + g(x)$. Wenn $u = f(x)$ und $v = g(x)$ an der Stelle x Ableitungen besitzen, so hat auch $F(x) = f(x) + g(x)$ an dieser Stelle eine Ableitung, und zwar ist

$$d(u+v) = du + dv$$

In der Tat folgt aus

$$\lim \frac{f(x+h)-f(x)}{h} = f'(x) \qquad (\lim h = 0)$$

und
$$\lim \frac{g(x+h)-g(x)}{h} = g'(x) \qquad (\lim h = 0)$$

---

1) Wir nehmen an, daß $f'(x)$ existiert.

nach § 26

$$\lim \frac{F(x+h)-F(x)}{h} = \lim \frac{f(x+h)-f(x)}{h} + \lim \frac{g(x+h)-g(x)}{h}$$

$$= f'(x) + g'(x).$$

§ 58. **Differentiation von $f(x)\,g(x)$.** Wenn $u = f(x)$ und $v = g(x)$ an der Stelle x Ableitungen besitzen, so hat auch $F(x) = f(x)g(x)$ an dieser Stelle eine Ableitung, und zwar ist

$$d(uv) = v\,du + u\,dv.$$

Man hat nämlich

$$\frac{F(x+h)-F(x)}{h} = g(x)\frac{f(x+h)-f(x)}{h} + f(x)\frac{g(x+h)-g(x)}{h}$$

$$+ \frac{f(x+h)-f(x)}{h} \cdot \frac{g(x+h)-g(x)}{h} \cdot h,$$

mithin für $\lim h = 0$

$$\lim \frac{F(x+h)-F(x)}{h} = g(x)f'(x) + f(x)g'(x).$$

Folgerungen. Wenn $g(x)$ eine Konstante c ist, so wird $g'(x) = 0$, und man hat

$$d(cu) = c\,du.$$

Da

$$u - v = u + (-1)\,v,$$

so wird

$$d(u-v) = du + (-1)\,dv = du - dv.$$

§ 59. **Differentiation von $1:f(x)$.** Wenn $u = f(x)$ an der Stelle x ungleich Null ist und eine Ableitung besitzt, so hat auch $F(x) = 1:f(x)$ an dieser Stelle eine Ableitung, und zwar ist

$$d\left(\frac{1}{u}\right) = -\frac{du}{u^2}.$$

Aus

$$\lim \frac{f(x+h)-f(x)}{h} = f'(x) \qquad (\lim h = 0)$$

folgt[1]

$$\lim f(x+h) = f(x) + \lim \left(\frac{f(x+h)-f(x)}{h} \cdot h\right) = f(x).$$

Da $f(x) \gtrless 0$ ist, so sind auch fast alle $f(x+h)$ ungleich Null, und wir dürfen durch sie dividieren.

---

1) Man sieht, daß die Stetigkeit eine notwendige Bedingung für die Existenz der Ableitung ist.

Nun hat man

$$\frac{F(x+h)-F(x)}{h} = \frac{1}{h}\left\{\frac{1}{f(x+h)} - \frac{1}{f(x)}\right\}$$

$$= -\frac{f(x+h)-f(x)}{h} : f(x)f(x+h),$$

folglich $\qquad\qquad \lim \dfrac{F(x+h)-F(x)}{h} = -\dfrac{f'(x)}{(f(x))^2}.$

Folgerung. Wenn $u = f(x)$ und $v = g(x)$ an der Stelle x Ableitungen besitzen und $f(x)$ an der Stelle x ungleich Null ist, so hat auch $F(x) = g(x) : f(x)$ an dieser Stelle eine Ableitung und zwar ist

$$d\left(\frac{v}{u}\right) = \frac{u\,dv - v\,du}{u^2}.$$

Man hat nämlich $\qquad \dfrac{v}{u} = v \cdot \dfrac{1}{u},$

also $\qquad d\left(\dfrac{u}{v}\right) = \dfrac{1}{u}\,dv + v\,d\left(\dfrac{1}{u}\right) = \dfrac{u\,dv - v\,du}{u^2}.$

§ 60. Differentiation einer Summe und eines Produktes von p Funktionen. Durch wiederholte Anwendung der Differentiationsregeln in § 57 und § 58 findet man folgendes:

Wenn die Funktionen

$$u_1 = f_1(x),\ u_2 = f_2(x),\ \ldots,\ u_p = f_p(x)$$

an der Stelle x Ableitungen besitzen, so hat auch diė Summe

$$u_1 + u_2 + \cdots + u_p$$

an dieser Stelle eine Ableitung, und zwar ist

$$d(u_1 + u_2 + \cdots + u_p) = du_1 + du_2 + \cdots du_p.$$

Ebenso hat das Produkt $\quad u_1 u_2 \ldots u_p$

an der Stelle x eine Ableitung, und zwar ist

$$d(u_1 u_2 \ldots u_p) = (u_1 u_2 \ldots u_p)_1 du_1 + (u_1 u_2 \ldots u_p)_2 du_2 + \cdots$$
$$+ (u_1 u_2 \ldots u_p)_p du_p.$$

Dabei soll $(u_1 u_2 \ldots u_p)_k$ das Produkt bedeuten, das aus $u_1,\ u_2, \ldots,\ u_p$ nach Streichung von u_k entsteht, so daß z. B.

$$(u_1 u_2 \ldots u_p)_1 = u_2 \ldots u_p \qquad\qquad\qquad \text{ist.}$$

§ 61. **Differentiation der rationalen Funktionen.** Wir haben in § 60 gesehen, wie ein Produkt von p Faktoren differenziert wird. Man multipliziert das Differential jedes Faktors mit allen übrigen Faktoren und addiert diese Produkte.

Sind alle p Faktoren gleich der Funktion u, so findet man die Formel
$$d(u^p) = pu^{p-1}du.$$

Im Falle $u = x$ lautet diese Formel
$$d(x^p) = px^{p-1}dx.$$

Wir sind jetzt imstande, eine ganze rationale Funktion
$$G(x) = a_0 x^m + a_1 x^{m-1} + \cdots + a_{m-1} x + a_m$$

zu differenzieren. Dabei brauchen wir nur an § 60 und an die erste Folgerung in § 58 zu denken.

Es ergibt sich
$$d\,G(x) = (ma_0 x^{m-1} + (m-1)a_1 x^{m-2} + \cdots + a_{m-1})dx.$$

Die Ableitung einer ganzen rationalen Funktion m-ten Grades ist also eine ganze rationale Funktion $(m-1)$-ten Grades.

Betrachten wir jetzt die rationale Funktion $G(x) : H(x)$, wobei
$$H(x) = b_0 x^n + b_1 x^{n-1} + \cdots + b_{n-1} x + b_n$$

ist, so haben wir nach § 59
$$d\{G(x) : H(x)\} = \frac{H(x)\,d\,G(x) - G(x)\,d\,H(x)}{(H(x))^2} . \qquad (H(x) \gtrless 0)$$

Die Ableitung einer rationalen Funktion ist also wieder eine rationale Funktion.

§ 62. **Differentiation von a^x.** Da $\dfrac{a^{x+h} - a^x}{h} = \dfrac{a^h - 1}{h} a^x$ ist, so wird (vgl. § 44)
$$\lim \frac{a^{x+h} - a^x}{h} = a^x \lim \frac{a^h - 1}{h} = a^x \log a, \qquad (\lim h = 0)$$

d. h. $d(a^x) = a^x \log a \cdot dx$, und insbesondere $d(e^x) = e^x dx$.

§ 63. **Differentiation von $\log x$.** Wenn $x > 0$ und $\lim h = 0$ ist, so sind auch fast alle $x + h$ größer als Null.

$$\text{Da} \quad \frac{\log (x+h) - \log x}{h} = \frac{1}{x} \frac{\log \left(1 + \frac{h}{x}\right)}{\frac{h}{x}} = \frac{1}{x} \log \left\{ (1 + \bar{h})^{\frac{1}{\bar{h}}} \right\}$$

ist, wenn wir $\bar{h} = \dfrac{h}{x}$ setzen, so hat man

$$\lim \frac{\log (x+h) - \log x}{h} = \frac{1}{x} \log e = \frac{1}{x},$$

d. h. $$d \log x = \frac{dx}{x}.$$

Wenn nämlich $\lim h = 0$ ist, so ist auch $\lim \bar{h} = 0$, und

$$(1 + \bar{h})^{\frac{1}{\bar{h}}} = \bar{e}$$

hat dann den Grenzwert e. Wegen der Stetigkeit von $\log x$ folgt aber aus $\lim \bar{e} = e \qquad \lim \log \bar{e} = \log e = 1$.

Ist $\text{Log}\, x$ der Logarithmus von x zur Basis a (> 0), d. h.

$$x = a^{\text{Log}\, x}, \quad \text{so folgt} \quad \log x = \text{Log}\, x \cdot \log a,$$

also $$\text{Log}\, x = \frac{1}{\log a} \cdot \log x.$$

$\dfrac{1}{\log a} = M$ nennt man den **Modul** der Logarithmen zur Basis a. Mit M muß man die natürlichen Logarithmen multiplizieren, um die Logarithmen zur Basis a zu erhalten.

Durch Differentiation ergibt sich $d \, \text{Log}\, x = \dfrac{M\,dx}{x}$.

§ 64. Differentiation zusammengesetzter Funktionen.

Die Funktion $f(x)$ sei so beschaffen, daß alle ihre Werte dem Definitionsbereich von $F(x)$ angehören.

Dann stellt $F(f(x))$ in dem Definitionsbereich von $f(x)$ eine Funktion von x dar. Man nennt $F(f(x))$ eine **zusammengesetzte Funktion**.

Wenn $f(x)$ an der Stelle x und $F(u)$ an der Stelle $u = f(x)$ stetig ist, so ist $F(f(x))$ an der Stelle x stetig.

Aus $\lim x_n = x$ folgt nämlich immer

$$\lim f(x_n) = f(x) \quad \text{und} \quad \lim F(f(x_n)) = F(f(x)).$$

Wenn $f(x)$ an der Stelle x und $F(u)$ an der Stelle $u = f(x)$ eine Ableitung hat, so hat $F(f(x))$ an der Stelle x eine Ableitung, und zwar ist

$dF(f(x)) = F'(f(x))df(x)$. Setzen wir $f(x + h_n) - f(x) = k_n$, so haben wir die Folge

$$\frac{F(u + k_1) - F(u)}{h_1}, \quad \frac{F(u + k_2) - F(u)}{h_2}, \quad \frac{F(u + k_3) - F(u)}{h_3}, \ldots$$

zu betrachten, wobei $\lim h_n = 0$, also auch $\lim k_n = 0$ ist.[1]

Gibt es in $k_1, k_2, k_3, \ldots$ nur eine endliche Anzahl von Null verschiedener Glieder, so ändern die zugehörigen Quotienten

$$Q_n = \frac{F(u + k_n) - F(u)}{h_n}$$

nichts an dem Grenzwert von Q_n. Gibt es unendlich viele von Null verschiedene k_n, so bilden sie eine Teilfolge $\bar{k}_1, \bar{k}_2, \bar{k}_3, \ldots$, und man

hat $\quad \bar{Q}_n = \dfrac{F(u + \bar{k}_n) - F(u)}{\bar{h}_n} = \dfrac{F(u + \bar{k}_n) - F(u)}{\bar{k}_n} \cdot \dfrac{f(x + \bar{h}_n) - f(x)}{\bar{h}_n},$

also $\qquad\qquad \lim \bar{Q}_n = F'(u)f'(x).$

Gibt es in $k_1, k_2, k_3, \ldots$ nur eine endliche Anzahl verschwindender Glieder, so ändern die zugehörigen Q_n nichts an dem Grenz- von Q_n. Gibt es unendlich viele verschwindende k_n, so bilden sie eine Teilfolge $\underline{k}_1, \underline{k}_2, \underline{k}_3, \ldots$ und man hat

$$\underline{Q}_n = \frac{F(u + \underline{k}_n) - F(u)}{\underline{h}_n} = 0.$$

Nun ist aber $\dfrac{f(x + \underline{h}_n) - f(x)}{\underline{h}_n} = 0$, also auch

$f'(x) = \lim \dfrac{f(x + \underline{h}_n) - f(x)}{\underline{h}_n} = 0$ und daher $\lim \underline{Q}_n = F'(u)f'(x).$

Wir können aus dem Obigen schließen, daß immer

$\lim Q_n = F'(u)f'(x)$ ist, d. h. $dF(f(x)) = F'(f(x))df(x).$

Das Differential von $F(u)$ lautet also

$$F(u)du,$$

---

[1] Weil $f'(x)$ existiert, ist $f(x)$ an der Stelle x stetig.

ob nun u oder irgendeine andere Veränderliche die unabhängige ist. Hierin liegt einer der Vorzüge der Leibnizschen Differentiale.

§ 65. **Beispiele.** 1. $y = e^{f(x)}$.

$$dy = e^{f(x)}df(x) = e^{f(x)}f'(x)dx.$$

2. $y = x^\mu, \quad x > 0.$

Man schreibe $y = e^{u \log x}$. Dann ist nach Nr. 1

$$dy = e^{u \log x}d(\mu \log x) = x^\mu \frac{\mu\, dx}{x} \quad \text{also} \quad dy = \mu x^{\mu-1}dx.$$

3. $y = \log f(x), \quad f(x) > 0.$

$$dy = \frac{df(x)}{f(x)} = \frac{f'(x)}{f(x)}dx.$$

4. $y = \log\left(x + \sqrt{1 + x^2}\right).$

$$dx = \frac{d(x + \sqrt{1 + x^2})}{x + \sqrt{1 + x^2}} = \frac{dx + d\sqrt{1 + x^2}}{x + \sqrt{1 + x^2}}.$$

Nach Nr. 2 ist aber

$$d\sqrt{1 + x^2} = d(1 + x^2)^{\frac{1}{2}} = \frac{1}{2}(1 + x^2)^{-\frac{1}{2}}d(1 + x^2) = \frac{x\, dx}{\sqrt{1 + x^2}}.$$

Man findet schließlich $dy = \dfrac{dx}{\sqrt{1 + x^2}}.$

§ 66. **Theorem von Rolle.** $f(x)$ sei weder bei a noch bei b unstetig[1]) und habe zwischen a und b überall eine Ableitung; außerdem sei $f(a) = f(b)$. Dann gibt es zwischen a und b eine Stelle c derart, daß $f'(c) = 0$ ist.

Zunächst bemerken wir, daß $f(x)$ auch zwischen a und b überall stetig ist. Das folgt aus der Existenz der Ableitung. $f(x)$ ist also in $\langle a, b\rangle$ stetig.

Wir wollen $b - a = k$ und $k_1 = \tfrac{1}{3}k$

setzen und die Funktion

$$\varphi(x) = f(x + k_1) - f(x)$$

---

1) Wir verlangen, genau gesagt, folgendes: Wenn $a < x_n < b$ und $\lim x_n = a$ oder $\lim x_n = b$ ist, so soll immer $\lim f(x_n) = f(a)$ bzw $\lim f(x_n)$ $f = (b)$ sein.

betrachten. Sie ist in $\langle a, a + 2k_1\rangle$ stetig und hat die Eigenschaft

$$\varphi(a) + \varphi(a + k_1) + \varphi(a + 2k_1) = 0.$$

Es bestehen nun folgende Möglichkeiten:

1. $\varphi(a)$, $\varphi(a + k_1)$, $\varphi(a + 2k_1)$ sind nicht alle gleich Null,

2. $\varphi(a)$, $\varphi(a + k_1)$, $\varphi(a + 2k_1)$ sind alle gleich Null.

Im ersten Falle gibt es, weil die Summe von $\varphi(a)$, $\varphi(a + k_1)$, $\varphi(a + 2k_1)$ gleich Null ist, unter diesen drei Zahlen sicher eine positive und eine negative. Dann existiert aber nach § 33 zwischen a und $a + 2k_1$ eine Stelle a_1, so daß

$$\varphi(a_1) = f(a_1 + k_1) - f(a_1) = 0 \qquad \text{ist.}$$

Im zweiten Falle gibt es auch ein solches a_1, nämlich $a_1 = a + k_1$.

Aus $f(a + k) = f(a)$ haben wir also gefolgert

$$f(a_1 + k_1) = f(a_1) \quad \left(k_1 = \frac{1}{3}k, \ a < a_1 < a + 2k_1\right).$$

Ebenso läßt sich aber aus der letzten Gleichung folgern

$$f(a_2 + k_2) = f(a_2) \quad \left(k_2 = \frac{1}{3}k_1, \ a_1 < a_2 < a_1 + 2k_2\right)$$

und hieraus

$$f(a_3 + k_3) = f(a_3) \quad \left(k_3 = \frac{1}{3}k_2, \ a_2 < a_3 < a_2 + 2k_3\right)$$

usw. in infinitum.

Offenbar ist $\quad a_1, a_2, a_3 \ldots$ eine **aufsteigende** und $a_1 + k_1, a_2 + k_2, a_3 + k_3, \ldots$ eine **absteigende** Folge. Beide sind beschränkt und daher konvergent. Sie streben ferner wegen

$$\lim (a_n + k_n) - \lim a_n = \lim k_n = \lim \frac{b - a}{3^n} = 0$$

beide demselben Grenzwert c zu, und man hat

$$a_n < c < a_n + k_n.$$

Da $f'(c)$ existiert, so ist

$$\lim \frac{f(a_n) - f(c)}{a_n - c} = f'(c) \quad \text{und} \quad \lim \frac{f(a_n + k_n) - f(c)}{a_n + k_n - c} = f'(c).$$

Die Zähler der beiden Differenzenquotienten sind gleich. Von den Nennern ist der eine positiv, der andere negativ. Von den beiden

Quotienten ist also, wenn sie nicht null sind, der eine positiv, der andere negativ.

Hat aber eine Folge einen positiven (negativen) Grenzwert, so sind fast alle Glieder der Folge positiv (negativ). Es muß daher

$$f'(c) = 0 \quad \text{sein.}$$

§ 67. Der Mittelwertsatz. $f(x)$ sei weder bei a noch bei b unstetig[1]) und habe zwischen a und b überall eine Ableitung. Dann gibt es zwischen a und b eine Stelle c derart, daß

$$\frac{f(b) - f(a)}{b - a} = f'(c) \quad \text{ist.}$$

Betrachten wir die Funktion

$$\varphi(x) = f(x) + \lambda x,$$

so läßt sich die Konstante λ so bestimmen, daß

$\varphi(a) = \varphi(b)$ wird. In der Tat ist $f(a) + \lambda a = f(b) + \lambda b$

gleichbedeutend mit $\lambda = - \dfrac{f(b) - f(a)}{b - a}$.

Nachdem λ in dieser Weise bestimmt ist, können wir auf $\varphi(x)$ das Theorem von Rolle anwenden. $\varphi(x)$ erfüllt nämlich alle dort aufgeführten Bedingungen: $\varphi(x)$ ist weder bei a noch bei b unstetig (weil dies von $f(x)$ und λx gilt); $\varphi(x)$ hat ferner zwischen a und b überall eine Ableitung, nämlich $f'(x) + \lambda$, und es ist endlich $\varphi(a) = \varphi(b)$. Das Theorem von Rolle lehrt nun, daß es zwischen a und b eine Stelle c gibt derart, daß $\varphi'(c) = 0$ ist, also

$$f'(c) + \lambda = 0, \quad \text{d. h.} \quad \frac{f(b) - f(a)}{b - a} = f'(c).$$

Folgerung. Hat die Funktion $f(x)$ in einem Intervall überall die Ableitung Null, so ist sie daselbst eine Konstante. Sind nämlich a und b irgend zwei Werte aus dem genannten Intervall, so hat man nach dem Mittelwertsatz

$$f(b) - f(a) = (b - a)f'(c) = 0,$$

weil $f'(c) = 0$. Es ist also immer

$$f(a) = f(b).$$

---

1) Vgl. die Fußnote in § 66.

§ 68. Geometrische Interpretation des Mittelwertsatzes.

Zeichnen wir die Bildkurve von $f(x)$, so ist $f'(c)$ die Richtungskonstante der Tangente im Punkte $(c, f(c))$.
Dagegen ist

$$\frac{f(b) - f(a)}{b - a}$$

die Richtungskonstante der Sekante, die die
beiden Kurvenpunkte $(a, f(a))$ und $(b, f(b))$
verbindet. Der Mittelwertsatz besagt, daß
Tangente und Sekante unter den dort angegebenen Bedingungen parallel sind.

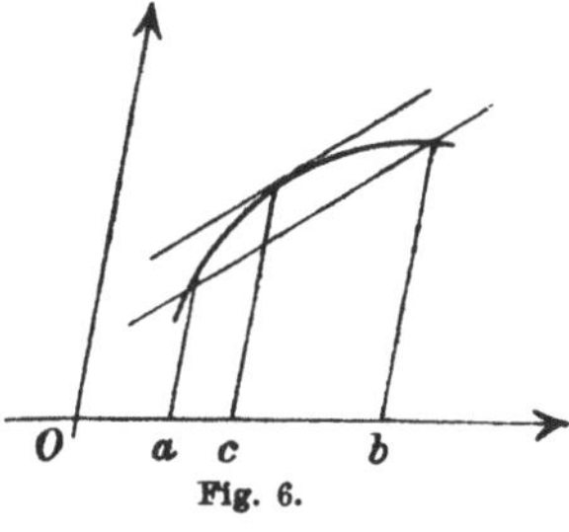

Fig. 6.

Wenn die Funktion $f(x)$ durch folgende Festsetzungen definiert ist

$$f(x) = 0 \quad \text{für} \quad a \leq x < b, \quad f(b) = 1,$$

so hat sie zwischen a und b überall die Ableitung Null. Dagegen ist

$$\frac{f(b) - f(a)}{b - a} = \frac{1}{b - a}.$$

Daß hier der Mittelwertsatz nicht gilt, beruht auf der Unstetigkeit an der Stelle b.

Fig. 7 zeigt uns eine Funktion, die auch
nicht den Mittelwertsatz erfüllt, und zwar
deshalb, weil an der Stelle $\frac{1}{2}(a + b)$ die
Ableitung nicht existiert.

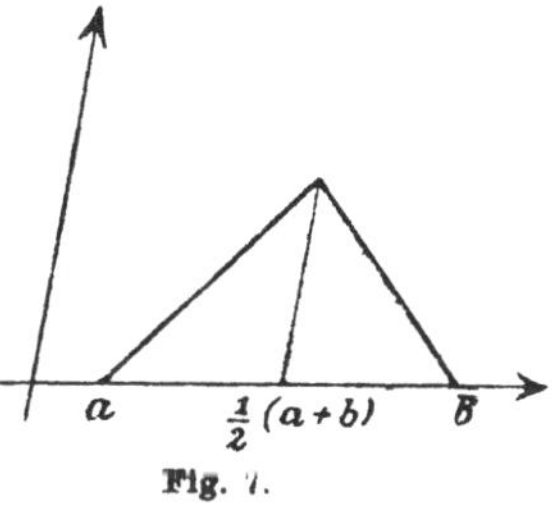

Fig. 7.

§ 69. Andere Schreibweise des Mittelwertsatzes.

Setzt man $a = x$ und $b = x + h$, oder $b = x$ und $a = x + h$,
so läßt sich c, da es zwischen x und $x + h$ liegt, in der Form

$$c = x + \vartheta h \quad (0 < \vartheta < 1)$$

schreiben. Die Formel des Mittelwertsatzes lautet dann[1])

$$\frac{f(x + h) - f(x)}{h} = f'(x + \vartheta h). \quad (0 < \vartheta < 1)$$

---

[1]) Man könnte sie auch so schreiben:

$$\Delta f(x) = \{df(x)\}_{x + \vartheta h}.$$

Die rechte Seite bedeutet, daß nach Bildung von $df(x)$ das x durch $x + \vartheta h$
ersetzt werden soll.

Die Formel gilt, sobald $f(x)$ bei x und bei $x + h$ stetig ist und zwischen x und $x + h$ überall eine Ableitung hat. Sie lehrt, daß der Differenzenquotient

$$\frac{f(x + h) - f(x)}{h}$$

zu den Werten gehört, die die Ableitung $f'(x)$ zwischen x und $x + h$ annimmt.

§ 70. **Der verallgemeinerte Mittelwertsatz.** $g(x)$ sei ebenso wie $f(x)$ weder bei a noch bei b unstetig und habe wie $f(x)$ zwischen a und b überall eine Ableitung. Es sei aber nirgends $g'(x) = 0$.

Wir können dann λ so wählen, daß die Funktion

$$\varphi(x) = f(x) + \lambda g(x)$$

der Bedingung $\qquad\qquad \varphi(a) = \varphi(b)$

genügt. Diese Bedingung ist nämlich erfüllt, wenn wir

$$\lambda = -\frac{f(b) - f(a)}{g(b) - g(a)} \qquad \text{setzen.}[1]$$

Durch Anwendung des Theorems von Rolle auf $\varphi(x)$ erhalten wir:

$$\frac{f(b) - f(a)}{g(b) - g(a)} = \frac{f'(c)}{g'(c)} \qquad (a < c < b).$$

Setzen wir

$$a = x, \; b = x + h \quad \text{oder} \quad b = x, \; a = x + h,$$

so lautet diese Formel

$$\frac{f(x + h) - f(x)}{g(x + h) - g(x)} = \frac{f'(x + \vartheta h)}{g'(x + \vartheta h)}$$

oder auch $\qquad \dfrac{\varDelta f(x)}{\varDelta g(x)} = \left\{ \dfrac{d f(x)}{d g(x)} \right\}_{x + \vartheta h} \qquad (0 < \vartheta < 1)$

§ 71. **Höhere Ableitungen und Differentiale.** Hat $f'(x)$ an der Stelle x eine Ableitung, so nennt man sie die zweite Ableitung von $f(x)$ und bezeichnet sie mit $f''(x)$. Hat $f''(x)$ an der Stelle

---

1) Wir dürfen durch $g(b) - g(a)$ dividieren, weil $g(b) - g(a) \gtrless 0$ ist. Dies folgt aus dem Mittelwertsatz, nach welchem

$$g(b) - g(a) = (b - a) g'(c) \gtrless 0$$

ist, weil $g'(x)$ in (a, b) nirgends null sein soll.

x eine Ableitung, so nennt man sie die dritte Ableitung von $f(x)$ und bezeichnet sie mit $f'''(x)$ usw. Es ist also

$$df(x) = f'(x)\,dx,$$
$$df'(x) = f''(x)\,dx,$$
$$df''(x) = f'''(x)\,dx,$$
$$\cdot\quad\cdot\quad\cdot\quad\cdot\quad\cdot\quad\cdot$$

Man sieht, daß die m-te Ableitung der n-ten Ableitung von $f(x)$ die $(m+n)$-te Ableitung von $f(x)$ ist.

Nach dem Vorgange von Leibniz betrachtet man das Differential dx der unabhängigen Veränderlichen x als eine Konstante. Stellt man sich auf diesen Standpunkt, so wird das Differential von $df(x)$

$$ddf(x) = df'(x) \cdot dx = f''(x)\,(dx)^2$$

und das Differential hiervon

$$dddf(x) = df''(x) \cdot (dx)^2 = f'''(x)\,(dx)^3 \quad \text{usw.}$$

Man schreibt statt $ddf(x)$, $dddf(x)$, $\ldots$

$$d^2f(x),\ d^3f(x),\ \ldots\,{}^1)$$

und nennt diese Ausdrücke das zweite, dritte, $\ldots$ Differential von $f(x)$.

Das n-te Differential hängt also mit der n-ten Ableitung durch die Formel zusammen $\quad d^n f(x) = f^{(n)}(x)\,dx^n$.

Statt $(dx)^n$ schreibt man kurz dx^n. Es kann dadurch kein Mißverständnis entstehen, weil das Differential von x^n immer mit $d(x^n)$ bezeichnet wird.

Die n-te Ableitung ist auf Grund der obigen Formel gleich dem n-ten Differential, dividiert durch die n-te Potenz von dx:

$$f^{(n)}(x) = \frac{d^n f(x)}{dx^n}.$$

Im Falle $n = 1$ bleibt diese Beziehung erhalten, wenn man statt x eine andre unabhängige Veränderliche einführt. Im Falle $n > 1$ ist das, wie wir sehen werden, nicht der Fall.

---

1) Man liest diese Symbole: d zwei $f(x)$, d drei $f(x)$, $\ldots$

§ 72. Höhere Differentiale einer zusammengesetzten Funktion. Alle Werte von $u = f(x)$ mögen dem Definitionsbereich von $F(u)$ angehören, so daß $y = F(f(x))$ in dem ganzen Definitionsbereich von $f(x)$ einen Sinn hat.

$f(x)$ habe an der Stelle x und $F(u)$ an der Stelle $u = f(x)$ alle Ableitungen, die in den folgenden Formeln vorkommen.

Zunächst ist nach § 64

$$dy = F'(u)\,du.$$

Daraus ergibt sich (nach der Regel für die Differentiation eines Produkts) $d^2y = dF'(u) \cdot du + F'(u)\,d^2u$

oder, da nach § 64 $dF'(u) = F''(u)\,du$

ist, $d^2y = F''(u)\,du^2 + F'(u)\,d^2u.$

Weiter findet man

$$d^3y = F'''(u)\,du^3 + 3F''(u)\,du\,d^2u + F'(u)\,d^3u \quad \text{usw.}^{1)}$$

Nur die erste von diesen Formeln, nämlich $dy = F'(u)\,du$, sieht so aus, als wenn u die unabhängige Veränderliche wäre. Es gibt aber einen speziellen Fall, wo sie alle dieses Aussehen haben.

Ist nämlich

$$u = \lambda x + \mu \quad (\lambda, \mu \text{ Konstanten und } \lambda \gtrless 0),$$

so wird $du = \lambda\,dx,\ d^2u = 0,\ d^3u = 0, \ldots,$

so daß man allgemein

$$d^n y = F^{(n)}(u)\,du^n \quad \text{und} \quad F^{(n)}(u) = \frac{d^n y}{du^n} \quad \text{hat.}$$

Im allgemeinen ist aber für $n > 1$ keineswegs $F^{(n)}(u)$ gleich $d^n y$ dividiert durch du^n.

§ 73. Beispiele. n sei eine positive ganze Zahl und

$$y = \frac{x^n}{n!}.$$

Dann ist $y' = \dfrac{x^{n-1}}{(n-1)!},\ \ y'' = \dfrac{x^{n-2}}{(n-2)!},\ \ldots,\ y^{(n-1)} = \dfrac{x}{1!},\ y^{(n)} = 1.$

---

1) Statt $du, d^2u, d^3u, \ldots$ sind ihre Werte $f'(x)\,dx,\ f''(x)\,dx^2,\ f'''(x)\,dx^3, \ldots$ einzusetzen.

Alle höheren Ableitungen sind null.

Bei jeder ganzen rationalen Funktion n-ten Grades ist die n-te Ableitung eine Konstante und alle folgenden Ableitungen sind null.

Die Funktion e^x hat die Eigentümlichkeit, daß alle ihre Ableitungen gleich e^x sind. Die n-te Ableitung von a^x lautet $a^x (\log a)^n$.

Wenn $y = \log x$ ist $(x > 0)$, so hat man

$$y' = \frac{1}{x} = x^{-1},$$

$$y'' = (-1)x^{-2},$$

$$y''' = (-1)(-2)x^{-3},$$

$$\cdots \cdots \cdots \cdots,$$

allgemein $y^{(n)} = (-1)(-2)\ldots(-n+1)x^{-n} = (-1)^{n-1}(n-1)!\,x^{-n}$

Das n-te Differential von

$$\log(\lambda x + \mu) \quad (\lambda,\ \mu \text{ Konstanten},\ \lambda \gtrless 0)$$

lautet (vgl. § 72)

$$d^n \log(\lambda x + \mu) = (-1)^{n-1}(n-1)!\,(\lambda x + \mu)^{-n}(\lambda dx)^n.$$

§ 74. Der Taylorsche Lehrsatz. $F(x)$ sei eine ganze rationale Funktion $(n-1)$-ten Grades, also

$$F(x) = c_0 x^{n-1} + c_1 x^{n-2} + \cdots + c_{n-1}.$$

Dann läßt sich $F(x+h)$ in der Form schreiben

$$F(x+h) = F_0(x) + \frac{h}{1!}F_1(x) + \frac{h^2}{2!}F_2(x) + \cdots + \frac{h^{n-1}}{(n-1)!}F_{n-1}(x),$$

wobei $F_0(x)$, $F_1(x)$, $F_2(x)$, $\ldots$ ganze rationale Funktionen sind, die wir jetzt bestimmen wollen,

Betrachten wir h als Veränderliche und x als Konstante, so ergibt sich durch Differentiation

$$F'(x+h) = F_1(x) + \frac{h}{1!}F_2(x) + \cdots + \frac{h^{n-2}}{(n-2)!}F_{n-1}(x),$$

$$F''(x+h) = F_2(x) + \cdots + \frac{h^{n-3}}{(n-3)!}F_{n-1}(x),$$

$$\cdots \cdots \cdots \cdots \cdots \cdots \cdots \cdots,$$

$$F^{(n-1)}(x+h) = F_{n-1}(x).$$

Setzt man überall $h = 0$, so findet man

$$F(x) = F_0(x),\ F'(x) = F_1(x),\ F''(x) = F_2(x),\ \ldots,\ F^{(n-1)}(x) = F_{n-1}(x).$$

Es gilt also die Formel

$$F(x+h) = F(x) + \frac{h}{1!}\,F'(x) + \frac{h^2}{2!}\,F''(x) + \cdots + \frac{h^{n-1}}{(n-1)!}\,F^{(n-1)}(x)$$

oder, wenn wir $x = x_1$ und $x + h = x_2$ setzen:

$$F(x_2) = F(x_1) + \frac{x_2 - x_1}{1!}\,F'(x_1) + \frac{(x_2 - x_1)^2}{2!}\,F''(x_1) + \cdots$$

$$+ \frac{(x_2 - x_1)^{n-1}}{(n-1)!}\,F^{(n-1)}(x_1).$$

Dieses Resultat wollen wir jetzt verallgemeinern.

$f(x)$ sei in dem Intervall $\langle x_1, x_2 \rangle$ n-mal differenzierbar. Dann hat die Funktion

$$\varphi(x) = f(x_2) - f(x) - \frac{x_2 - x}{1!}\,f'(x) - \frac{(x_2 - x)^2}{2!}\,f''(x) - \cdots$$

$$- \frac{(x_2 - x)^{n-1}}{(n-1)!}\,f^{(n-1)}(x)$$

daselbst überall eine Ableitung, und zwar findet man

$$\varphi'(x) = - \frac{(x_2 - x)^{n-1}}{(n-1)!}\,f^{(n)}(x).$$

Wenden wir auf $\varphi(x)$ und auf die Funktion

$$\psi(x) = (x_2 - x)^p \quad (p \text{ eine positive ganze Zahl})$$

den verallgemeinerten Mittelwertsatz an,[1] so ergibt sich

$$\frac{\varphi(x_2) - \varphi(x_1)}{\psi(x_2) - \psi(x_1)} = \frac{\varphi'(\xi)}{\psi'(\xi)} \quad (\xi \text{ zwischen } x_1 \text{ und } x_2)$$

oder

$$\frac{\varphi(x_1)}{(x_2 - x_1)^p} = \frac{(x_2 - \xi)^{n-p}}{(n-1)!\,p}\,f^{(n)}(\xi).$$

Da ξ zwischen x_1 und x_2 liegt, können wir

$$\xi = x_1 + \vartheta(x_2 - x_1)$$

setzen, wobei $0 < \vartheta < 1$ ist. Dann wird

$$\varphi(x_1) = \frac{(x_2 - x_1)^n (1 - \vartheta)^{n-p}}{(n-1)!\,p}\,f^{(n)}(x_1 + \vartheta(x_2 - x_1)).$$

Es gilt also, wenn wir für x_1 wieder x und für x_2 wieder $x + h$ schreiben, die Formel

---

1) Die Bedingungen des Satzes sind alle erfüllt.

$$f(x + h) = f(x) + \frac{h}{1!} f'(x) + \frac{h^2}{2!} f''(x) + \cdots + \frac{h^{n-1}}{(n-1)!} f^{n-1}(x) + R_n,$$

und man hat $\quad R_n = \dfrac{h^n(1 - \vartheta)^{n-p}}{(n-1)! \, p} f^{(n)}(x + \vartheta h). \quad (0 < \vartheta < 1)$

Die obige Formel enthält den Taylorschen Lehrsatz und heißt die **Taylorsche Formel**. Wir haben sie unter der Voraussetzung bewiesen, daß $f(x)$ in dem Intervall $\langle x, x + h \rangle$ n-mal differenzierbar ist.

Setzt man in R_n $p = 1$ oder $p = n$, so ergibt sich

$$R_n = \frac{h^n(1 - \vartheta)^{n-1}}{(n-1)!} f^{(n)}(x + \vartheta h) \quad \text{bzw.} \quad R_n = \frac{h^n}{n!} f^{(n)}(x + \vartheta h).$$

Der erste Ausdruck heißt die **Cauchysche**, der zweite die **Lagrangesche Restform**.

Die Taylorsche Formel läßt sich noch kürzer schreiben, wenn man $f(x) = y$ setzt und benutzt, daß

$$dy = f'(x)h, \quad d^2y = f''(x)h^2, \ldots, \quad d^ny = f^{(n)}(x)h^n,$$

ferner $\qquad\qquad \Delta y = f(x + h) - f(x)$

ist. Dann lautet sie nämlich:

$$\Delta y = \frac{dx}{1!} + \frac{d^2y}{2!} + \cdots + \frac{d^{n-1}y}{(n-1)!} + R_n,$$

und man hat $\quad R_n = \dfrac{(1 - \vartheta)^{n-p}}{(n-1)! \, p} (d^n y)_{x + \vartheta h}. \quad (0 < \vartheta < 1)$

Das Symbol $\qquad\qquad (d^n y)_{x + \vartheta h}$

bedeutet, daß nach Bildung von $d^n y$ für x der Wert $x + \vartheta h$ einzusetzen ist.

Kapitel VII.

Unendliche Reihen.

§ 75. Konvergente und divergente Reihen. $u_1, u_2, u_3, \ldots$ sei eine Zahlenfolge und

$$s_n = u_1 + u_2 + \cdots + u_n$$

die Summe ihrer n ersten Glieder.

Es kann sein, daß die Folge $s_1, s_2, s_3, \ldots$ konvergent ist, daß also s_n einem Grenzwert zustrebt. Dieses Faktum drückt man durch die Formel aus:
$$s = u_1 + u_2 + u_3 + \cdots,$$
die also nichts weiter ist als eine andre Schreibweise der Beziehung
$$\lim (u_1 + u_2 + \cdots + u_n) = s.$$
Man sagt, daß die unendliche Reihe $u_1 + u_2 + u_3 + \cdots$ konvergent ist (oder konvergiert) und die Summe s hat.

Wenn die Folge $s_1, s_2, s_3, \ldots$ nicht konvergiert, wenn also $\lim s_n$ nicht existiert, so sagt man, daß die unendliche Reihe $u_1 + u_2 + u_3 + \cdots$ divergent ist (oder divergiert).

s_n heißt die n-te Partialsumme der unendlichen Reihe $u_1 + u_2 + u_3 + \cdots$.

§ 76. Einfachste Sätze über konvergente Reihen. Aus der Definition in § 75 ergeben sich unmittelbar folgende Sätze:

1. Wenn $u_1 + u_2 + u_3 + \cdots$ konvergent ist, so ist auch $u_\nu + u_{\nu+1} + u_{\nu+2} + \cdots$ konvergent und umgekehrt. ν bedeutet irgend eine der Zahlen $2, 3, \ldots$[1])

2. Wenn $u_1 + u_2 + u_3 + \cdots$ konvergent ist, so ist auch
$$(u_1 + \cdots + u_{n_1}) + (u_{n_1+1} + \cdots + u_{n_2}) + \cdots$$
konvergent, und beide Reihen haben dieselbe Summe.

Die Partialsummen der zweiten Reihe bilden nämlich eine Teilfolge von $s_1, s_2, s_3, \ldots$

3. Wenn
$$s = u_1 + u_2 + u_3 + \cdots,$$
so ist
$$as = au_1 + au_2 + au_3 + \cdots$$

4. Wenn $u_1 + u_2 + u_3 + \cdots$ konvergent ist, so ist
$$\lim u_n = 0.$$
Aus $\quad \lim s_n = s \quad$ und $\quad \lim s_{n-1} = s$ folgt nämlich $\quad \lim (s_n - s_{n-1}) = \lim u_n = 0.$

Die Bedingung $\lim u_n = 0$ ist übrigens für die Konvergenz der Reihe $u_1 + u_2 + u_3 + \cdots$ zwar notwendig, aber nicht hinreichend. Das zeigt das Beispiel

---

[1]) Man nennt $u_\nu + u_{\nu+1} + u_{\nu+2} + \cdots$ einen Rest von $u_1 + u_2 + u_3 + \cdots$

$$1 + \frac{1}{\sqrt{2}} + \frac{1}{\sqrt{3}} + \cdots,$$

wo $$s_n = 1 + \frac{1}{\sqrt{2}} + \cdots + \frac{1}{\sqrt{n}} > n \cdot \frac{1}{\sqrt{n}} = \sqrt{n}$$

ist, also $\lim s_n$ nicht existiert[1]), während doch

$$\lim u_n = \lim \frac{1}{\sqrt{n}} = 0 \quad \text{ist.}$$

5. Es sei

$$s = u_1 + u_2 + u_3 + \cdots, \quad t = v_1 + v_2 + v_3 + \cdots$$

Dann ist $\quad s + t = u_1 + v_1 + u_2 + v_2 + u_3 + v_3 + \cdots$

In der Tat lautet die $(2n)$-te Partialsumme der letzten Reihe $s_n + t_n$, die $(2n-1)$-te $s_n + t_n - v_n$. Beide konvergieren aber nach $s + t$.

Ebenso ist

$$s - t = u_1 - v_1 + u_2 - v_2 + u_3 - v_3 + \cdots$$

Nach Nr. 3 hat man nämlich

$$- t = - v_1 - v_2 - v_3 - \cdots$$

§ 77. **Beispiele.** 1. Die geometrische Reihe

$$a + aq + aq^2 + \cdots \qquad\qquad (a \gtrless 0)$$

ist für $|q| \geq 1$ nicht konvergent, weil die Bedingung $\lim u_n = 0$ nicht erfüllt ist. Man hat nämlich

$$|u_n| = |a|\,|q|^{n-1} \geq |a|.$$

Es bleibt nur noch der Fall $|q| < 1$ zu untersuchen. Nun ist

$$s_n = a + aq + aq^2 + \cdots + aq^{n-1},$$

$$s_n q = \quad\;\; aq + aq^2 + \cdots + aq^{n-1} + aq^n,$$

also $\qquad\qquad s_n(1 - q) = a(1 - q^n),$

d. h. $$s_n = \frac{a(1 - q^n)}{1 - q} = \frac{a}{1 - q} - \frac{aq^n}{1 - q}.$$

Da $\lim q^n = 0$ ist[2]), so hat man

---

1) Die Folge $s_1, s_2, s_3, \ldots$ ist nicht beschränkt.

2) Im Falle $q = 0$ ist das selbstverständlich. Im Falle $|q| > 0$ setze man $1 : |q| = 1 + h$. Dann ist wegen $|q| < 1$ die Zahl h positiv. Somit wird (nach § 36)

$$|q|^n = 1 : (1 + h)^n < 1 : (1 + nh).$$

Daraus folgt aber $\lim q^n = 0$.

$$\lim s_n = \frac{a}{1-q}$$

oder
$$\frac{a}{1-q} = a + aq + aq^2 + \cdots$$

Die geometrische Reihe

$$a + aq + aq^2 + \cdots \qquad\qquad (a \gtreqless 0)$$

ist also dann und nur dann konvergent, wenn $|q| < 1$ ist.

2. Eine Reihe, deren Glieder abwechselnd positiv und negativ sind, heißt eine **alternierende Reihe**. Eine solche Reihe hat die Form

$$a_1 - a_2 + a_3 - a_4 + \cdots,$$

wo die a. alle positiv sind.

Schon Leibniz hat über die alternierenden Reihen folgendes wichtige Theorem aufgestellt:

Wenn a_n absteigend nach Null konvergiert, ist die Reihe $a_1 - a_2 + a_3 - \cdots$ konvergent.

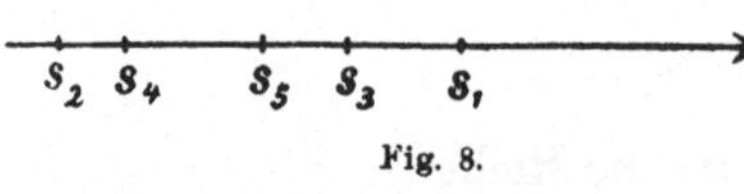

Fig. 8.

Sucht man auf der Zahlenlinie die Punkte $s_1, s_2, s_3, \ldots$ auf, so ergibt sich, daß sie so liegen, wie Fig. 8 es andeutet.

$s_1, s_3, s_5, \ldots$ ist eine absteigende, $s_2, s_4, s_6, \ldots$ eine aufsteigende Folge. Beide sind offenbar beschränkt und daher konvergent. Überdies ist

$$\lim (s_{2n-1} - s_{2n}) = \lim a_{2n} = 0,$$

also
$$\lim s_{2n-1} = \lim s_{2n}.$$

§ 78. Reihen mit positiven Gliedern.[1]) Wenn alle Glieder einer unendlichen Reihe positiv sind, so bilden die Partialsummen eine aufsteigende Folge.

Sobald man sich überzeugt hat, daß s_n beständig kleiner bleibt als eine feste Zahl g, ist die Konvergenz der Reihe gesichert. Denn die Folge $s_1, s_2, s_3, \ldots$ ist dann konvergent (§ 16).

Hat man zwei Reihen

$$u_1 + u_2 + u_3 + \cdots \quad \text{und} \quad v_1 + v_2 + v_3 + \cdots,$$

---

1) Die §§ 78, 80 und 82 bleiben gültig, wenn man nur fordert, daß die Glieder der Reihen nicht negativ sind.

mit lauter positiven Gliedern, und ist

$$u_n \leqq v_n, \qquad (n = 1, 2, 3, \ldots)$$

so folgt aus der Konvergenz der zweiten Reihe die der ersten.

Wenn also die erste Reihe divergent ist, so gilt dasselbe von der zweiten Reihe.

§ 79. **Kriterium u_{n+1}/u_n.** Eine unendliche Reihe

$$u_1 + u_2 + u_3 + \cdots$$

mit lauter positiven Gliedern ist konvergent, wenn es eine Zahl q gibt, die kleiner als 1 ist und fast alle Glieder der Folge

$$\frac{u_2}{u_1}, \ \frac{u_3}{u_2}, \ \frac{u_4}{u_3}, \ \ldots$$

übertrifft.

Wenn die Glieder dieser Folge fast alle größer oder gleich 1 sind, so ist die Reihe divergent, und es ist nicht einmal $\lim u_n = 0$.

Im ersten Falle bestehen mit einer endlichen Anzahl von Ausnahmen die Ungleichungen

$$\frac{u_{n+1}}{u_n} < q. \qquad (n = 1, 2, 3, \ldots)$$

Ist $\nu - 1$ der größte unter den Ausnahmeindizes, so haben wir

$$u_{\nu+1} < q u_\nu,$$
$$u_{\nu+2} < q u_{\nu+1},$$
$$\cdot \quad \cdot \quad \cdot \quad \cdot \quad \cdot \ ,$$
$$u_{\nu+n} < q u_{\nu+n-1},$$

also
$$u_{\nu+n} < q^n u_\nu.$$

Aus der Konvergenz der Reihe $u_\nu + q u_\nu + q^2 u_\nu + \cdots$ folgt auf Grund der Bemerkung in § 78 die Konvergenz der Reihe $u_\nu + u_{\nu+1} + u_{\nu+2} + \cdots$ und hieraus die der Reihe $u_1 + u_2 + u_3 + \cdots$

Im zweiten Falle ist mit einer endlichen Anzahl von Ausnahmen

$$\frac{u_{n+}}{u_n} \geqq 1. \qquad (n = 1, 2, 3, \ldots)$$

Ist $\nu - 1$ der größte unter den Ausnahmeindizes, so haben wir

$$u_{\nu+1} \geqq u_\nu, \ u_{\nu+2} \geqq u_{\nu+1}, \ \ldots,$$

folglich $$u_{\nu+1} \geqq u_\nu, \; u_{\nu+2} \geqq u_\nu, \; \ldots,$$
so daß nicht einmal $\lim u_n = 0$ ist.

Hat u_{n+1}/u_n einen Grenzwert l, so ist die Reihe im Falle $l < 1$ konvergent, im Falle $l > 1$ divergent. Wählt man nämlich im ersten Falle eine Zahl q zwischen l und 1, so sind fast alle u_{n+1}/u_n kleiner als q. Im zweiten Falle sind fast alle u_{n+1}/u_n größer als 1.

§ 80. **Kriterium $\sqrt[n]{u_n}$.** Eine unendliche Reihe

$$u_1 + u_2 + u_3 + \cdots$$

mit lauter positiven Gliedern ist konvergent, wenn es eine Zahl q gibt, die kleiner als 1 ist und fast alle Glieder der Folge

$$u_1, \; \sqrt[2]{u_2}, \; \sqrt[3]{u_3}, \ldots$$

übertrifft.

Wenn unendlich viele Glieder dieser Folge größer oder gleich 1 sind, so ist die Reihe divergent, und es ist nicht einmal $\lim u_n = 0$.

Im ersten Falle hat man mit einer endlichen Anzahl von Ausnahmen
$$\sqrt[n]{u_n} < q, \quad \text{also} \quad u_n < q^n. \qquad (n = 1, 2, 3, \ldots)$$

Ist $\nu - 1$ der größte unter den Ausnahmeindizes, so wird

$$u_\nu < q^\nu, \; u_{\nu+1} < q^{\nu+1}, \; u_{\nu+2} < q^{\nu+2}, \ldots$$

Aus der Konvergenz von $q^\nu + q^{\nu+1} + q^{\nu+2} + \cdots$ folgt die der Reihe $u_\nu + u_{\nu+1} + u_{\nu+2} + \cdots$ und der Reihe $u_1 + u_2 + u_3 + \cdots$

Im zweiten Falle haben unendlich viele u_n die Eigenschaft

$$\sqrt[n]{u_n} \geqq 1, \quad \text{also} \quad u_n \geqq 1,$$

so daß nicht einmal $\lim u_n = 0$ ist.

Hat $\sqrt[n]{u_n}$ einen Grenzwert l, so ist die Reihe im Falle $l < 1$ konvergent, im Falle $l > 1$ divergent. Wählt man nämlich im ersten Falle eine Zahl q zwischen l und 1, so sind fast alle $\sqrt[n]{u_n}$ kleiner als q. Im zweiten Falle sind fast alle $\sqrt[n]{u_n}$ größer als 1.

§ 81. **Verhältnis der beiden Kriterien zueinander.** Nehmen wir an, daß fast alle u_{n+1}/u_n kleiner als q sind $(0 < q < 1)$. Dann hat man bei geeigneter Wahl von ν

$$\frac{u_{\nu+1}}{u_\nu} < q, \quad \frac{u_{\nu+2}}{u_{\nu+1}} < q, \quad \ldots, \quad \frac{u_n}{u_{n-1}} < q,$$

mithin $\qquad u_n < u_\nu q^{n-\nu}, \quad$ also $\quad u_n^{\frac{1}{n}} < u_\nu^{\frac{1}{n}} q^{1-\frac{\nu}{n}}. \qquad (n > \nu)$

Da $\qquad\qquad\qquad \lim\left(u_\nu^{\frac{1}{n}} q^{1-\frac{\nu}{n}}\right) = q$

ist, so werden, wenn $q < \bar{q} < 1$ ist, fast alle $u_\nu^{\frac{1}{n}} q^{1-\frac{\nu}{n}}$ kleiner als $\bar{q}$ sein, also auch fast alle $\sqrt[n]{u_n}$ kleiner als $\bar{q}$.

Wenn sich also mittels des Kriteriums u_{n+1}/u_n die Konvergenz konstatieren läßt, leistet das Kriterium $\sqrt[n]{u_n}$ genau dasselbe.

Es gibt aber Reihen, deren Konvergenz sich mittels des Kriteriums $\sqrt[n]{u_n}$ konstatieren läßt, dagegen nicht mittels des Kriteriums u_{n+1}/u_n. a und b seien zwei positive Zahlen und $a < b$. Wir wählen c so, daß $a < c < b$ ist und setzen $c/b = q$. Dann ist $q < 1$. Bilden wir nun die Reihe $\qquad a + bq + aq^2 + bq^3 + \cdots,$

so ist $\qquad\qquad u_{2n-1} = aq^{2n-2}, \quad u_{2n} = bq^{2n-1}.$

Daraus ergibt sich: $\qquad\qquad \lim \sqrt[n]{u_n} = q.$

Dagegen ist $\qquad\qquad \frac{u_{2n}}{u_{2n-1}} = \frac{bq}{a} = \frac{c}{a} > 1$

und $\qquad\qquad\qquad \frac{u_{2n+1}}{u_{2n}} = \frac{aq}{b} < 1.$

Das Kriterium u_{n+1}/u_n läßt hier also nicht die Konvergenz der Reihe erkennen.

§ 82. **Umordnung der Glieder.** $u_1 + u_2 + u_3 + \cdots$ sei eine konvergente Reihe mit lauter positiven Gliedern. $v_1 + v_2 + v_3 + \cdots$ sei eine Reihe, die aus der ersten durch eine gewisse Umordnung der Glieder entstanden ist[1]).

Die erste Reihe habe die Summe s. Wir wollen beweisen, daß die zweite Reihe konvergent ist und ebenfalls die Summe s hat.

Zu jeder Partialsumme σ_n von $v_1 + v_2 + v_3 + \cdots$ gibt es eine größere $s_{n'}$ in $u_1 + u_2 + u_3 + \cdots$. Man braucht nur zu sorgen, daß in

---

1) D. h. jede Zahl soll gleich oft in beiden Reihen als Glied vorkommen.

$s_{n'}$ die Glieder $v_1, v_2, \ldots, v_n$ vorkommen und außerdem noch andere. Dann ist sicher $s_{n'} > \sigma_n$, folglich auch $s > \sigma_n$. Die Reihe $v_1 + v_2 + v_3 + \cdots$ ist also konvergent, weil alle ihre Partialsummen kleiner als s sind, und aus

$$s > \sigma_n \quad \text{folgt} \quad s \geqq \sigma,$$

wenn wir mit σ die Summe dieser Reihe bezeichnen.

Da jetzt die beiden Reihen ihre Rollen vertauschen dürfen, so ist auch $\sigma \geqq s$, folglich $s = \sigma$.

Wir haben also den folgenden Satz gewonnen:

Wenn man in einer konvergenten Reihe mit positiven Gliedern die Glieder beliebig umordnet, so bleibt sie konvergent und behält dieselbe Summe.

§ 83. Absolut konvergente Reihen. Man überzeugt sich leicht, daß die Konvergenz der Reihe

$$|\,u_1\,| + |\,u_2\,| + |\,u_3\,| + \cdots$$

die Konvergenz der Reihe

$$u_1 + u_2 + u_3 + \cdots$$

nach sich zieht. In der Tat ist

$$0 \leqq \frac{|\,u_n\,| + u_n}{2} \leqq |\,u_n\,| \quad \text{und} \quad 0 \leqq \frac{|\,u_n\,| - u_n}{2} \leqq |\,u_n\,|.$$

Also sind die Reihen $\quad v_1 + v_2 + v_3 + \cdots \qquad \left(v_n = \dfrac{|\,u_n\,| + u_n}{2}\right)$

und $\qquad\qquad\qquad w_1 + w_2 + w_3 + \cdots, \qquad \left(w_n = \dfrac{|\,u_n\,| - u_n}{2}\right)$

konvergent, folglich auch (vgl. § 76)

$$v_1 - w_1 + v_2 - w_2 + v_3 - w_3 + \cdots$$

und $\qquad\qquad (v_1 - w_1) + (v_2 - w_2) + (v_3 - w_3) + \cdots$

d. h. $\qquad\qquad\qquad u_1 + u_2 + u_3 + \cdots.$

Man nennt $u_1 + u_2 + u_3 + \cdots$ absolut konvergent, wenn $|\,u_1\,| + |\,u_2\,| + |\,u_3\,| + \cdots$ konvergent ist.

§ 84. Umordnung der Glieder in einer absolut konvergenten Reihe. Eine absolut konvergente Reihe kann man, wie wir eben sahen, immer als Differenz zweier konvergenter Reihen mit nicht negativen Gliedern darstellen. Eine Umordnung der Glieder von $u_1 + u_2 + u_3 + \cdots$ läßt sich jetzt dadurch erreichen, daß man die entsprechende Umordnung in den Reihen $v_1 + v_2 + v_3 + \cdots$ und $w_1 + w_2 + w_3 + \cdots$ vornimmt. Dabei behalten diese Reihen ihre Konvergenz und ihre Summen. Dasselbe gilt mithin von der Reihe $u_1 + u_2 + u_3 + \cdots$, und wir haben damit folgenden Satz bewiesen:

Wenn man in einer absolut konvergenten Reihe die Glieder beliebig umordnet, so bleibt sie konvergent und behält dieselbe Summe.

§ 85. **Produkt aus zwei absolut konvergenten Reihen.** Nehmen wir zunächst zwei konvergente Reihen mit nicht negativen Gliedern:

$$a_1 + a_2 + a_3 + \cdots \quad \text{und} \quad b_1 + b_2 + b_3 + \cdots.$$

Die n-te Partialsumme der ersten heiße A_n, die der zweiten B_n. Die Summe der ersten Reihe sei A, die der zweiten B.

Betrachten wir die Reihe

$$a_1 b_1 + a_1 b_2 + a_2 b_1 + a_1 b_3 + a_2 b_2 + a_3 b_1 + \cdots.$$

Ihre Glieder sind alle Produkte, die sich aus einem Glied der ersten und einem Glied der zweiten Reihe bilden lassen. Diese Produkte sind in der Weise geordnet, daß die Summe der Indizes der Faktoren zuerst 2, dann 3, dann 4 ist usw. Die Produkte mit der Indizessumme $n + 1$, also

$$a_1 b_n, \; a_2 b_{n-1}, \; \ldots, \; a_{n-1} b_2, \; a_n b_1$$

stehen in der Reihe so wie hier, d. h. so daß der Index von a zunimmt.

Nehmen wir irgendeine Partialsumme S_n von $a_1 b_1 + a_1 b_2 + a_2 b_1 + \cdots$, so läßt sich μ so wählen, daß

$$S_n \leqq A_\mu B_\mu$$

ist. Wenn μ groß genug ist, kommen nämlich in dem ausgerechneten Produkt $A_\mu B_\mu$ alle Glieder von S_n vor und außerdem noch andere nicht negative Glieder.

Da nun $A_\mu \leqq A$ und $B_\mu \leqq B$, so folgt $S_n \leqq AB$.

Die Partialsummen der Reihe $a_1 b_1 + a_1 b_2 + a_2 b_1 + \cdots$ sind also alle kleiner oder gleich AB. Daraus ist zu schließen, daß diese Reihe konvergent ist und daß ihre Summe S der Ungleichung

$$S \leq AB \quad \text{genügt.}$$

Nehmen wir andererseits das Produkt $A_n B_n$, so läßt sich ν so wählen, daß $$A_n B_n \leq S_\nu$$

ist. Man braucht nur zu sorgen, daß in S_ν alle Glieder des ausgerechneten Produktes $A_n B_n$ vorkommen.

Da nun $S_\nu \leq S$, so folgt

$$A_n B_n \leq S,$$

mithin auch $\qquad\qquad AB \leq S.$

Wir haben somit $\qquad\qquad AB = S.$

Jetzt seien

$$u_1 + u_2 + u_3 + \cdots \quad \text{und} \quad v_1 + v_2 + v_3 + \cdots$$

zwei absolut konvergente Reihen mit den Summen s und t.

Wir wissen, daß jede solche Reihe sich als Differenz von zwei konvergenten Reihen mit nicht negativen Gliedern darstellen läßt.

$u_1 + u_2 + u_3 + \cdots$ sei die Differenz der Reihen

$$a_1 + a_2 + a_3 + \cdots \quad \text{und} \quad b_1 + b_2 + b_3 + \cdots$$

mit den Summen A und B, also $u_n = a_n - b_n$, $s = A - B$.

$v_1 + v_2 + v_3 + \cdots$ sei die Differenz der Reihen

$$c_1 + c_2 + c_3 + \cdots \quad \text{und} \quad d_1 + d_2 + d_3 + \cdots$$

mit den Summen C und D, also $v_n = c_n - d_n$, $t = C - D$.

Nach dem Obigen hat man

$$AC = a_1 c_1 + a_1 c_2 + a_2 c_1 + \cdots,$$
$$AD = a_1 d_1 + a_1 d_2 + a_2 d_1 + \cdots,$$
$$BC = b_1 c_1 + b_1 c_2 + b_2 c_1 + \cdots,$$
$$BD = b_1 d_1 + b_1 d_2 + b_2 d_1 + \cdots,$$

folglich (vgl. § 76)

$$st = AC - AD - BC + BD$$
$$= u_1 v_1 + u_1 v_2 + u_2 v_1 + \cdots,$$

weil $$ac_1 - a_1 d_1 - b_1 c_1 + b_1 d_1 = (a_1 - b_1)(c_1 - d_1) = u_1 v_1$$
ist usw.

Die Reihe $u_1 v_1 + u_1 v_2 + v_2 u_1 + \cdots$ ist nicht nur konvergent, sondern auch absolut konvergent. Das allgemeine Glied in der konvergenten Reihe, die man für

$$AC + AD + BC + BD$$

erhält, d. h. $$a_i c_k + a_i d_k + b_i c_k + b_i d_k,$$

ist nämlich sicher nicht kleiner als der Betrag von $u_i v_k$, weil

$$|u_i| \leqq a_i + b_i, \qquad |v_k| \leqq c_k + d_k.$$

Man darf daher in der Reihe $u_1 v_1 + u_1 v_2 + u_2 v_1 + \cdots$ die Glieder beliebig umordnen, ohne daß sie aufhört zu konvergieren und die Summe st zu haben.

Wir haben also folgenden Satz:

$$u_1 + u_2 + u_3 + \cdots \quad \text{und} \quad v_1 + v_2 + v_3 + \cdots$$

seien absolut konvergent. s sei die Summe der ersten, t die Summe der zweiten Reihe. Bildet man eine Reihe, deren Glieder die Produkte $u_i v_k$ $(i, k = 1, 2, 3, \ldots)$ sind,[1] so ist diese Reihe absolut konvergent und hat die Summe st.[2]

§ 86. **Beispiel.** Wir wissen, daß die Reihe

$$1 + q + q^2 + \cdots$$

unter der Bedingung $|q| < 1$ absolut konvergent ist und die Summe $1 : (1 - q)$ hat, so daß

$$\left(\frac{1}{1-q}\right)^2 = (1 + q + q^2 + \cdots)(1 + q + q^2 + \cdots).$$

---

1) Jedes dieser Produkte soll einmal und nur einmal in der Reihe vorkommen, und außerdem soll die Reihe kein Glied enthalten.

2) Wir wollen hier folgende Bemerkung hinzufügen: Wenn $w_1 + w_2 + w_3 + \cdots$ absolut konvergent ist, so gilt dasselbe von der Reihe $(w_1 + \cdots + w_{n_1}) + (w_{n_1 + 1} + \cdots + w_{n_2}) + \cdots$, die aus der ersten durch Zusammenfassen benachbarter Glieder entsteht. Wir dürfen also auch in der Reihe für st benachbarte Glieder zusammenfassen, ohne daß sie aufhört absolut konvergent zu sein.

Die Glieder $u_i v_k$ lauten hier

$$1, \ q, \ q^2, \ q^3, \ \cdots$$
$$q, \ q^2, \ q^3, \ \cdots,$$
$$q^2, \ q^3, \ \cdots,$$
$$q^3, \ \cdots,$$
$$\cdots\cdots$$

Es ist also $\quad \left(\dfrac{1}{1-q}\right)^2 = 1 + 2q + 3q^2 + 4q^3 + \cdots.$ $\qquad (|q| < 1)$

Multipliziert man diese absolut konvergente Reihe noch einmal mit $1 + q + q^2 + \cdots$, so ergibt sich eine Reihe für $1 : (1 - q)^3$ usw.

§ 87. **Potenzreihen.** Die geometrische Reihe gehört zu einer wichtigen Klasse von Reihen, den sogenannten **Potenzreihen**.

Eine solche Reihe hat folgende Gestalt:

$$a_0 + a_1 x + a_2 x^2 + a_3 x^3 + \cdots.$$

Die Zahlen a_0, a_1, a_2, ... heißen die Koeffizienten der Potenzreihe. Bei der geometrischen Reihe sind sie alle gleich.

Wenn eine Potenzreihe vorliegt (d. h. ihre Koeffizienten bekannt sind), so kann man fragen:

Für welche Werte von x ist die Reihe konvergent?

Diese Werte bilden den **Konvergenzbereich** der Reihe.

§ 88. **Theorem von Cauchy-Hadamard.** Um den Konvergenzbereich der Potenzreihe $a_0 + a_1 x + a_2 x^2 + \cdots$ zu bestimmen, bilden wir die Folge

$$|\, a_1\,|, \ |\, a_2\,|^{\frac{1}{2}}, \ |\, a_3\,|^{\frac{1}{3}}, \ \cdots.$$

Es gibt dann zwei Möglichkeiten:

1. Die Folge ist beschränkt.

2. Die Folge ist nicht beschränkt.

Im zweiten Falle ist die Potenzreihe nur für $x = 0$ konvergent. Wäre sie nämlich für $x = x_0\, (\gtrless 0)$ konvergent, so müßte jedenfalls

$$\lim \left(a_n x_0{}^n\right) = 0$$

sein. Nun wird aber jede Zahl von unendlich vielen Gliedern unserer Folge übertroffen[1]). Unendlich viele a_n erfüllen daher die

____

1) Andernfalls wäre die Folge beschränkt.

Ungleichung $$|a_n|^{\frac{1}{n}} > \frac{1}{|x_0|},$$

also auch die Ungleichung $|a_n x_0{}^n| > 1$,

was mit $\lim (a_n x_0{}^n) = 0$ unvereinbar ist.

Im ersten Falle sei h der oberste Häufungswert der Folge (vgl. § 13).

Wenn $h = 0$, so besitzt die Folge nur den einen Häufungswert Null, so daß man hat (vgl. § 14)

$$\lim |a_n|^{\frac{1}{n}} = 0.$$

Unsere Reihe ist dann für jeden Wert von x absolut konvergent, und man nennt sie beständig konvergent. Wenn nämlich x irgend eine Zahl ist, so hat man

$$\lim \sqrt[n]{|a_n x^n|} = |x| \lim \sqrt[n]{|a_n|} = 0.$$

Nach dem Kriterium in § 80 ist also die Reihe $|a_1 x| + |a_2 x^2| + |a_3 x^3| + \cdots$ konvergent, folglich auch

$$|a_0| + |a_1 x| + |a_2 x^2| + \cdots.$$

Wenn $h > 0$, so ist die Potenzreihe konvergent, und zwar absolut konvergent, sobald $|x| < \frac{1}{h}$, divergent, sobald $|x| > \frac{1}{h}$.

Wenn $|x| < \frac{1}{h}$ ist, so können wir ein positives ε so wählen, daß

$$|x| < \frac{1}{h + 2\varepsilon}.$$

Nun sind fast alle $|a|^{\frac{1}{n}}$ kleiner als $h + \varepsilon$.[1]) Also ist für fast alle Werte des Index n

$$|a_n|^{\frac{1}{n}} |x| < \frac{h + \varepsilon}{h + 2\varepsilon}, \quad \text{mithin} \quad |a_n x^n| < \left(\frac{h + \varepsilon}{h + 2\varepsilon}\right)^n.$$

Daraus ersieht man aber, daß die Reihe

$$a_0 + a_1 x + a_2 x^2 + \cdots \quad \text{für} \quad |x| < \frac{1}{h}$$

absolut konvergent ist.

---

1) Sonst wäre h nicht der oberste Häufungswert.

$$\text{Wenn } |x| > \frac{1}{h}, \text{ also} \qquad \left|\frac{1}{x}\right| < h$$

ist, so bedenke man, daß es unendlich viele $|a_n|^{\frac{1}{n}}$ gibt, die größer als $\left|\frac{1}{x}\right|$ sind. Für unendlich viele Werte des Index n wird daher

$$|a_n x^n| > 1.$$

Es ist also nicht einmal $\lim (a_n x^n) = 0$.

In dem Obigen ist folgendes Theorem enthalten:

Wenn der oberste Häufungswert h der Folge

$$|a_1|, \quad |a_2|^{\frac{1}{2}}, \quad |a_3|^{\frac{1}{3}}, \ldots$$

existiert und größer als Null ist, so ist die Potenzreihe

$$\text{für} \quad |x| < \frac{1}{h} \quad \text{absolut konvergent,}$$

$$\text{für} \quad |x| > \frac{1}{h} \quad \text{divergent.}$$

Wenn h existiert, aber gleich Null ist, so konvergiert die Reihe für jeden Wert von x, und zwar absolut.

Existiert h nicht, so konvergiert die Reihe nur für $x = 0$.

Man sagt, daß die Reihe im ersten Falle den Konvergenzradius $\frac{1}{h}$ und das Konvergenzintervall $\left(-\frac{1}{h}, \frac{1}{h}\right)$, im zweiten Falle den Konvergenzradius ∞[1]) und das Konvergenzintervall $(-\infty, \infty)$, im dritten Falle den Konvergenzradius Null hat.

§ 89. **Beispiele.** 1. Die Reihe

$$1 + \frac{x}{1!} + \frac{x^2}{2!} + \frac{x^3}{3!} + \cdots$$

ist beständig konvergent. Es ist nämlich für $x \gtrless 0$

$$\frac{u_{n+1}}{u_n} = \frac{x}{n+1}, \quad \text{also} \quad \lim \frac{|u_{n+1}|}{|u_n|} = 0.$$

Die Reihe ist also nach dem Kriterium u_{n+1}/u_n absolut konvergent.

2. Die Reihe $1 + 1!x + 2!x^2 + 3!x^3 + \cdots$

---

1) ∞ bedeutet „Unendlich".

ist für jeden von Null verschiedenen Wert von x divergent. Man hat nämlich

$$\frac{u_{n+1}}{u_n} = (n+1)x.$$

Fast alle Quotienten $\quad \dfrac{|u_{n+1}|}{|u_n|} = (n+1)\,|x|$

sind also größer als 1, und es ist nicht einmal die Bedingung

$$\lim (n!\,x^n) = 0$$

erfüllt, die für die Konvergenz notwendig wäre.

3. Die Reihe $\qquad 1 + x + x^2 + \cdots$

hat den Konvergenzradius 1.[1]

§ 90. **Differentiation der Potenzreihen.** Eine Potenzreihe, deren Konvergenzradius nicht null ist, stellt in ihrem Konvergenzintervall[2] eine Funktion dar. Denn jedem x-Wert in diesem Intervall entspricht ein bestimmter Wert der Summe unserer Reihe.

Wir wollen nun annehmen, daß die Potenzreihe $a_0 + a_1 x + a_2 x^2 + \cdots$ einen von Null verschiedenen Konvergenzradius hat, und zeigen, daß die Funktion $\quad f(x) = a_0 + a_1 x + a_2 x^2 + \cdots,$

in dem Konvergenzintervall überall eine Ableitung besitzt.

Wären fast alle Koeffizienten der Potenzreihe gleich Null, wäre also $f(x)$ eine ganze rationale Funktion, so hätte man

$$f'(x) = a_1 + 2a_2 x + 3a_3 x^2 + \cdots.$$

Wir werden beweisen, daß diese Formel immer gilt.
Zunächst zeigen wir folgendes:
Die Potenzreihe

$$a_1 + 2a_2 x + 3a_3 x^2 + \cdots$$

hat denselben Konvergenzradius wie

$$a_0 + a_1 x + a_2 x^2 + \cdots.[3]$$

---

1) Die Reihen in Nr. 1 und 2 haben die Konvergenzradien ∞ bzw. 0.

2) Die Grenzen rechnen wir nicht zu dem Intervall.

3) Man kann diesen Satz auch so beweisen. $a_1 + 2a_2 x + 3a_3 x^2 + \cdots$ hat denselben Konvergenzradius wie $a_1 x + 2a_2 x^2 + 3a_3 x^3 + \cdots$. Die Cauchy-Hadamardsche Folge lautet hier: $|a_1|,\ 2^{\frac{1}{2}}|a_2|^{\frac{1}{2}},\ 3^{\frac{1}{3}}|a_3|^{\frac{1}{3}},\ldots$ Jeder Häu-

Ist x ein beliebiger Wert aus dem Konvergenzintervall[1]) von $a_0 + a_1 x + a_2 x^2 + \cdots$, so läßt sich x_0 in diesem Intervall so wählen, daß $|x| < |x_0|$ ist. Da

$$\lim (a_n x_0{}^n) = 0$$

ist, so bilden die Zahlen $a_n x_0{}^n$ eine beschränkte Folge, also auch die Zahlen $a_n x_0{}^{n-1}$. Es läßt sich daher G so wählen, daß alle $a_n x_0{}^{n-1}$ in dem Intervall $(-G, G)$ liegen. Nun hat man aber

$$n a_n x^{n-1} = a_n x_0{}^{n-1} \cdot n \left(\frac{x}{x_0}\right)^{n-1},$$

folglich $\qquad\qquad |n a_n x^{n-1}| < G \cdot n q^{n-1}. \qquad\qquad \left(q = \left|\frac{x}{x_0}\right|\right)$

Da $q < 1$, so ist die Reihe $1 + 2q + 3q^2 + \cdots$, mithin auch die Reihe $\qquad\qquad |a_1| + |2 a_2 x| + |3 a_3 x^2| + \cdots,$ konvergent.

Ist x ein beliebiger Wert aus dem Konvergenzintervall[1]) von $a_1 + 2 a_2 x + 3 a_3 x^2 + \cdots$, so konvergiert

$$|a_1| + |2 a_2 x| + |3 a_3 x^2| + \cdots,$$

also auch $\qquad\quad |a_1 x| + |2 a_2 x^2| + |3 a_3 x^3| + \cdots$

und $\qquad\qquad\quad |a_0| + |a_1 x| + |a_2 x^2| + \cdots.$

Auch die Reihe

$$2 \cdot 1 a_2 + 3 \cdot 2 a_3 x + 4 \cdot 3 a_4 x^2 + \cdots,$$

die aus $\qquad\qquad a_1 + 2 a_2 x + 3 a_3 x^2 + \cdots$

in derselben Weise entsteht, wie diese aus $a_0 + a_1 x + a_2 x^2 + \cdots$ (nämlich durch gliedweise ausgeführte Differentiation), hat denselben Konvergenzradius wie $a_0 + a_1 x + a_2 x^2 + \cdots$.

Das Gleiche gilt von der Reihe

$$3 \cdot 2 \cdot 1 a_3 + 4 \cdot 3 \cdot 2 a_4 x + 5 \cdot 4 \cdot 3 a_5 x^2 + \cdots \quad \text{usw.}$$

---

fungswert dieser Folge ist aber ein Häufungswert der Folge $|a_1|$, $|a_2|^{\frac{1}{2}}$, $|a_3|^{\frac{1}{3}}, \ldots$ und umgekehrt. Man beweist dies leicht mittels der Bemerkung, daß jeder Häufungswert der Grenzwert einer Teilfolge ist, wenn man gleichzeitig beachtet, daß $\lim n^{\frac{1}{n}} = 1$ ist.

1) Wir nehmen an, daß der Konvergenzradius nicht null ist. Die Grenzen des Konvergenzintervalls werden nicht mitgerechnet.

x und x_0 seien wie oben zwei Werte aus dem Konvergenzintervall von $a_0 + a_1 x + a_2 x^2 + \cdots$ und es sei $|x| < |x_0|$. Unter h wollen wir eine nach Null konvergierende Zahl verstehen, die aber selbst ungleich Null ist, und annehmen, daß $|x + h| < x_0$ ist. Dann hat man

$$\frac{f(x+h) - f(x)}{h} = a_1 \frac{(x+h) - x}{h} + a_2 \frac{(x+h)^2 - x^2}{h}$$
$$+ a_3 \frac{(x+h)^3 - x^3}{h} + \cdots.$$

Subtrahiert man hiervon

$$\varphi(x) = a_1 + 2 a_2 x + 3 a_3 x^2 + \cdots,$$

so kommt

$$\frac{f(x+h) - f(x)}{h} - \varphi(x) = a_2 \left\{ \frac{(x+h)^2 - x^2}{h} - 2x \right\}$$
$$+ a_3 \left\{ \frac{(x+h)^3 - x^3}{h} - 3x^2 \right\} + \cdots.$$

Nach dem Mittelwertsatz ist nun

$$\frac{(x+h)^n - x^n}{h} = n \xi_n^{\,n-1},$$

wobei ξ_n zwischen x und $x + h$ liegt.

Es wird hiernach

$$\frac{(x+h)^n - x^n}{h} - n x^{n-1} = n(\xi_n^{\,n-1} - x^{n-1})$$

Auf Grund des Mittelwertsatzes ist aber ferner

$$\xi_n^{\,n-1} - x^{n-1} = (\xi_n - x)(n-1) x_n^{\,n-2}$$

wobei x_n zwischen x und ξ_n, also sicher zwischen x und $x + h$ liegt.

Alles in allem ist also

$$\frac{(x+h)^n - x^n}{h} - n x^{n-1} = n(n-1)(\xi_n - x) x_n^{\,n-2},$$

mithin

$$\left| \frac{(x+h)^n - x^n}{h^n} - n x^{n-1} \right| < n(n-1)|x_0|^{n-2} h,$$

weil

$$|x_n| < |x_0| \quad \text{und} \quad \xi_n - x| < h.$$

Jetzt können wir schreiben[1]):

---

1) Wenn $s = u_1 + u_2 + u_3 + \cdots$ und $u_1 + u_2 + u_3 + \cdots$ absolut konvergent ist, so hat man, wie leicht zu beweisen ist, $|s| \leqq |u_1| + |u_2| + |u_3| + \cdots$

$$\left| \frac{f(x+h)-f(x)}{h} - \varphi(x) \right| < |h| \left\{ 2 \cdot 1 |a_2| + 3 \cdot 2 |a_3 x_0| + \cdots \right\}.$$

Daraus folgt $\quad \lim \left\{ \frac{f(x+h)-f(x)}{h} - \varphi(x) \right\} = 0$

oder $\quad \lim \frac{f(x+h)-f(x)}{h} = \varphi(x), \quad$ **und** $\quad f'(x) = \varphi(x).$

Eine Potenzreihe $\quad a_0 + a_1 x + a_2 x^2 + \cdots,$

deren Konvergenzradius nicht null ist, hat also in ihrem Konvergenzintervall überall die Ableitung

$$a_1 + 2a_2 x + 3a_3 x^2 + \cdots.$$

Man erhält sie, indem man die Reihe $a_0 + a_1 x + a_2 x^2 + \cdots$ **gliedweise differenziert.**

Kapitel VIII.

Einige Anwendungen der Potenzreihen.

§ 91. **Potenzreihe für** e^x. Die Funktion e^x hat, wie wir wissen, die Ableitung e^x.

Die beständig konvergente Potenzreihe

$$1 + \frac{x}{1!} + \frac{x^2}{2!} + \frac{x^3}{3!} + \cdots$$

stellt eine Funktion $\varphi(x)$ dar, die ebenfalls gleich ihrer Ableitung ist, wie man mit Hilfe von § 90 findet.

Wir haben also $(e^x)' = e^x$ und $\varphi'(x) = \varphi(x).$
Daraus folgt, da e^x ungleich Null ist,

$$\left(\frac{\varphi(x)}{e^x} \right)' = \frac{e^x \varphi'(x) - e^x \varphi(x)}{e^{2x}} = 0.$$

$\varphi(x) : e^x$ hat also überall die Ableitung Null. Dann ist aber[1]

$$\frac{\varphi(x)}{e^x} = c. \qquad (c \text{ eine Konstante})$$

---

[1] Vgl. § 67, Folgerung.

Da $$\varphi(0) = 1 \quad \text{und} \quad e^0 = 1$$

ist, so ist $c = 1$ und $\varphi(x) = e^x$,

d. h. $$e^x = 1 + \frac{x}{1!} + \frac{x^2}{2!} + \frac{x^3}{3!} + \cdots.$$

Setzt man $x = 1$, so kommt

$$e = 1 + \frac{1}{1!} + \frac{1}{2!} + \frac{1}{3!} + \cdots.$$

Diese Formel eignet sich vorzüglich zur angenäherten Berechnung der Zahl e. Man hat nämlich

$$\frac{1}{n!} + \frac{1}{(n+1)!} + \frac{1}{(n+2)!} + \cdots$$

$$= \frac{1}{n!}\left(1 + \frac{1}{n+1} + \frac{1}{(n+1)(n+2)} + \cdots\right).$$

Da aber

$$1 + \frac{1}{n+1} + \frac{1}{(n+1)(n+2)} + \cdots < 1 + \frac{1}{n+1} + \left(\frac{1}{n+1}\right)^2 + \cdots$$

$$= 1 + \frac{1}{n}$$

ist, so kann man schreiben

$$\frac{1}{n!} + \frac{1}{(n+1)!} + \frac{1}{(n+2)!} + \cdots = \frac{1}{n!}\left(1 + \frac{\vartheta}{n}\right)$$

und weiß, daß ϑ zwischen 0 und 1 liegt.

Schließlich hat man also

$$e = 1 + \frac{1}{1!} + \frac{1}{2!} + \cdots + \frac{1}{(n-1)!} + \frac{1}{n!}\left(1 + \frac{\vartheta}{n}\right).$$

Setzt man $\vartheta = 0$ und $\vartheta = 1$, so erhält man zwei Zahlen, zwischen denen e liegt. Jede dieser beiden Zahlen differiert von e um weniger als $1 : n!\,n$.

§ 92. **Die Funktionen Kosinus und Sinus.** Die beiden Reihen

$$1 - \frac{x^2}{2!} + \frac{x^4}{4!} - \frac{x^6}{6!} + \cdots$$

und

$$\frac{x}{1!} - \frac{x^3}{3!} + \frac{x^5}{5!} - \frac{x^7}{7!} + \cdots$$

sind beständig konvergent. Ihre Summen bezeichnen wir mit

$$\cos x, \quad (\text{d. h. Kosinus } x) \quad \text{bzw.} \quad \sin x. \quad (\text{d. h. Sinus } x)$$

Diese beiden Funktionen sind für alle Werte von x definiert. Offenbar ist

$$\cos(-x) = \cos x \quad \text{und} \quad \sin(-x) = -\sin x \,.[1])$$

Nach § 90 ist
$$(\cos x)' = -\frac{x}{1!} + \frac{x^3}{3!} - \frac{x^5}{5!} + \cdots$$

und
$$(\sin x)' = 1 - \frac{x^2}{2!} + \frac{x^4}{4!} - \cdots,$$

d. h.
$$(\cos x)' = -\sin x \quad \text{und} \quad (\sin x)' = \cos x \,.$$

§ 93. **Die Additionstheoreme von $\cos x$ und $\sin x$.** Unter a wollen wir eine beliebige Konstante verstehen und die folgende Funktion betrachten:

$$\{\cos(a+x) - \cos a \cos x + \sin a \sin x\}^2$$
$$+ \{\sin(a+x) - \sin a \cos x - \cos a \sin x\}^2 = \varphi(x)\,.$$

Man findet
$$\varphi'(x) = 0\,.$$

$\varphi(x)$ ist also eine Konstante. Da außerdem $\cos 0 = 1$, $\sin 0 = 0$, also $\varphi(0) = 0$ wird, so ist $\varphi(x)$ durchweg gleich 0. Daraus folgt aber

$$\cos(a+x) = \cos a \cos x - \sin a \sin x\,,$$
$$\sin(a+x) = \sin a \cos x + \cos a \sin x\,.$$

Diese Formeln nennt man die Additionstheoreme der Funktionen $\cos x$ und $\sin x$.

Aus der ersten Formel folgt, wenn wir $a = -x$ setzen

$$\cos^2 x + \sin^2 x = 1\,.$$

§ 94. **Kleinste positive Wurzel der Gleichung $\cos x = 0$.** Die Funktion $\cos x$ ist für $x = 0$ positiv, nämlich gleich 1. Für $x = 2$ ist sie aber negativ. Man hat in der Tat

$$\cos 2 = 1 - \frac{2^2}{2!}\left(1 - \frac{2^2}{3 \cdot 4}\right) - \frac{2^6}{6!}\left(1 - \frac{2^3}{7 \cdot 8}\right) - \cdots,$$

---

1) Eine Funktion $f(x)$, die der Bedingung $f(-x) = f(x)$ genügt, nennt man gerade. Genügt sie der Bedingung $f(-x) = -f(x)$, so nennt man sie ungerade. $\cos x$ ist also eine gerade, $\sin x$ eine ungerade Funktion.

und alle Klammern sind positiv, so daß

$$\cos 2 < 1 - \frac{2^2}{2!}\left(1 - \frac{2^2}{3\cdot 4}\right) = -\frac{1}{3}$$

also negativ ist.

Nach § 33 gibt es also zwischen 0 und 2 eine Stelle ξ, so daß

$$\cos \xi = 0 \quad \text{ist.}$$

Zwei solche Stellen kann es nicht geben, weil aus

$$\cos \xi = 0 \quad \text{und} \quad \cos \xi_1 = 0 \qquad (0 < \xi, \xi_1 < 2)$$

folgen würde, daß zwischen ξ und ξ_1, also zwischen 0 und 2 eine Nullstelle von $(\cos x)'$, d. h. von $\sin x$ liegt (§ 66). Man hat aber

$$\sin x = \frac{x}{1!}\left(1 - \frac{x^2}{2\cdot 3}\right) + \frac{x^5}{5!}\left(1 - \frac{x^2}{6\cdot 7}\right) + \cdots$$

und für $0 < x < 2$ sind alle Klammern positiv, also ist auch $\sin x$ positiv.

Es gibt demnach in dem Intervall $(0, 2)$ nur eine Nullstelle von $\cos x$. Sie ist zugleich die kleinste positive Wurzel der Gleichung $\cos x = 0$.

Wir wollen das Doppelte dieser Wurzel mit π bezeichnen, die Wurzel selbst also mit $\frac{\pi}{2}$. Dann ist

$$\cos \frac{\pi}{2} = 0 \quad \text{und} \quad 0 < \frac{\pi}{2} < 2.$$

$\sin \frac{\pi}{2}$ ist positiv und wegen $\cos^2 x + \sin^2 x = 1$ muß $\sin^2 \frac{\pi}{2} = 1$ sein. Daraus folgt $\qquad \sin \frac{\pi}{2} = 1.$

Die Additionstheoreme liefern

$$\cos\left(x + \frac{\pi}{2}\right) = -\sin x,$$

$$\sin\left(x + \frac{\pi}{2}\right) = \cos x,$$

ferner $\qquad \cos(x + \pi) = -\sin\left(x + \frac{\pi}{2}\right) = -\cos x,$

$$\sin(x + \pi) = \cos\left(x + \frac{\pi}{2}\right) = -\sin x,$$

und $\qquad \cos(x + 2\pi) = -\cos(x + \pi) = \cos x,$

$$\sin(x + 2\pi) = -\sin(x + \pi) = \sin x.$$

Auf Grund dieser letzten Formeln sagt man, daß $\cos x$ und $\sin x$ periodische Funktionen sind und die Periode 2π haben.

§ 95. **Berechnung der Logarithmen.** Es sei $|x| < 1$. Die Funktion
$$f(x) = \log (1 + x)$$

hat die Ableitung
$$f'(x) = \frac{1}{1+x}.$$

Nun ist aber $\dfrac{1}{1+x} = 1 - x + x^2 - x^3 + \cdots,$

mithin
$$f'(x) = 1 - x + x^2 - x^3 + \cdots.$$

Die Potenzreihe rechts ist die Ableitung von
$$\varphi(x) = \frac{x}{1} - \frac{x^2}{2} + \frac{x^3}{3} - \cdots.$$

Wir haben also $\quad f'(x) - \varphi'(x) = 0,$

folglich (nach § 67, Folgerung)
$$f(x) - \varphi(x) = c.$$

Da $\qquad\qquad f(0) = \varphi(0) = 0$

ist, so ist auch c gleich Null und
$$\log (1 + x) = \frac{x}{1} - \frac{x^2}{2} + \frac{x^3}{3} - \cdots. \qquad (|x| < 1)$$

Ersetzen wir x durch $-x$, so kommt
$$\log (1 - x) = - \frac{x}{1} - \frac{x^2}{2} - \frac{x^3}{3} - \cdots.$$

Subtrahiert man die beiden Reihen, so ergibt sich für
$$\log(1 + x) - \log (1 - x) = \log \frac{1+x}{1-x}$$

die Formel $\qquad \log \dfrac{1+x}{1-x} = 2\left(\dfrac{x}{1} + \dfrac{x^3}{3} + \dfrac{x^5}{5} + \cdots\right). \qquad (|x| < 1)$

Ist n eine der Zahlen $1, 2, 3, \ldots$, so darf man in dieser Formel offenbar
$$x = \frac{1}{2n + 1}$$

setzen. Dann wird $\dfrac{1+x}{1-x} = \dfrac{n+1}{n},\quad$ und man erhält
$$\log (n + 1) - \log n = 2\left\{\frac{1}{2n+1} + \frac{1}{3(2n+1)^3} + \frac{1}{5(2n+1)^5} + \cdots\right\}.$$

Für $n = 1$ liefert diese Formel

$$\log 2 = \frac{2}{3}\left(1 + \frac{1}{3 \cdot 9} + \frac{1}{5 \cdot 9^2} + \cdots\right).$$

Setzt man $\quad s_\nu = \frac{2}{3}\left(1 + \frac{1}{3 \cdot 9} + \cdots + \frac{1}{(2\nu - 1)9^{\nu - 1}}\right),$

so wird $\log 2 = s_\nu + \varepsilon_\nu$, und man findet, daß

$$\varepsilon_\nu < \frac{2}{3(2\nu + 1)9^\nu}\left(1 + \frac{1}{9} + \frac{1}{9^2} + \cdots\right)$$

oder $\qquad\qquad \varepsilon_\nu = \frac{\vartheta_\nu}{12(2\nu + 1)9^{\nu - 1}} \qquad\qquad (0 < \vartheta_\nu < 1)$

ist, also $\qquad\qquad \log 2 = s_\nu + \frac{\vartheta_\nu}{12(2\nu + 1)9^{\nu - 1}}.$

Es ist hiernach leicht, $\log 2$ mit vorgeschriebener Genauigkeit zu berechnen.

Setzen wir jetzt, in unserer Formel für $\log(n + 1) - \log n$, $n = 4$, so ergibt sich

$$\log 5 = 2 \log 2 + \frac{2}{9}\left(1 + \frac{1}{3 \cdot 81} + \frac{1}{5 \cdot 81^2} + \cdots\right).$$

Hieraus läßt sich $\log 5$ mit vorgeschriebener Genauigkeit berechnen.

Wir können also auch

$$\log 2 + \log 5 = \log 10$$

beliebig genau berechnen, ebenso

$$M = \frac{1}{\log 10},$$

den Modul[1]) der Logarithmen zur Basis 10.

Multiplizieren wir die Formel für $\log(n + 1) - \log n$ mit M, so gewinnen wir

$$\mathrm{Log}\,(n + 1) - \mathrm{Log}\,n = 2 M\left\{\frac{1}{2n + 1} + \frac{1}{3(2n + 1)^3} + \frac{1}{5(2n + 1)^5} + \cdots\right\}$$

Diese Formel kann man zur Berechnung einer Logarithmentafel benutzen.

Wünscht man die Logarithmen der ganzen Zahlen von 1 bis 10^5,

---

1) Man findet $M = 0{,}43429448\ldots$

so genügt es, die Logarithmen der fünfstelligen Zahlen zu berechnen; denn es ist z. B.

$$\text{Log } 13 = \text{Log}\frac{13000}{10^3} = -3 + \text{Log } 13000.$$

In der obigen Formel ist also $n \geq 10^4$. Setzt man nun

$$\text{Log }(n+1) - \text{Log } n = \frac{2M}{2n+1} + \delta_n,$$

so wird (weil $2M < 1$)

$$\delta_n < \frac{1}{3(2n+1)^3}\left\{1 + \frac{1}{(2n+1)^2} + \frac{1}{(2n+1)^4} + \cdots\right\}$$

oder, da

$$1 + \frac{1}{(2n+1)^2} + \frac{1}{(2n+1)^4} + \cdots = \frac{1}{1 - \dfrac{1}{(2n+1)^2}} = \frac{(2n+1)^2}{2n(2n+2)}$$

ist, $\qquad \delta_n < \dfrac{1}{12n(n+1)(2n+1)} < \dfrac{1}{24n^3} < \dfrac{1}{10^{13}}.$

δ_n ist also kleiner als eine Einheit in der 13-ten Dezimale.

Es ist also z. B. $\qquad \text{Log}(10^4 + 1) = 4 + \dfrac{2M}{2 \cdot 10^4 + 1}$

bis auf weniger als eine Einheit in der 13. Dezimale.

§ 96. **Der binomische Lehrsatz.** Wir schicken folgende Bemerkung voraus:

Wenn zwei Potenzreihen in dem Intervall $(-\varrho, \varrho)$ konvergieren $(\varrho > 0)$ und dieselbe Summe haben, so sind sie überhaupt identisch.

Ist nämlich für $|x| < \varrho$

$$a_0 + a_1 x + a_2 x^2 + \cdots = b_0 + b_1 x + b_2 x^2 + \cdots,$$

so ist nach § 90 auch

$$a_1 + 2a_2 x + 3a_3 x^2 + \cdots = b_1 + 2b_2 x + 3b_3 x^2 + \cdots,$$

$$2 \cdot 1 a_2 + 3 \cdot 2 a_3 x + 4 \cdot 3 a_4 x^2 + \cdots = 2 \cdot 1 b_2 + 3 \cdot 2 b_3 x + 4 \cdot 3 b_4 x^2 + \cdots$$

usf. Setzt man überall $x = 0$, so ergibt sich

$$a_n = b_n. \qquad\qquad (n = 0, 1, 2, \ldots)$$

Wir wollen jetzt eine Potenzreihe suchen, die für $|x| < 1$ [1])
gleich $(1 + x)^\mu$ ist. Für $x = 0$ muß sie gleich 1 sein. Ihr Anfangsglied ist also gleich 1, und die Potenzreihe lautet $1 + c_1 x + c_2 x^2 + \cdots$.
Wir verlangen, daß für $|x| < 1$

$$1 + c_1 x + c_2 x^2 + \cdots = (1 + x)^\mu \quad \text{sein soll.}$$

Durch Differentiation ergibt sich [2])

$$c_1 + 2 c_2 x + 3 c_3 x^2 + \cdots = \mu (1 + x)^{\mu - 1}.$$

Multipliziert man beiderseits mit $1 + x$, so kommt

$$(1 + x)(c_1 + 2 c_2 x + 3 c_3 x^2 + \cdots) = \mu (1 + x)^\mu$$
$$= \mu (1 + c_1 x + c_2 x^2 + \cdots) \quad \text{oder}$$
$$c_1 + (2 c_2 + c_1) x + (3 c_3 + 2 c_2) x^2 + \cdots = \mu + \mu c_1 x + \mu c_2 x^2 + \cdots.$$

Auf Grund der Bemerkung am Anfang dieses Paragraphen folgt

hieraus
$$c_1 = \mu, \; 2 c_2 + c_1 = \mu c_1, \; 3 c_3 + 2 c_2 = \mu c_2, \ldots,$$

d. h.
$$c_1 = \frac{\mu}{1}, \; c_2 = \frac{\mu (\mu - 1)}{1 \cdot 2}, \; c_3 = \frac{\mu (\mu - 1)(\mu - 2)}{1 \cdot 2 \cdot 3}, \; \cdots$$

Für
$$\frac{\mu (\mu - 1) \ldots (\mu - k + 1)}{1 \cdot 2 \ldots k} \qquad (k = 1, 2, 3, \ldots)$$

pflegt man
$$\binom{\mu}{k} \quad \text{oder} \quad (\mu)_k$$

zu schreiben (gelesen μ über k).

Unsere Potenzreihe lautet also

$$1 + \binom{\mu}{1} x + \binom{\mu}{2} x^2 + \cdots.$$

Wenn μ einen der Werte $0, 1, 2, \ldots,$ hat, so konvergiert diese
Reihe für jeden Wert von x, weil von einer bestimmten Stelle ab
alle Glieder verschwinden.

Hat μ keinen der gegebenen Werte, so sind für $x \gtrless 0$ alle Glieder
von Null verschieden, und man hat

$$\frac{u_{n+1}}{u_n} = \frac{\mu - n + 1}{n} x,$$

mithin
$$\lim \frac{u_{n+1}}{u_n} = - x \quad \text{und} \quad \lim \left| \frac{u_{n+1}}{u_n} \right| = |x|.$$

---

1) Bei der Annahme $|x| < 1$ ist $1 + x$ positiv.
2) Man denke an die Differentiationsregel in § 90.

Für $|x| < 1$ ist unsere Reihe also absolut konvergent, was auch μ sein mag.

Bezeichnen wir ihre Summe mit $\varphi(x)$, so ist nach dem Obigen

$$(1 + x)\,\varphi'(x) = \mu\,\varphi(x).$$

Daraus folgt, weil $(1 + x)^\mu$ ungleich Null ist,

$$\left(\frac{\varphi(x)}{(1 + x)^\mu}\right)' = \frac{(1 + x)^\mu\,\varphi'(x) - \mu(1 + x)^{\mu - 1}\varphi(x)}{(1 + x)^{2\mu}} = 0,$$

also
$$\varphi(x) = c(1 + x)^\mu. \quad (c \text{ eine Konstante})$$

Da $\varphi(0) = 1$ ist, so hat man $c = 1$ und

$$(1 + x)^\mu = 1 + \binom{\mu}{1} x + \binom{\mu}{2} x^2 + \cdots \qquad (|x| < 1)$$

Dies ist die **Newtonsche Binomialformel.** Die Reihe auf der rechten Seite nennt man die **Binomialreihe,** ihre Koeffizienten die **Binomialkoeffizienten.**

Wir bemerken noch, daß für ein positives ganzzahliges μ die Bedingung $|x| < 1$ fortfällt. Ist μ von $0, 1, 2, \ldots$ verschieden und $|x| > 1$, so divergiert die Binomialreihe, weil (vgl. § 79) nicht einmal $\lim u_n = 0$ ist.

§ 97. **Die Taylorsche Reihe.** In § 74 haben wir die Taylorsche Formel bewiesen. Wenn die betrachtete Funktion in $\langle x, x + h\rangle$ alle Ableitungen hat, so können wir dem n in der Taylorschen Formel jeden der Werte $1, 2, 3, \ldots$ beilegen.

Es kann nun sein, daß $\lim R_n = 0$ ist. Dann wird

$$\lim\left\{f(x) + \frac{h}{1!}f'(x) + \cdots + \frac{h^{n-1}}{(n-1)!}f^{(n-1)}(x)\right\}$$
$$= \lim\{f(x + h) - R_n\} = f(x + h)$$

oder, was dasselbe bedeutet,

$$f(x + h) = f(x) + \frac{h}{1!}f'(x) + \frac{h^2}{2!}f''(x) + \cdots.$$

Diese unendliche Reihe nennt man die **Taylorsche Reihe.**

Wenn für $n = 1, 2, 3, \ldots$ und für alle Werte von ϑ zwischen 0 und 1
$$|f^{(n)}(x + \vartheta h)| < A$$

ist (A eine Konstante), so kann man sicher sein, daß R_n nach Null konvergiert. In der Tat ist

$$R_n = \frac{h^n}{n!} f^{(n)}(x + \vartheta h),$$

also
$$|R_n| < \frac{|h|^n}{n!} A.$$

Wir wissen aber (vgl. § 89), daß die Reihe

$$1 + \frac{|h|}{1!} + \frac{|h|^2}{2!} + \cdots$$

konvergiert. Daraus folgt

$$\lim \frac{|h|^n}{n!} = 0, \quad \text{mithin auch} \quad \lim R_n = 0.$$

§ 98. **Beispiele.** 1. Alle Ableitungen von $f(x) = e^x$ sind gleich e^x, und man hat daher $\quad f^{(n)}(x + \vartheta h) = e^{x + \vartheta h}$. $\hspace{2cm} (0 < \vartheta < 1)$

$e^{x + \vartheta h}$ liegt aber zwischen e^x und e^{x+h}. Die am Schluß von § 97 angegebene Bedingung ist hier also erfüllt[1]), und es ergibt sich

$$e^{x+h} = e^x + \frac{h}{1!} e^x + \frac{h^2}{2!} e^x + \cdots.$$

Insbesondere ist (wenn wir x durch 0 und h durch x ersetzen)

$$e^x = 1 + \frac{x}{1!} + \frac{x^2}{2!} + \cdots,$$

ein Resultat, das wir früher auf anderem Wege erhalten haben (vgl. § 91).

2. Wegen der Relation

$$\cos^2 x + \sin^2 x = 1$$

erfüllen $\cos x$ und $\sin x$ die Ungleichungen

$$|\cos x| \leq 1, \quad |\sin x| \leq 1.$$

Da $\quad (\cos x)' = -\sin x, \ (\cos x)'' = -\cos x,$

$$(\cos x)''' = \sin x, \ (\cos x)^{IV} = \cos x, \ \ldots \quad \text{und}$$

$(\sin x)' = \cos x, (\sin x)'' = -\sin x, (\sin x)''' = -\cos x, (\sin x)^{IV} = \sin x, \ldots,$

so erfüllen auch $\cos x$ und $\sin x$ die Bedingung am Schluß von § 97.

---

1) Man braucht nur A gleich der größeren der beiden Zahlen e^x und e^{x+h} zu setzen.

Man hat demnach

$$\cos(x+h) = \cos x - \frac{h}{1!}\sin x - \frac{h^2}{2!}\cos x + \frac{h^3}{3!}\sin x + \frac{h^4}{4!}\cos x - \cdots$$

und

$$\sin(x+h) = \sin x + \frac{h}{1!}\cos x - \frac{h^2}{2!}\sin x - \frac{h^3}{3!}\cos x + \frac{h^4}{4!}\sin x + \cdots.$$

Wenn wir x durch 0 und h durch x ersetzen, so erhalten wir nichts Neues, weil wir in § 92 Kosinus und Sinus durch die Gleichungen

$$\cos x = 1 - \frac{x^2}{2!} + \frac{x^4}{4!} - \cdots$$

und

$$\sin x = \frac{x}{1!} - \frac{x^3}{3!} + \frac{x^5}{5!} - \cdots \qquad \text{definiert haben.}$$

Die obigen Formeln für $\cos(x+h)$ und $\sin(x+h)$ lassen sich auch so schreiben:

$$\cos(x+h) = \left(1 - \frac{h^2}{2!} + \frac{h^4}{4!} - \cdots\right)\cos x$$

$$- \left(\frac{h}{1!} - \frac{h^3}{3!} + \frac{h^5}{5!} - \cdots\right)\sin x$$

und

$$\sin(x+h) = \left(1 - \frac{h^2}{2!} + \frac{h^4}{4!} - \cdots\right)\sin x$$

$$+ \left(\frac{h}{1!} - \frac{h^3}{3!} + \frac{h^5}{5!} - \cdots\right)\cos x$$

oder

$$\cos(x+h) = \cos x \cos h - \sin x \sin h,$$

$$\sin(x+h) = \sin x \cos h + \cos x \sin h.$$

Hiermit haben wir einen neuen Beweis für die Additionstheoreme $\cos x$ und $\sin x$ gewonnen (vgl. § 93).

3. $y = \log(1+x)$ hat für $x > -1$ alle Ableitungen, und zwar ist

$$y^{(n)} = (-1)^{n-1}(n-1)!(1+x)^{-n}.$$

Für $x = 0$ wird

$$y = 0 \quad \text{und} \quad y^{(n)} = (-1)^{n-1}(n-1)!.$$

Nach der Taylorschen Formel ist also

$$\log(1+x) = \frac{x}{1} - \frac{x^2}{2} + \cdots + (-1)^{n-2}\frac{x^{n-1}}{n-1} + R_n$$

und man hat

$$R_n = (-1)^{n-1}\frac{(1-\vartheta)^{n-p}x^n}{p(1+\vartheta x)^n}. \qquad (0 < \vartheta < 1)$$

Im Falle $|x| < 1$ setze man $p = 1$ und schreibe

$$R_n = \frac{(-1)^{n-1}}{1 + \vartheta x}\left(\frac{1 - \vartheta}{1 + \vartheta x}\right)^{n-1} x^n.$$

Da ϑx zwischen $-\vartheta$ und ϑ liegt, so liegt

$$\frac{1 - \vartheta}{1 + \vartheta x} \quad \text{zwischen} \quad \frac{1 - \vartheta}{1 + \vartheta} \quad \text{und} \quad \frac{1 - \vartheta}{1 - \vartheta} = 1,$$

also zwischen 0 und 1. Wegen $0 < \vartheta < 1$ ist ferner

$$1 + \vartheta x \geqq 1 - |x|.$$

Also hat man $\qquad |R_n| < \dfrac{|x|^n}{1 - |x|},$

folglich $\qquad\qquad\qquad \lim R_n = 0$

und $\qquad\qquad \log(1 + x) = \dfrac{x}{1} - \dfrac{x^2}{2} + \dfrac{x^3}{3} - \cdots, \qquad (|x| < 1)$

ein uns schon bekanntes Resultat.

Im Falle $x = 1$ setze man $p = n$. Dann wird

$$R^n = (-1)^{n-1} \frac{1}{n} \cdot \frac{1}{(1 + \vartheta)^n}, \quad \text{also} \quad |R_n| < \frac{1}{n},$$

und $\qquad\qquad\qquad \lim R_n = 0,$

so daß man hat $\qquad \log 2 = 1 - \tfrac{1}{2} + \tfrac{1}{3} - \cdots.$

Im Falle $x = -1$ lautet unsere Reihe

$$-1 - \tfrac{1}{2} - \tfrac{1}{3} - \cdots.$$

Sie ist divergent. Denn die Summe der 2^{n-1} Glieder

$$-\frac{1}{2^{n-1}}, \quad -\frac{1}{2^{n-1} + 1}, \quad \cdots, \quad -\frac{1}{2^n - 1}$$

ist kleiner als $\qquad -2^{n-1} \cdot \dfrac{1}{2^n} = -\dfrac{1}{2}.$

Summiert man die q ersten Gliedergruppen dieser Art ($n = 1, 2, \ldots$), so erhält man eine Partialsumme der Reihe, die kleiner als $-\tfrac{1}{2}q$ ist. Die Folge der Partialsummen ist also nicht beschränkt.

Im Falle $|x| > 1$ ist die Reihe divergent, sodaß die Formel

$$\log(1 + x) = \frac{x}{1} - \frac{x^2}{2} + \frac{x^3}{3} - \cdots$$

nur für $-1 < x \leqq 1$ gilt.

7*

4. $y = (1 + x)^\mu$ hat für $x > -1$ alle Ableitungen, und zwar ist

$$y^{(n)} = \mu (\mu - 1) \ldots (\mu - n + 1)(1 + x)^{\mu - n}.$$

Für $x = 0$ wird

$$y = 1, \quad y^{(n)} = \mu (\mu - 1) \ldots (\mu - n + 1).$$

Die Taylorsche Formel liefert

$$(1 + x)^\mu = 1 + \binom{\mu}{1} x + \binom{\mu}{2} x^2 + \cdots + \binom{\mu}{n-1} x^{n-1} + R_n,$$

und man hat $\quad R_n = \dfrac{n}{p} \binom{\mu}{n}(1 + \vartheta x)^{\mu - n}(1 - \vartheta)^{n - p} x^n. \quad (0 < \vartheta < 1)$

Im Falle $|x| < 1$ setze man $p = 1$ und schreibe

$$R_n = x (1 + \vartheta x)^{\mu - 1} \left(\frac{1 - \vartheta}{1 + \vartheta x}\right)^{n - 1} \cdot n \binom{\mu}{n} x^{n - 1}.$$

Der dritte Faktor $\qquad \left(\dfrac{1 - \vartheta}{1 + \vartheta x}\right)^{n - 1}$

liegt, wie wir wissen, zwischen 0 und 1; der zweite zwischen 1 und $(1 + x)^{\mu - 1}$. Ist also K die größte unter den Zahlen 1 und $(1 + x)^{\mu - 1}$, so wird

$$|R_n| < n \binom{\mu}{n} |x|^{n - 1} K.$$

Nun konvergiert für $|x| < 1$ die Reihe (vgl. § 96)

$$1 + \binom{\mu}{1} x + \binom{\mu}{2} x^2 + \cdots,$$

folglich auch die Reihe

$$\binom{\mu}{1} + 2 \binom{\mu}{2} x + 3 \binom{\mu}{3} x^2 + \cdots,$$

und es ist daher $\qquad \lim n \binom{\mu}{n} x^{n - 1} = 0,$

mithin $\qquad\qquad\qquad\qquad \lim R_n = 0,$

sodaß wir haben $\quad (1 + x)^\mu = 1 + \binom{\mu}{1} x + \binom{\mu}{2} x^2 + \cdots. \qquad (|x| < 1)$

Dieses Resultat ist uns schon bekannt.

Wir wollen bei der weiteren Untersuchung annehmen, daß μ keinen der Werte 0, 1, 2, 3, .., hat, damit die Reihe nicht abbricht.

Dann ist für $|x| > 1$ unsere Reihe divergent. Es bleiben also nur die Fälle $x = 1$ und $x = -1$ übrig.

Im Falle $x = 1$ setzen wir $p = n$, so daß

$$R_n = \binom{\mu}{n}(1 + \vartheta)^{\mu - n} \qquad\qquad (0 < \vartheta < 1)$$

wird. Der zweite Faktor ist für genügend großes n kleiner als 1. Der erste Faktor läßt sich so schreiben

$$\binom{\mu}{n} = (-1)^n \frac{(-\mu)(-\mu + 1)\cdots(-\mu + n - 1)}{1 \cdot 2 \cdots n}.$$

Es handelt sich hier um einen Ausdruck von der Form[1])

$$P_n = \frac{a(a + 1)\cdots(a + n - 1)}{b(b + 1)\cdots(b + n - 1)},$$

und zwar ist im vorliegenden Falle

$$a = -\mu \quad \text{und} \quad b = 1.$$

Über P_n gilt nun folgender Satz.

Wenn $a > b$, so ist $\lim \dfrac{1}{P_n} = 0$.

Die positive ganze Zahl k sei größer als $|b|$. Dann ist $b + k$, mithin auch $a + k$, positiv. Setzen wir $a - b = d$ und nehmen $n > k$ an, so wird

$$\frac{a + k}{b + k} = 1 + \frac{d}{b + k} > 1 + \frac{d}{2k},$$

$$\frac{a + k + 1}{b + k + 1} = 1 + \frac{d}{b + k + 1} > 1 + \frac{d}{2k + 1},$$

$$\cdots\cdots\cdots\cdots\cdots\cdots\cdots$$

$$\frac{a + n - 1}{b + n - 1} = 1 + \frac{d}{b + n - 1} > 1 + \frac{d}{k + n - 1}.$$

Daraus folgt

$$\frac{P_n}{P_k} > 1 + d\left(\frac{1}{2k} + \frac{1}{2k + 1} + \cdots + \frac{1}{k + n - 1}\right).$$

Die Reihe $\quad \dfrac{1}{2k} + \dfrac{1}{2k + 1} + \dfrac{1}{2k + 2} + \cdots$

ist aber divergent. Ist g irgend eine positive Zahl, so sind fast alle

---

[1]) Kein Faktor im Zähler und im Nenner ist null.

Partialsummen dieser Reihe größer als g. Fast alle P_n erfüllen daher die Ungleichung

$$\frac{P_n}{P_k} > 1 + gd \quad \text{oder} \quad \frac{P_k}{P_n} < \frac{1}{1+gd} < \varepsilon$$

wenn wir

$$g > \frac{1}{d}\left(\frac{1}{\varepsilon} - 1\right)$$

machen. Das bedeutet aber

$$\lim \frac{P_k}{P_n} = 0, \quad \text{folglich}^1) \quad \lim \frac{1}{P_n} = 0.$$

Als Folgerung ergibt sich aus obigem Satze, daß im Falle $a < b$ $\lim P_n = 0$ ist.

Im Falle $a = b$ sind alle P_n gleich 1, also auch $\lim P_n = 1$.

Wenn wir unsern Satz auf

$$\frac{(-\mu)(-\mu+1)\cdots(-\mu+n-1)}{1 \cdot 2 \cdots n}$$

anwenden, so können wir schließen, daß diese Zahl für $-\mu < 1$, d. h. $\mu > -1$ den Grenzwert Null hat. Für $\mu > -1$ ist also $\lim R_n = 0$ und daher

$$2^\mu = 1 + \binom{\mu}{1} + \binom{\mu}{2} + \cdots$$

Für $\mu = -1$ wird

$$\binom{\mu}{n} = \frac{(-1)(-2)\cdots(-n)}{1 \cdot 2 \cdots \cdot n} = (-1)^n,$$

so daß die Bedingung $\lim u_n = 0$ nicht erfüllt ist.

Für $\mu < -1$, d. h. $-\mu > 1$ hat der reziproke Wert von

$$\frac{(-\mu)(-\mu+1)\cdots(-\mu+n-1)}{1 \cdot 2 \cdots n}\left(\gtrless 0\right)$$

den Grenzwert Null. Die Bedingung $\lim u_n = 0$ ist also wieder nicht erfüllt.

Die obige Formel für 2^μ gilt also nur für $\mu > -1$.

Im Falle $x = -1$ lautet die Binomialreihe

$$1 - \binom{\mu}{1} + \binom{\mu}{2} - \binom{\mu}{3} + \cdots.$$

---

1) P_k ist von Null verschieden.

Ihre Partialsummen lassen sich leicht berechnen, und man findet

$$s_1 = 1, \; s_2 = -\binom{\mu-1}{1}, \quad s_3 = \binom{\mu-1}{2}, \quad s_4 = -\binom{\mu-1}{3}, \; \cdots$$

Allgemein ist

$$s_n = (-1)^{n-1}\binom{\mu-1}{n-1} = \frac{(1-\mu)(2-\mu)\cdots(n-1-\mu)}{1\cdot 2\cdots(n-1)}.$$

Für $\mu > 0$ ist $\lim s_n = 0$, also

$$(1-1)^\mu = 1 - \binom{\mu}{1} + \binom{\mu}{2} - \cdots.$$

Für $\mu < 0$ hat s_n keinen Grenzwert, weil dann $\lim (1/s_n) = 0$ ist.

Wir können unsere obigen Resultate in folgendem Satz zusammenfassen:

Wenn μ keinen der Werte $0, 1, 2, 3, \ldots$ hat, so gilt die Binomialformel

$$(1 + x)^\mu = 1 + \binom{\mu}{1}x + \binom{\mu}{2}x^2 + \cdots$$

im Falle $|x| > 1$ überhaupt nicht,

im Falle $|x| < 1$ für jeden Wert von μ.

im Falle $x = 1$ nur für $\mu > -1$,

im Falle $x = -1$ nur für $\mu > 0$.

Kapitel IX.

Maxima und Minima.

§ 99. **Definition.** Man sagt, $f(x)$ habe an der Stelle x_0 ein Maximum (Minimum)[1]), wenn sich um x_0 ein Intervall $(x_0 - \delta, x_0 + \delta)$ konstruieren läßt, so daß der Funktionswert $f(x_0)$ in diesem Intervall der größte (kleinste) ist und nur an der Stelle x_0 angenommen wird.

Wir wollen außerdem noch fordern, daß das ganze Intervall $(x_0 - \delta, x_0 + \delta)$ dem Definitionsbereich von $f(x)$ angehört.[2])

---

1) oder $f(x_0)$ sei ein Maximum (Minimum).

2) Wenn ein solches Intervall existiert, pflegt man zu sagen, daß x_0 ein innerer Punkt des Definitionsbereichs ist.

Für Maxima und Minima hat man auch den gemeinsamen Namen **Extrema** (Mehrzahl von **Extremum**).

Wenn $f(x_0)$ ein **Extremum** ist und die **Ableitung** $f'(x_0)$ existiert, so muß $f'(x_0) = 0$ sein.

Ist $|h| < \delta$, so haben die Differenzen

$$f(x_0 + h) - f(x_0) \quad \text{und} \quad f(x_0 - h) - f(x_0)$$

beide dasselbe Zeichen, also die Differenzenquotienten

$$\frac{f(x_0 + h) - f(x_0)}{h} \quad \text{und} \quad \frac{f(x_0 - h) - f(x_0)}{-h}$$

entgegengesetzte Zeichen. Nennen wir u den positiven, v den negativen von ihnen, so ist bei nach Null konvergierendem h

$$\lim u = f'(x_0) \quad \text{und} \quad \lim v = f'(x_0).$$

Aus der ersten Gleichung ist zu schließen, daß $f'(x_0) \geqq 0$, aus der zweiten, daß $f'(x_0) \leqq 0$ sein muß. Folglich ist

$$f'(x_0) = 0.$$

Geometrisch bedeutet dies, daß die Tangente der Bildkurve von $f(x)$ an einer Stelle, wo ein Extremum eintritt, parallel zur x-Achse ist, vorausgesetzt, daß die Tangente existiert.

Man überzeugt sich sofort, daß die Bedingung $f'(x_0) = 0$ für das Vorhandensein eines Extremums nicht hinreichend ist. Z. B. hat die Funktion x^3 an der Stelle $x = 0$ kein Extremum, und doch ist die Ableitung $3x^2$ daselbst gleich Null.

§ 100. **Das Vorzeichen der Ableitung.** x_0 sei ein innerer Punkt des Definitionsbereichs von $f(x)$. Ferner habe man $f'(x_0) > 0$. Dann läßt sich um x_0 ein Intervall $(x_0 - \delta,\ x_0 + \delta)$ so konstruieren, daß in $(x_0 - \delta, x_0)\ f(x)$ kleiner, in $(x_0, x_0 + \delta)$ dagegen $f(x)$ größer als $f(x_0)$ ist.

Wir sagen kurz, daß $f(x)$ links[1]) von x_0 kleiner, rechts von x_0 größer als $f(x_0)$ ist.

Existierte kein solches Intervall, so würde auch $\left(x_0 - \dfrac{1}{n},\right.$

---

1) Wir stellen uns so vor die Figur, daß ein Punkt auf der x-Achse um so weiter nach rechts liegt, je größer seine Abszisse ist.

$x_0 + \dfrac{1}{n}\Big)$ nicht die gewünschte Eigenschaft haben. Es gäbe also in

$\Big(x_0 - \dfrac{1}{n},\ x_0 + \dfrac{1}{n}\Big)$ eine von x_0 verschiedene Stelle x_n, so daß entweder

$$x_0 - \frac{1}{n} < x_n < x_0 \quad \text{und} \quad f(x_n) \geqq f(x_0)$$

oder $\qquad x_0 < x_n < x_0 + \dfrac{1}{n} \quad \text{und} \quad f(x_n) \leqq f(x_0)$

ist. In beiden Fällen wäre also

$$\frac{f(x_n) - f(x_0)}{x_n - x_0} \leqq 0.$$

Daraus würde aber folgen

$$\lim \frac{f(x_n) - f(x_0)}{x_n - x_0} = f'(x_0) \leqq 0,$$

was der Annahme $f'(x_0) > 0$ widerspricht.

Wenn $f'(x_0) < 0$ ist, so ist $f(x)$ links von x_0 größer, rechts von x_0 kleiner als $f(x_0)$.

§ 101. **Kriterium für Maxima und Minima.** 1. $f(x)$ habe in einer gewissen Umgebung von x_0 überall eine Ableitung $f'(x)$. Außerdem existiere $f''(x_0)$, und endlich sei

$$f'(x_0) = 0,\ f''(x_0) \gtreqless 0.$$

Dann ist $f'(x_0)$ ein Minimum oder ein Maximum, je nachdem $f''(x_0) > 0$ oder $f''(x_0) < 0$ ist.

Im Falle $f''(x_0) > 0$ ist $f'(x)$

links von x_0 kleiner als $f'(x_0)$, d. h. negativ,

rechts von x_0 größer als $f'(x_0)$, d. h. positiv.

Mit Hilfe des Mittelwertsatzes

$$f(x_0 + h) = f(x_0) + h f'(x_0 + \vartheta h)$$
$$(0 < \vartheta < 1)$$

erkennt man, daß $f(x)$ sowohl links als auch rechts von x_0 größer als $f(x_0)$, daß also $f(x_0)$ ein Minimum ist.

Im Falle $f''(x_0) < 0$ ergibt sich genau ebenso, daß $f(x_0)$ ein Maximum ist.[1]

---

1) Die beiden Fälle gehen ineinander über, wenn man $f(x)$ durch $- f(x)$ ersetzt. Man braucht also nur den einen zu behandeln.

2. $f(x)$ habe in einer gewissen Umgebung von x_0 die beiden Ableitungen $f'(x)$ und $f''(x)$. Außerdem existiere $f'''(x_0)$, und endlich sei

$$f'(x_0) = 0, \; f''(x_0) = 0, \; f'''(x_0) \gtrless 0$$

Dann ist $f(x_0)$ kein Extremum.

Im Falle $f'''(x_0) > 0$ hat $f'(x_0)$ nach No. 1 an der Stelle x_0 ein Minimum. $f'(x)$ ist also sowohl links als auch rechts von x_0 positiv. Mit Hilfe des Mittelwertsatzes ergibt sich dann, daß $f(x)$ links von x_0 kleiner und rechts von x_0 größer als $f(x_0)$ ist.

Im Falle $f'''(x_0) < 0$ ist $f(x)$ links von x_0 größer und rechts von x_0 kleiner als $f(x_0)$.

3. $f(x)$ habe in einer gewissen Umgebung von x_0 die drei Ableitungen $f'(x)$, $f''(x)$, $f'''(x)$. Außerdem existiere $f^{IV}(x_0)$, und endlich sei

$$f'(x_0) = 0, \; f''(x_0) = 0, \; f'''(x_0) = 0, \; f^{IV}(x_0) \gtrless 0.$$

Dann ist $f(x_0)$ ein Minimum oder ein Maximum, je nachdem $f^{IV}(x_0) > 0$ oder $f^{IV}(x_0) < 0$ ist.

Im Falle $f^{IV}(x_0) > 0$ ist nach No. 2 $f'(x)$ links von x_0 kleiner und rechts von x_0 größer als $f'(x_0)$, d. h. links von x_0 negativ und rechts von x_0 positiv. Mit Hilfe des Mittelwertsatzes ergibt sich dann wie in No. 1, daß $f(x_0)$ ein Minimum ist.

Im Falle $f^{IV}(x_0) < 0$ ist $f(x_0)$ ein Maximum.

Diese Kette von Sätzen läßt sich beliebig fortsetzen. Allgemein gilt folgendes Theorem, von dessen Richtigkeit man sich durch den Schluß von n auf $n + 1$ überzeugen kann.

$f(x)$ habe in einer gewissen Umgebung von x_0 die Ableitungen $\qquad f'(x)$, $f''(x)$, $\ldots$, $f^{(n-1)}(x)$. $\qquad\qquad (n > 1)$.
Außerdem existiere $f^{(n)}(x_0)$, und endlich sei

$$f'(x_0) = 0, \; f''(x_0) = 0, \; \ldots, \; f^{(n-1)}(x_0) = 0, \; f^{(n)}(x_0) \gtrless 0.$$

Bei **geradem** n ist dann $f(x_0)$ ein Minimum oder ein Maximum, je nachdem $f^{(n)}(x_0) > 0$ oder $f^{(n)}(x_0) < 0$ ist.

Bei **ungeradem** n ist $f(x_0)$ kein Extremum. Vielmehr ist $f(x)$ links von x_0 kleiner und rechts von x_0 größer als $f(x_0)$ oder links von x_0 größer und rechts von x_0 kleiner als $f(x_0)$, je nachdem $f^{(n)}(x_0) > 0$ oder $f^{(n)}(x_0) < 0$.

Es gibt Funktionen, bei denen dieses Theorem versagt. Ein Beispiel hierfür ist die folgende Funktion

$$f(0) = 0, \; f(x) = e^{-\frac{1}{x^2}} \qquad (x \gtrless 0).$$

Für $x \gtrless 0$ wird, wenn wir $-1/x^2$ mit u bezeichnen,

$$f'(x) = u'e^u,$$
$$f''(x) = (u'^2 + u'')e^u,$$
$$f'''(x) = (u'^3 + 3u'u'' + u''')e^u,$$
$$\cdot \; \cdot \; \cdot \; \cdot \; \cdot \; \cdot \; \cdot \; \cdot \; \cdot \; \cdot \; \cdot \; \cdot$$

und man hat $\; u' = \dfrac{2}{x^3}, \; u'' = -\dfrac{2 \cdot 3}{x^4}, \; u''' = \dfrac{2 \cdot 3 \cdot 4}{x^5}, \; \cdots.$

Jedenfalls wird also $f^{(n)}(x) = G_n\left(\dfrac{1}{x}\right) e^{-\frac{1}{x^2}}, \qquad (x \gtrless 0)$

wobei G_n eine ganze rationale Funktion bedeutet. Die Formel gilt auch für $n = 0$, wenn wir $f^{(0)}(x) = f(x)$ setzen.

Es bleiben noch $f'(0), f''(0), \; \ldots$ zu berechnen.

Aus der Reihenentwicklung

$$e^x = 1 + \frac{x}{1!} + \frac{x^2}{2!} + \cdots$$

ersieht man, daß für $x > 0$ die Ungleichungen

$$e^x > \frac{x^m}{m!} \qquad (m = 1, 2, 3, \ldots)$$

gelten.

Angenommen, wir hätten schon bewiesen, daß $f^{(n)}(0) = 0$ ist. Dann läßt sich zeigen, daß $f^{(n+1)}(0) = 0$ ist. Da nämlich

$$f^{(n+1)}(0) = \lim \frac{f^{(n)}(h) - f^{(n)}(0)}{h}, \qquad (\lim h = 0)$$

so ist nur nachzuweisen, daß

$$\lim \left\{ \frac{1}{h} G_n\left(\frac{1}{h}\right) : e^{\left(\frac{1}{h}\right)^2} \right\} = 0$$

ist. Der fragliche Ausdruck setzt sich aber aus einer endlichen Anzahl von Gliedern der Form

$$\left(\frac{1}{h}\right)^\mu : e^{\left(\frac{1}{h}\right)^2} \qquad (\mu = 1, 2, 3, \ldots)$$

zusammen. Wählen wir die ganze Zahl m so, daß $2m > \mu$ ist, so wird der Betrag des obigen Gliedes kleiner als die nach Null konvergierende Zahl
$$m! \, |h|^{2m-\mu}.$$

Es ergibt sich also $f^{(n+1)}(0) = 0$.

Da nun $f^{(0)}(0) = f(0) = 0$ ist, so verschwinden auch $f'(0)$, $f''(0)$, ….

$f(x)$ hat offenbar an der Stelle $x = 0$ ein Minimum. Dies läßt sich aber nicht mit Hilfe des obigen Theorems feststellen, weil für $x = 0$ alle Ableitungen verschwinden.

Unsere Funktion ist zugleich ein Beispiel dafür, daß die Taylorsche Reihe
$$f(0) + \frac{x}{1!} f'(0), + \frac{x^2}{2!} f''(0) + \cdots$$

konvergieren kann, ohne daß ihre Summe gleich $f(x)$ ist.

§ 102. **Anwendung der Taylorschen Formel zum Beweis des Kriteriums.** Hat $f(x)$ in einer gewissen Umgebung von x_0 die Ableitungen
$$f'(x), \; f''(x), \; \ldots, \; f^{(n-1)}(x), \qquad\qquad (n > 1)$$
so gilt für $|h| < \delta$ die Taylorsche Formel[1]
$$f(x_0 + h) = f(x_0) + \frac{h}{1!} f'(x_0) + \cdots + \frac{h^{n-2}}{(n-2)!} f^{(n-2)}(x_0)$$
$$+ \frac{h^{n-1}}{(n-1)!} f^{(n-1)}(x_0 + \vartheta h).$$
$$(0 < \vartheta < 1)$$

Nehmen wir ferner an, daß $f^{(n)}(x_0)$ existiert, und daß
$$f'(x_0) = 0, \; f''(x_0) = 0, \; \ldots, \; f^{(n-1)}(x_0) = 0, \; f^{(n)}(x_0) \gtrless 0$$
ist, so wird im Falle $f^{(n)}(x_0) > 0$ die Ableitung $f^{(n-1)}(x)$ links von x_0 kleiner, rechts von x_0 größer als $f^{(n-1)}(x_0) = 0$ sein. Es wird also[2]

$$\text{für } h < 0 \qquad\qquad f^{(n-1)}(x_0 + \vartheta h) < 0,$$
$$\text{für } h > 0 \qquad\qquad f^{(n-1)}(x_0 + \vartheta h) > 0 \qquad \text{sein.}$$

---

1) Die positive Zahl δ ist so gewählt, daß $x_0 - \delta$ und $x_0 + \delta$ in der erwähnten Umgebung von x_0 liegen. Dann sind die Bedingungen der Taylorschen Formel erfüllt.

2) $|h|$ muß kleiner sein als eine gewisse positive Zahl $\delta'(\leq \delta)$.

Die Taylorsche Formel lautet hier aber

$$f(x_0 + h) = f(x_0) + \frac{h^{n-1}}{(n-1)!} f^{(n-1)}(x_0 + \vartheta h).$$

Im Falle eines geraden n ist daher

$$\text{für } h < 0 \qquad f(x_0 + h) > f(x_0),$$
$$\text{für } h > 0 \qquad f(x_0 + h) > f(x_0),$$

d. h. $f(x_0)$ ein **Minimum**.

Im Falle eines ungeraden n ist dagegen

$$\text{für } h < 0 \qquad f(x_0 + h) < f(x_0),$$
$$\text{für } h > 0 \qquad f(x_0 + h) > f(x_0),$$

d. h. $f(x_0)$ **kein Extremum**.

Wenn $f^{(n)}(x_0) < 0$ ist, so hat man im Falle eines **geraden** n an der Stelle x_0 ein **Maximum**, im Falle eines ungeraden n kein **Extremum**.

§ 103. **Monotone Funktionen.** Wenn eine Funktion in dem Intervall (a, b) überall eine positive Ableitung hat, so nimmt sie in (a, b) bei wachsendem x zu.

Ist nämlich[1]） $\qquad a < x_1 < x_2 < b,$

so hat man nach dem Mittelwertsatz

$$f(x_2) - f(x_1) = (x_2 - x_1)f'(\xi), \qquad (x_1 < \xi < x_2)$$

also $\qquad\qquad f(x_2) > f(x_1).$

Ist die Ableitung in (a, b) überall negativ, dann nimmt die Funktion bei wachsendem x beständig ab.

Es tut der Gültigkeit unseres Satzes keinen Abbruch, wenn die Ableitung an einer endlichen Anzahl von Stellen null ist.

Eine bei wachsendem x zunehmende (abnehmende) Funktion wollen wir **aufsteigend** (**absteigend**) nennen. Beide Arten von Funktionen heißen **monoton**.

Wenn $f(x)$ in $\langle x_0 - \varepsilon, x_0 \rangle$ aufsteigend (absteigend) und in $\langle x_0, x_0 + \varepsilon \rangle$ absteigend (aufsteigend) ist, so ist $f(x_0)$ ein Maximum

---

1) Ist $f(x)$ bei a stetig, so darf $x_1 = a$ gesetzt werden, ebenso $x_2 = b$, wenn $f(x)$ bei b stetig ist.

(Minimum). In der Praxis werden gewöhnlich auf diesem Wege Maxima oder Minima festgestellt.

§ 104. **Beispiel.** $a_1, a_2, \ldots, a_n$ seien gegebene Zahlen. Man soll x so wählen, daß

$$\varphi(x) = (a_1 - x)^2 + (a_2 - x)^2 + \cdots + (a_n - x)^2$$

möglichst klein ausfällt.

Man hat im vorliegenden Falle

$$\varphi'(x) = -2n\left(\frac{a_1 + a_2 + \cdots + a_n}{n} - x\right).$$

$\varphi'(x)$ ist also   negativ für $x < \dfrac{a_1 + a_2 + \cdots + a_n}{n}$,

$$\text{positiv für } x > \frac{a_1 + a_2 + \cdots + a_n}{n},$$

$$\text{null} \quad \text{für } x = \frac{a_1 + a_2 + \cdots + a_n}{n},$$

und $\varphi(x)$ ist   für $x \leqq \dfrac{a_1 + a_2 + \cdots + a_n}{n}$ absteigend,

$$\text{für } x \geqq \frac{a_1 + a_2 + \cdots + a_n}{n} \text{ aufsteigend.}$$

An der Stelle $x = \dfrac{a_1 + a_2 + \cdots + a_n}{n}$

hat also die Funktion $\varphi(x)$ ein Minimum und zugleich ihren kleinsten Wert.

§ 105. **Größter und kleinster Wert einer stetigen Funktion.** Ist die Funktion $f(x)$ in $\langle a, b\rangle$ stetig, so gibt es unter ihren Werten einen größten und einen kleinsten.

Ein in $\langle a, b\rangle$ enthaltenes Intervall $\langle \alpha, \beta\rangle$ wollen wir einen ausgezeichneten Teil von $\langle a, b\rangle$ nennen, wenn es in $\langle a, b\rangle$ keinen Funktionswert gibt, der alle Funktionswerte in $\langle \alpha, \beta\rangle$ übertrifft.

Wenn man $\langle a, b\rangle$ mittelst des Wertes

$$c = \frac{a + b}{2}$$

in $\langle a, c\rangle$ und $\langle c, b\rangle$ zerlegt, so ist wenigstens eins dieser beiden

Teilintervalle ein ausgezeichneter Teil von $\langle a, b \rangle$. Sonst ließen sich nämlich in $\langle a, b \rangle$ x_1 und x_2 so wählen, daß

$$\text{in } \langle a, c \rangle \qquad f(x) < f(x_1),$$
$$\text{in } \langle c, b \rangle \qquad f(x) < f(x_2)$$

ist. Einer der beiden Werte $f(x_1)$, $f(x_2)$ wäre dann größer als alle Funktionswerte in $\langle a, b \rangle$, was offenbar ein Widerspruch ist.

Es gibt also in $\langle a, b \rangle$ sicher eine ausgezeichnete Hälfte $\langle a_1, b_1 \rangle$. Ebenso gibt es aber in $\langle a_1, b_1 \rangle$ eine ausgezeichnete Hälfte $\langle a_2, b_2 \rangle$, in $\langle a_2, b_2 \rangle$ eine ausgezeichnete Hälfte $\langle a_3, b_3 \rangle$ usw.

Ist ξ der gemeinsame Grenzwert von a_n und b_n, so läßt sich zeigen, daß $f(\xi)$ **von keinem Funktionswert in** $\langle a, b \rangle$ **übertroffen wird**.

Ist nämlich x_0 eine beliebige Stelle in $\langle a, b \rangle$, so gibt es

$$\text{in } \langle a_1, b_1 \rangle \text{ eine Stelle } x_1, \text{ so daß } f(x_1) \geqq f(x_0),$$
$$\text{in } \langle a_2, b_2 \rangle \text{ eine Stelle } x_2, \text{ so daß } f(x_2) \geqq f(x_1),$$
$$\text{in } \langle a_3, b_3 \rangle \text{ eine Stelle } x_3, \text{ so daß } f(x_3) \geqq f(x_2) \quad \text{ist, usw.}$$

Da $\lim x_n = \xi$ ist, so hat man wegen der Stetigkeit

$$\lim f(x_n) = f(\xi)$$

Nun ist aber $f(x_0), f(x_1), f(x_2), \ldots$ eine aufsteigende Folge, also

$$\lim f(x_n) \geqq f(x_0), \quad \text{d. h.} \quad f(\xi) \geqq f(x_0).$$

Wendet man dieselbe Betrachtung auf $-f(x)$ an, so gelangt man zu einem Funktionswert $f(\bar{\xi})$, der in $\langle a, b \rangle$ der kleinste ist.

Liegt die oben mit ξ bezeichnete Stelle **zwischen** a und b (ist also ξ von a und b verschieden), so muß, falls $f'(\xi)$ existiert, $f'(\xi) = 0$ sein. Denn von den Differenzenquotienten

$$\frac{f(\xi + h) - f(\xi)}{h}, \qquad \frac{f(\xi - h) - f(\xi)}{-h}$$

ist der eine, u, größer gleich Null, der andre, v, kleiner gleich Null. Da bei nach Null konvergierendem h

$$\lim u = f'(\xi) \quad \text{und} \quad \lim v = f'(\xi)$$

ist, so kann $f'(\xi)$ weder positiv noch negativ sein.

Wenn die mit $\bar{\bar{\xi}}$ bezeichnete Stelle zwischen a und b liegt und $f'(\bar{\bar{\xi}})$ existiert, so muß $f'(\bar{\bar{\xi}}) = 0$ sein.

§ 106. Anwendungen. 1. Der in § 105 bewiesene, von Weierstraß herrührende Satz kann zum Beweise des Theorems von Rolle (§ 66) benutzt werden. Nach der dort gemachten Voraussetzung muß wenig tens eine der in § 105 mit ξ bzw. $\bar{\xi}$ bezeichneten Stellen zwischen a und b liegen, wenn die Funktion nicht durchweg gleich $f(a)$ sein soll.

2. $f(x)$ habe in $\langle a, b \rangle$ überall eine Ableitung, und es sei $f'(a) \gtrless f'(b)$. Ist dann C irgend eine Zahl zwischen $f'(a)$ und $f'(b)$, so gibt es zwischen a und b eine Stelle c, so daß $f'(c) = C$ ist.

Die Funktion $\quad\quad \varphi(x) = f(x) - Cx$

ist in $\langle a, b \rangle$ stetig, denn sie hat in $\langle a, b \rangle$ überall eine Ableitung, nämlich $\quad\quad\quad \varphi'(x) = f'(x) - C$.

Diese Ableitung ist für $x = a$ negativ, für $x = b$ positiv oder umgekehrt, weil $\quad f'(a) - C \quad$ und $\quad f'(b) - C$

entgegengesetzte Zeichen haben.

Ist nun z. B. $\varphi'(a) > 0$ und $\varphi'(b) < 0$, so ist $\varphi(x)$ rechts von a größer als $\varphi(a)$ und links von b größer als $\varphi(b)$ (§ 100). Weder $\varphi(a)$ noch $\varphi(b)$ ist also der größte Wert von $\varphi(x)$ in (a, b). Nach § 105 gibt es also zwischen a und b eine Stelle c, wo der größte Wert eintritt, und es ist dann

$$\varphi'(c) = f'(c) - C = 0.$$

Im Falle $\varphi'(a) < 0$ und $\varphi'(b) > 0$ tritt der kleinste Wert von $\varphi(x)$ an einer Stelle c zwischen a und b ein, und es ist wieder $f'(c) = C$.

3. Wenn $f(x)$ in $\langle a, b \rangle$ stetig ist und für jedes x zwischen a und b die Eigenschaft

$$\lim \frac{f(x + h) + f(x - h) - 2f(x)}{h^2} = 0 \quad\quad (\lim h = 0)$$

besitzt, so hat man bei passender Wahl der Konstanten λ, μ in dem ganzen Intervall $\langle a, b \rangle$

$$f(x) = \lambda x + \mu.$$

c sei ein beliebiger Wert zwischen a und b. Dann gibt es eine ganze rationale Funktion zweiten Grades, nämlich

$$Q(x) = \frac{(x-b)(x-c)}{(a-b)(a-c)} f(a) + \frac{(x-c)(x-a)}{(b-c)(b-a)} f(b) + \frac{(x-a)(x-b)}{(c-a)(c-b)} f(c),$$

die für $x = a$, $x = b$, $x = c$ die Werte $f(a)$, $f(b)$, $f(c)$ annimmt.

$$\varphi(x) = Q(x) - f(x)$$

ist also an diesen Stellen gleich Null.

$\varphi(x)$ ist wie $f(x)$ in $\langle a, b \rangle$ stetig. Nach § 105 gibt es also zwischen a und b eine Stelle ξ, wo der größte, und eine Stelle $\bar{\xi}$, wo der kleinste Funktionswert eintritt.[1])

Man hat nun, für $a < x < b$ und $\lim h = 0$,

$$\lim \frac{\varphi(x+h) + \varphi(x-h) - 2\varphi(x)}{h^2} = \lim \frac{Q(x+h) + Q(x-h) - 2Q(x)}{h^2}$$

$$= \frac{2f(a)}{(a-b)(a-c)} + \frac{2f(b)}{(b-c)(b-a)} + \frac{2f(c)}{(c-a)(c-b)} = K.$$

Es ist also auch

$$\lim \frac{\varphi(\xi+h) + \varphi(\xi-h) - 2\varphi(\xi)}{h^2} = K$$

und

$$\lim \frac{\varphi(\bar{\xi}+h) + \varphi(\bar{\xi}-h) - 2\varphi(\bar{\xi})}{h^2} = K.$$

Da aber $\varphi(\xi+h) \leqq \varphi(\xi)$, $\qquad \varphi(\xi-h) \leqq \varphi(\xi)$

und $\qquad \varphi(\bar{\xi}+h) \geqq \varphi(\bar{\xi})$, $\qquad \varphi(\bar{\xi}-h) \geqq \varphi(\bar{\xi})$

ist, so handelt es sich das eine Mal um den Grenzwert einer nicht positiven, das andre Mal um den Grenzwert einer nicht negativen Zahl. K kann also weder positiv noch negativ sein. Es muß vielmehr $K = 0$ sein, d. h.

$$f(c) = \frac{b-c}{b-a} f(a) + \frac{c-a}{b-a} f(b).$$

c war ein beliebiger Wert zwischen a und b. Unsere Gleichung

---

1) Wenn einer der Werte ξ, $\bar{\xi}$ in § 105 gleich a oder b ist, so können wir ihn auch gleich c setzen. Wir dürfen daher annehmen, daß ξ, $\bar{\xi}$ beide zwischen a und b liegen.

bleibt aber auch richtig, wenn wir c durch a oder b ersetzen. Es ist also in dem ganzen Intervall $\langle a, b \rangle$

$$f(x) = \frac{b-x}{b-a} f(a) + \frac{x-a}{b-a} f(b).$$

Dieser Satz rührt von H. A. Schwarz her.

Kapitel X.

Differentiation von Funktionen mehrerer Veränderlicher.

§ 107. Partielle Ableitungen. $f(x, y)$ sei in dem Bereich

$$a \leqq x \leqq b; \quad c \leqq y \leqq d$$

definiert[1]), den wir mit $\langle a, b; c, d \rangle$ bezeichnen wollen.[2])

Genügt die Konstante y_0 den Bedingungen $c \leqq y_0 \leqq d$, so ist

$$f(x, y_0)$$

in $\langle a, b \rangle$ eine Funktion $\varphi(x)$ von x.

     Ebenso ist $\qquad\qquad f(x_0, y)$

in $\langle c, d \rangle$ eine Funktion $\psi(y)$ von y, wenn die Konstante x_0 den Bedingungen $a \leqq x_0 \leqq b$ genügt.

Existiert nun $\varphi'(x_0)$, so nennt man es

die **Ableitung von** $f(x, y)$ **nach** x **an der Stelle** (x_0, y_0).

Existiert $\psi'(y_0)$, so nennt man es

die **Ableitung von** $f(x, y)$ **nach** y **an der Stelle** (x_0, y_0).

Beide heißen die partiellen Ableitungen von $f(x, y)$ **an der Stelle** (x_0, y_0). Die Berechnung einer solchen Ableitung heißt **partielle Differentiation.**

Man hat für $\varphi'(x_0)$ die Bezeichnung

$$f'_x(x_0, y_0),$$

für $\psi'(y_0)$ die Bezeichnung $f'_y(x_0, y_0)$.

---

1) Der Einfachheit wegen beschränken wir uns auf Funktionen von zwei Veränderlichen.

2) $\langle a, b; c, d \rangle$ bedeutet geometrisch ein Parallelogramm, dessen Seiten parallel zu den Achsen sind.

Existieren $\quad f'_x(x, y) \quad$ und $\quad f'_y(x, y)$

in $\langle a, b; c, d\rangle$, so kann es sein, daß sie sich an der Stelle (x_0, y_0) wieder nach x und y differenzieren lassen. Die Ableitungen von $f'_x(x, y)$ nach x und y an der Stelle (x_0, y_0) bezeichnet man mit

$$f''_{xx}(x_0, y_0) \quad \text{bzw.} \quad f''_{xy}(x_0, y_0),$$

die Ableitungen von $f'_y(x, y)$ nach x und y an der Stelle (x_0, y_0) mit

$$f''_{yx}(x_0, y_0) \quad \text{bzw.} \quad f''_{yy}(x_0, y_0).$$

Diese vier Zahlen nennt man die partiellen Ableitungen zweiter Ordnung[1]) von $f(x, y)$ an der Stelle (x_0, y_0).

In ähnlicher Weise werden die partiellen Ableitungen von dritter und höherer Ordnung definiert und bezeichnet.

Es gibt, wie man sieht, 2^n partielle Ableitungen n-ter Ordnung. Für gewöhnlich reduziert sich aber ihre Zahl auf $n + 1$. Z. B. gibt es, wie wir sehen werden, für gewöhnlich nur drei partielle Ableitungen zweiter Ordnung.

§ 108. f''_{xy} **und** f''_{yx}**.** Wenn in $\langle a, b; c, d\rangle$ die partiellen Ableitungen erster und zweiter Ordnung von $f(x, y)$ existieren, so ist an jeder Stelle (x_0, y_0), wo f''_{xy}, f''_{yx} stetig sind, $f''_{xy} = f''_{yx}$.

Um dies zu beweisen, betrachten wir den Ausdruck

$$f(x_0 + h, y_0 + k) - f(x_0 + h, y_0).$$
$$- f(x_0, y_0 + k) + f(x_0, y_0).$$

Der Punkt $(x_0 + h, y_0 + k)$ soll wie (x_0, y_0) in $\langle a, b; c, d\rangle$ liegen. h und k sind von Null verschieden.

Setzen wir $\quad f_1(x) = f(x, y_0 + k) - f(x, y_0)$

und $\quad\quad\quad\quad f_2(y) = f(x_0 + h, y) - f(x_0, y),$

so wird der obige Ausdruck gleich

$f_1(x_0 + h) - f_1(x_0) \quad$ und auch gleich $\quad f_2(y_0 + k) - f_2(y_0).$

Nach dem Mittelwertsatz ist nun

$$f_1(x_0 + h) - f_1(x_0) = h f'_1(x_0 + \vartheta_1 h) \quad\quad (0 < \vartheta_1 < 1)$$

und $\quad\quad f_2(y_0 + k) - f_2(y_0) = k f'_2(y_0 + \vartheta_2 k). \quad\quad (0 < \vartheta_2 < 1)$

---

1) oder kurz die zweiten Ableitungen.

Man hat, ausführlich geschrieben,

$$f_1'(x_0 + \vartheta_1 h) = f_x'(x_0 + \vartheta_1 h, y_0 + k) - f_x'(x_0 + \vartheta_1 h, y_0)$$

und $\;\; f_2'(y_0 + \vartheta_2 k) = f_y'(x_0 + h, y_0 + \vartheta_2 k) - f_y'(x_0, y_0 + \vartheta_2 k)$.

Hier läßt sich wieder der Mittelwertsatz anwenden. Dabei ergibt sich $\;\;\;\; f_1'(x_0 + \vartheta_1 h) = k f_{xy}''(x_0 + \vartheta_1 h, y_0 + \bar{\vartheta}_1 k) \;\; (0 < \bar{\vartheta}_1 < 1)$

und $\;\;\;\;\;\;\;\;\;\; f_2'(y_0 + \vartheta_2 k) = h f_{yx}''(x_0 + \bar{\vartheta}_2 h, y_0 + \vartheta_2 k). \;\; (0 < \bar{\vartheta}_2 < 1)$.

Wir sehen also, daß

$$f_{xy}''(x_0 + \vartheta_1 h, y_0 + \bar{\vartheta}_1 k) = f_{yx}''(x_0 + \bar{\vartheta}_2 h, y_0 + \vartheta_2 k)$$

ist. Lassen wir h und k nach Null konvergieren, so konvergieren die beiden Seiten der Gleichung nach

$$f_{xy}''(x_0, y_0) \;\;\;\; \text{bzw.} \;\;\;\; f_{yx}''(x_0, y_0),$$

weil wir vorausgesetzt haben, daß f_{xy}'' und f_{yx}'' an der Stelle (x_0, y_0) stetig sind.

Es ist also $\;\;\;\;\;\; f_{xy}''(x_0, y_0) = f_{yx}''(x_0, y_0)$.

§ 109. Differentiale. Wenn $f(x, y)$ in $\langle a, b; c, d \rangle$ die Ableitungen f_x', f_y' hat und (x, y) ein Punkt in $\langle a, b; c, d \rangle$ ist, so nennt man den Ausdruck

$$f_x'(x, y) h + f_y'(x, y) k$$

das Differential von $(f(x, y)$ an der Stelle (x, y) und bezeichnet es mit $df(x, y)$.

Man benutzt bei allen Funktionen dieselben Inkremente h, k.

Wendet man die Formel

$$df(x, y) = f_x'(x, y) h + f_y'(x, y) k$$

auf die beiden Funktionen

$$f(x, y) = x \;\;\;\; \text{und} \;\;\;\; f(x, y) = y$$

an, so ergibt sich $\;\;\;\; dx = h \;\;\;\;$ bzw. $\;\;\;\; dy = k$.

Wir können also h und k als die Differentiale von x und y betrachten und schreiben

$$df(x, y) = f_x' dx + f_y' dy.$$

Das Differential von $df(x, y)$ bezeichnet man mit

$$d^2 f(x, y),$$

das Differential hiervon mit

$$d^3 f(x, y) \quad \text{usw.}$$

Bei Bildung dieser höheren Differentiale von $f(x, y)$ hat man h und k oder dx und dy als Konstanten anzusehen.

Man findet[1])

$$d^2 f(x, y) = f''_{xx}\, dx^2 + f''_{xy}\, dx\, dy + f''_{yx}\, dx\, dy + f''_{yy}\, dy^2$$

oder, wenn $f''_{xy} = f''_{yx}$ ist,

$$d^2 f(x, y) = f''_{xx}\, dx^2 + 2 f''_{xy}\, dx\, dy + f''_{yy}\, dy^2.$$

In ähnlicher Weise berechnet man

$$d^3 f(x, y), \quad d^4 f(x, y) \quad \text{usw}$$

§ 110. Differentiation zusammengesetzter Funktionen.

$F(u, v)$ sei eine Funktion von u, v in dem Bereich $\langle \alpha, \beta;\ \gamma, \delta \rangle$, $f(x, y)$ und $g(x\ y)$ seien Funktionen von x, y in dem Bereich $\langle a, b;\ c, d \rangle$. Außerdem seien $f(x, y)$, $g(x, y)$ so beschaffen, daß immer

$$\alpha \leq f(x, y) \leq \beta \quad \text{und} \quad \gamma \leq g(x, y) \leq \delta.$$

Setzen wir $u = f(x, y)$, $v = g(x, y)$ und $z = F(u, v)$,

so ist z durch Vermittlung von u und v eine Funktion von x, y in dem Bereich $\langle a, b;\ c, d \rangle$, und wir können schreiben

$$z = F(f(x, y), g(x, y)).$$

Wenn $f(x, y)$ und $g(x, y)$ an der Stelle (x, y) stetig sind und $F(u, v)$ an der Stelle $u = f(x, y)$, $v = g(x, y)$ stetig ist, so ist $F(f(x, y), g(x, y))$ an der Stelle (x, y) stetig.[2])

Wir wollen jetzt das Differential dz berechnen. Vorausgesetzt wird dabei, daß in $\langle a, b;\ c, d \rangle$

$$f'_x,\ f'_y,\ g'_x,\ g'_y$$

und in $\langle \alpha, \beta;\ \gamma, \delta \rangle$

$$F'_u,\ F'_v$$

existieren. Von F'_u, F'_v fordern wir überdies, daß sie in $\langle \alpha, \beta;\ \gamma, \delta \rangle$ stetig sind.

---

1) Aus der Definition von $df(x, y)$ folgt unmittelbar, daß $d(f + g) = df + dg$ und $d(cf) = c\, df$ (c konstant) ist.

2) Beweis wie in § 64.

Es kommt darauf an, die Ableitungen von z nach x und nach y zu finden.

Setzen wir[1])
$$f(x + h, y) - f(x, y) = \Delta u,$$
$$g(x + h, y) - g(x, y) = \Delta v,$$

so lautet der Differenzenquotient von z nach x

$$\frac{\Delta z}{h} = \frac{F(u + \Delta u, v + \Delta v) - F(u, v)}{h}.$$

Der Zähler ist die Summe von

$$F(u + \Delta u, v + \Delta v) - F(u, v + \Delta v)$$

und
$$F(u, v + \Delta v) - F(u, v).$$

Diese beiden Differenzen lassen sich aber nach dem Mittelwertsatz so schreiben

$$F_u'(u + \vartheta \Delta u, v + \Delta v)\Delta u \qquad (0 < \vartheta < 1)$$

bzw.
$$F_v'(u, v + \overline{\vartheta} \Delta v)\Delta v. \qquad (0 < \overline{\vartheta} < 1)$$

Man hat also

$$\frac{\Delta z}{h} = F_u'(u + \vartheta \Delta u, v + \Delta v)\frac{\Delta u}{h} + F_v'(u, v + \overline{\vartheta} \Delta v)\frac{\Delta v}{h}.$$

Lassen wir h nach Null konvergieren, so wird

$$\lim \frac{\Delta u}{h} = u_x', \quad \lim \frac{\Delta v}{h} = v_x',$$

mithin
$$\lim \Delta u = 0, \quad \lim \Delta v = 0,$$

und wegen der Stetigkeit von F_u', F_v'

$$\lim F_u'(u + \vartheta \Delta u, v + \Delta v) = F_u'(u, v),$$
$$\lim F_v'(u, v + \overline{\vartheta} \Delta v) = F_v'(u, v).$$

Es ergibt sich somit $z_x' = F_u'u_x' + F_v'v_x'$

und in derselben Weise $z_y' = F_u'u_y' + F_v'v_y',$

so daß
$$dz = z_x' dx + z_y' dy$$
$$= F_u'(u_x' dx + u_y' dy) + F_v'(v_x' dx + v_y' dy),$$

oder
$$dz = z_u' du + z_v' dv \quad \text{wird.}$$

---

[1]) $(x + h, y)$ ist wie (x, y) ein Punkt in $\langle a, b; c, d \rangle$.

Genau ebenso würde dz aussehen, wenn u und v die unabhängigen Veränderlichen wären.

Wenn auch die zweiten Ableitungen von u und v in $\langle a,b; c,d\rangle$ existieren und die zweiten Ableitungen von $F(u,v)$ in $\langle \alpha, \beta; \gamma, \delta\rangle$ stetig sind, so hat man[1])

$$d^2z = dz'_u\,du + dz'_v\,dv$$
$$+ z'_u\,d^2u + z'_v\,d^2v,$$

also $\quad d^2z = z''_{uu}\,du^2 + 2z''_{uv}\,du\,dv + z''_{vv}\,dv^2 + z'_u\,d^2u + z'_v\,d^2v.$

In ähnlicher Weise berechnen sich d^3z, d^4z, $\ldots$

Die Formeln für d^2z, d^3z, $\ldots$ sehen anders aus, als wenn u, v die unabhängigen Veränderlichen sind.

Haben aber u und v die Form

$$\lambda x + \mu y + \nu, \qquad\qquad (\lambda, \mu, \nu \text{ Konstanten})$$

so sehen die Formeln ebenso aus wie im Falle $u = x$, $v = y$. Denn es wird offenbar

$$d^2u = d^3u = \cdots = 0 \quad \text{und} \quad d^2v = d^3v = \cdots = 0.$$

§ 111. **Mittelwertsatz.** $f(x,y)$ habe in $\langle a, a+h; b, b+k\rangle$ stetige erste Ableitungen. Dann ist

$$f(a+h, b+k) - f(a,b)$$
$$= hf'_x(a + \vartheta h, b + \vartheta k) + kf'_y(a + \vartheta h, b + \vartheta k)$$

und $0 < \vartheta < 1$.

Zum Beweis betrachte man die Funktion

$$\varphi(t) = f(a + th, b + tk). \qquad\qquad (0 \leqq t \leqq 1)$$

Nach § 110 ist

$$\varphi'(t) = f'_x(a + th, b + tk)h + f'_y(a + th, b + tk)k,$$

und der Mittelwertsatz aus § 67 liefert

$$\varphi(1) - \varphi(0) = \varphi'(\vartheta). \qquad\qquad (0 < \vartheta < 1)$$

Das ist aber die obige Formel.

Bemerkung. Wenn $f(x,y)$ in $\langle a,b; c,d\rangle$ stetige erste Ablei-

---

1) Wir benutzen hier, daß für ein Produkt von zwei Funktionen $u(x,y)$, $v(x,y)$ die Formel gilt $d(uv) = v\,du + u\,dv$. Dies ergibt sich aus der allgemeinen Formel für dz, wenn man $F(u,v) = uv$ setzt.

tungen hat, so ist $f(x,y)$ in dem genannten Bereich ebenfalls stetig. Sind nämlich (x,y) und $(x+h,\,y+k)$ zwei Punkte des Bereiches, so ist

$$f(x+h,\,y+k) = f(x,y) + hf_x'(\bar x,\bar y) + kf_y'(\bar x,\bar y).$$

$$(\bar x = x + \vartheta h,\ \bar y = y + \vartheta k,\ 0 < \vartheta < 1)$$

Hieraus folgt, wenn h und k nach Null konvergieren,

$$\lim f(x+h,\,y+k) = f(x,y).$$

Man kann dies auch mit Hilfe des Mittelwertsatzes aus § 67 beweisen. $\quad f(x+h,\,y+k) - f(x,y)$

ist nämlich die Summe von

$$f(x+h,\,y+k) - f(x,\,y+k)$$

und $\qquad\qquad f(x,\,y+k) - f(x,y),$

also gleich $\quad hf_x'(x+\vartheta h,\,y+k) + kf_y'(x,\,y+\bar\vartheta k).\quad (0 < \vartheta,\,\bar\vartheta < 1)$

§ 112. **Taylorsche Formel.** $\quad z = f(x,y)$ habe in $\langle x,\ x+h;$ $y,\,y+k\rangle$ stetige Ableitungen bis zur n-ten Ordnung. Dann gilt die Formel

$$\varDelta z = \frac{dz}{1!} + \frac{d^2 z}{2!} + \cdots + \frac{d^{n-1}z}{(n-1!)} + R_n.$$

Dabei ist $\varDelta z = f(x+h,\,y+k) - f(x,y),\ dx = h,\ dy = k$

und $\qquad R_n = \frac{(1-\vartheta)^{n-p}}{(n-1)!\,p}(d^n z)_{x+\vartheta h,\,y+\vartheta k}.\qquad (0 < \vartheta < 1)$

p bedeutet eine positive ganze Zahl, die man beliebig gewählt hat. Zum Beweise setzen wir[1])

$$\varphi(t) = f(x+th,\,y+tk).$$

Hier sind $\qquad u = x + th,\quad v = y + tk$

von solcher Form, daß

$$d^2 u = d^3 u = \cdots = 0 \quad \text{und} \quad d^2 v = d^3 v = \cdots = 0 \quad \text{ist.}$$

Man hat also (§ 110) $d^\nu\varphi(t) = d^\nu f(u,v).\qquad (\nu = 1, 2, \ldots, n)$

---

1) x, y, h, k werden jetzt als Konstanten betrachtet.

Setzt man $dt = 1$, so wird

$$du = h, \quad dv = k.$$

Für $d^\nu \varphi(t)$ können wir dann auch schreiben $\varphi^{(\nu)}(t)$.

Um nun unsere Formel für Δz zu gewinnen, braucht man nur zu benutzen, daß nach § 74

$$\varphi(1) - \varphi(0) = \frac{\varphi'(0)}{1!} + \frac{\varphi''(0)}{2!} + \cdots + \frac{\varphi^{(n-1)}(0)}{(n-1)!} + R_n$$

ist und
$$R_n = \frac{(1-\vartheta)^{n-p}}{(n-1)!\,p}\, \varphi^{(n)}(\vartheta). \qquad\qquad (0 < \vartheta < 1)$$

Kapitel XI.

Maxima und Minima.

§ 113. **Definition.** (x_0, y_0) sei ein innerer Punkt des Definitionsbereichs von $f(x, y)$.[1]

Man sagt, $f(x,y)$ habe an der Stelle (x_0, y_0) ein **Maximum** (Minimum)[2], wenn sich um (x_0, y_0) eine Umgebung $(x_0 - \varepsilon, x_0 + \varepsilon; y_0 - \varepsilon, y_0 + \varepsilon)$ konstruieren läßt, so daß der Funktionswert $f(x_0, y_0)$ darin der **größte** (kleinste) ist und nur an der Stelle (x_0, y_0) angenommen wird.

Wenn $f(x_0, y_0)$ ein **Extremum** (d. h. ein Maximum oder Minimum) ist und $f_x'(x_0, y_0)$, $f_y'(x_0, y_0)$ existieren, so muß

$$f_x'(x_0, y_0) = 0 \quad \text{und} \quad f_y'(x_0, y_0) = 0 \quad \text{sein.}$$

In der Tat hat die Funktion

$$\varphi(x) = f(x, y_0)$$

an der Stelle x_0 und die Funktion

$$\psi(y) = f(x_0, y)$$

an der Stelle y_0 ein Extremum. Nach § 99 ist also

$$\varphi'(x_0) = f_x'(x_0, y_0) = 0 \quad \text{und} \quad \psi'(y_0) = f_y'(x_0, y_0) = 0.$$

---

1) D. h. alle Punkte einer gewissen Umgebung von (x_0, y_0) sollen jenem Bereich angehören.   2) oder $f(x_0, y_0)$ sei ein **Maximum** (Minimum).

§ 114. Anwendung der Taylorschen Formel. $f(x, y)$ habe in einer gewissen Umgebung von (x_0, y_0) stetige erste und zweite Ableitungen. Ferner sei

$$f_x'(x_0, y_0) = 0, \quad f_y'(x_0, y_0) = 0.$$

Liegt nun $(x_0 + h, y_0 + k)$ in der genannten Umgebung von (x_0, y_0), so hat man nach der Taylorschen Formel

$$f(x_0 + h, y_0 + k) = f(x_0, y_0) + \left(\frac{d^2 f}{2!}\right)_{x_0 + \vartheta h,\, y_0 + \vartheta k} \quad (0 < \vartheta < 1).$$

Setzen wir $\quad x_0 + \vartheta h = \bar{x}, \quad y_0 + \vartheta k = \bar{y},$

so wird, ausführlich geschrieben

$$f(x_0 + h, y_0 + k) = f(x_0, y_0)$$
$$+ \frac{1}{2!} \{ f_{xx}''(\bar{x}, \bar{y}) h^2 + 2 f_{xy}''(\bar{x}, \bar{y}) h k + f_{yy}''(\bar{x}, \bar{y}) k^2 \}.$$

Will man entscheiden, ob $f(x_0, y_0)$ ein Extremum ist, so kommt es auf das Verhalten von

$$f_{xx}''(\bar{x}, \bar{y}) h^2 + 2 f_{xy}''(\bar{x}, \bar{y}) h k + f_{yy}''(\bar{x}, \bar{y}) k^2 \quad \text{an.}$$

Einen solchen Ausdruck nennt man eine quadratische Form in h, k.

§ 115. Binäre quadratische Formen. Wir wollen eine quadratische Form in h, k betrachten:

$$\varphi(h, k) = a_0 h^2 + 2 a_1 h k + a_2 k^2.$$

Es gibt quadratische Formen, die nur verschwinden, wenn

$$h = 0 \quad \text{und} \quad k = 0$$

ist. Wir wollen sie definite Formen nennen. Eine definite Form ist z. B.

$$h^2 + k^2.$$

Wenn $\varphi(h, k)$ definit sein soll, muß $a_0 \gtreqless 0$ sein. Im Falle $a_0 = 0$ hat man nämlich

$$\varphi(h, k) = 2 a_1 h k + a_2 k^2$$

und $\varphi(h, k)$ verschwindet, wenn man k gleich Null setzt und h einen beliebigen Wert erteilt.

Wenn also $a_0 \gtrless 0$ ist, so dürfen wir schreiben:

$$\varphi(h,\,k) = \frac{1}{a_0}(a_0^2 h^2 + 2a_0 a_1 hk + a_0 a_2 k^2)$$

oder $\qquad \varphi(h,\,k) = \frac{1}{a_0}\{(a_0 h + a_1 k)^2 + (a_0 a_2 - a_1^2)k^2\}.$

Im Falle $a_0 a_2 - a_1^2 \leqq 0$ verschwindet $\varphi(h,\,k)$, wenn

$$a_0 h + a_1 k = k\sqrt{a_1^2 - a_0 a_2}$$

d. h. $\qquad\qquad h = \frac{-a_1 + \sqrt{a_1^2 - a_0 a_2}}{a_0}\,k$

gesetzt wird und k irgendeinen Wert hat. $\varphi(h,\,k)$ ist also nicht definit.

Im Falle $\qquad\qquad a_0 a_2 - a_1^2 > 0$

verschwindet $\varphi(h,\,k)$ nur für $h = 0$, $k = 0$, ist also definit. Wir bemerken zugleich, daß

$$a_0 \varphi(h,\,k) \qquad\qquad (h,\,k \neq 0,\,0)^1)$$

immer positiv ist.

Es gilt also folgender Satz:

Die quadratische Form $a_0 h^2 + 2a_1 hk + a_2 k^2$
ist dann und nur dann definit, wenn

$$a_0 a_2 - a_1^2 > 0$$

ist.[2]) Eine definite Form hat für $h,\,k \neq 0,\,0$ dasselbe Zeichen wie ihre äußersten Koeffizienten (d. h. a_0 und a_2).

§ 116. **Kriterium für Maxima und Minima.** Wir machen über $f(x,\,y)$ dieselben Voraussetzungen wie in § 114.

Stellt sich heraus, daß in einer gewissen Umgebung von x_0, y_0

$$f''_{xx} f''_{yy} - (f''_{xy})^2 > 0$$

ist, so können wir schließen, daß an der Stelle $(x_0,\,y_0)$ ein Extremum eintritt. $d^2 f$ hat nämlich das Zeichen von f''_{xx} und dieses ist in der

---

1) $h,\,k \neq 0,\,0$ soll heißen, daß h, k nicht beide gleich Null sind.

2) Wenn $a_0 a_2 - a_1^2 > 0$, so sind a_0 und a_2 beide von Null verschieden.

genannten Umgebung konstant, weil f''_{xx} dort nirgends verschwindet. Wäre f''_{xx} an der Stelle (x, y) positiv und an der Stelle $(x+h, y+k)$ negativ, so müßte es an einer Stelle $(x + \vartheta h, y + \vartheta k)$, $0 < \vartheta < 1$, den Wert Null annehmen, denn die Funktion

$$\psi(t) = f''_{xx}(x + th, y + tk)$$

ist in $\langle 0, 1\rangle$ stetig und für $t = 0$ positiv, für $t = 1$ negativ. (Vgl. § 33.)

Es genügt aber in unserem Falle, wenn

$$f''_{xx}(x_0, y_0)f''_{yy}(x_0, y_0) - (f''_{xy}(x_0, y_0))^2 > 0$$

ist. Denn die zweiten Ableitungen sind stetig, und es gilt über stetige Funktionen folgender Satz:

Wenn $F(x, y)$ an der Stelle (x_0, y_0) stetig ist und man hat

$$F(x_0, y_0) > 0,$$

so läßt sich um (x_0, y_0) eine Umgebung konstruieren, in welcher nur positive Funktionswerte vorkommen. Gäbe es in jedem Bereich

$$\left(x_0 - \frac{1}{n}, \ x_0 + \frac{1}{n}; \ y_0 - \frac{1}{n}, \ y_0 + \frac{1}{n}\right) \quad (n = 1, 2, 3, \ldots)$$

eine Stelle (x_n, y_n), so daß

$$F(x_n, y_n) \leqq 0$$

ist, so hätte man $\lim x_n = x_0$ und $\lim y_n = y_0$, also wegen der Stetigkeit

$$\lim F(x_n, y_n) = F(x_0, y_0).$$

Da kein $F(x_n, y_n)$ positiv ist, so könnte auch $F(x_0, y_0)$ nicht positiv sein. Das widerspricht aber der Voraussetzung $F(x_0, y_0) > 0$.

Wir können demnach folgendes Theorem aufstellen:

$f(x, y)$ habe in einer gewissen Umgebung von (x_0, y_0) stetige erste und zweite Ableitungen. Ferner sei

$$f'_x(x_0, y_0) = 0, \ f'_y(x_0, y_0) = 0$$

und $\qquad f''_{xx}(x_0, y_0)f''_{yy}(x_0, y_0) - (f''_{xy}(x_0, y_0))^2 > 0.$

Dann ist $f(x_0, y_0)$ ein Minimum oder ein Maximum, je nachdem $\qquad f''_{xx}(x_0, y_0) > 0 \quad$ oder $\quad f''_{xx}(x_0, y_0) < 0.$

§ 117. **Größter und kleinster Wert einer stetigen Funktion.** $f(x, y)$ sei in $\langle a, b; c, d\rangle$ stetig.

Wir wollen x, y als rechtwinklige Koordinaten betrachten. Dann ist $\langle a, b; c, d\rangle$ ein Rechteck, dessen Seiten parallel zu den Achsen sind.

Ein in $\langle a, b; c, d\rangle$ enthaltenes Rechteck

$$\langle \alpha, \beta; \gamma, \delta\rangle \qquad (a \leqq \alpha < \beta \leqq b, \; c \leqq \gamma < \delta \leqq d)$$

möge ein ausgezeichneter Teil von $\langle a, b; c, d\rangle$ heißen, wenn es in $\langle a, b; c, d\rangle$ keinen Funktionswert gibt, der alle Funktionswerte in $\langle \alpha, \beta; \gamma, \delta\rangle$ übertrifft.

Teilt man das Rechteck $\langle a, b; c, d\rangle$ in die vier Teilrechtecke

$$\left\langle a, \frac{a+b}{2}; \; c, \frac{c+d}{2}\right\rangle,$$

$$\left\langle a, \frac{a+b}{2}; \; \frac{c+d}{2}, d\right\rangle,$$

$$\left\langle \frac{a+b}{2}, b; \; c, \frac{c+d}{2}\right\rangle,$$

$$\left\langle \frac{a+b}{2}, b; \; \frac{c+d}{2}, d\right\rangle,$$

so ist wenigstens eins von ihnen ein ausgezeichneter Teil von $\langle a, b; c, d\rangle$. Sonst gäbe es nämlich einen Funktionswert $f(x_\nu, y_\nu)$ in $\langle a, b; c, d\rangle$ der alle Funktionswerte in dem ν-ten Teilrechteck übertrifft. Der größte unter den Werten

$$f(x_\nu, y_\nu) \qquad (\nu = 1, 2, 3, 4)$$

würde dann alle Funktionswerte in $\langle a, b; c, d\rangle$ übertreffen, also auc sich selbst, was ein Widerspruch ist.

In $\langle a, b; c, d\rangle$ gibt es also, wie wir kurz sagen wollen, ein ausgezeichnetes Viertel $\langle a_1, b_1; c_1, d_1\rangle$, in $\langle a_1, b_1; c_1, d_1\rangle$ wieder ein ausgezeichnetes Viertel $\langle a_2, b_2; c_2, d_2\rangle$ usw.

Bezeichnen wir mit ξ den gemeinsamen Grenzwert von a_n und b_n, mit η den gemeinsamen Grenzwert von c_n und d_n, so wird $f(\xi, \eta)$ von keinem Funktionswert in $\langle a, b; c, d\rangle$ übertroffen. Das ergibt sich in folgender Weise.

(x_0, y_0) sei eine beliebige Stelle in $\langle a, b; c, d\rangle$. Dann gibt es in $\langle a_1, b_1; c_1, d_1\rangle$ einen Funktionswert $f(x_1, y_1)$, so daß

$$f(x_1, y_1) \geqq f(x_0, y_0),$$

in $\langle a_2, b_2; c_2, d_2 \rangle$ einen Funktionswert $f(x_2, y_2)$, so daß

$$f(x_2, y_2) \geqq f(x_1, y_1), \quad \text{usw}$$

Da

$$\lim x_n = \xi, \; \lim y_n = \eta$$

ist, so hat man wegen der Stetigkeit

$$\lim f(x_n, y_n) = f(\xi, \eta),$$

also

$$f(\xi, \eta) \geqq f(x_0, y_0).$$

Wendet man die obige Betrachtung auf die Funktion $- f(x, y)$ an, so erkennt man, daß es in $\langle a, b; c, d \rangle$ einen Funktionswert $f(\bar\xi, \bar\eta)$ gibt, der keinen andern Funktionswert übertrifft.

Wenn (ξ, η) ein **innerer** Punkt von $\langle a, b; c, d \rangle$ ist, und $f_x'(\xi, \eta)$, $f_y'(\xi, \eta)$ existieren, so muß

$$f_x'(\xi, \eta) = 0 \quad \text{und} \quad f_y'(\xi, \eta) = 0 \quad \text{sein.}$$

$f(\xi, \eta)$ ist nämlich der größte Wert von

$$\varphi(x) = f(x, \eta) \quad \text{in} \quad \langle a, b \rangle$$

und von

$$\psi(y) = f(\xi, y) \quad \text{in} \quad \langle c, d \rangle.$$

Nach § 105 ist daher

$$\varphi'(\xi) = f_x'(\xi, \eta) = 0 \quad \text{und} \quad \psi'(\eta) = f_x'(\xi, \eta) = 0.$$

Kapitel XII.

Umkehrung von Funktionen und Funktionssystemen.

§ 118. **Umkehrung einer stetigen Funktion $f(x)$.** $y = f(x)$ sei in dem Intervall $\langle a, b \rangle$ stetig.

Wir wollen versuchen diese Funktion umzukekren, d. h. x als Funktion von y zu betrachten.

Soll dies möglich sein, so darf die Funktion keinen Wert mehr als einmal annehmen. Sonst würden nämlich zu einem Wert von y mehrere Werte von x gehören, was unserem Funktionsbegriff widerspricht, wonach jedem Wert der unabhängigen Veränderlichen nur ein Wert der abhängigen entsprechen soll.

Wenn also c und c_1 zwei verschiedene Werte aus $\langle a, b \rangle$ sind, so muß immer $f(c) \gtrless f(c_1)$ sein.

Wir wollen jetzt drei Werte x_1, x_2, x_3 aus $\langle a, b \rangle$ herausgreifen, die in der Beziehung

$$x_1 < x_2 < x_3$$

stehen, so daß x_2 zwischen x_1 und x_3 liegt. Es läßt sich zeigen, daß dann auch $f(x_2)$ zwischen $f(x_1)$ und $f(x_3)$ enthalten ist. Wäre nämlich $f(x_2)$ eine Zahl außerhalb des Intervalles $\langle f(x_1), f(x_3) \rangle$, so gäbe es eine Zahl C, die sowohl zwischen $f(x_2)$ und $f(x_1)$ als auch zwischen $f(x_2)$ und $f(x_3)$ liegt. Da $f(x)$ stetig ist, so gäbe es nach § 33 zwischen x_1 und x_2 eine Stelle c und zwischen x_2 und x_3 eine Stelle c_1, so daß

$$f(c) = C \quad \text{und} \quad f(c_1) = C$$

ist. Das widerspricht aber der Forderung $f(c) \gtrless f(c_1)$.

$f(x)$ muß also in $\langle a, b \rangle$ monoton sein, d. h. bei wachsendem x stets zunehmen oder stets abnehmen.

Andererseits ist leicht zu erkennen, daß eine in $\langle a, b \rangle$ monotone und stetige Funktion sich umkehren läßt.

Setzen wir nämlich

$$f(a) = A, \quad f(b) = B,$$

so gehört zu jedem Wert y in $\langle A, B \rangle$ ein und nur ein Wert x in $\langle a, b \rangle$ derart, daß $y = f(x)$ ist.

Es gibt also in dem Intervall $\langle A, B \rangle$ eine und nur eine Funktion

$$x = \varphi(y),$$

so daß in $\langle A, B \rangle$

$$a \leqq \varphi(y) \leqq b \quad \text{und} \quad y = f(\varphi(y)) \quad \text{ist.}$$

$\varphi(y)$ heißt die **Umkehrung** von $f(x)$ oder die zu $f(x)$ **inverse Funktion**.

$\varphi(y)$ ist in $\langle A, B \rangle$ monoton und stetig. Daß $\varphi(y)$ monoton ist, liegt auf der Hand. Um die Stetigkeit zu beweisen, müssen wir zeigen, daß aus[1]

$$\lim y_n = y$$

immer folgt

$$\lim \varphi(y_n) = \varphi(y).$$

---

[1] y, y_1, $y_2 \ldots$ gehören alle dem Intervall $\langle A, B \rangle$ an.

$\varphi(y_1)$, $\varphi(y_2)$, $\varphi(y_3)$, ... ist eine beschränkte Zahlenfolge. Hebt man aus ihr eine konvergente Teilfolge

$$\varphi(\bar{y}_1), \; \varphi(\bar{y}_2), \; \varphi(\bar{y}_3),$$

heraus[1]) und setzt $\qquad \bar{x}_n = \varphi(\bar{y}_n),$

so ist $\qquad\qquad\qquad \bar{y}_n = f(\bar{x}_n),$

also wegen der Stetigkeit von $f(x)$

$$y = f(\lim \bar{x}_n).$$

Daraus folgt $\qquad \lim \bar{x}_n = \varphi(y).$

$\varphi(y)$ ist also der einzige Häufungswert von $\varphi(y_1)$, $\varphi(y_2)$, $\varphi(y_3)$, ..., so daß $\lim \varphi(y_n) = \varphi(y)$ ist.

Offenbar ist $f(x)$ die Umkehrung von $\varphi(y)$. Man sagt daher auch, f und φ seien zueinander **invers**.

§ 119. **Umkehrung von cos x und sin x.** Wir wollen jetzt die in § 92 definierten Funktionen Kosinus und Sinus umkehren.

Wir bezeichneten die kleinste positive Wurzel der Gleichung $\cos x = 0$ mit $\pi/2$. Aus § 94 ist zu entnehmen, daß $\sin x$ in dem Intervall $\left(0, \dfrac{\pi}{2}\right)$ positiv ist. Da nun

$$(\cos x)' = - \sin x,$$

so nimmt die Funktion $\cos x$ in $\left\langle 0, \dfrac{\pi}{2}\right|$ von 1 bis 0 ab.[2])

Aus $(\sin x)' = \cos x$ ersieht man, daß die Funktion $\sin x$ in $\left\langle 0, \dfrac{\pi}{2}\right|$ von 0 bis 1 zunimmt. Wegen $\sin x = - \sin(-x)$ nimmt sie in $\left\langle -\dfrac{\pi}{2}, 0\right|$ von -1 bis 0 zu.

Die Formel $\qquad \cos\left(x + \dfrac{\pi}{2}\right) = - \sin x$

---

1) Jeder Häufungswert der Folge $\varphi(y_1)$, $\varphi(y_2)$, $\varphi(y_3)$, ... ist der Grenzwert einer solchen Teilfolge.

2) Wir lassen den Zusatz „bei wachsendem x" der Kürze halber fort.

läßt erkennen, daß $\cos x$ in $\left\langle \frac{\pi}{2}, \pi \right\rangle$ von 0 bis -1 abnimmt.

$\cos x$ ist also in $\langle 0, \pi \rangle$ und $\sin x$ in $\left\langle -\frac{\pi}{2}, \frac{\pi}{2} \right\rangle$ monoton und stetig. Beide Funktionen lassen sich also umkehren.

Die Umkehrung von $y = \cos x$ in $\langle 0, \pi \rangle$ nennt man

$$\operatorname{arc} \cos y \quad \text{(d. h. arcus cosinus } y\text{)},$$

die Umkehrung von $y = \sin x$ in $\left\langle -\frac{\pi}{2}, \frac{\pi}{2} \right\rangle$

$$\operatorname{arc} \sin y, \quad \text{(d. h. arcus sinus } y\text{)}.$$

Beide Funktionen sind in dem Intervall $\langle -1, 1 \rangle$ monoton und stetig. Neben Kosinus und Sinus betrachtet man den Quotienten

$$\frac{\sin x}{\cos x}$$

und nennt ihn $\operatorname{tg} x$ (d. h. Tangens x). $\operatorname{tg} x$ ist nur an solchen Stellen bedeutungslos, wo $\cos x = 0$ ist.

Die Ableitung von $\operatorname{tg} x$ findet man nach der Regel für die Differentiation eines Quotienten:

$$(\operatorname{tg} x)' = \frac{\cos x (\sin x)' - \sin x (\cos x)'}{\cos^2 x} = \frac{1}{\cos^2 x}.$$

In dem Intervall $\left(-\frac{\pi}{2}, \frac{\pi}{2} \right)$ ist $\operatorname{tg} x$ monoton und stetig. Die Umkehrung von $\operatorname{tg} x$ nennt man

$$\operatorname{arc} \operatorname{tg} x \quad \text{(d. h. arcus tangens } x\text{)}.$$

Ebenso läßt sich $\dfrac{\cos x}{\sin x} = \cot x$ (d. h. Cotangens x) in dem Intervall $(0, \pi)$ umkehren. $\cot x$ hat nämlich die Ableitung

$$(\cot x)' = \frac{\sin x (\cos x)' - \cos x (\sin x)'}{\sin^2 x} = -\frac{1}{\sin^2 x}.$$

Die Umkehrung von $\cot x$ nennt man

$$\operatorname{arc} \cot x \quad \text{(d. h. arcus cotangens } x\text{)}.$$

§ 120. **Die Ableitungen inverser Funktionen.** $f(x)$ sei in $\langle a, b \rangle$ monoton und stetig und habe an der Stelle x_0 eine von Null verschiedene Ableitung $f'(x_0)$.

$\varphi(y)$ sei die Umkehrung von $f(x)$ und $y_0 = f(x_0)$, also $x_0 = \varphi(y_0)$. Liegt $y_0 + k\,(k \gtrless 0)$ in $\langle A, B \rangle$[1]), so liegt

$$x_0 + h = \varphi(y_0 + k)$$

in $\langle a, b \rangle$, und man hat zugleich $y_0 + k = f(x_0 + h)$ und $h \gtrless 0$. Nun wird

$$\frac{\varphi(y_0 + k) - \varphi(y_0)}{k} = \frac{h}{f(x_0 + h) - f(x_0)} = \frac{1}{\dfrac{f(x_0 + h) - f(x_0)}{h}}$$

Konvergiert k nach Null, so konvergiert auch h nach Null (wegen der Stetigkeit von $\varphi(y)$, die in § 118 bewiesen worden ist). Es wird also

$$\lim \frac{\varphi(y_0 + k) - \varphi(y_0)}{k} = \frac{1}{f'(x_0)},$$

d. h.
$$\varphi'(y_0) = \frac{1}{f'(x_0)}.$$

Nachdem einmal bewiesen ist, daß $\varphi'(y)$ existiert, wenn $f'(x)$ existiert und ungleich Null ist, kann man zur Berechnung von $\varphi'(y)$ auch die Regel für die Differentiation zusammengesetzter Funktionen benutzen. Danach ist das Differential von $y = f(x)$

$$dy = f'(x)\,dx,$$

ob nun x oder y als unabhängige Veränderliche betrachtet wird. Nehmen wir y als unabhängige Veränderliche, so liefert uns diese Formel
$$1 = f'(x)\,\varphi'(y).$$

Diese Beziehung hat eine ganz einfache geometrische Bedeutung. Denken wir uns die Bildkurve von $f(x)$ gezeichnet, so wird sie zur Bildkurve von $\varphi(y)$, wenn man die Rollen der Koordinatenachsen vertauscht.

$f'(x)$ und $\varphi'(y)$ sind die Richtungskonstanten einer und derselben Kurventangente, das eine Mal in bezug auf die Achsen Ox, Oy, das andere Mal in bezug auf die Achsen Oy, Ox. Es liegt auf der Hand, daß $f'(x)\,\varphi'(y) = 1$ sein muß.

---

1) $A = f(a)$, $B = f(b)$.

§ 121. Differentiation von arc sin x, arc cos x, arctg x, arc cot x. 1. Wir wissen, daß die Umkehrung von

$$y = \text{arc cos } x \qquad\qquad (-1 \leq x \leq 1)$$

lautet: $\qquad\qquad x = \cos y. \qquad\qquad (0 \leq y \leq \pi)$

Demnach ist $\qquad\qquad dx = -\sin y\, dy,$

also für $0 < y < \pi$, d. h. $-1 < x < 1$,

$$dy = -\frac{dx}{\sin y} = -\frac{dx}{\sqrt{1-x^2}}.$$

2. Ebenso findet man als Differential von

$$y = \text{arc sin } x$$

für $-1 < x < 1 \qquad\qquad dy = \frac{dx}{\sqrt{1-x^2}}.$

3. Das Differential von $y = \text{arc tg } x$ ergibt sich daraus, daß

$$x = \text{tg } y$$

die Umkehrung von arctg x ist. Man hat nämlich

$$dx = \frac{dy}{\cos^2 y} = \frac{\cos^2 y + \sin^2 y}{\cos^2 y}\, dy = (1 + \text{tg}^2\, y)\, dy,$$

also $\qquad\qquad dy = \frac{dx}{1+x^2}.$

4. Als Differential von $y = \text{arc cot } x$ kommt nach einer ähnlichen Rechnung heraus

$$dy = -\frac{dx}{1+x^2}.$$

§ 122. Berechnung der Zahl π. Wir sind jetzt imstande, ein bequemes Verfahren zur Berechnung der Zahl π anzugeben.

Die Funktion $\qquad\qquad f(x) = \text{arctg } x$

hat die Ableitung $\qquad\qquad f'(x) = \frac{1}{1+x^2}.$

Für $|x| < 1$ ist $\qquad f'(x) = 1 - x^2 + x^4 - \cdots$

Diese Potenzreihe ist die Ableitung von

$$F(x) = \frac{x}{1} - \frac{x^3}{3} + \frac{x^5}{5} - \cdots$$

Es ist also
$$F'(x) = f'(x),$$

folglich
$$F(x) - f(x) = c.$$

Die Konstante c muß aber, weil

$$F(0) = f(0) = 0$$

ist, gleich Null sein. Mithin hat man

$$\operatorname{arctg} x = x - \frac{x^3}{3} + \frac{x^5}{5} - \cdots. \qquad\qquad (|x| < 1)$$

Für $|x| > 1$ ist die Reihe rechts divergent.

Für $x = 1$ und $x = -1$ läßt sich zeigen, daß die obige Formel gültig bleibt. Setzen wir

$$s = 1 - \frac{1}{3} + \frac{1}{5} - \cdots{}^{1})$$

und ist $0 < x < 1$, so wird

$$s - \operatorname{arctg} x = \frac{1-x}{1} - \frac{1-x^3}{3} + \frac{1-x^5}{5} - \cdots$$

eine alternierende Reihe von dem in § 77 betrachteten Typus. In der Tat ist nach dem in § 70 bewiesenen verallgemeinerten Mittelwertsatz

$$\frac{1-x^{2n+1}}{1-x^{2n-1}} = \frac{(2n+1)\xi^{2n}}{(2n-1)\xi^{2n-2}} = \frac{2n+1}{2n-1}\xi^2 < \frac{2n+1}{2n-1},$$

weil
$$x < \xi < 1.$$

Hieraus folgt aber
$$\frac{1-x^{2n+1}}{2n+1} < \frac{1-x^{2n-1}}{2n-1}.$$

Bei einer alternierenden Reihe dieser Art sind, wie wir wissen, die Partialsummen mit ungeradem Index größer, die mit geradem Index kleiner als die Summe der Reihe. Mithin ist

$$1 - x - \frac{1-x^3}{3} < s - \operatorname{arctg} x < 1 - x.$$

---

1) Diese Reihe ist nach § 77 konvergent.

Lassen wir nun x nach 1 konvergieren (wobei aber immer $0 < x < 1$ bleibt), so ergibt sich

$$\lim (s - \operatorname{arctg} x) = 0,$$

also
$$\lim \operatorname{arctg} x = \operatorname{arctg} 1 = s.$$

Da $\operatorname{arctg}(-x)$ gleich $-\operatorname{artg} x$ ist, so hat man $\operatorname{arctg}(-1) = -s$.

$\operatorname{arctg} 1$ können wir angeben. Es ist nämlich allgemein

$$\cos^2 x - \sin^2 x = \cos 2x,$$

also
$$\cos^2 \frac{\pi}{4} - \sin^2 \frac{\pi}{4} = 0,$$

und, da $\cos x$ und $\sin x$ in $\left(0, \frac{\pi}{2}\right)$ positiv sind,

$$\cos \frac{\pi}{4} = \sin \frac{\pi}{4}, \quad \text{d. h.} \quad \operatorname{tg} \frac{\pi}{4} = 1,$$

so daß
$$\operatorname{arctg} 1 = \frac{\pi}{4} \text{ ist.}$$

Wir haben somit die Formel

$$\frac{\pi}{4} = 1 - \frac{1}{3} + \frac{1}{5} - \frac{1}{7} + \cdots,$$

die eins der ersten mathematischen Ergebnisse Leibnizens war und die Leibnizsche Formel heißt. Sie ist aber, wie schon Newton betonte, für die numerische Berechnung von π sehr ungeeignet.

Bessere Formeln gewinnt man, wenn man sich auf das Additionstheorem der Tangensfunktion stützt. Aus den Additionstheoremen für $\sin x$ und $\cos x$

$$\sin (x_1 + x_2) = \sin x_1 \cos x_2 + \cos x_1 \sin x_2,$$
$$\cos (x_1 + x_2) = \cos x_1 \cos x_2 - \sin x_1 \sin x_2$$

folgt durch Division

$$\operatorname{tg}(x_1 + x_2) = \frac{\operatorname{tg} x_1 + \operatorname{tg} x_2}{1 - \operatorname{tg} x_1 \operatorname{tg} x_2}.$$

Dies ist das Additionstheorem von $\operatorname{tg} x$.

Wir wollen nun versuchen, zwei Brüche von der Form $\frac{1}{n}$ $(n = 2, 3, \ldots)$ so zu bestimmen, daß

$$\frac{\pi}{4} = \operatorname{arctg} \frac{1}{n_1} + \operatorname{arctg} \frac{1}{n_2} \quad \text{wird.}$$

Setzen wir $\quad \operatorname{arctg} \dfrac{1}{n_1} = x_1, \quad \operatorname{arctg} \dfrac{1}{n_2} = x_2,$

so wird $\qquad \dfrac{\pi}{4} = x_1 + x_2, \quad$ also $\quad \operatorname{tg}(x_1 + x_2) = 1$

oder $\qquad \dfrac{\dfrac{1}{n_1} + \dfrac{1}{n_2}}{1 - \dfrac{1}{n_1 n_2}} = \dfrac{n_1 + n_2}{n_1 n_2 - 1} = 1.$

Wir müssen also bewirken, daß

$$n_1 + n_2 = n_1 n_2 - 1 \quad \text{wird, d. h.} \quad (n_1 - 1)(n_2 - 1) = 2.$$

1 und 2 sind aber die einzigen Teiler von 2, und da n_1 und n_2 vertauscht werden dürfen, können wir setzen

$$n_1 = 2, \quad n_2 = 3.$$

Es ist somit $\qquad \dfrac{\pi}{4} = \operatorname{arctg} \dfrac{1}{2} + \operatorname{arctg} \dfrac{1}{3}$

oder $\quad \dfrac{\pi}{4} = \left(\dfrac{1}{2} - \dfrac{1}{2^3 \cdot 3} + \dfrac{1}{2^5 \cdot 5} - \cdots \right) + \left(\dfrac{1}{3} - \dfrac{1}{3^3 \cdot 3} + \dfrac{1}{3^5 \cdot 5} - \cdots \right),$

eine Formel, die sich schon besser für die Berechnung von π eignet.

Man kann noch andere Formeln aufstellen, wenn man folgenden Satz benutzt.

Ist m eine positive ganze Zahl, so lassen sich immer zwei positive ganze Zahlen m_1 und m_2 derart angeben, daß

$$\operatorname{arctg} \dfrac{1}{m} = \operatorname{arctg} \dfrac{1}{m_1} + \operatorname{arctg} \dfrac{1}{m_2} \quad \text{wird.}$$

Man braucht nämlich nur zu erreichen, daß

$$\dfrac{1}{m} = \dfrac{m_1 + m_2}{m_1 m_2 - 1} \quad \text{oder} \quad (m_1 - m)(m_2 - m) = m^2 + 1$$

wird. Zu diesem Zweck zerlegt man $m^2 + 1$ in zwei positive ganzzahlige Faktoren, $\qquad m^2 + 1 = k_1 k_2,$

und setzt $\qquad m_1 = m + k_1, \quad m_2 = m + k_2.$

Ist $m = 2$, so wird

$m^2 + 1 = 5 = 1 \cdot 5, \qquad$ also $\qquad m_1 = 2 + 1 = 3, \quad m_2 = 2 + 5 = 7,$

so daß man hat $\qquad \operatorname{arctg} \tfrac{1}{2} = \operatorname{arctg} \tfrac{1}{3} + \operatorname{arctg} \tfrac{1}{7},$

mithin $\qquad \dfrac{\pi}{4} = 2 \operatorname{arctg} \dfrac{1}{3} + \operatorname{arctg} \dfrac{1}{7}.$

Ist $m = 3$, so wird

$$m^2 + 1 = 10 = 2 \cdot 5, \quad \text{also} \quad m_1 = 3 + 2 = 5, \; m_2 = 3 + 5 = 8$$

und
$$\operatorname{arctg} \tfrac{1}{3} = \operatorname{arctg} \tfrac{1}{5} + \operatorname{arctg} \tfrac{1}{8},$$

mithin
$$\frac{\pi}{4} = 2 \operatorname{arctg} \frac{1}{5} + \operatorname{arctg} \frac{1}{7} + 2 \operatorname{arctg} \frac{1}{8}.$$

Offenbar kann man in dieser Weise beliebig weit gehen.

Ein besonders zweckmäßiges Verfahren, mit dessen Hilfe man π bis auf 707 Dezimalen berechnet hat, ist folgendes.

Man setzt $\operatorname{arctg} \tfrac{1}{5} = \varphi$, so daß $\operatorname{tg} \varphi = 1/5$ ist.

Dann wird $\operatorname{tg} 2\varphi = \dfrac{5}{12}$ und $\operatorname{tg} 4\varphi = 1 + \dfrac{1}{119}$,

wie man mittels des Additionstheorems leicht findet.

Rechnet man nun $\operatorname{tg}\left(4\varphi - \dfrac{\pi}{4}\right)$ aus, so erhält man[1])

$$\operatorname{tg}\left(4\varphi - \frac{\pi}{4}\right) = \frac{\operatorname{tg} 4\varphi - 1}{\operatorname{tg} 4\varphi + 1} = \frac{1}{239} \cdot \quad \text{Hiernach hat man}$$

$$4\varphi - \frac{\pi}{4} = \operatorname{arctg} \frac{1}{239}, \quad \frac{\pi}{4} = 4 \operatorname{arctg} \frac{1}{5} - \operatorname{arctg} \frac{1}{239},$$

d. h. $\dfrac{\pi}{4} = 4\left(\dfrac{1}{5} - \dfrac{1}{5^3 \cdot 3} + \dfrac{1}{5^5 \cdot 5} - \cdots\right) - \left(\dfrac{1}{239} - \dfrac{1}{239^3 \cdot 3} + \dfrac{1}{239^5 \cdot 5} - \cdots\right).$

Es gibt ein paar französische Verse, mit deren Hilfe man sich die ersten 31 Ziffern von π merken kann. Sie lauten:

> Que j'aime à faire apprendre un nombre utile aux sages!
> Immortel Archimède, artiste ingénieur,
> Qui de ton jugement peut priser la valeur!
> Pour moi ton problème eut de pareils avantages.

Ersetzt man jedes Wort durch die Zahl seiner Buchstaben, so erhält man die ersten 31 Ziffern von π. Hinter die erste ist das Komma zu setzen. Auf diese Weise ergibt sich

$$\pi = 3{,}1415926535897932384626433839279 \cdots$$

§ 123. **Umkehrung eines Systems von zwei stetigen Funktionen** $u(x,y)$, $v(x,y)$. Die Funktionen $u(x,y)$ und

---

[1]) $\operatorname{tg} x$ ist eine ungerade Funktion.

$v(x,y)$ mögen in einer gewissen Umgebung U des Punktes (x_0, y_0) stetige erste Ableitungen besitzen. Wir wollen

$$u_x'(x,y) = u_1(x,y), \quad u_y'(x,y) = u_2(x,y),$$
$$v_x'(x,y) = v_1(x,y), \quad v_y'(x,y) = v_2(x,y) \quad \text{setzen.}$$

Diese Ableitungen sollen außerdem der Bedingung

$$u_1(x_0, y_0)v_2(x_0, y_0) - u_2(x_0, y_0)v_1(x_0, y_0) \gtreqless 0 \quad \text{genügen.}$$

Zunächst zeigen wir, daß unter den angegebenen Voraussetzungen folgender Satz gilt:

Satz 1. Um (x_0, y_0) läßt sich ein Quadrat[1]

$$(Q) \qquad \langle x_0 - \varepsilon,\ x_0 + \varepsilon;\ y_0 - \varepsilon,\ y_0 + \varepsilon \rangle$$

konstruieren derart, daß immer

$$u_1(x,y)v_2(\bar{x}, \bar{y}) - u_2(x,y)v_1(\bar{x}, \bar{y}) \gtreqless 0$$

ist, wie man auch die Punkte (x,y) und $(\bar{x}, \bar{y})$ in jenem Quadrat wählen mag.

Dies folgt sofort aus der Stetigkeit von u_1, u_2, v_1, v_2. Angenommen, es gäbe kein solches Quadrat Q. Dann würde auch das der Annahme $\varepsilon = 1/n$ entsprechende Quadrat Q_n die gewünschte Eigenschaft nicht haben[2].

Es müßte also in Q_n zwei Punkte (x_n, y_n) und $(\bar{x}_n, \bar{y}_n)$ geben derart, daß

$$u_1(x_n, y_n)v_2(\bar{x}_n, \bar{y}_n) - u_2(x_n, y_n)v_1(\bar{x}_n, \bar{y}_n) = 0$$

ist. Wegen der Stetigkeit wird aber

$$\lim \{u_1(x_n, y_n)v_2(\bar{x}_n, \bar{y}_n) - u_2(x_n, y_n)v_1(\bar{x}_n, \bar{y}_n)\}$$
$$= u_1(x_0, y_0)v_2(x_0, y_0) - u_2(x_0, y_0)v_1(x_0, y_0).$$

Es müßte also

$$u_1(x_0, y_0)v_2(x_0, y_0) - u_2(x_0, y_0)v_1(x_0, y_0) = 0$$

sein, gegen die Voraussetzung.

Wir wollen jetzt $\mathfrak{x} = u(x,y), \quad \mathfrak{y} = v(x,y)$

---

1) Wir betrachten x, y als rechtwinklige Koordinaten in einer Ebene E.

2) n ist eine der Zahlen 1, 2, 3, ..., aber so groß, daß Q_n ganz in U liegt.

setzen und $\mathfrak{x}$, $\mathfrak{y}$ als rechtwinklige Koordinaten in einer Ebene $\mathfrak{E}$ betrachten.

Diese beiden Gleichungen stellen eine **Abbildung** dar. Jedem Punkt (x, y), der in U liegt, entspricht der Punkt $(\mathfrak{x}, \mathfrak{y})$ in der Ebene $\mathfrak{E}$, dessen Koordinaten gleich $u(x, y)$ bzw. $v(x, y)$ sind. Dieser Punkt heißt der Bildpunkt von (x, y).

Satz 2. Verschiedenen Punkten des Quadrats Q entsprechen stets verschiedene Bildpunkte.

Haben zwei Punkte (x_1, y_1) und $(x_1 + h, y_1 + k)$ des Quadrats Q denselben Bildpunkt, so ist

$$u(x_1 + h, y_1 + k) = u(x_1, y_1),$$
$$v(x_1 + h, y_1 + k) = v(x_1, y_1),$$

also nach dem in § 111 bewiesenen Mittelwertsatz

$$h u_1(x, y) + k u_2(x, y) = 0,$$
$$h v_1(\bar{x}, \bar{y}) + k v_2(\bar{x}, \bar{y}) = 0.$$

Dabei hat man $\quad x = x_1 + \vartheta h, \quad y = y_1 + \vartheta k, \qquad (0 < \vartheta < 1)$

$$\bar{x} = x_1 + \bar{\vartheta} h, \quad \bar{y} = y_1 + \bar{\vartheta} k. \qquad (0 < \bar{\vartheta} < 1)$$

Aus den beiden Gleichungen für h, k folgt aber

$$h\{u_1(x, y) v_2(\bar{x}, \bar{y}) - u_2(x, y) v_1(\bar{x}, \bar{y})\} = 0,$$
$$k\{u_1(x, y) v_2(\bar{x}, \bar{y}) - u_2(x, y) v_1(\bar{x}, \bar{y})\} = 0.$$

Da die Punkte (x, y) und $(\bar{x}, \bar{y})$ in Q liegen[1]), so ist nach Satz 1

$$u_1(x, y) v_2(\bar{x}, \bar{y}) - u_2(x, y) v_1(\bar{x}, \bar{y}) \gtrless 0.$$

Also folgt $\qquad\qquad\qquad h = 0, \quad k = 0.$

Die Punkte (x_1, y_1) und $(x_1 + h, y_1 + k)$ haben also nur dann denselben Bildpunkt, wenn sie zusammenfallen.

Wir wollen nunmehr mit $\mathfrak{B}$ den Inbegriff der Bildpunkte $(\mathfrak{x}, \mathfrak{y})$ bezeichnen, die den Punkten von Q entsprechen. Ferner möge $\widehat{Q}$ den Inbegriff der Randpunkte von Q und $\widehat{\mathfrak{B}}$ den Inbegriff ihrer Bildpunkte bedeuten. $(\mathfrak{x}_0, \mathfrak{y}_0)$ sei der Bildpunkt von (x_0, y_0).

---

1) (x, y) liegt auf der Verbindungsstrecke der Punkte (x_1, y_1) und $(x_1 + h, y_1 + k)$, ebenso $(\bar{x}, \bar{y})$.

Bilden wir die Funktion

$$\{u(x,y) - \mathfrak{x}_0\}^2 + \{v(x,y) - \mathfrak{y}_0\}^2,$$

so ist sie in Q stetig, also auch in $\widehat{Q}$. Sie hat in $\widehat{Q}$ einen kleinsten Wert[1] m^2, der nicht null ist. Wäre nämlich $m = 0$, so gäbe es auf dem Rande von Q einen Punkt, der denselben Bildpunkt hat wie (x_0, y_0). Das ist aber nach Satz 2 ausgeschlossen.

m ist offenbar die Länge des kürzesten Weges von $(\mathfrak{x}_0, \mathfrak{y}_0)$ nach $\mathfrak{B}$. Beschreiben wir um $(\mathfrak{x}_0, \mathfrak{y}_0)$ einen Kreis mit dem Radius m, so liegt innerhalb dieses Kreises kein Punkt von $\mathfrak{B}$.

$(\mathfrak{x}', \mathfrak{y}')$ sei nun ein Punkt in $\mathfrak{E}$, der von $(\mathfrak{x}_0, \mathfrak{y}_0)$ höchstens um $m/2$ entfernt ist. Dann liegt $(\mathfrak{x}', \mathfrak{y}')$ ebenso nahe oder näher an $(\mathfrak{x}_0, \mathfrak{y}_0)$ als an irgend einem Punkte von $\mathfrak{B}$. Wenn also $(\hat{x}, \hat{y})$ ein beliebiger Punkt von $\widehat{Q}$ ist, so wird folgende Beziehung bestehen:

$$\{u(\hat{x}, \hat{y}) - \mathfrak{x}'\}^2 + \{v(\hat{x}, \hat{y}) - \mathfrak{y}'\}^2$$
$$\geq \{u(x_0, y_0) - \mathfrak{x}'\}^2 + \{v(x_0, y_0) - \mathfrak{y}'\}^2.$$

Sie lehrt uns, daß die Funktion

$$\omega(x,y) = \{u(x,y) - \mathfrak{x}'\}^2 + \{v(x,y) - \mathfrak{y}'\}^2$$

auf dem Rande von Q nicht kleiner wird, als sie im Mittelpunkt von Q ist. Betrachten wir daher den kleinsten Wert, den ω in Q erreicht[2], so können wir sicher sein, daß er an einer Stelle (x', y') im Innern von Q angenommen wird.

An dieser Stelle (x', y') müssen aber nach § 117 $\omega_x{}'$ und $\omega_y{}'$ verschwinden. Es muß also sein

$$\{u(x', y') - \mathfrak{x}'\} u_1(x', y') + \{v(x', y') - \mathfrak{y}'\} v_1(x', y') = 0,$$
$$\{u(x', y') - \mathfrak{x}'\} u_2(x', y') + \{v(x', y') - \mathfrak{y}'\} v_2(x', y') = 0.$$

Hieraus folgt aber

$$\{u(x', y') - \mathfrak{x}'\} \{u_1(x', y') v_2(x', y') - u_2(x', y') v_1(x', y')\} = 0,$$
$$\{v(x', y') - \mathfrak{y}'\} \{u_1(x', y') v_2(x', y') - u_2(x', y') v_1(x', y')\} = 0.$$

---

[1] Auf jeder Seite des Quadrats haben wir es mit einer stetigen Funktion einer Veränderlichen zu tun und können den Satz aus § 105 anwenden.

[2] Einen solchen gibt es nach § 117.

Da nach Satz 1
$$u_1(x', y') v_2(x', y') - u_2(x', y') v_1(x', y') \gtrless 0$$
ist, so ergibt sich
$$u(x', y') - \mathfrak{x}' = 0,$$
$$v(x', y') - \mathfrak{y}' = 0,$$
d. h. $(\mathfrak{x}', \mathfrak{y}')$ ist der Bildpunkt von (x', y'), gehört also zu $\mathfrak{B}$.

Setzen wir $\delta = m : 2\sqrt{2}$ und konstruieren um $(\mathfrak{x}_0, \mathfrak{y}_0)$ das Quadrat
$$\langle \mathfrak{x}_0 - \delta, \ \mathfrak{x}_0 + \delta; \ \mathfrak{y}_0 - \delta, \ \mathfrak{y}_0 + \delta \rangle,$$
so ist jeder Punkt $(\mathfrak{x}, \mathfrak{y})$, der diesem Quadrat angehört, ein Punkt von $\mathfrak{B}$.

Damit haben wir folgenden Satz bewiesen:

Satz 3. Um $(\mathfrak{x}_0, \mathfrak{y}_0)$, den Bildpunkt von (x_0, y_0), läßt sich ein Quadrat $\qquad \langle \mathfrak{x}_0 - \delta, \ \mathfrak{x}_0 + \delta; \ \mathfrak{y}_0 - \delta, \ \mathfrak{y}_0 + \delta \rangle \qquad$ (𝔒) derart konstruieren, daß jeder Punkt von $\mathfrak{D}$ der Bildpunkt eines und (nach Satz 2) nur eines Punktes von Q ist.

Es lassen sich hiernach, und zwar nur auf eine Weise, zwei Funktionen $\qquad \mathfrak{u}(\mathfrak{x}, \mathfrak{y}), \quad \mathfrak{v}(\mathfrak{x}, \mathfrak{y})$ so wählen, daß die Abbildung
$$(\mathfrak{A}) \qquad \begin{cases} x = \mathfrak{u}(\mathfrak{x}, \mathfrak{y}), \\ y = \mathfrak{v}(\mathfrak{x}, \mathfrak{y}) \end{cases}$$
jedem Punkt $(\mathfrak{x}, \mathfrak{y})$ von $\mathfrak{D}$ gerade denjenigen Punkt (x, y) von Q zuordnet, dem $(\mathfrak{x}, \mathfrak{y})$ bei der Abbildung
$$(\mathrm{A}) \qquad \begin{cases} \mathfrak{x} = u(x, y), \\ \mathfrak{y} = v(x, y) \end{cases} \qquad \text{entspricht.}$$

Man nennt $\mathfrak{A}$ die zu A inverse Abbildung und $\mathfrak{u}, \mathfrak{v}$ das zu u, v inverse Funktionensystem oder auch die Umkehrung des Funktionensystems u, v.

Satz 4. Die Funktionen $\mathfrak{u}, \mathfrak{v}$ sind in $\mathfrak{D}$ stetig.

Wir müssen folgendes beweisen:

Ist $(\mathfrak{x}_1, \mathfrak{y}_1), (\mathfrak{x}_2, \mathfrak{y}_2), \ldots$ eine Punktfolge in $\mathfrak{D}$, die nach $(\mathfrak{x}, \mathfrak{y})$ konvergiert, so hat man immer
$$\begin{aligned} \lim \mathfrak{u}(\mathfrak{x}_n, \mathfrak{y}_n) &= \mathfrak{u}(\mathfrak{x}, \mathfrak{y}), \\ \lim \mathfrak{v}(\mathfrak{x}_n, \mathfrak{y}_n) &= \mathfrak{v}(\mathfrak{x}, \mathfrak{y}) \end{aligned} \quad \text{oder} \quad \begin{aligned} \lim x_n &= x, \\ \lim y_n &= y, \end{aligned}$$

wenn wir mit (x_n, y_n) und (x, y) die Bildpunkte von $(\mathfrak{x}_n, \mathfrak{y}_n)$ und $(\mathfrak{x}, \mathfrak{y})$ bei $\mathfrak{A}$ bezeichnen.

Wäre nicht $\lim x_n = x$ [1]), so gäbe es in $x_1, x_2, x_3, \ldots$ eine Teilfolge $x_1', x_2', x_3', \ldots$, die einen von x verschiedenen Grenzwert $\bar{x}$ hat. $\bar{y}$ sei ein Häufungswert von $y_1', y_2', y_3', \ldots$ [2]). Dann gibt es in $y_1', y_2', y_3', \ldots$ eine Teilfolge $\bar{y}_1, \bar{y}_2, \bar{y}_3, \ldots$ mit der Eigenschaft $\lim \bar{y}_n = \bar{y}$.

Aus
$$\lim \bar{x}_n = \bar{x}, \quad \lim \bar{y}_n = \bar{y}$$
folgt aber wegen der Stetigkeit von u, v
$$\lim \bar{\mathfrak{x}}_n = \bar{\mathfrak{x}}, \quad \lim \bar{\mathfrak{y}}_n = \bar{\mathfrak{y}}.$$

Da nun $(\bar{\mathfrak{x}}_1, \bar{\mathfrak{y}}_1), (\bar{\mathfrak{x}}_2, \bar{\mathfrak{y}}_2), (\bar{\mathfrak{x}}_3, \bar{\mathfrak{y}}_2), \ldots$ eine Teilfolge von $(\mathfrak{x}_1, \mathfrak{y}_1), (\mathfrak{x}_2, \mathfrak{y}_2), (\mathfrak{x}_3, \mathfrak{y}_3), \ldots$ ist, so hat man
$$\bar{\mathfrak{x}} = \mathfrak{x}, \quad \bar{\mathfrak{y}} = \mathfrak{y}.$$

Den beiden verschiedenen Punkten (x, y) und $(\bar{x}, \bar{y})$ entspräche also derselbe Bildpunkt. Das ist nach Satz 2 ausgeschlossen.

§ 124. **Differentiation der Umkehrungsfunktionen.** $(\mathfrak{x}, \mathfrak{y})$ und $(\mathfrak{x} + \mathfrak{h}, \mathfrak{y} + \mathfrak{k})$ seien irgend zwei Punkte von $\mathfrak{Q}$ und (x, y) bzw. $(x + h, y + k)$ die entsprechenden Punkte von Q.

Dann wird $\mathfrak{h} = u(x + h, y + k) - u(x, y),$
$$\mathfrak{k} = v(x + h, y + k) - v(x, y)$$
oder nach § 111 $\mathfrak{h} = u_1(\xi, \eta)h + u_2(\xi, \eta)k,$
$$\mathfrak{k} = v_1(\bar{\xi}, \bar{\eta})h + v_2(\bar{\xi}, \bar{\eta})k.$$

Dabei ist
$$\xi = x + \vartheta h, \quad \eta = y + \vartheta k, \qquad (0 < \vartheta < 1)$$
$$\bar{\xi} = x + \bar{\vartheta}h, \quad \bar{\eta} = y + \bar{\vartheta}k. \qquad (0 < \bar{\vartheta} < 1)$$

Die Punkte (ξ, η) und $(\bar{\xi}, \bar{\eta})$ liegen auf der Verbindungsstrecke von (x, y) und $(x + h, y + k)$, also sicher in Q.

Setzen wir $D = u_1(\xi, \eta)v_2(\bar{\xi}, \bar{\eta}) - u_2(\xi, \eta)v_1(\bar{\xi}, \bar{\eta}),$

so ist nach Satz 1 $D \gtrless 0.$

---

[1]) Genau ebenso erledigt sich die Annahme, daß nicht $y_n = y$ wäre.

[2]) Entsprechende Teilfolgen sind durch entsprechende Bezeichnung kenntlich gemacht.

Aus den obigen Gleichungen für $\mathfrak{h}, \mathfrak{k}$ folgt nun

$$h = \frac{1}{D}\{v_2(\bar{\xi},\bar{\eta})\mathfrak{h} - u_2(\xi,\eta)\mathfrak{k}\},$$

$$k = \frac{1}{D}\{-v_1(\bar{\xi},\bar{\eta})\mathfrak{h} + u_1(\xi,\eta)\mathfrak{k}\}.$$

Setzen wir $\mathfrak{k} = 0$ und $\mathfrak{h} \gtrless 0$, so erhalten wir

$$\frac{h}{\mathfrak{h}} = \frac{1}{D}v_2(\bar{\xi},\bar{\eta}), \quad \frac{k}{\mathfrak{h}} = -\frac{1}{D}v_1(\bar{\xi},\bar{\eta}).$$

Lassen wir, während $\mathfrak{k} = 0$ bleibt, $\mathfrak{h}$ nach Null konvergieren, so wird nach Satz 4 in § 123

$$\lim h = 0 \quad \text{und} \quad \lim k = 0, \quad \text{also} \quad \begin{array}{l} \lim \xi = \lim \bar{\xi} = x, \\ \lim \eta = \lim \bar{\eta} = y, \end{array}$$

und wegen der Stetigkeit von u_1, u_2, v_1, v_2 ergibt sich

$$\lim \frac{h}{\mathfrak{h}} = \frac{v_2(x,y)}{u_1(x,y)v_2(x,y) - u_2(x,y)v_1(x,y)},$$

$$\lim \frac{k}{\mathfrak{h}} = \frac{-v_1(x,y)}{u_1(x,y)v_2(x,y) - u_2(x,y)v_1(x,y)}.$$

Damit ist die Existenz der Ableitungen

$$u_{\mathfrak{x}}' \quad \text{und} \quad v_{\mathfrak{x}}' \quad \text{bewiesen.}$$

Ganz ebenso zeigt man, daß $u_{\mathfrak{y}}'$ und $v_{\mathfrak{y}}'$ existieren. Man setzt

$$\mathfrak{h} = 0 \quad \text{und} \quad \mathfrak{k} \gtrless 0$$

und findet
$$\lim \frac{h}{\mathfrak{k}} = \frac{-u_2(x,y)}{u_1(x,y)v_2(x,y) - u_2(x,y)v_1(x,y)},$$

$$\lim \frac{k}{\mathfrak{k}} = \frac{u_1(x,y)}{u_1(x,y)v_2(x,y) - u_2(x,y)v_1(x,y)}.$$

Da u_1, u_2, v_1, v_2 in Q stetig sind und

$$u_1(x,y)v_2(x,y) - u_2(x,y)v_1(x,y)$$

in Q von Null verschieden ist, so sind die rechten Seiten unserer Formeln für $u_{\mathfrak{x}}', u_{\mathfrak{y}}', v_{\mathfrak{x}}', v_{\mathfrak{y}}'$ in Q stetig. x, y sind aber nach Satz 4 in § 123 stetige Funktionen von $\mathfrak{x}, \mathfrak{y}$ in $\mathfrak{Q}$. Daraus folgt, daß $u_{\mathfrak{x}}', u_{\mathfrak{y}}', v_{\mathfrak{x}}', v_{\mathfrak{y}}'$ in $\mathfrak{Q}$ stetig sind (§ 110).

Hat man sich einmal von der Existenz der Ableitungen u_{ξ}', u_{η}', v_{ξ}', v_{η}' überzeugt, so kann man, um sie oder die Differentiale $d\mathfrak{u}$, $d\mathfrak{v}$ zu berechnen, die Regel für die Differentiation der zusammengesetzten Funktionen anwenden.

Aus
$$\xi = u(x, y), \quad \eta = v(x, y)$$
folgt nach dieser Regel
$$d\xi = u_x'\, dx + u_y'\, dy,$$
$$d\eta = v_x'\, dx + v_y'\, dy,$$

ob nun x, y oder ξ, η die unabhängigen Veränderlichen sind, und man erhält durch Auflösen nach dx, dy

$$dx = \frac{v_y'\, d\xi - u_y'\, d\eta}{u_x'\, v_y' - u_y'\, v_x'},$$
$$dy = \frac{-v_x'\, d\xi + u_x'\, d\eta}{u_x'\, v_y' - u_y'\, v_x'}.$$

Haben u und v in Q stetige Ableitungen bis zur n-ten Ordnung $(n > 1)$, so gilt dasselbe von $\mathfrak{u}$ und $\mathfrak{v}$ in $\mathfrak{Q}$. Zur Berechnung der höheren Ableitungen oder der höheren Differentiale von $\mathfrak{u}$, $\mathfrak{v}$ kann man wieder die Regel für die Differentiation der zusammengesetzten Funktionen anwenden.

Man findet z. B.

$$d^2\xi = u_x'\, d^2x + u_y'\, d^2y + u_{xx}''\, dx^2 + 2u_{xy}''\, dx\, dy + u_{yy}''\, dy^2,$$
$$d^2\eta = v_x'\, d^2x + v_y'\, d^2y + v_{xx}''\, dx^2 + 2v_{xy}''\, dx\, dy + v_{yy}''\, dy^2$$

oder, wenn ξ, η die unabhängigen Veränderlichen sein sollen,

$$0 = u_x'\, d^2x + u_y'\, d^2y + u_{xx}''\, dx^2 + 2u_{xy}''\, dx\, dy + u_{yy}''\, dy^2,$$
$$0 = v_x'\, d^2x + v_y'\, d^2y + v_{xx}''\, dx^2 + 2v_{xy}''\, dx\, dy + v_{yy}''\, dy^2.$$

Hieraus kann man d^2x und d^2y berechnen.

§ 125. **Implizite Funktionen.** $F(x,y)$ habe in einer gewissen Umgebung von (x_0, y_0) stetige erste Ableitungen

$$F_x'(x, y) = F_1(x, y),$$
$$F_y'(x, y) = F_2(x, y).$$

Es sei außerdem $F(x_0, y_0) = 0$, aber $F_2(x_0, y_0) \gtrless 0$.

Betrachten wir die Abbildung

$$(A) \quad \begin{cases} \mathfrak{x} = x, \\ \mathfrak{y} = F(x, y), \end{cases}$$

so sind alle in § 123 gestellten Bedingungen erfüllt. Es ist hier

$$u(x, y) = x \quad \text{und} \quad v(x, y) = F(x, y)$$

und
$$u_1(x, y)\, v_2(x, y) - v_2(x, y)\, v_1(x, y) = F_2(x, y).$$

Bezeichnen wir auch jetzt mit $(\mathfrak{x}_0, \mathfrak{y}_0)$ den Bildpunkt von (x_0, y) so haben wir
$$\mathfrak{x}_0 = x_0, \quad \mathfrak{y}_0 = 0.$$

Nach § 123 lassen sich um (x_0, y_0) und $(\mathfrak{x}_0, \mathfrak{y}_0)$ zwei Quadrate

$$(Q) \quad \langle x_0 - \varepsilon, x_0 + \varepsilon;\; y_0 - \varepsilon, y_0 + \varepsilon \rangle$$

und
$$(\mathfrak{Q}) \quad \langle \mathfrak{x}_0 - \delta, \mathfrak{x}_0 + \delta;\; \mathfrak{y}_0 - \delta, \mathfrak{y}_0 + \delta \rangle$$

derart konstruieren, daß jeder Punkt $(\mathfrak{x}, \mathfrak{y})$ von $\mathfrak{Q}$ der Bildpunkt eines und nur eines Punktes (x, y) von Q ist.[1]

Die Abbildung $\mathfrak{A}$, welche jedem Punkt von $\mathfrak{Q}$ gerade denjenigen Punkt von Q zuordnet, dessen Bildpunkt er bei A ist, also die zu A inverse Abbildung, hat hier offenbar folgende Form

$$(\mathfrak{A}) \quad \begin{cases} x = \mathfrak{x}, \\ y = \mathfrak{F}(\mathfrak{x}, \mathfrak{y}). \end{cases}$$

Daß $\mathfrak{A}$ zu A invers ist, drückt sich durch die Gleichung

$$\mathfrak{y} = F(\mathfrak{x}, \mathfrak{F}(\mathfrak{x}, \mathfrak{y}))$$

aus, die in dem ganzen Quadrat $\mathfrak{Q}$ gilt.

Setzen wir nun $\mathfrak{y} = 0$, so kommt

$$0 = F(\mathfrak{x}, \mathfrak{F}(\mathfrak{x}, 0)). \qquad (\mathfrak{x}_0 - \delta \leq \mathfrak{x} \leq \mathfrak{x}_0 + \delta)$$

Wenn eine Funktion $\varphi(\mathfrak{x})$ in dem Intervall $\langle \mathfrak{x}_0 - \delta, \mathfrak{x}_0 + \delta \rangle$ die Gleichung
$$0 = F(\mathfrak{x}, \varphi(\mathfrak{x}))$$
erfüllt und dabei wie $\mathfrak{F}(\mathfrak{x}, 0)$ der Bedingung

$$y_0 - \varepsilon \leq \varphi(\mathfrak{x}) \leq y_0 + \varepsilon$$

genügt, so ist in dem ganzen Intervall $\langle \mathfrak{x}_0 - \delta, \mathfrak{x}_0 + \delta \rangle$

$$\varphi(\mathfrak{x}) = \mathfrak{F}(\mathfrak{x}, 0).$$

---

1) Da hier $\mathfrak{x} = x$, so ist sicher $\varepsilon \geq \delta$.

Da nämlich die in Q liegenden Punkte

$$x = \mathfrak{x}, \; y = \varphi(\mathfrak{x}) \quad \text{und} \quad x = \mathfrak{x}, \; y = \mathfrak{F}(\mathfrak{x}, 0)$$

bei A beide den Bildpunkt $(\mathfrak{x}, 0)$ haben, müssen sie zusammenfallen.
Geometrisch bedeutet dieses Resultat folgendes:

Konstruiert man um (x_0, y_0) das Rechteck

$$\langle x_0 - \delta, x_0 + \delta; \, y_0 - \varepsilon, y_0 + \varepsilon \rangle,$$

so liegt darin auf jeder Parallelen $x = \mathfrak{x}$ zur y-Achse ein
und nur ein Punkt, der der Gleichung

$$F(x, y) = 0$$

genügt, und zwar der Punkt

$$x = \mathfrak{x}, \quad y = \mathfrak{F}(\mathfrak{x}, 0).$$

So lange man nur auf die Punkte in

$$\langle x_0 - \delta, x_0 + \delta; \, y_0 - \varepsilon; \, y_0 + \varepsilon \rangle$$

achtet, ist also die Gleichung $F(x, y) = 0$ völlig äquivalent[1])
mit der Gleichung $y = \mathfrak{F}(x, 0)$.

Aus § 124 ist zu entnehmen, daß

$$\mathfrak{F}_x{}'(x, 0)$$

in dem ganzen Intervall $\langle x_0 - \delta, x_0 + \delta \rangle$ existiert und stetig ist.

Zur Berechnung dieser Ableitung bedient man sich, nachdem
ihre Existenz bewiesen ist, der Regel für die Differentiation der zusammengesetzten Funktionen. Aus

$$F(x, y) = 0 \qquad\qquad (y = \mathfrak{F}(x, 0))$$

erhält man

$$F_x{}' dx + F_y{}' dy = 0,$$

also

$$\frac{dy}{dx} = - \frac{F_x{}'}{F_y{}'}. \qquad (x_0 - \delta \leqq x \leqq x_0 + \delta)$$

Hat $F(x, y)$ in Q stetige zweite Ableitungen, so erhält man
wenn x die unabhängige Veränderliche sein soll,

$$F_{xx}'' dx^2 + 2 F_{xy}'' dx\, dy + F_{yy}'' dy^2 + F_y{}' d^2 y = 0,$$

woraus sich $\dfrac{d^2 y}{dx^2}$ ergibt.

---

1) D. h. beide Gleichungen werden durch dieselben Punkte jenes Rechtecks erfüllt.

Hat $F(x, y)$ in Q stetige Ableitungen bis zur n-ten Ordnung, so gilt dasselbe von $\mathfrak{F}(\mathfrak{x}, 0)$.

Ein spezieller Fall einer impliziten Funktion ist die in § 118 betrachtete Umkehrung einer Funktion $f(x)$, und zwar hat man in diesem Falle
$$F(x, y) = y - f(x).$$

§ 126. **Der allgemeine Umkehrungssatz.** Die Überlegungen des § 123 lassen sich in genau entsprechender Form bei einem System von n Funktionen von n Veränderlichen durchführen. Wir wollen uns damit begnügen, das Resultat anzugeben. Dabei bedienen wir uns des Begriffs Determinante. Der Leser findet hierüber das Erforderliche im Anhang.

$$u_1(x_1, x_2, \ldots, x_n),\ u_2(x_1, x_2, \ldots, x_n),\ \ldots,\ u_n(x_1, x_2, \ldots, x_n)$$

mögen in einer gewissen Umgebung U des Wertsystems[1]
$$a_1, a_2, \ldots, a_n$$
stetige erste Ableitungen
$$(u_1)'_{x_1} = u_{11},\ (u_1)'_{x_2} = u_{12},\ \ldots,\ (u_1)'_{x_n} = u_{1n},$$
$$(u_2)'_{x_1} = u_{21},\ (u_2)'_{x_2} = u_{22},\ \ldots,\ (u_2)'_{x_n} = u_{2n},$$
$$\cdot\ \cdot\ \cdot\ \cdot\ \cdot\ \cdot\ \cdot\ \cdot\ \cdot\ \cdot\ \cdot\ \cdot$$
$$(u_n)'_{x_1} = u_{n1},\ (u_n)'_{x_2} = u_{n2},\ \ldots,\ (u_n)'_{x_n} = u_{nn}$$

besitzen. Ferner sei die Determinante[2]
$$\begin{vmatrix} u_{11} & u_{12} & \ldots & u_{1n} \\ u_{21} & u_{22} & \ldots & u_{2n} \\ \cdot & \cdot & & \cdot \\ u_{n1} & u_{n2} & \ldots & u_{nn} \end{vmatrix} = D(x_1, x_2, \ldots, x_n)$$

an der Stelle $(a_1, a_2, \ldots, a_n)$ ungleich Null.

Durch die Gleichungen

$$(A) \qquad \begin{cases} \mathfrak{x}_1 = u_1(x_1, x_2, \ldots, x_n), \\ \mathfrak{x}_2 = u_2(x_1, x_2, \ldots, x_n), \\ \cdot\ \cdot\ \cdot\ \cdot\ \cdot\ \cdot\ \cdot\ \cdot \\ \mathfrak{x}_n = u_n(x_1, x_2, \ldots, x_n) \end{cases}$$

---

[1] D. h. für $a_1 - h < x_1 < a_1 + h, \ldots, a_n - h < x_n < a_n + h$ $(h > 0)$.

[2] Diese Determinante nennt man die **Funktionaldeterminante** von $u_1, u_2, \ldots, u_n$ nach $x_1, x_2, \ldots, x_n$.

wird jedem Wertsystem $x_1, x_2, \ldots, x_n$ in U ein Wertsystem $\mathfrak{x}_1, \mathfrak{x}_2, \ldots, \mathfrak{x}_n$ zugeordnet. Wir wollen $\mathfrak{x}_1, \mathfrak{x}_2, \ldots, \mathfrak{x}_n$ das Bild von $x_1, x_2, \ldots, x_n$ (bei der Abbildung A) nennen. $\mathfrak{a}_1, \mathfrak{a}_2, \ldots, \mathfrak{a}_n$ sei das Bild von $a_1, a_2, \ldots a_n$.

Es läßt sich nun um
$$a_1, a_2, \ldots, a_n$$
ein Bereich

$$(Q) \qquad a_\nu - \varepsilon \leqq x_\nu \leqq a_\nu + \varepsilon \qquad (\nu = 1, 2, \ldots, n; \ \varepsilon > 0)$$

und um
$$\mathfrak{a}_1, \mathfrak{a}_2, \ldots, \mathfrak{a}_n$$
ein Bereich

$$(\mathfrak{Q}) \qquad \mathfrak{a}_\nu - \delta \leqq \mathfrak{x}_\nu \leqq \mathfrak{a}_\nu + \delta \qquad (\nu = 1, 2, \ldots, n; \ \delta > 0)$$

konstruieren derart, daß jedes Wertsystem $\mathfrak{x}_1, \mathfrak{x}_2, \ldots, \mathfrak{x}_n$ aus $\mathfrak{Q}$ das Bild eines und nur eines Wertsystems $x_1, x_2, \ldots, x_n$ aus Q ist.

Es lassen sich hiernach, und zwar nur auf eine Weise, n Funktionen

$$\mathfrak{u}_1 (\mathfrak{x}_1, \mathfrak{x}_2, \ldots, \mathfrak{x}_n), \ \mathfrak{u}_2 (\mathfrak{x}_1, \mathfrak{x}_2, \ldots, \mathfrak{x}_n), \ \ldots, \ \mathfrak{u}_n (\mathfrak{x}_1, \mathfrak{x}_2, \ldots, \mathfrak{x}_n)$$

so wählen, daß die Abbildung

$$(\mathfrak{A}) \qquad \begin{cases} x_1 = \mathfrak{u}_1 (\mathfrak{x}_1, \mathfrak{x}_2, \ldots, \mathfrak{x}_n), \\ x_2 = \mathfrak{u}_2 (\mathfrak{x}_1, \mathfrak{x}_2, \ldots, \mathfrak{x}_n), \\ \cdots \cdots \cdots \cdots \cdots \\ x_n = \mathfrak{u}_n (\mathfrak{x}_1, \mathfrak{x}_2, \ldots, \mathfrak{x}_n) \end{cases}$$

jedem Wertsystem $\mathfrak{x}_1, \mathfrak{x}_2, \ldots, \mathfrak{x}_n$ aus $\mathfrak{Q}$ gerade dasjenige Wertsystem $x_1, x_2, \ldots x_n$ aus Q zuordnet, dessen Bild $\mathfrak{x}_1, \mathfrak{x}_2, \ldots, \mathfrak{x}_n$ bei A ist.

Man nennt $\mathfrak{A}$ die zu A inverse Abbildung und $\mathfrak{u}_1, \mathfrak{u}_2, \ldots, \mathfrak{u}_n$ das zu $u_1, u_2, \ldots, u_n$ inverse Funktionensystem oder auch die Umkehrung des Funktionensystems $u_1, u_2, \ldots, u_n$.

Die Umkehrungsfunktionen sind in $\mathfrak{Q}$ nicht nur selbst stetig, sondern sie haben in $\mathfrak{Q}$ auch stetige erste Ableitungen.

Die Differentiale von $\mathfrak{u}_1$, $\mathfrak{u}_2$, ..., $\mathfrak{u}_n$ ergeben sich durch Auflösung der Gleichungen[1])

$$d\mathfrak{x}_1 = u_{11}(x_1, x_2, \ldots, x_n)\, dx_1 + \cdots + u_{1n}(x_1, x_2, \ldots, x_n)\, dx_n$$

$$\cdot \quad \cdot \quad \cdot \quad \cdot \quad \cdot \quad \cdot \quad \cdot \quad \cdot \quad \cdot \quad \cdot \quad \cdot \quad \cdot \quad \cdot$$

$$d\mathfrak{x}_n = u_{n1}(x_1, x_2, \ldots, x_n)\, dx_1 + \cdots + u_{nn}(x_1, x_2, \ldots, x_n)\, dx_n$$

nach dx_1, dx_2, ..., dx_n.

Haben u_1, u_2, ..., u_n in $\mathfrak{Q}$ stetige Ableitungen bis zur n-ten Ordnung, so gilt dasselbe von $\mathfrak{u}_1$, $\mathfrak{u}_2$, ..., $\mathfrak{u}_n$ in $\mathfrak{Q}$.

§ 127. **Implizite Funktionen von mehreren Veränderlichen und implizite Funktionensysteme.** Wir beschränken uns darauf zwei spezielle Fälle zu behandeln, um das Wesen der Sache deutlicher hervortreten zu lassen.

1. $F(x, y, z)$ habe in einer gewissen Umgebung des Punktes (x_0, y_0, z_0) stetige erste Ableitungen. Außerdem sei $F(x_0, y_0, z_0) = 0$, aber $F'_z(x_0, y_0, z_0) \gtrless 0$.

Betrachten wir die Abbildung

$$(A) \qquad \begin{cases} \mathfrak{x} = x, \\ \mathfrak{y} = y, \\ \mathfrak{z} = F(x, y, z), \end{cases}$$

so sind alle Bedingungen des Umkehrungssatzes erfüllt. Man hat nämlich
$$u_1 = x,\ u_2 = y,\ u_3 = F(x, y, z),$$
und die Funktionaldeterminante von u_1, u_2, u_3 lautet

$$\begin{vmatrix} 1 & 0 & 0 \\ 0 & 1 & 0 \\ F'_x & F'_y & F'_z \end{vmatrix} = F'_z.$$

Der Bildpunkt von (x_0, y_0, z_0) wird hier
$$\mathfrak{x}_0 = x_0,\ \mathfrak{y}_0 = y_0,\ \mathfrak{z}_0 = 0.$$

Nach dem Umkehrungssatz läßt sich um (x_0, y_0, z_0) ein Bereich

$$(Q) \qquad x_0 - \varepsilon \leqq x \leqq x_0 + \varepsilon,\ y_0 - \varepsilon \leqq y < y_0 + \varepsilon,$$
$$z_0 - \varepsilon \leqq z \leqq z_0 + \varepsilon$$

---

[1]) Wir denken uns Q so gewählt, daß die Funktionaldeterminante in Q nirgends Null ist. So war es auch in § 123.

und um $(\mathfrak{x}_0, \mathfrak{y}_0, \mathfrak{z}_0)$ ein Bereich

$$(\mathfrak{Q}) \qquad \mathfrak{x}_0 - \delta \leqq \mathfrak{x} \leqq \mathfrak{x}_0 + \delta, \; \mathfrak{y}_0 - \delta \leqq \mathfrak{y} \leqq \mathfrak{y}_0 + \delta,$$
$$\mathfrak{z}_0 - \delta \leqq \mathfrak{z} \leqq \mathfrak{z}_0 + \delta$$

konstruieren, so daß jeder Punkt $(\mathfrak{x}, \mathfrak{y}, \mathfrak{z})$ in $\mathfrak{Q}$ der Bildpunkt eines und nur eines Punktes (x, y, z) in Q ist.[1]) Die Abbildung, welche jedem Punkt von $\mathfrak{Q}$ gerade denjenigen Punkt von Q zuordnet, dessen Bildpunkt er bei A ist, also die zu A inverse Abbildung, hat hier offenbar folgende Form

$$\begin{cases} x = \mathfrak{x}, \\ y = \mathfrak{y}, \\ z = \mathfrak{F}(\mathfrak{x}, \mathfrak{y}, \mathfrak{z}). \end{cases}$$

Daß $\mathfrak{A}$ zu A invers ist, drückt sich in der Gleichung aus

$$\mathfrak{z} = F(\mathfrak{x}, \mathfrak{y}, \mathfrak{F}(\mathfrak{x}, \mathfrak{y}, \mathfrak{z})),$$

die in dem ganzen Bereich $\mathfrak{Q}$ gilt.

Es ist also insbesondere

$$0 = F(\mathfrak{x}, \mathfrak{y}, \mathfrak{F}(\mathfrak{x}, \mathfrak{y}, 0)),$$

und zwar in dem ganzen Quadrat $\langle \mathfrak{x}_0 - \delta, \mathfrak{x}_0 + \delta; \mathfrak{y}_0 - \delta, \mathfrak{y}_0 + \delta \rangle$.

Wenn eine Funktion $\varphi(\mathfrak{x}, \mathfrak{y})$ in diesem Quadrat die Gleichung

$$0 = F(\mathfrak{x}, \mathfrak{y}, \varphi(\mathfrak{x}, \mathfrak{y}))$$

erfüllt und dabei wie $\mathfrak{F}(\mathfrak{x}, \mathfrak{y}, 0)$ der Bedingung

$$\mathfrak{z}_0 - \varepsilon \leqq \varphi(\mathfrak{x}, \mathfrak{y}) \leqq \mathfrak{z}_0 + \varepsilon$$

genügt, so ist

$$\varphi(\mathfrak{x}, \mathfrak{y}) = \mathfrak{F}(\mathfrak{x}, \mathfrak{y}, 0).$$

Da nämlich die in Q liegenden Punkte

$$x = \mathfrak{x}, \; y = \mathfrak{y}, \; z = \varphi(\mathfrak{x}, \mathfrak{y})$$

und

$$x = \mathfrak{x}, \; y = \mathfrak{y}, \; z = \mathfrak{F}(\mathfrak{x}, \mathfrak{y}, 0)$$

beide den Bildpunkt $(\mathfrak{x}, \mathfrak{y}, 0)$ haben, müssen sie zusammenfallen.

Geometrisch bedeutet unser Ergebnis folgendes:

Wenn man um (x_0, y_0, z_0) das Parallelepipedon

$$x_0 - \delta \leqq x \leqq x_0 + \delta, \; y_0 - \delta \leqq y \leqq y_0 + \delta,$$
$$z_0 - \varepsilon \leqq z \leqq z_0 + \varepsilon$$

---

[1]) Offenbar ist $\varepsilon \geqq \delta$.

konstruiert, so liegt darin auf jeder Parallelen

$$x = \mathfrak{x}, \; y = \mathfrak{y}$$

zur z-Achse ein und nur ein Punkt, der der Gleichung

$$F(x, y, z) = 0$$

genügt, und zwar der Punkt

$$x = \mathfrak{x}, \; y = \mathfrak{y}, \; z = \mathfrak{F}(\mathfrak{x}, \mathfrak{y}, 0).$$

Solange man nur auf die Punkte des Parallelepipedons achtet, ist die Gleichung $F(x, y, z) = 0$ völlig äquivalent mit der Gleichung $z = \mathfrak{F}(x, y, 0)$.

$\mathfrak{F}(x, y, 0)$ hat in $\langle x_0 - \delta, \, x_0 + \delta; \, y_0 - \delta, \, y_0 + \delta \rangle$ stetige erste Ableitungen, die man nach der Regel für die Differentiation der zusammengesetzten Funktionen berechnet.

Hat F in Q stetige Ableitungen bis zur n-ten Ordnung, so gilt dasselbe von $\mathfrak{F}(x, y, 0)$ in $\langle x_0 - \delta, \, x_0 + \delta; \, y_0 - \delta, \, y_0 + \delta \rangle$.

2. $F(x, y, z)$ und $G(x, y, z)$ mögen in einer gewissen Umgebung (x_0, y_0, z_0) stetige erste Ableitungen besitzen, außerdem sei $\quad F(x_0, y_0, z_0) = 0, \; G(x_0, y_0, z_0) = 0 \quad$ und

$$F_y'(x_0, y_0, z_0) \, G_z'(x_0, y_0, z_0) - F_z'(x_0, y_0, z_0) \, G_y'(x_0, y_0, z_0) \gtrless 0.$$

Die Abbildung

$$(A) \qquad \begin{cases} \mathfrak{x} = x, \\ \mathfrak{y} = F(x, y, z), \\ \mathfrak{z} = G(x, y, z), \end{cases}$$

erfüllt alle Bedingungen des Umkehrungssatzes. Man hat nämlich

$$u_1 = x, \quad u_2 = F(x, y, z), \quad u_3 = G(x, y, z)$$

und die Funktionaldeterminante von u_1, u_2, u_3 lautet

$$\begin{vmatrix} 1 & 0 & 0 \\ F_x' & F_y' & F_z' \\ G_x' & G_y' & G_z' \end{vmatrix} = F_y' G_z' - F_z' G_y'.$$

Der Bildpunkt von (x_0, y_0, z_0) wird hier

$$\mathfrak{x}_0 = x_0, \quad \mathfrak{y}_0 = 0, \quad \mathfrak{z}_0 = 0.$$

Wir können nun wieder die mit Q und $\mathfrak{Q}$ bezeichneten Bereiche um (x_0, y_0, z_0) bzw. $(\mathfrak{x}_0, \mathfrak{y}_0, \mathfrak{z}_0)$ konstruieren, und jeder Punkt von $\mathfrak{D}$ ist dann der Bildpunkt eines und nur eines Punktes von Q.[1]

Die zu A inverse Transformation hat offenbar die Form

$$x = \mathfrak{x},$$
$$y = \mathfrak{F}(\mathfrak{x}, \mathfrak{y}, \mathfrak{z}),$$
$$z = \mathfrak{G}(\mathfrak{x}, \mathfrak{y}, \mathfrak{z}).$$

Daß sie zu $\mathfrak{A}$ invers ist, drückt sich in den Gleichungen aus

$$\mathfrak{y} = F(\mathfrak{x}, \mathfrak{F}(\mathfrak{x}, \mathfrak{y}, \mathfrak{z}), \mathfrak{G}(\mathfrak{x}, \mathfrak{y}, \mathfrak{z})),$$
$$\mathfrak{z} = G(\mathfrak{x}, \mathfrak{F}(\mathfrak{x}, \mathfrak{y}, \mathfrak{z}), \mathfrak{G}(\mathfrak{x}, \mathfrak{y}, \mathfrak{z})),$$

die in dem ganzen Bereich $\mathfrak{D}$ gelten

Man hat also insbesondere

$$0 = F(\mathfrak{x}, \mathfrak{F}(\mathfrak{x}, 0, 0), \mathfrak{G}(\mathfrak{x}, 0, 0)),$$
$$0 = G(\mathfrak{x}, \mathfrak{F}(\mathfrak{x}, 0, 0), \mathfrak{G}(\mathfrak{x}, 0, 0)),$$

und zwar in dem ganzen Intervall $\langle \mathfrak{x}_0 - \delta, \mathfrak{x}_0 + \delta \rangle$.

Wenn ein Funktionenpaar $\varphi(\mathfrak{x})$, $\psi(\mathfrak{x})$ in dem Intervall $\langle \mathfrak{x}_0 - \delta, \mathfrak{x}_0 + \delta \rangle$ die Gleichungen

$$0 = F(\mathfrak{x}, \varphi(\mathfrak{x}), \psi(\mathfrak{x})),$$
$$0 = G(\mathfrak{x}, \varphi(\mathfrak{x}), \psi(\mathfrak{x}))$$

erfüllt und dabei wie $\mathfrak{F}(\mathfrak{x}, 0, 0)$, $\mathfrak{G}(\mathfrak{x}, 0, 0)$ den Bedingungen

$$y_0 - \varepsilon \leqq \varphi(\mathfrak{x}) \leqq y_0 + \varepsilon,$$
$$z_0 - \varepsilon \leqq \psi(\mathfrak{x}) \leqq z_0 + \varepsilon,$$

genügt, so ist $\varphi(\mathfrak{x}) = \mathfrak{F}(\mathfrak{x}, 0, 0)$, $\psi(\mathfrak{x}) = \mathfrak{G}(\mathfrak{x}, 0, 0)$.

Da nämlich die in Q liegenden Punkte

$$x = \mathfrak{x}, \quad y = \varphi(\mathfrak{x}), \quad z = \psi(\mathfrak{x})$$

und $\qquad x = \mathfrak{x}, \quad y = \mathfrak{F}(\mathfrak{x}, 0, 0), \quad z = \mathfrak{G}(\mathfrak{x}, 0, 0)$

beide den Bildpunkt $(\mathfrak{x}, 0, 0)$ haben, müssen sie zusammenfallen.

Geometrisch bedeutet unser Resultat folgendes:

---

[1] Auch hier wird $\varepsilon \geqq \delta$.

Wenn man um (x_0, y_0, z_0) das Parallelepipedon

$$x_0 - \delta \leqq x \leqq x_0 + \delta,$$

$$y_0 - \varepsilon \leqq y \leqq y_0 + \varepsilon, \quad z_0 - \varepsilon \leqq z \leqq z_0 + \varepsilon$$

konstruiert, so liegt darin auf jeder Parallelebene $x = \mathfrak{x}$ zur (y, z)-Ebene ein und nur ein Punkt, der den Gleichungen

$$F(x, y, z) = 0, \quad G(x, y, z) = 0$$

genügt, und zwar der Punkt

$$x = \mathfrak{x}, \; y = \mathfrak{F}(\mathfrak{x}, 0, 0), \; z = \mathfrak{G}(\mathfrak{x}, 0, 0).$$

Solange man nur auf die Punkte des Parallelepipedons achtet, ist das Gleichungssystem

$$F(x, y, z) = 0, \quad G(x, y, z) = 0$$

völlig äquivalent mit dem Gleichungssystem

$$y = \mathfrak{F}(x, 0, 0), \quad z = \mathfrak{G}(x, 0, 0).$$

$\mathfrak{F}(x, 0, 0)$ und $\mathfrak{G}(x, 0, 0)$ haben in $\langle x_0 - \delta, x_0 + \delta \rangle$ eine stetige erste Ableitung. Man berechnet diese Ableitungen nach der Regel für die Differentiation der zusammengesetzten Funktionen.

Aus $\qquad F(x, y, z) = 0, \quad G(x, y, z) = 0$

folgt $\qquad F'_x dx + F'_y dy + F'_z dz = 0,$

$$G'_x dx + G'_y dy + G'_z dz = 0.$$

Diese Gleichungen lassen sich, solange (x, y, z) in Q liegt, nach dy, dz auflösen.

Haben F und G in Q stetige Ableitungen bis zur n-ten Ordnung, so haben y und z in $(x_0 - \delta, x_0 + \delta)$ stetige Ableitungen bis zur n-ten Ordnung.

Kapitel XIII.

Unbestimmte Integrale.

§ 128. Definitionen. Wenn $F(x)$ in $\langle a, b \rangle$ die Ableitung $f(x)$, also das Differential $f(x)\, dx$ hat, so nennt man $F(x)$ eine primitive Funktion (Stammfunktion) oder ein Integral von $f(x)$

in $\langle a, b\rangle$.[1]) Man schreibt, um diese Beziehung auszudrücken,

$$F(x) = \int f(x)\,dx$$

($F(x)$ gleich Integral $f(x)\,dx$).

Diese Formel ist also gleichbedeutend mit

$$dF(x) = f(x)\,dx.$$

Ist $F_0(x)$ ein Integral von $f(x)$ in $\langle a, b\rangle$ und $F(x)$ ebenfalls ein solches Integral, so hat man

$$dF_0(x) = f(x)\,dx, \quad dF(x) = f(x)\,dx,$$

und
$$d\{F(x) - F_0(x)\} = 0.$$

$F(x) - F_0(x)$ ist also nach § 67 (Folgerung) in $\langle a, b\rangle$ eine Konstante C, d. h. es ist $\quad F(x) = F_0(x) + C.$

Umgekehrt ist $F_0(x) + C$, was auch die Konstante C sein mag, immer ein Integral von $f(x)$, weil

$$d\{F_0(x) + C\} = dF_0(x) = f(x)\,dx.$$

$F_0(x) + C$ nennt man, weil darin die unbestimmte Konstante C auftritt, das **unbestimmte Integral** von $f(x)$.

Jedes Integral von $f(x)$ läßt sich aus dem unbestimmten Integral durch Spezialisierung der **Integrationskonstanten** C erhalten.

Eine Funktion $f(x)$ **integrieren** heißt ihr unbestimmtes Integral finden.

§ 129. **Existenz des Integrals einer stetigen Funktion.** $f(x)$ sei in $\langle a, b\rangle$ stetig.

Wenn $\langle \alpha, \beta\rangle$ ein beliebiges in $\langle a, b\rangle$ enthaltenes Intervall ist, so wollen wir　　　mit $M(\alpha, \beta)$ den **größten**,

mit $m(\alpha, \beta)$ den **kleinsten**

in $\langle \alpha, \beta\rangle$ vorkommenden Funktionswert bezeichnen.

Das Produkt $(\beta - \alpha)\,M(\alpha, \beta)$ wollen wir $R(\alpha, \beta)$ nennen.

---

1) Wenn $F(x)$ in (a, b) die Ableitung $f(x)$ hat, so sagen wir, daß $F(x)$ in (a, b) ein Integral von $f(x)$ ist.

Ist $\alpha < \gamma < \beta$, so hat man

$$R(\alpha, \beta) \geqq R(\alpha, \gamma) + R(\gamma, \beta).$$

Denn es ist offenbar

$$M(\alpha, \beta) \geqq M(\alpha, \gamma) \quad \text{und} \quad M(\alpha, \beta) \geqq M(\gamma, \beta),$$

also auch

$$(\gamma - \alpha)\,M(\alpha, \beta) \geqq R(\alpha, \gamma),$$

$$(\beta - \gamma)\,M(\alpha, \beta) \geqq R(\gamma, \beta),$$

woraus sich durch Addition die behauptete Ungleichung ergibt.

Wir wollen jetzt $\langle a, b \rangle$ in die Teilintervalle

$$\langle a, x_1 \rangle, \ \langle x_1, x_2 \rangle, \ \ldots, \ \langle x_{p-1}, b \rangle$$

zerlegen $(a < x_1 < x_2 < \cdots < x_{p-1} < b)$ und diese Zerlegung mit $\mathfrak{Z}$ bezeichnen. Die Summe

$$R(a, x_1) + R(x_1, x_2) + \cdots + R(x_{p-1}, b)$$

nennen wir $\overset{b}{\underset{a}{\mathrm{S}}}(\mathfrak{Z}),$

um ihre Abhängigkeit von a, b und $\mathfrak{Z}$ auszudrücken.

Fig. 9 läßt (für den Fall $p = 3$) die geometrische Bedeutung

von $\overset{b}{\underset{a}{\mathrm{S}}}(\mathfrak{Z})$ erkennen, wenn man rechtwink-

lige Koordinaten zugrundelegt.

Die Zerlegung $\overline{\mathfrak{Z}}$ gehe dadurch aus $\mathfrak{Z}$
hervor, daß man eins der Teilintervalle,
etwa $\langle \alpha, \beta \rangle$, in zwei Teile

$\langle \alpha, \gamma \rangle$ und $\langle \gamma, \beta \rangle$ $(\alpha < \gamma < \beta)$ zerlegt.

Um $\overset{b}{\underset{a}{\mathrm{S}}}(\overline{\mathfrak{Z}})$ zu erhalten, muß man in

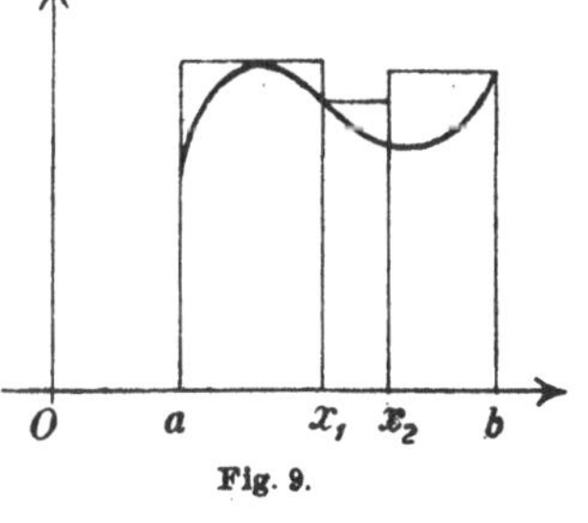

dem Ausdruck $\overset{b}{\underset{a}{\mathrm{S}}}(\mathfrak{Z})$ das Glied $R(\alpha, \beta)$ durch $R(\alpha, \gamma) + R(\gamma, \beta)$

ersetzen. Wir dürfen daher sicher sein, daß

$$\overset{b}{\underset{a}{\mathrm{S}}}(\mathfrak{Z}) \geqq \overset{b}{\underset{a}{\mathrm{S}}}(\overline{\mathfrak{Z}}) \quad \text{ist.}$$

$\overset{b}{\underset{a}{\mathrm{S}}}(\mathfrak{Z})$ vergrößert sich also nicht, wenn man eins der Teilinter-

valle von $\mathfrak{Z}$ in zwei Teile zerlegt. Wendet man diese Bemerkung mehrmals an, so erkennt man, daß $\overset{b}{\underset{a}{S}}(\mathfrak{Z})$ sich nicht vergrößert, wenn man von $\mathfrak{Z}$ durch Weiterteilung (d. h. durch Hinzufügen neuer Teilpunkte zu den alten) zu einer neuen Zerlegung übergeht.

Die Folge $\mathfrak{Z}_1, \mathfrak{Z}_2, \mathfrak{Z}_3, \ldots$ werden wir eine $\mathfrak{Z}$-Kette nennen, wenn jedes $\mathfrak{Z}_{n+1}$ aus $\mathfrak{Z}_n$ durch Weiterteilung entsteht.

Ist $\mathfrak{Z}_1, \mathfrak{Z}_2, \mathfrak{Z}_3, \ldots$ eine $\mathfrak{Z}$-Kette, so hat man

$$\overset{b}{\underset{a}{S}}(\mathfrak{Z}_1) \geqq \overset{b}{\underset{a}{S}}(\mathfrak{Z}_2) \geqq \overset{b}{\underset{a}{S}}(\mathfrak{Z}_3) \geqq \cdots,$$

so daß

$$\overset{b}{\underset{a}{S}}(\mathfrak{Z}_1), \; \overset{b}{\underset{a}{S}}(\mathfrak{Z}_2), \; \overset{b}{\underset{a}{S}}(\mathfrak{Z}_3), \; \ldots$$

eine absteigende Folge ist. Diese Folge ist beschränkt, weil für jedes $\mathfrak{Z}$ die Ungleichungen gelten:

$$(b - a)\, m(a, b) \leqq \overset{b}{\underset{a}{S}}(\mathfrak{Z}) \leqq (b - a)\, M(a, b).$$

Aus § 16 können wir also entnehmen, daß

$$\lim \overset{b}{\underset{a}{S}}(\mathfrak{Z}_n) \quad \text{existiert.}$$

Wir wollen jetzt die beiden Summenausdrücke

$$\overset{b}{\underset{a}{S}}(\mathfrak{Z}) \quad \text{und} \quad \overset{b}{\underset{a}{S}}(\mathfrak{Z}')$$

miteinander vergleichen.

$\mathfrak{Z}$ habe p und $\mathfrak{Z}'$ habe p' Teilintervalle. δ sei die Maximallänge der Teilintervalle von $\mathfrak{Z}$[1]) und δ' die Maximallänge der Teilintervalle von $\mathfrak{Z}'$.

Die Teilintervalle von $\mathfrak{Z}$ zerfallen in bezug auf $\mathfrak{Z}'$ in zwei Klassen:

1. solche, die in einem der Teilintervalle von $\mathfrak{Z}'$ liegen;

---

1) Keins der fraglichen Teilintervalle soll also größer als δ und wenigstens eins gleich δ sein. Als Länge oder Größe eines Intervalls bezeichnen wir die Differenz $\beta - \alpha$, wenn α seine untere und β seine obere Grenze ist.

2. solche, die wenigstens einen der Teilpunkte von $\mathfrak{Z}'$ in ihrem Innern enthalten.

Offenbar kann es höchstens $p' - 1$ Teilintervalle zweiter Klasse geben.

Die Glieder $R(\alpha, \beta)$ in $\overset{b}{\underset{a}{S}}(\mathfrak{Z})$ nennen wir Glieder erster oder zweiter Klasse, je nachdem (α, β) ein Teilintervall erster oder zweiter Klasse ist.

In jedem Glied $R(\alpha, \beta)$, daß zur zweiten Klasse gehört, wollen wir $M(\alpha, \beta)$ durch $m(\alpha, \beta)$ ersetzen. Dann sind diese Glieder zusammen mit den Gliedern erster Klasse nicht größer als

$$\overset{b}{\underset{a}{S}}(\mathfrak{Z}').$$

Die Verkleinerung, die wir vorgenommen haben, ist aber nicht größer als
$$(p' - 1)\,\delta\,\{\,M(a, b) - m(a, b)\,\}.$$

Setzen wir also $M(a, b) - m(a, b) = \sigma(a, b)$, so können wir schreiben:
$$\overset{b}{\underset{a}{S}}(\mathfrak{Z}) \leqq \overset{b}{\underset{a}{S}}(\mathfrak{Z}') + (p' - 1)\,\delta\,\sigma(a, b).$$

Aus demselben Grunde ist aber
$$\overset{b}{\underset{a}{S}}(\mathfrak{Z}') \leqq \overset{b}{\underset{a}{S}}(\mathfrak{Z}) + (p - 1)\,\delta'\,\sigma(a, b).$$

Jetzt sei $\mathfrak{Z}_1, \mathfrak{Z}_2, \mathfrak{Z}_3, \ldots$ eine $\mathfrak{Z}$-Kette mit der Eigenschaft $\lim \delta_n = 0.^1)$ Eine solche Kette wollen wir eine **ausgezeichnete** $\mathfrak{Z}$-**Kette** nennen.

Ferner sei $\mathfrak{Z}_1', \mathfrak{Z}_2', \mathfrak{Z}_3', \ldots$ eine **Folge** von Zerlegungen mit der Eigenschaft $\lim \delta_n' = 0.^1)$ Eine solche Folge wollen wollen wir eine **ausgezeichnete** $\mathfrak{Z}$-**Folge** nennen.

Wir wissen, daß
$$\lim \overset{b}{\underset{a}{S}}(\mathfrak{Z}_n) = \overset{b}{\underset{a}{S}}$$

existiert; denn
$$\overset{b}{\underset{a}{S}}(\mathfrak{Z}_1),\ \overset{b}{\underset{a}{S}}(\mathfrak{Z}_2),\ \overset{b}{\underset{a}{S}}(\mathfrak{Z}_3),\ \ldots$$

ist eine beschränkte absteigende Folge.

---

1) $\delta_n\,(\delta_n')$ ist die Maximallänge der Teilintervalle von $\mathfrak{Z}_n\,(\mathfrak{Z}_n')$.

Wir wissen ferner, daß die Folge

$$\overset{b}{\underset{a}{S}}(\mathfrak{Z}_1'),\ \overset{b}{\underset{a}{S}}(\mathfrak{Z}_2'),\ \overset{b}{\underset{a}{S}}(\mathfrak{Z}_3'),\ \ldots$$

beschränkt ist. Gelingt es uns zu zeigen, daß sie nur einen Häufungswert hat, so folgt, daß sie konvergent ist. Nun sei S' ein solcher Häufungswert. Dann läßt sich in unserer Folge eine Teilfolge

$$\overset{b}{\underset{a}{S}}(\overline{\mathfrak{Z}}_1),\ \overset{b}{\underset{a}{S}}(\overline{\mathfrak{Z}}_2),\ \overset{b}{\underset{a}{S}}(\overline{\mathfrak{Z}}_3),\ \ldots$$

so wählen, daß $\qquad \lim \overset{b}{\underset{a}{S}}(\overline{\mathfrak{Z}}_m) = S'$ ist.

Wir wollen nun auf $\overset{b}{\underset{a}{S}}(\mathfrak{Z}_n)$ und $\overset{b}{\underset{a}{S}}(\overline{\mathfrak{Z}}_m)$

die oben erhaltenen Ungleichungen anwenden. Dann ergibt sich

$$\overset{b}{\underset{a}{S}}(\mathfrak{Z}_n) - (\overline{p}_m - 1)\,\delta_n \sigma(a,\, b) \leqq \overset{b}{\underset{a}{S}}(\overline{\mathfrak{Z}}_m),$$

$$\overset{b}{\underset{a}{S}}(\overline{\mathfrak{Z}}_m) - (p_n - 1)\,\overline{\delta}_m \sigma(a,\, b) \leqq \overset{b}{\underset{a}{S}}(\mathfrak{Z}_n).$$

$\delta_n(\overline{\delta}_m)$ und $p_n(\overline{p}_m)$ sind die Maximallänge und die Anzahl der Teilintervalle bei $\mathfrak{Z}_n(\overline{\mathfrak{Z}}_m)$.

Halten wir m fest und lassen n die Folge 1, 2, 3, . . . durchlaufen, so liefert die erste Ungleichung

$$\overset{b}{\underset{a}{S}} \leqq \overset{b}{\underset{a}{S}}(\overline{\mathfrak{Z}}_m).$$

Halten wir n fest und lassen m die Folge 1, 2, 3, . . . durchlaufen, so liefert die zweite Ungleichung

$$S' \leqq \overset{b}{\underset{a}{S}}(\mathfrak{Z}_n).$$

Lassen wir in diesen neuen Ungleichungen m und n die Folge 1, 2, 3, . . . durchlaufen, so erhalten wir

$$\overset{b}{\underset{a}{S}} \leqq S' \quad \text{und} \quad S' \leqq \overset{b}{\underset{a}{S}}.$$

Es ist daher $$S' = \overset{b}{\underset{a}{S}}.$$

Damit ist bewiesen, daß die beschränkte Folge

$$\overset{b}{\underset{a}{S}}(\mathfrak{Z}_1'), \quad \overset{b}{\underset{a}{S}}(\mathfrak{Z}_2'), \quad \overset{b}{\underset{a}{S}}(\mathfrak{Z}_3'), \ldots$$

nur den einen Häufungswert $\overset{b}{\underset{a}{S}}$ hat. Wir dürfen also schreiben

$$\lim \overset{b}{\underset{a}{S}}(\mathfrak{Z}_n') = \overset{b}{\underset{a}{S}}.$$

und folgenden Satz aussprechen:

Ist $f(x)$ in $\langle a, b \rangle$ stetig, so konvergiert $\overset{b}{\underset{a}{S}}(\mathfrak{Z})$ immer nach demselben Grenzwert $\overset{b}{\underset{a}{S}}$, wenn $\mathfrak{Z}$ irgend eine ausgezeichnete $\mathfrak{Z}$-Folge durchläuft.

Wir wissen, daß $\overset{b}{\underset{a}{S}}(\mathfrak{Z})$ stets größer oder gleich $(b-a)\,m(a, b)$ und kleiner oder gleich $(b-a)\,M(a, b)$ ist. Daraus folgt

$$(b-a)\,m(a, b) \leqq \overset{b}{\underset{a}{S}} \leqq (b-a)\,M(a, b).$$

Da nun die Funktion $(b-a)f(x)$ in $\langle a, b \rangle$ stetig ist und an einer Stelle den Wert $(b-a)\,m(a, b)$, an einer andern den Wert $(b-a)\,M(a, b)$ annimmt, so gibt es nach § 33 in $\langle a, b \rangle$ eine Stelle ξ, so daß

$$\overset{b}{\underset{a}{S}} = (b-a)f(\xi) \quad \text{ist.}$$

Wenn $a < c < b$ ist, so hat man

$$\overset{b}{\underset{a}{S}} = \overset{c}{\underset{a}{S}} + \overset{b}{\underset{c}{S}}.$$

Um dies zu beweisen, braucht man nur eine ausgezeichnete $\mathfrak{Z}$-Kette $\mathfrak{Z}_1, \mathfrak{Z}_2, \mathfrak{Z}_3, \ldots$ zu betrachten, wo $\mathfrak{Z}_1$ die Zerlegung von $\langle a, b \rangle$ in $\langle a, c \rangle$ und $\langle c, b \rangle$ ist. $\overset{b}{\underset{a}{S}}(\mathfrak{Z}_n)$ spaltet sich dann in zwei Bestandteile, von denen einer nach $\underset{a}{\overset{c}{S}}$, der andere nach $\underset{c}{\overset{b}{S}}$ konvergiert.

Machen wir die Festsetzung, daß

$$\underset{\beta}{\overset{\alpha}{S}} = -\underset{\alpha}{\overset{\beta}{S}} \qquad\qquad (a \leqq \alpha < \beta \leqq b)$$

sein soll und

$$\underset{\alpha}{\overset{\alpha}{S}} = 0,$$

so gilt, wie man auch x_1, x_2, x_3 in $\langle a, b \rangle$ wählen mag, immer die Formel

$$(*)\qquad \underset{x_1}{\overset{x_2}{S}} + \underset{x_2}{\overset{x_3}{S}} + \underset{x_3}{\overset{x_1}{S}} = 0.$$

Ebenso ist immer, wie man auch x und $x + h$ in $\langle a, b \rangle$ wählen mag,

$$(**)\qquad \underset{x}{\overset{x+h}{S}} = hf(x + \vartheta h). \qquad\qquad (0 \leqq \vartheta \leqq 1)$$

Jetzt wollen wir die Funktion

$$F(x) = \underset{a}{\overset{x}{S}} \qquad\qquad (a \leqq x \leqq b)$$

betrachten und zeigen, daß sie in $\langle a, b \rangle$ überall die Ableitung $f(x)$ hat.

Nach Formel (*) ist, wenn x und $x + h \ (h \gtrless 0)$ in $\langle a, b \rangle$ liegen,

$$F(x + h) - F(x) = \underset{a}{\overset{x+h}{S}} - \underset{a}{\overset{x}{S}} = \underset{x}{\overset{x+h}{S}},$$

also nach (**) $F(x + h) - F(x) = hf(x + \vartheta h)$

und daher wegen der Stetigkeit von $f(x)$

$$\lim \frac{F(x + h) - F(x)}{h} = f(x), \qquad\qquad (\lim h = 0)$$

d. h. $F'(x) = f(x).$ $(a \leqq x \leqq b)$

Wendet man die obigen Betrachtungen auf die Funktion $- f(x)$ an, so ist $- m(\alpha, \beta)$ der größte Funktionswert in $\langle \alpha, \beta \rangle$. An die Stelle von $R(\alpha, \beta)$ tritt also der Ausdruck

$$- r(\alpha, \beta) = - (\beta - \alpha)\, m(\alpha, \beta)$$

und an die Stelle von $\qquad\qquad \underset{a}{\overset{b}{S}}(\mathfrak{F})$

der Ausdruck $-\overset{b}{\underset{a}{s}}(\mathfrak{Z}) = -\{r(a, x_1) + r(x_1, x_2) + \cdots + r(x_{p-1}, b)\}$.

Lassen wir $\mathfrak{Z}$ eine ausgezeichnete $\mathfrak{Z}$-Kette durchlaufen, so konvergiert $-\overset{b}{\underset{a}{s}}(\mathfrak{Z})$ absteigend nach einem Grenzwert, den wir mit $-\overset{b}{\underset{a}{s}}$ bezeichnen.

Die Funktion $\qquad \Phi(x) = -\overset{x}{\underset{a}{s}} \qquad\qquad (\overset{a}{\underset{a}{s}} = 0)$

hat dann die Ableitung $-f(x)$ und $\overset{x}{\underset{a}{s}}$ die Ableitung $f(x)$.

$\overset{x}{\underset{a}{S}}$ und $\overset{x}{\underset{a}{s}}$ haben also dieselbe Ableitung. Weil sie außerdem für $x = a$ beide null sind, ist in $\langle a, b\rangle$ durchweg

$$\overset{x}{\underset{a}{s}} = \overset{x}{\underset{a}{S}}, \quad \text{und insbesondere} \quad \overset{b}{\underset{a}{s}} = \overset{b}{\underset{a}{S}}.$$

Da nun $-\overset{b}{\underset{a}{s}}(\mathfrak{Z})$ absteigend nach $-\overset{b}{\underset{a}{S}}$ konvergiert, so konvergiert $\overset{b}{\underset{a}{s}}(\mathfrak{Z})$ aufsteigend nach $\overset{b}{\underset{a}{S}}$, während $\overset{b}{\underset{a}{S}}(\mathfrak{Z})$ demselben Grenzwert absteigend zustrebt.

Es ist also für jede Zerlegung $\mathfrak{Z}$

$$\overset{b}{\underset{a}{s}}(\mathfrak{Z}) \leqq \overset{b}{\underset{a}{S}} \leqq \overset{b}{\underset{a}{S}}(\mathfrak{Z});$$

denn mit jeder Zerlegung kann man eine ausgezeichnete $\mathfrak{Z}$ Kette beginnen.

Fig. 10 zeigt die geometrische Bedeutung von $\overset{b}{\underset{a}{s}}(\mathfrak{Z})$. Durch Fig. 9 wurde die

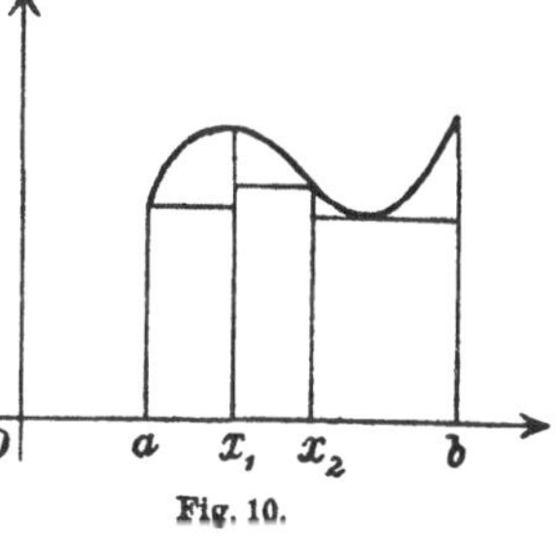

geometrische Bedeutung von $\overset{b}{\underset{a}{S}}(\mathfrak{Z})$ angedeutet.

§ 130. **Verwertung von Differentiationsresultaten.**
1. Die Potenzreihe $\qquad a_0 + a_1 x + a_2 x^2 + \cdots$

habe einen von Null verschiedenen Konvergenzradius. Setzt man

$$f(x) = a_0 + a_1 x + a_2 x^2 + \cdots,$$

so wird in $(-\varrho, \varrho)$

$$\int f(x)\,dx = C + a_0 x + \frac{a_1 x^2}{2} + \frac{a_2 x^3}{3} + \cdots.$$

Nach § 90 hat nämlich die Reihe

$$a_0 x + \frac{a_1 x^2}{2} + \frac{a_2 x^3}{3} + \cdots$$

denselben Konvergenzradius ϱ wie $a_0 + a_1 x + a_2 x^2 + \cdots$ und in $(-\varrho, \varrho)$ die Ableitung $a_0 + a_1 x + a_2 x^2 + \cdots$.

Wenn alle Koeffizienten, die auf a_n folgen, gleich Null sind, so haben wir eine **ganze rationale Funktion** und es wird

$$\int (a_0 + a_1 x + \cdots + a_n x^n)\,dx = C + a_0 x + \frac{a_1 x^2}{2} + \cdots + \frac{a_n x^{n+1}}{n+1}.$$

Das Integral einer ganzen rationalen Funktion n-ten Grades ist also eine ganze rationale Funktion $(n+1)$-ten Grades.

2. Wenn $x > 0$[1]), so hat man für jedes n, das von -1 verschieden ist,

$$d\,\frac{x^{n+1}}{n+1} = x^n\,dx. \qquad\qquad \text{(vgl. § 65)}$$

Es ist also für $x > 0$ $\qquad \displaystyle\int x^n\,dx = C + \frac{x^{n+1}}{n+1} \qquad\qquad (n+1 \gtrless 0)$

Z. B ist $\qquad\qquad\qquad \displaystyle\int \frac{dx}{\sqrt{x}} = C + 2\sqrt{x}.$

Im Falle $n = -1$ wird unser Integral $\displaystyle\int \frac{dx}{x}$. Wir wissen aber, daß $\qquad\qquad\qquad d \log x = \frac{dx}{x}$

ist. Daraus folgt für $x > 0$:

$$\int \frac{dx}{x} = C + \log x.$$

Für $x < 0$ hat man $\quad d \log (-x) = \frac{dx}{x}$,

also $\qquad\qquad\qquad \displaystyle\int \frac{dx}{x} = C + \log (-x).$

---

1) Bei ganzzahligen Werten von n braucht man diese Einschränkung nicht zu machen. Nur muß man für $n = -2, -3, \ldots$ den Wert $x = 0$ ausschließen.

3. Da für $a > 0$
$$d\,\frac{a^x}{\log a} = a^x dx$$

ist, so hat man
$$\int a^x dx = C + \frac{a^x}{\log a}.$$

Insbesondere ist
$$\int e^x dx = C + e^x.$$

4. Aus $\quad d(-\cos x) = \sin x\,dx, \quad d\sin x = \cos x\,dx$
ergibt sich[1])
$$\int \sin x\,dx = C - \cos x, \quad \int \cos x\,dx = C + \sin x.$$

Aus
$$d\,\mathrm{tg}\,x = \frac{dx}{\cos^2 x}, \quad d(-\cot x) = \frac{dx}{\sin^2 x}$$

folgt
$$\int \frac{dx}{\cos^2 x} = C + \mathrm{tg}\,x, \quad \int \frac{dx}{\sin^2 x} = C - \cot x.$$

Im ersten (zweiten) Falle ist x auf ein Intervall zu beschränken, in welchem $\cos x$ ($\sin x$) nicht null wird.

5. In dem Intervall $(-1, 1)$ ist
$$d(-\mathrm{arc}\cos x) = \frac{dx}{\sqrt{1-x^2}}, \quad d\,\mathrm{arc}\sin x = \frac{dx}{\sqrt{1-x^2}}.$$

Also hat man
$$\int \frac{dx}{\sqrt{1-x^2}} = C - \mathrm{arc}\cos x$$

oder auch
$$\int \frac{dx}{\sqrt{1-x^2}} = C + \mathrm{arc}\sin x.$$

Aus $\quad d\,\mathrm{arc}\,\mathrm{tg}\,x = \frac{dx}{1+x^2} \quad$ und $\quad d(-\mathrm{arc}\cot x) = \frac{dx}{1+x^2}$

schließen wir, daß
$$\int \frac{dx}{1+x^2} = C + \mathrm{arc}\,\mathrm{tg}\,x$$

oder auch
$$\int \frac{dx}{1+x^2} = C - \mathrm{arc}\cot x \quad \text{ist.}$$

$\mathrm{arc}\cos x + \mathrm{arc}\sin x$ und $\mathrm{arc}\,\mathrm{tg}\,x + \mathrm{arc}\cot x$ sind Konstanten. Man findet leicht, daß beide gleich $\pi/2$ sind. Man braucht nur zu bedenken, daß
$$\mathrm{tg}\,\frac{\pi}{4} = \cot\frac{\pi}{4} = 1 \quad \text{und} \quad \cos\frac{\pi}{4} = \sin\frac{\pi}{4} = \frac{1}{\sqrt{2}} \quad \text{ist.}$$

---

1) Das hätte man auch aus den Reihen für $\cos x$, $\sin x$ unter Anwendung von Nr. 1 finden können.

6. In § 65 fanden wir

$$d \log\left(x + \sqrt{1 + x^2}\right) = \frac{dx}{\sqrt{1 + x^2}}.$$

Es ist somit $\displaystyle\int \frac{dx}{\sqrt{1 + x^2}} = C + \log\left(x + \sqrt{1 + x^2}\right).$

7. Wir betrachten ein Intervall, in welchem $f(x)$ überall positiv ist und eine Ableitung besitzt. Dann ist in diesem Intervall (nach § 65)

$$d \log f(x) = \frac{f'(x)\, dx}{f(x)},$$

also

$$\int \frac{f'(x)\, dx}{f(x)} = C + \log f(x).$$

Man hat z. B., wenn $\sin x$ in dem Intervall positiv ist,

$$\int \cot x\, dx = \int \frac{\cos x\, dx}{\sin x} = C + \log \sin x,$$

ebenso, wenn $\cos x$ in dem Intervall positiv ist,

$$\int \operatorname{tg} x\, dx = \int \frac{\sin x\, dx}{\cos x} = C - \log \cos x.$$

§ 131. Hilfsmittel zur Vereinfachung von Integralen.

1. Wenn c eine Konstante ist, so hat man

$$\int cf(x)\, dx = c \int f(x)\, dx. \qquad\qquad (c \gtreqless 0)$$

Beweis:[1]) $\qquad\qquad d(cF(x)) = c\, dF(x).$

2. $\qquad \displaystyle\int \{f(x) + g(x)\}\, dx = \int f(x)\, dx + \int g(x)\, dx.$

Beweis:[1]) $\quad d\{F(x) + G(x)\} = dF(x) + dG(x).$

3. Wenn $f'(x)$, $g'(x)$ und $\displaystyle\int g(x)f'(x)\, dx$ existieren, so hat

$$f(x)g(x) - \int g(x)f'(x)\, dx$$

die Ableitung $f(x)g'(x) + f'(x)g(x) - g(x)f'(x) = f(x)g'(x).$

---

1) Wir setzen voraus, daß $\int f(x)\, dx$ und $\int g(x)\, dx$ existieren und bezeichnen sie mit $F(x)$ bzw. $G(x)$

Es ist also $\displaystyle\int f(x)\,g'(x)\,dx = f(x)\,g(x) - \int g(x)\,f'(x)\,dx$

oder kürzer $\displaystyle\int f(x)\,dg(x) = f(x)\,g(x) - \int g(x)\,df(x).$

Das ist die Regel der partiellen Integration. Sie führt das Integral

$$\int f(x)\,g'(x)\,dx$$

auf das (unter Umständen einfachere) Integral

$$\int g(x)\,f'(x)\,dx \qquad \text{zurück.}$$

4. $F(u)$ habe in $\langle\alpha,\beta\rangle$ die Ableitung $F'(u)=\varphi(u)$ und $f(x)$ in $\langle a,b\rangle$ die Ableitung $f'(x)$. Außerdem mögen alle Werte von $f(x)$ in $\langle\alpha,\beta\rangle$ liegen. Nach § 64 ist dann

$$dF(f(x)) = \varphi(f(x))\,f'(x)\,dx,$$

also $\qquad F(f(x)) = \displaystyle\int \varphi(f(x))\,f'(x)\,dx.$

Andererseits ist aber $\qquad F(u) = \displaystyle\int \varphi(u)\,du,$

also vermöge $u = f(x)$

$$\int \varphi(u)\,du = \int \varphi(f(x))\,f'(x)\,dx.$$

Diese Formel zeigt, wie man ein Integral transformiert, d. h. wie man eine neue Veränderliche in das Integral einführt. Man ersetzt u durch $f(x)$ und du durch $f'(x)\,dx.$[1]

Kann man $\displaystyle\int \varphi(u)\,du$ berechnen und setzt man in dem Resultat $u = f(x)$, so ergibt sich

$$\int \varphi(f(x))\,f'(x)\,dx.$$

§ 132. **Beispiele.** 1. $\displaystyle\int \frac{dx}{\sin x}$ zu berechnen. x sei auf ein Intervall beschränkt, in welchem $\sin x$ positiv ist.

Man hat $\qquad \displaystyle\int \frac{dx}{\sin x} = \int \frac{\sin x\,dx}{\sin^2 x} = \int \frac{\sin x\,dx}{1 - \cos^2 x}.$

---

1) Benutzte man nicht $\int f(x)\,dx$, sondern $\int f(x)$ zur Bezeichnung eines Integrals, so würde die Transformationsregel nicht so einfach lauten. Es war ein genialer Gedanke von Leibniz, sich für $\int f(x)\,dx$ zu entscheiden.

Nun ist aber $\dfrac{1}{1-\cos^2 x} = \dfrac{1}{2}\left(\dfrac{1}{1-\cos x} + \dfrac{1}{1+\cos x}\right)$,

also
$$\int \frac{dx}{\sin x} = \frac{1}{2}\int \frac{\sin x\, dx}{1-\cos x} + \frac{1}{2}\int \frac{\sin x\, dx}{1+\cos x}$$
$$= C + \frac{1}{2}\log(1-\cos x) - \frac{1}{2}\log(1+\cos x)$$

oder wegen $\quad 1 - \cos x = 2\sin^2\dfrac{x}{2}, \quad 1 + \cos x = 2\cos^2\dfrac{x}{2}$

schließlich
$$\int \frac{dx}{\sin x} = C + \log\operatorname{tg}\frac{x}{2}.$$

Da
$$\sin x = \frac{2\operatorname{tg}\dfrac{x}{2}}{1+\operatorname{tg}^2\dfrac{x}{2}}$$

ist, so haben $\sin x$ und $\operatorname{tg}\dfrac{x}{2}$ dasselbe Zeichen. $\operatorname{tg}\dfrac{x}{2}$ ist also positiv, weil wir $\sin x$ als positiv voraussetzen.

Um $\int\dfrac{dx}{\cos x}$ zu berechnen, setze man $x = -\dfrac{\pi}{2} + u$. Dann wird
$$\int \frac{dx}{\cos x} = \int \frac{du}{\sin u} = C + \log\operatorname{tg}\frac{u}{2},$$

also
$$\int \frac{dx}{\cos x} = C + \log\operatorname{tg}\left(\frac{x}{2} + \frac{\pi}{4}\right).$$

2. Durch partielle Integration findet man
$$\int e^{-x} x\, dx = -e^{-x} x + \int e^{-x}\, dx,$$
$$\int e^{-x} x^2\, dx = -e^{-x} x^2 + 2\int e^{-x} x\, dx,$$
$$\cdots\cdots\cdots\cdots\cdots\cdots\cdots\cdots$$
$$\int e^{-x} x^n\, dx = -e^{-x} x^n + n\int e^{-x} x^{n-1} dx.$$

Hieraus folgt
$$\int e^{-x} x^n\, dx = -e^{-x}\{x^n + nx^{n-1} + n(n-1)x^{n-2} + \cdots n!\} + C$$
oder, wenn wir $x^n = f(x)$ setzen,
$$\int e^{-x} f(x)\, dx = -e^{-x}\{f(x) + f'(x) + \cdots + f^{(n)}(x)\} + C.$$

Diese Formel gilt auch, wenn $f(x)$ eine beliebige ganze rationale Funktion n-ten Grades ist.

3. Um das Integral $\int\sqrt{\dfrac{1-x}{1+x}}\,dx$ $(-1 < x < 1)$

zu berechnen, setzen wir

$$\operatorname{arc\,cos} x = u.$$

Dann ist

$$x = \cos u, \quad \frac{1-x}{1+x} = \frac{1-\cos u}{1+\cos u} = \frac{(1-\cos u)^2}{\sin^2 u}, \quad dx = -\sin u\,du.$$

Da $0 < u < \pi$ (nach der Definition von arc cos), also $\sin u > 0$, so hat man

$$\sqrt{\frac{1-x}{1+x}} = \frac{1-\cos u}{\sin u}.$$

Man erhält schließlich

$$\int\sqrt{\frac{1-x}{1+x}}\,dx = \int(\cos u - 1)\,du = C + \sin u - u$$

oder $\int\sqrt{\dfrac{1-x}{1+x}}\,dx = C + \sqrt{1-x^2} - \operatorname{arc\,cos} x.$

4. Um $\int\dfrac{f(x)\,dx}{(x-a)^m}$ $(x-a \gtrless 0)$

zu finden, wo $f(x)$ eine ganze rationale Funktion und m eine positive ganze Zahl ist, setze man

$$x - a = u.$$

Dann wird

$$f(x) = f(a+u) = f(a) + \frac{u}{1!}f'(a) + \frac{u^2}{2!}f''(a) + \cdots$$

und $\int\dfrac{f(x)\,dx}{(x-a)^m} = f(a)\int\dfrac{du}{u^m} + \dfrac{f'(a)}{1!}\int\dfrac{du}{u^{m-1}} + \dfrac{f''(a)}{2!}\int\dfrac{du}{u^{m-2}} + \cdots.$

Die Integrale rechts lassen sich alle angeben.

§ 133. Integration der rationalen Funktionen. $g(x)$ sei eine ganze rationale Funktion, die sich als Produkt von lauter verschiedenen Faktoren vom Typus

$$x - c \qquad \text{(c eine Konstante)}$$

darstellen läßt, so daß

$$g(x) = (x - c_1)(x - c_2)\ldots(x - c_n)$$

ist und $c_i \gtrless c_k$ $(i \gtrless k)$.

Schon Leibniz hat (im Jahre 1702) eine Methode zur Inte-

gration von
$$\frac{f(x)}{g(x)}$$

angegeben, wobei $f(x)$ eine beliebige ganze rationale Funktion ist.

Man geht von der Bemerkung aus, daß aus
$$l = x - a, \quad m = x - b, \quad n = x - c, \ldots$$

folgt
$$m - l = a - b$$

und hieraus durch Division mit lm
$$\frac{1}{l} - \frac{1}{m} = \frac{a-b}{lm} \quad \text{oder} \quad \frac{1}{lm} = \frac{\alpha}{l} + \frac{\beta}{m},$$

wobei α, β Konstanten sind.

Multipliziert man auf beiden Seiten mit $1/n$, so kommt
$$\frac{1}{lmn} = \frac{\alpha}{ln} + \frac{\beta}{mn},$$

also auf Grund der schon gefundenen Zerlegungsformel (die man auf $1/ln$ und $1/mn$ anzuwenden hat)
$$\frac{1}{lmn} = \frac{\alpha'}{l} + \frac{\beta'}{m} + \frac{\gamma'}{n},$$

wobei α', β', γ' Konstanten sind, usw.

Man sieht auf diese Weise, daß eine Zerlegung von folgender Form existiert:
$$\frac{1}{g(x)} = \frac{\alpha_1}{x - c_1} + \frac{\alpha_2}{x - c_2} + \cdots + \frac{\alpha_n}{x - c_n},$$

wobei die α_1, α_2, $\ldots$, α_n Konstanten sind.

Diese Konstanten lassen sich auf folgende Weise bestimmen. Man hat, wenn man alles auf den Nenner $g(x)$ bringt,
$$\frac{\alpha_1}{x - c_1} + \cdots + \frac{\alpha_n}{x - c_n} = \frac{G(x)}{g(x)},$$

und $G(x)$ ist ein Ausdruck von der Form
$$A_0 x^{n-1} + A_1 x^{n-2} + \cdots + A_{n-2} x + A_{n-1}.$$

Setzt man $\quad A_0 = 0, \ A_1 = 0, \ldots, \ A_{n-2} = 0, \ A_{n-1} = 1,$

so hat man ein System von n linearen Gleichungen für die n unbekannten Konstanten α_1, α_2, $\ldots$, α_n.

Man kann aber zur Bestimmung der α auch so verfahren. Es ist z. B.

$$\frac{x - c_1}{g(x)} = \alpha_1 + (x - c_1)\left(\frac{\alpha_2}{x - c_2} + \cdots + \frac{\alpha_n}{x - c_n}\right)$$

oder

$$\frac{1}{(x - c_2)\ldots(x - c_n)} = \alpha_1 + (x - c_1)\left(\frac{\alpha_2}{x - c_2} + \cdots + \frac{\alpha_n}{x - c_n}\right).$$

Läßt man x nach c_1 konvergieren, so ergibt sich

$$\alpha_1 = \frac{1}{(c_1 - c_2)(c_1 - c_3)\ldots(c_1 - c_n)}.$$

Auf Grund der Zerlegungsformel für $1 : g(x)$ wird

$$\frac{f(x)}{g(x)} = \sum_{\nu=1}^{n} \frac{\alpha_\nu f(x)}{x - c_\nu},$$

also

$$\int \frac{f(x)\,dx}{g(x)} = \sum_{\nu=1}^{n} \alpha_\nu \int \frac{f(x)\,dx}{x - c_\nu}.$$

Man hat also nur Integrale vom Typus

$$\int \frac{f(x)\,dx}{x - c}$$

zu berechnen. Diese Berechnung haben wir aber in § 132, Nr. 4 kennen gelernt.

Leibniz hat auch den Fall erledigt, wo der Nenner der rationalen Funktion die Form

$$g(x) = (x - c_1)^{k_1} (x - c_2)^{k_2} \cdots (x - c_n)^{k_n}$$

$$(c_r \gtrless c_s, \text{ wenn } r \gtrless s)$$

hat und $k_1, k_2, \ldots, k_n$ beliebige positive Zahlen sind. $\qquad (n > 1)$

Setzen wir $\qquad\qquad l_i = x - c_i, \qquad\qquad (i = 1, 2, \ldots, n)$

so können wir schreiben

$$\frac{1}{g(x)} = \frac{1}{l_1\,l_2} \frac{1}{g(x)}.$$

Nun ist aber $\qquad\qquad \dfrac{1}{l_1\,l_2} = \dfrac{\alpha_1}{l_1} + \dfrac{\alpha_2}{l_2}, \qquad\qquad (\alpha_1, \alpha_2 \text{ Konstanten})$

also $\qquad\qquad\qquad \dfrac{1}{g(x)} = \dfrac{\alpha_1}{l_1\,\overline{g}(x)} + \dfrac{\alpha_2}{l_2\,g(x)}.$

Der erste Nenner rechts lautet

$$l_1^{k_1} l_2^{k_2-1} l_3^{k_3} \ldots l_n^{k_n}, \quad \text{der zweite } \quad l_1^{k_1-1} l_2^{k_2} l_3^{k_3} \ldots l_n^{k_n}.$$

Jedesmal ist also ein Exponent um 1 vermindert. Solange noch zwei verschiedene Linearfaktoren da sind, läßt sich das Verfahren weiter anwenden. Man kommt auf diese Weise zu einer Zerlegung von $1 : g(x)$ in Brüche von der Gestalt

$$\frac{\gamma}{(x-c)^m},$$

so daß

$$\int \frac{f(x)\,dx}{g(x)}$$

eine Summe von Integralen der Form

$$\gamma \int \frac{f(x)\,dx}{(x-c)^m}$$

wird. Diese Integrale wissen wir aber zu berechnen (vgl. § 132).

Leibniz hat schließlich auch den Fall erörtert, wo der Nenner nicht in lauter Linearfaktoren zerlegbar ist. In diesem Falle läßt sich, wie in der Algebra gelehrt wird, $g(x)$ in quadratische und in Linearfaktoren zerlegen, d. h. in Faktoren vom Typus[1]

$$x^2 + ax + b \qquad (a,\, b \text{ Konstanten})$$

und solche vom Typus $\qquad x - c. \qquad$ (c eine Konstante)

Leibniz kennt diesen Satz noch nicht. Es gelingt ihm daher z. B. nicht

$$\int \frac{dx}{x^4 + a^4}$$

zu berechnen, und er glaubt, daß diese Funktion sich nicht durch die bekannten ausdrücken läßt. Er versucht sogar zu beweisen, daß $x^4 + a^4$ sich nicht in zwei quadratische Faktoren zerlegen läßt.

Bezeichnen wir mit $L(x)$ das Produkt der linearen und mit $Q(x)$ das der quadratischen Faktoren von $g(x)$, so ist $1/L(x)$ eine Summe von Gliedern der Form

$$\frac{\gamma}{(x-c)^m},$$

---

1) Wäre $a^2 - 4b \geqq 0$, so ließe sich $x^2 + ax + b$ in zwei Faktoren vom Typus $x - c$ zerlegen. Wir müssen also annehmen, daß $4b - a^2 > 0$ ist. Dann hat $x^2 + ax + b$, weil es gleich $\left(x + \dfrac{a}{2}\right)^2 + b - \dfrac{a^2}{4}$ ist, nur positive Werte.

also unsere rationale Funktion eine Summe von Gliedern der Form

$$R(x) = \frac{f(x)}{Q(x)(x-c)^m}.$$

Nun hat man aber[1])

$$Q(x) = Q(c) + (x-c)\,Q_1(x) \quad \text{oder} \quad Q(c) = Q(x) - (x-c)\,Q_1(x),$$

wobei $Q_1(x)$ eine ganze rationale Funktion bedeutet.

Da $Q(c) > 0$ ist, so können wir schreiben

$$R(x) = \frac{f(x)}{Q(c)}\,\frac{Q(x) - (x-c)\,Q_1(x)}{Q(x)\,(x-c)^m},$$

so daß $\qquad R(x) = \dfrac{f(x)}{Q(c)\,(x-c)^m} - \dfrac{f_1(x)}{Q(x)\,(x-c)^{m-1}} \qquad$ ist.[2])

Das Integral $\qquad\qquad \displaystyle\int \frac{f(x)\,dx}{(x-c)^m}$

wissen wir zu berechnen, und auf

$$R_1(x) = \frac{f_1(x)}{Q(x)\,(x-c)^{m-1}}$$

können wir dasselbe Reduktionsverfahren anwenden usf., bis wir schließlich, abgesehen von bekannten Integralen, nur noch ein Integral von der Form

$$\int \frac{F(x)\,dx}{Q(x)}$$

zu berechnen haben.[3])

Wenn q_1, q_2 zwei **verschiedene** Faktoren von $Q(x)$ sind, also

$$q_1 = x^2 + a_1 x + b_1,$$
$$q_2 = x^2 + a_2 x + b_2,$$

so gibt es für $1/q_1 q_2$ eine Zerlegungsformel, die hier ähnliche Dienste leistet, wie früher die Zerlegungsformel für $1/lm$.

Im Falle $a_1 = a_2$ hat man

$$q_2 - q_1 = b_2 - b_1, \qquad\qquad (b_1 - b_2 \gtrless 0)$$

also $\qquad\qquad \dfrac{1}{q_1} - \dfrac{1}{q_2} = \dfrac{b_2 - b_1}{q_1\,q_2}$

---

1) Dies kann man, wenn man will, aus der Taylorschen Formel entnehmen.

2) $f_1(x) = f(x)\,Q_1(x) : Q(c)$.

3) $F(x)$ ist eine ganze rationale Funktion.

oder
$$\frac{1}{q_1 q_2} = \frac{\beta_1}{q_1} + \frac{\beta_2}{q_2},$$

wobei $\beta_1 = - \beta_2 = 1 : (b_2 - b_1)$ ist.

Im Falle $a_1 \gtreqless a_2$ ist

$$\frac{x(q_2 - q_1)}{a_2 - a_1} = x^2 + \frac{b_2 - b_1}{a_2 - a_1} x$$

ein quadratischer Ausdruck wie q_1 und q_2. Wir schreiben

$$\frac{x(q_2 - q_1)}{a_2 - a_1} = x^2 + a_3 x + b_3 = q_3.$$

Nun ist $\quad (a_2 - a_3) q_1 + (a_3 - a_1) q_2 + (a_1 - a_2) q_3$

eine Konstante c, weil die Glieder mit x^2 und x sich fortheben. Diese Konstante ist von Null verschieden. Setzen wir nämlich für q_3 seinen Ausdruck ein, so erhalten wir

$$(a_2 - a_3 + x) q_1 + (a_3 - a_1 - x) q_2 = c.$$

Wäre $c = 0$, so müßte für $x = a_3 - a_2$

$$(a_3 - a_1 - x) q_2 = 0$$

sein oder, da der erste Faktor sich auf $a_2 - a_1 \gtreqless 0$ reduziert, $q_2 = 0$, was nicht möglich ist (vgl. die Fußnote auf S. 168).

Wir haben nun

$$\frac{a_2 - a_3 + x}{q_2} + \frac{a_3 - a_1 - x}{q_1} = \frac{c}{q_1 q_2}$$

oder
$$\frac{1}{q_1 q_2} = \frac{\alpha_1 x + \beta_1}{q_1} + \frac{\alpha_2 x + \beta_2}{q_2},$$

wenn wir $- \alpha_1 = \alpha_2 = 1/c \quad$ und $\quad \beta_1 = (a_3 - a_1)/c, \; \beta_2 = (a_2 - a_3)/c$ setzen.

Die Zerlegungsformel für den Fall $a_1 = a_2$ hat dieselbe Form wie die obige. Nur ist $\alpha_1 = \alpha_2 = 0$.

Mit Hilfe unserer Zerlegungsformel können wir nun $\int \frac{F(x)\,dx}{Q(x)}$, solange noch zwei verschiedene quadratische Faktoren in $Q(x)$ stecken, in zwei andere Integrale zerlegen, bei denen der Nenner je einen quadratischen Faktor weniger enthält. Wir kommen dadurch schließlich auf Integrale vom Typus

$$\int \frac{G(x)\,dx}{(x^2 + ax + b)^m}.$$

Dabei ist $G(x)$ eine ganze rationale Funktion, m eine positive ganze Zahl und $4b - a^2 > 0$.

Setzen wir $$x + \frac{a}{2} = u, \quad b - \frac{a^2}{4} = h^2,$$

so geht $$\int \frac{G(x)\,dx}{(x^2 + ax + b)^m} \quad \text{in} \quad \int \frac{H(u)\,du}{(u^2 + h^2)^m} \quad \text{über.}$$

Dieses neue Integral zerfällt in eine Anzahl von Summanden, von denen die einen den Typus

$$\int \frac{u^{2\nu}\,du}{(u^2 + h^2)^m},$$

die andern den Typus $$\int \frac{u^{2\nu+1}\,du}{(u^2 + h^2)^m}$$

haben ($\nu = 0, 1, 2, \ldots$), abgesehen von einem konstanten Faktor.

Das zweite Integral verwandelt sich, wenn wir die neue Veränderliche $u^2 = t$ einführen, in

$$\frac{1}{2} \int \frac{t^\nu\,dt}{(t + h^2)^m},$$

ein Integral, das wir zu berechnen wissen.

Was das erste Integral anbetrifft, so beachte man, daß

$$u^{2\nu} = (u^2 + h^2 - h^2)^\nu = (u^2 + h^2)^\nu - \binom{\nu}{1}(u^2 + h^2)^{\nu-1} h^2 + \cdots \pm h^{2\nu}.$$

Hiernach wird das Integral von $u^{2\nu} : (u^2 + h^2)^m$, abgesehen von einem ganzen rationalen Bestandteil, eine lineare Kombination aus

$$\int \frac{du}{u^2 + h^2}, \quad \int \frac{du}{(u^2 + h^2)^2}, \cdots, \quad \int \frac{du}{(u^2 + h^2)^m}$$

Nun ist aber für $p > 1$

$$\left(\frac{u}{(u^2 + h^2)^{p-1}} \right) = \frac{1}{(u^2 + h^2)^{p-1}} - \frac{2(p-1)u^2}{(u^2 + h^2)^p}$$
$$= \frac{-2p + 3}{(u^2 + h^2)^{p-1}} + \frac{2(p-1)h^2}{(u^2 + h^2)^p},$$

also $$\frac{u}{(u^2 + h^2)^{p-1}} = -(2p-3)\int \frac{du}{(u^2 + h^2)^{p-1}} + 2(p-1)h^2 \int \frac{du}{(u^2 + h^2)^p}$$

oder $$\int \frac{du}{(u^2 + h^2)^p} = \frac{2p - 3}{2(p-1)h^2} \int \frac{du}{(u^2 + h^2)^{p-1}} + \frac{1}{2(p-1)h^2} \frac{u}{(u^2 + h^2)^{p-1}}.$$

Das Integral

$$\int \frac{du}{(u^2+h^2)^p} \qquad\qquad (p>1)$$

reduziert sich hiernach auf

$$\int \frac{du}{(u^2+h^2)^{p-1}},$$

so daß schließlich nur das Integral

$$\int \frac{du}{u^2+h^2}$$

übrig bleibt. Dieses Integral ist aber gleich

$$C + \frac{1}{h}\,\mathrm{arctg}\,\frac{u}{h}\,.$$

Bemerkung. Bei unseren Integrationen kommen wir vollkommen aus mit den rationalen Funktionen, der Funktion Logarithmus und der Funktion Arcustangens. Diese Funktionen genügen also, um alle rationalen Funktionen zu integrieren.

§ 134. **Das Integral** $\int \Re(x^{r_1}, x_{r_2}, \ldots, x^{r_k})\,dx$. Durch $\Re$ deuten wir eine rationale Operation an. $r_1, r_2, \ldots r_k$ sollen rationale Zahlen sein.[1])

Es sei, wenn wir alle r auf denselben Nenner bringen,

$$r_1 = \frac{n_1}{n},\ \ r_2 = \frac{n_2}{n},\ \ldots,\ \ r_k = \frac{n_k}{n}\,.$$

Setzen wir jetzt $\quad x = t^n,\quad$ also $\quad dx = nt^{n-1}dt,$
so wird unser Integral

$$\int \Re(t^{n_1},\ t^{n_2}, \ldots,\ t^{n_k})\,nt^{n-1}dt\,.$$

$n\Re(t^{n_1}, t^{n_2}, \ldots, t^{n_k})t^{n-1}$ ist aber eine rationale Funktion.

§ 135. **Das Integral** $\int \Re(x, \sqrt{a_0 x^2 + 2a_1 x + a_2})\,dx$.[2]) Setzt man

$$y = \sqrt{a_0 x^2 + 2a_1 x + a_2},$$

so stellt diese Gleichung die eine Hälfte einer Kurve zweiter Ord-

---

1) Wir wollen x und nachher t auf positive Werte beschränken.

2) Wir befinden uns in einem Intervall, wo $a_0 x^2 + 2a_1 x + a_2$ nirgends negativ ist. x_0 ist ein spezieller Wert aus diesem Intervall und $y_0 = \sqrt{a_0 x_0^2 + 2a_1 x_0 + a_2}$.

nung dar (x_0, y_0) sei ein spezieller Punkt davon. **Dann** schneidet jede Gerade durch (x_0, y_0), also jede Gerade

$$y - y_0 = (x - x_0)t$$

die Kurve in einem Punkt. Setzen wir in

$$y^2 = a_0 x^2 + 2a_1 x + a_2$$

$y = y_0 + t(x - x_0)$ ein, so ergibt sich (für $x \gtrless x_0$)

$$2y_0 t + (x - x_0) t^2 = a_0(x + x_0) + 2a_1,$$

also
$$x = x_0 + \frac{-2(a_0 x_0 + a_1) + 2y_0 t}{a_0 - t^2} = r(t)$$

und
$$y = y_0 + \frac{-2(a_0 x_0 + a_1) t + 2y_0 t^2}{a_0 - t^2} = s(t).$$

Die Koordinaten eines Kurvenpunktes lassen sich hier als rationale Funktionen $r(t)$, $s(t)$ eines **Parameters** t darstellen. Eine solche Kurve heißt eine **rationale**. Die **Kurven zweiter Ordnung sind also rationale Kurven.**

Hierauf beruht es, daß wir

$$\int \Re(x, \sqrt{a_0 x^2 + 2a_1 x + a_2})\, dx$$

in ein Integral einer rationalen Funktion transformieren können.

Man erhält nämlich, wenn man die neue Veränderliche t einführt,

$$\int \Re(r(t), s(t))\, r'(t)\, dt$$

und
$$\Re(r(t), s(t))\, r'(t)$$

ist eine rationale Funktion.

Bemerkungen. Wenn $a_2 \geq 0$ ist, können wir $x_0 = 0$, $y_0 = \sqrt{a_2}$ setzen. Dann wird

$$x = \frac{2t\sqrt{a_2} - 2a_1}{a_0 - t^2}, \quad y = \frac{a_0 \sqrt{a_2} - 2a_1 t + t^2 \sqrt{a_2}}{a_0 - t^2}.$$

$$dx = 2\frac{a_0 \sqrt{a_2} - 2a_1 t + t^2 \sqrt{a_2}}{(a_0 - t^2)^2}.$$

Wenn $a_2 < 0$, so ist $a_0 x^2 + 2a_1 x + a_2$ für $x = 0$ negativ und in dem Intervall, worin wir integrieren, positiv. Es gibt also einen Wert x_0, so daß

$$y_0^2 = a_0 x_0^2 + 2a_1 x_0 + a_2 = 0 \quad \text{ist.}$$

Wir haben in diesem Falle

$$x = x_0 - \frac{2\,(a_0\,x_0 + a_1)}{a_0 - t^2}, \quad y = -\,\frac{2\,(a_0\,x_0 + a_1)\,t}{a_0 - t^2}, \quad dx = -\,\frac{4\,(a_0\,x_0 + a_1)\,t\,dt}{(a_0 - t^2)^2}.$$

Wäre $a_0 x_0 + a_1 = 0$, so hätte man

$$a_0 x^2 + 2 a_1 x + a_2 = a_0\,(x - x_0)^2$$

und

$$\sqrt{a_0\,(x - x_0)^2} = \pm\,(x - x_0)\,\sqrt{a_0},$$

so daß $\Re\,(x, \sqrt{a_0 x^2 + 2 a_1 x + a_2})$ eine rationale Funktion ist.

Wenn die Kurve nicht ganz im Endlichen liegt, so kann man (x_0, y_0) ins Unendliche rücken lassen. Die Geraden

$$y - y_0 = (x - x_0)\,t$$

werden dann parallel zu einer der beiden Geraden[1])

$$y = x\sqrt{a_0} \quad \text{und} \quad y = -\,x\sqrt{a_0}.$$

Wir setzen daher z. B. $\qquad y = x\sqrt{a_0} + t.$

Dann wird $a_0 x^2 + 2 x t \sqrt{a_0} + t^2 = a_0 x^2 + 2 a_1 x + a_2,$

also $\qquad\qquad x = \dfrac{-\,a_2 + t^2}{2\,a_1 - 2\,t\sqrt{a_0}}.$

x, y werden wieder rationale Funktionen von t.

§ 136. **Integration binomischer Differentiale.** a, b seien Konstanten und m, p, q rationale Zahlen. Dann nennt man

$$x^p\,(a + b x^m)^q\,dx$$

ein binomisches Differential. Mit der Integration solcher Differentiale hat sich schon Newton beschäftigt.

Wir setzen $\qquad J = \int x^p\,(a + b x^m)^q\,dx.$

Führen wir die neue Veränderliche

$$a + b x^m = t$$

ein, so wird $\qquad J = \dfrac{1}{m\,b} \int t^q \left(\dfrac{t - a}{b}\right)^{\frac{p+1}{m} - 1} dt.$

---

1) Im Falle $a_0 < 0$ liegt die Kurve ganz im Endlichen. Ihre Gleichung läßt sich schreiben $-\,a_0\left(x + \dfrac{a_1}{a_0}\right)^2 + y^2 = a_2 - \dfrac{a_1{}^2}{a_0}.$

Ist
$$\frac{p+1}{m}$$
eine ganze Zahl, so setzt sich
$$t^q\left(\frac{t-a}{b}\right)^{\frac{p+1}{m}-1}$$

rational aus t und t^q zusammen. Wir haben also ein Integral von dem in § 134 besprochenen Typus vor uns. Die Integration wird dadurch bewerkstelligt, daß man, wenn n der Nenner von q ist,
$$t = u^n$$

setzt. Dann wird $\displaystyle J = \int u^{qn}\left(\frac{u^n-a}{b}\right)^{\frac{p+1}{m}-1} n u^{n-1}\,du,$

also das Integral einer rationalen Funktion.

J läßt sich auch so schreiben:
$$J = \int x^{p+mq}(b+ax^{-m})^q\,dx = \int x^{p_1}(b+ax^{m_1})^{q_1}\,dx,$$

wobei
$$p_1 = p + mq,\ m_1 = -m,\ q_1 = q$$

ist. Die Integration gelingt, wie wir wissen, wenn
$$\frac{p_1+1}{m_1} = -\frac{p+mq+1}{m} = -\left(\frac{p+1}{m}+q\right)$$

oder
$$\frac{p+1}{m}+q$$
eine ganze Zahl ist.

J läßt sich also in ein Integral einer rationalen Funktion transformieren, wenn eine der beiden Zahlen
$$\frac{p+1}{m},\ \frac{p+1}{m}+q\quad\text{ganz ist.}$$

Durch die Transformation $x = z^k$ geht J über in
$$k\int z^{(p+1)k-1}(a+bz^{mk})^q\,dz = k\int z^{p'}(a+bz^{m'})^q\,dz.$$

Bringt man p und m auf denselben Nenner und setzt ihn gleich k, so sind p' und m' ganze Zahlen.

Wenn nun auch q eine ganze Zahl wäre, so hätte man ein Integral einer rationalen Funktion.

J läßt sich also auch dann in ein Integral einer rationalen Funktion transformieren, wenn q eine ganze Zahl ist.

Am einfachsten lassen sich unsere Resultate aussprechen, wenn wir das Integral J vorher auf die Form

$$J = \int t^p (a + bt)^q dt$$

bringen.[1]) Dann gilt folgendes: J läßt sich in ein Integral einer rationalen Funktion verwandeln, wenn eine der drei Zahlen

$$p, q, p + q$$

ganz ist. Zu diesem Resultat gelangte auch Newton.

§ 137. **Das Integral** $\int \Re (\cos x, \sin x)\, dx$. Ein solches Integral läßt sich immer in ein Integral einer rationalen Funktion transformieren. Man hat nach den Additionstheoremen für $\sin x$ und $\cos x$

$$\cos x = \cos^2 \frac{x}{2} - \sin^2 \frac{x}{2}, \; \sin x = 2 \sin \frac{x}{2} \cos \frac{x}{2}$$

oder
$$\cos x = \frac{\cos^2 \frac{x}{2} - \sin^2 \frac{x}{2}}{\cos^2 \frac{x}{2} + \sin^2 \frac{x}{2}}, \; \sin x = \frac{2 \sin \frac{x}{2} \cos \frac{x}{2}}{\cos^2 \frac{x}{2} + \sin^2 \frac{x}{2}},$$

weil $\cos^2 \frac{x}{2} + \sin^2 \frac{x}{2} = 1$ ist.

Wenn nun $\cos \frac{x}{2} \gtrless 0$, so können wir im Zähler und im Nenner durch $\cos^2 \frac{x}{2}$ dividieren und erhalten dann

$$\cos x = \frac{1 - t^2}{1 + t^2}, \; \sin x = \frac{2t}{1 + t^2},$$

wobei
$$t = \mathrm{tg}\, \frac{x}{2}.$$

Beschränken wir x auf das Intervall $(-\pi, \pi)$, so ist

$$\frac{x}{2} = \mathrm{arctg}\, t, \quad \text{also} \quad dx = \frac{2\, dt}{1 + t^2},$$

und unser Integral wird

$$\int \Re \left(\frac{1 - t^2}{1 + t^2}, \frac{2t}{1 + t^2} \right) \frac{2\, dt}{1 + t^2}.$$

---

1) Um das zu erreichen, wendet man die Transformation $x^m = t$ an.

Nun ist aber $\qquad \Re \left(\dfrac{1-t^2}{1+t^2},\ \dfrac{2t}{1+t^2}\right) \dfrac{2}{1+t^2}$

eine rationale Funktion von t, weil $\Re$ eine rationale Operation bedeutet. Wir haben also ein Integral einer rationalen Funktion.
Nach dieser Methode läßt sich z. B.

$$\int \frac{dx}{\sin x}$$

sehr leicht berechnen. Es wird nämlich

$$\int \frac{dx}{\sin x} = \int \frac{dt}{t} = C + \log t \quad \text{also} \quad \int \frac{dx}{\sin x} = C + \log \operatorname{tg} \frac{x}{2}.$$

Wenn $\Re (u,\ v)$ die Eigenschaft

$$\Re (-u,\ -v) = \Re (u,\ v)$$

hat, so können wir $\Re (\cos x,\ \sin x)$ rational durch $t = \operatorname{tg} x$ ausdrücken.

In der Tat ist $\cos x = \dfrac{\cos x}{\sqrt{\cos^2 x + \sin^2 x}},\ \sin x = \dfrac{\sin x}{\sqrt{\cos^2 x + \sin^2 x}}$

also, wenn $\cos x \gtrless 0$,

$$\cos x = \frac{\pm 1}{\sqrt{1 + t^2}},\ \sin x = \frac{\pm t}{\sqrt{1 + t^2}}.$$

$\Re (\cos x,\ \sin x)$ setzt sich also rational aus t und $\sqrt{1 + t^2}$ zusammen. Es wird ein Bruch von der Form

$$\Re = \frac{A(t) + B(t)\sqrt{1 + t^2}}{A_1(t) + B_1(t)\sqrt{1 + t^2}}$$

sein, wo A, A_1, B, B_1 ganze rationale Funktionen bedeuten.
Multipliziert man Zähler und Nenner mit

$$A_1(t) - B_1(t)\sqrt{1 + t^2},$$

so kommt $\qquad\qquad R(t) + S(t)\sqrt{1 + t^2},$

wobei $R(t)$ und $S(t)$ rationale Funktionen von t sind.

Nun soll $\quad \Re (-\cos x,\ -\sin x) = \Re (\cos x,\ \sin x)$

sein. $-\cos x$, $-\sin x$ entstehen aber dadurch aus $\cos x$, $\sin x$, daß
man $\sqrt{1 + t^2}$ durch $-\sqrt{1 + t^2}$ ersetzt. Es ist also

$$R(t) + S(t)\sqrt{1 + t^2} = R(t) - S(t)\sqrt{1 + t^2},$$

d. h. $S(t) = 0$ und $\qquad \Re\,(\cos x,\, \sin x) = R(t).$

Beschränken wir x auf das Intervall $\left(-\dfrac{\pi}{2},\ \dfrac{\pi}{2}\right)$, so ist

$$x = \operatorname{arctg} t,\quad dx = \frac{dt}{1 + t^2}\cdot$$

Unser Integral lautet also $\displaystyle\int \frac{R(t)\,dt}{1 + t^2}\cdot$

Die Eigenschaft $\Re\,(-\cos x,\, -\sin x) = \Re\,(\cos x,\, \sin x)$ läßt, wenn man die Formeln

$$\cos\,(x + \pi) = -\cos x,\ \sin\,(x + \pi) = -\sin x$$

beachtet, sich auch so auffassen, daß

$$\Re\,(\cos x,\, \sin x)$$

eine Funktion von x mit der Periode π ist.

Hat man z. B. das Integral

$$\int \frac{dx}{a \cos^2 x + b \sin^2 x},$$

so geht es vermöge $\operatorname{tg} x = t$ über in

$$\int \frac{dt}{a + b t^2}\cdot$$

§ 138. **Das Integral $\int \cos^m x \sin^n x\, dx$.** Wir nehmen an, daß m und n ganze Zahlen sind. Das Integral ist also ein Spezialfall des allgemeinen in § 137 betrachteten Integrals und läßt sich in ein Integral einer rationalen Funktion transformieren. Es läßt sich auch als Integral eines binomischen Differentials schreiben. Setzen wir z. B. $\sin^2 x = t$, also $\cos^2 x = 1 - t$, so wird unser Integral

$$\frac{1}{2}\int t^{\frac{n-1}{2}} (1 - t)^{\frac{m-1}{2}}\, dt.$$

Die drei Zahlen p, q, $p + q$, auf die es nach § 136 ankommt, sind hier

$$\frac{n-1}{2},\ \frac{m-1}{2},\ \frac{m+n-2}{2}.$$

Eine von ihnen ist sicher ganz, so daß wir auch auf diesem Wege die Zurückführbarkeit unseres Integrals auf ein Integral einer rationalen Funktion erkennen.

Wir wollen jetzt Reduktionsformeln entwickeln, die es erlauben die absoluten Beträge von m und n möglichst herabzudrücken.

Auf
$$J_{m,\,n} = \int \cos^{m-1} x \cdot \sin^n x \, \cos x \, dx$$
läßt sich die partielle Integration anwenden. Sie liefert, vorausgesetzt, daß $n + 1 \gtreqless 0$ ist,

$$J_{m,\,n} = \frac{\cos^{m-1} x \, \sin^{n+1} x}{n + 1} + \frac{m - 1}{n + 1} J_{m-2,\,n+2}.$$

Ebenso erhält man aus

$$J_{m,\,n} = \int \cos^m x \, \sin x \cdot \sin^{n-1} x \, dx$$

durch partielle Integration, vorausgesetzt, daß $m + 1 \gtreqless 0$ ist,

$$J_{m,\,n} = - \frac{\cos^{m+1} x \, \sin^{n-1} x}{m + 1} + \frac{n - 1}{m + 1} J_{m+2,\,n-2}.$$

Nun ist aber

$$J_{m-2,\,n+2} = \int \cos^{m-2} x \, \sin^{n+2} x \, dx = \int \cos^{m-2} x \, \sin^n x \, (1 - \cos^2 x) \, dx$$
$$= J_{m-2,\,n} - J_{m,\,n}$$

und

$$J_{m+2,\,n-2} = \int \cos^{m+2} x \, \sin^{n-2} x \, dx = \int \cos^m x \, \sin^{n-2} x \, (1 - \sin^2 x) \, dx$$
$$= J_{m,\,n-2} - J_{m,\,n}.$$

Also lassen sich unsere obigen Formeln auch so schreiben, (vorausgesetzt, daß $m + n \gtreqless 0$ ist,)

$$J_{m,\,n} = \frac{\cos^{m-1} x \, \sin^{n+1} x}{m + n} + \frac{m - 1}{m + n} J_{m-2,\,n}$$

und
$$J_{m,\,n} = - \frac{\cos^{m+1} x \, \sin^{n-1} x}{m + n} + \frac{n - 1}{m + n} J_{m,\,n-2}.$$

Ersetzt man in der ersten Formel m durch $m + 2$ und löst nach $J_{m,\,n}$ auf, so kommt

$$J_{m,\,n} = - \frac{\cos^{m+1} x \, \sin^{n+1} x}{m + 1} + \frac{m + n + 2}{m + 1} J_{m+2,\,n}. \qquad (m + 1 \gtreqless 0).$$

Ähnlich erhält man aus der zweiten Formel

$$J_{m,\,n} = \frac{\cos^{m+1} x \,\sin^{n+1} x}{n+1} + \frac{m+n+2}{n+1}\, J_{m,\,n+2}. \qquad (n+1 \gtrless 0).$$

Mit Hilfe dieser Reduktionsformeln kommt man schließlich auf die neun Integrale

$$J_{0,\,0};\ J_{1,\,1};\ J_{-1,\,-1};\ J_{0,\,1};\ J_{0,\,-1};\ J_{1,\,0};\ J_{1,\,-1};\ J_{-1,\,0};\ J_{-1,\,1}.$$

Man hat aber

$$J_{0,\,0} = \int dx = C + x,\quad J_{0,\,1} = \int \sin x\, dx = C - \cos x,$$

$$J_{1,\,0} = \int \cos x\, dx = C + \sin x.$$

Ferner ist
$$J_{1,\,-1} = \int \frac{\cos x}{\sin x}\, dx = C + \log \sin x,$$

$$J_{-1,\,1} = \int \frac{\sin x}{\cos x}\, dx = C - \log \cos x,$$

$$J_{0,\,-1} = \int \frac{dx}{\sin x} = C + \log \operatorname{tg} \frac{x}{2},$$

$$J_{-1,\,0} = \int \frac{dx}{\cos x} = C + \log \operatorname{tg} \left(\frac{x}{2} + \frac{\pi}{4} \right).$$

Alle diese Integrale haben wir schon früher berechnet.

Die beiden noch fehlenden Integrale $J_{1,\,1}$, $J_{-1,\,-1}$ lassen sich auch ohne weiteres finden. Man hat nämlich

$$J_{1,\,1} = \int \cos x \sin x\, dx = \tfrac{1}{4} \int \sin (2x)\, d(2x) = C - \tfrac{1}{4} \cos 2x$$

und
$$J_{-1,\,-1} = \int \frac{dx}{\cos x \sin x} = \int \frac{d(2x)}{\sin (2x)} = C + \log \operatorname{tg} x.$$

§ 139. **Das Integral**

$$\int \frac{dx}{A \cos x + B \sin x}.$$

Anstatt dieses Integral nach der allgemeinen Methode in § 137 zu behandeln, kann man auch so verfahren.

Hilfssatz. Wenn A und B nicht beide Null sind, läßt sich eine Zahl x_0 so wählen, daß

$$\frac{A}{\sqrt{A^2 + B^2}} = \sin x_0, \quad \frac{B}{\sqrt{A^2 + B^2}} = \cos x_0 \quad \text{wird.}$$

Da $B : \sqrt{A^2 + B^2}$ dem Intervall $\langle -1, 1 \rangle$, dem Definitionsintervall von arc cos x, angehört, so ist

$$\text{arc cos} \frac{B}{\sqrt{A^2 + B^2}} = \xi$$

eine Zahl in $\langle 0, \pi \rangle$. Daher ist $\sin \xi \geq 0$ und $\sin(-\xi) \leq 0$. Je nachdem $A \geq 0$ oder $A \leq 0$ ist, setzen wir[1])

$$x_0 = \xi \quad \text{oder} \quad x_0 = -\xi.$$

Dann gelten sicher die behaupteten Formeln.

Nach dem obigen Hilfssatz können wir unser Integral so schreiben

$$\int \frac{dx}{A \cos x + B \sin x} = \frac{1}{\sqrt{A^2 + B^2}} \int \frac{dx}{\cos x \sin x_0 + \sin x \cos x_0}$$

$$= \frac{1}{\sqrt{A^2 + B^2}} \int \frac{d(x + x_0)}{\sin(x + x_0)}.$$

Also wird

$$\int \frac{dx}{A \cos x + B \sin x} = C + \frac{1}{\sqrt{A^2 + B^2}} \log \text{tg} \frac{x + x_0}{2}.$$

Das Integral $\qquad \displaystyle\int \frac{dx}{A \sin x + B \cos x + C}$

nimmt mittels unseres Hilfssatzes die Form an

$$\frac{1}{\sqrt{A^2 + B^2}} \int \frac{dx}{\cos(x - x_0) + c}. \qquad \left(c = \frac{C}{\sqrt{A^2 + B^2}} \right)$$

Setzen wir $x - x_0 = 2u$, so haben wir das Integral

$$\int \frac{du}{\cos 2u + c}$$

zu betrachten. Da

$$\cos 2u = \cos^2 u - \sin^2 u \quad \text{und} \quad 1 = \cos^2 u + \sin^2 u$$

ist, so wird

$$\int \frac{du}{\cos 2u + c} = \int \frac{du}{(c + 1) \cos^2 u + (c - 1) \sin^2 u}.$$

Wie man dieses Integral berechnet, wissen wir aber aus § 137.

---

1) x_0 gehört dem Intervall $\langle -\pi, \pi \rangle$ an. Die eine der beiden Grenzen kann man ausschließen und z. B. fordern, daß $-\pi \leq x_0 < \pi$ sein soll. Dann ist x_0 eindeutig bestimmt.

Das Integral $\displaystyle \int \frac{dx}{a_0 \cos^2 x + 2a_1 \cos x \sin x + a_2 \sin^2 x}$
ist gleich

$$\int \frac{dx}{a_1 \sin 2x + \dfrac{a_0 - a_2}{2} \cos 2x + \dfrac{a_0 + a_2}{2}} = \frac{1}{2} \int \frac{du}{A \sin u + B \cos u + C}.$$

$$\left(u = 2x, \quad A = a_1, \quad B = \frac{a_0 - a_2}{2}, \quad C = \frac{a_0 + a_2}{2} \right)$$

§ 140. **Die Integrale**

$$\int e^{ax} \cos bx\, dx, \quad \int e^{ax} \sin bx\, dx. \qquad (a \gtreqless 0,\, b \gtreqless 0)$$

Durch partielle Integration ergibt sich im ersten Falle

$$\int e^{ax} \cos bx\, dx = \frac{e^{ax} \sin bx}{b} - \frac{a}{b} \int e^{ax} \sin bx\, dx,$$

im zweiten $\displaystyle \int e^{ax} \sin bx\, dx = - \frac{e^{ax} \cos bx}{b} + \frac{a}{b} \int e^{ax} \cos bx\, dx.$

Man hat also, wenn

$$\int e^{ax} \cos bx\, dx = F, \quad \int e^{ax} \sin bx\, dx = G$$

gesetzt wird,
$$aF - bG = e^{ax} \cos bx,$$
$$bF + aG = e^{ax} \sin bx.$$

Hieraus folgt
$$F = \frac{(a \cos bx + b \sin bx)\, e^{ax}}{a^2 + b^2},$$

$$G = \frac{(-b \cos bx + a \sin bx)\, e^{ax}}{a^2 + b^2}.$$

§ 141. **Das Integral**

$$\int (\operatorname{arc\ sin} x)^m\, dx. \qquad (m = 1, 2, 3, \ldots)$$

Man setze $\qquad\qquad \operatorname{arc\ sin} x = u.$

Dann wird $\qquad \displaystyle \int (\operatorname{arc\ sin} x)^m\, dx = \int u^m \cos u\, du.$

Durch partielle Integration ergibt sich

$$\int u^m \cos u\, du = u^m \sin u - m \int u^{m-1} \sin u\, du,$$

$$\int u^{m-1} \sin u\, du = -\, u^{m-1} \cos u + (m-1) \int u^{m-2} \cos u\, du$$

usw., bis man auf $\int \cos u\, du$ oder $\int \sin u\, du$ kommt.

§ 142. Die Integrale

$$\int x^m \text{ arc sin } x\, dx, \quad \int x^m \text{ arc tg } x\, dx. \qquad (m = 1, 2, 3, \ldots)$$

Durch partielle Integration findet man

$$\int x^m \text{ arc sin } x\, dx = \frac{x^{m+1} \text{ arc sin } x}{m+1} - \frac{1}{m+1} \int \frac{x^{m+1}\, dx}{\sqrt{1-x^2}}.$$

$\int \dfrac{x^{m+1}\, dx}{\sqrt{1-x^2}}$ wissen wir aber zu integrieren (nach § 135).

Ebenso findet man im zweiten Falle durch partielle Integration

$$\int x^m \text{ arc tg } x\, dx = \frac{x^{m+1} \text{ arc tg } x}{m+1} - \frac{1}{m+1} \int \frac{x^{m+1}\, dx}{1+x^2}.$$

$\int \dfrac{x^{m+1}\, dx}{1+x^2}$ können wir aber berechnen.

Kapitel XIV.

Bestimmte Integrale.

§ 143. **Definition.** $f(x)$ sei wie in § 129 in dem Intervall $\langle a, b \rangle$ stetig.

Wir verstehen unter $\mathfrak{Z}$ eine Zerlegung von $\langle a, b \rangle$ in p Teilintervalle

$$\langle a, x_1 \rangle, \langle x_1, x_2 \rangle, \ldots, \langle x_{p-1}, b \rangle$$
$$(a < x_1 < x_2 < \ldots < x_{p-1} < b)$$

und bezeichnen allgemein mit $m(\alpha, \beta)$ und $M(\alpha, \beta)$ den kleinsten bzw. größten Wert von $f(x)$ in $\langle \alpha, \beta \rangle$. Ferner bilden wir die Ausdrücke

$$\underset{a}{\overset{b}{s}}(\mathfrak{Z}) = (x_1 - a)\, m(a, x_1) + (x_2 - x_1)\, m(x_1, x_2)$$
$$+ \cdots + (b - x_{p-1})\, m(x_{p-1}, b)$$

und

$$\underset{a}{\overset{b}{S}}(\mathfrak{Z}) = (x_1 - a)\, M(a, x_1) + (x_2 - x_1)\, M(x_1, x_2)$$
$$+ \cdots + (b - x_{p-1})\, M(x_{p-1}, b).$$

In § 129 wurde gezeigt, daß sie einem gemeinsamen Grenzwert zustreben, wenn $\mathfrak{Z}$ eine ausgezeichnete $\mathfrak{Z}$-Folge durchläuft.

Diesen Grenzwert bezeichnet man mit

$$\int_a^b f(x)\,dx \quad \text{(,,Integral } a \text{ bis } b\ f(x)\,dx\text{``)}$$

und nennt ihn ein bestimmtes Integral. $\langle a, b\rangle$ heißt das Integrationsintervall.

Da $\underset{a}{\overset{b}{s}}(\mathfrak{Z})$ aufsteigend und $\underset{a}{\overset{b}{S}}(\mathfrak{Z})$ absteigend nach dem Integral konvergiert, wenn wir $\mathfrak{Z}$ eine ausgezeichnete $\mathfrak{Z}$ Kette durchlaufen lassen, so ist beständig

$$\underset{a}{\overset{b}{s}}(\mathfrak{Z}) \leqq \int_a^b f(x)\,dx \leqq \underset{a}{\overset{b}{S}}(\mathfrak{Z}).$$

ξ_1 sei ein beliebiger Wert aus $\langle a, x_1\rangle$, ξ_2 ein beliebiger Wert aus $\langle x_1, x_2\rangle, \ldots, \xi_p$ ein beliebiger Wert aus $\langle x_{p-1}, b\rangle$, und man setze

$$\underset{a}{\overset{b}{\mathfrak{S}}}(\mathfrak{Z}) = (x_1 - a)f(\xi_1) + (x_2 - x_1)f(\xi_2) + \cdots + (b - x_{p-1})f(\xi_p).$$

Dann ist $\qquad\qquad \underset{a}{\overset{b}{s}}(\mathfrak{Z}) \leqq \underset{a}{\overset{b}{\mathfrak{S}}}(\mathfrak{Z}) \leqq \underset{a}{\overset{b}{S}}(\mathfrak{Z}).$

Läßt man also $\mathfrak{Z}$ eine ausgezeichnete $\mathfrak{Z}$-Folge durchlaufen, so wird

$$\lim \underset{a}{\overset{b}{\mathfrak{S}}}(\mathfrak{Z}) = \int_a^b f(x)\,dx.$$

§ 144. **Direkte Berechnung bestimmter Integrale.** 1. Wir wollen von der obigen Definition ausgehend

$$\int_0^b e^x\,dx \qquad\qquad\qquad (b > 0)$$

berechnen. Wir teilen zu diesem Zwecke $\langle 0, b\rangle$ in p gleiche Teile

$$\left\langle 0, \frac{b}{p}\right\rangle, \ \left\langle \frac{b}{p}, \frac{2b}{p}\right\rangle, \ \ldots, \ \left\langle \frac{(p-1)b}{p}, b\right\rangle.$$

Dann ist $\qquad \underset{0}{\overset{b}{s}}(\mathfrak{Z}) = \frac{b}{p}\left(e^0 + e^{\frac{b}{p}} + e^{\frac{2b}{p}} + \cdots + e^{\frac{(p-1)b}{p}}\right)$

und
$$\overset{b}{\underset{0}{S}}(\mathfrak{Z}) = \frac{b}{p}\Big(e^{\frac{b}{p}} + e^{\frac{2b}{p}} + \cdots + e^{\frac{pb}{p}}\Big) = \overset{b}{\underset{a}{s}}(\mathfrak{Z})e^{\frac{b}{p}}.$$

Die geometrische Reihe .
$$e^0 + e^{\frac{b}{p}} + e^{\frac{2b}{p}} + \cdots + e^{\frac{(p-1)b}{p}}$$

hat aber die Summe
$$\frac{e^b - 1}{e^{\frac{b}{p}} - 1}.$$

Wir haben also
$$\frac{b}{p}\frac{e^b - 1}{e^{\frac{b}{p}} - 1} \leqq \int\limits_0^b e^x\,dx \leqq \frac{b}{p}\frac{e^b - 1}{e^{\frac{b}{p}} - 1}e^{\frac{b}{p}}.$$

Nun ist, wenn wir p die Folge $1, 2, 3, \ldots$ durchlaufen lassen,

$$\lim e^{\frac{b}{p}} = 1 \text{ und} \qquad \lim \frac{e^{\frac{b}{p}} - 1}{\dfrac{b}{p}} = \log e = 1,$$

also
$$\int\limits_0^b e^x\,dx = e^b - 1.$$

2. Es sei $0 < a < b$ und $\displaystyle\int\limits_a^b \frac{dx}{x}$

zur Berechnung vorgelegt. Wir setzen
$$\varkappa_p = \sqrt[p]{\frac{b}{a}}$$

und wählen $x_1, x_2, \ldots, x_{p-1}$ in folgender Weise:
$$x_1 = a\varkappa_p, \quad x_2 = x_1\varkappa_p, \ldots, \quad x_{p-1} = x_{p-2}\varkappa_p,$$

d. h.
$$x_1 = a\varkappa_p, \quad x_2 = a\varkappa_p^2, \ldots, \quad x_{p-1} = a\varkappa_p^{p-1}.$$

Dann wird
$$x_1 - a = a(\varkappa_p - 1),$$
$$x_2 - x_1 = x_1(\varkappa_p - 1),$$
$$\cdots \cdots \cdots \cdots$$
$$b - x_{p-1} = x_{p-1}(\varkappa_p - 1),$$

also
$$\overset{b}{\underset{a}{s}}(\mathfrak{Z}) = (\varkappa_p - 1)\Big(\frac{a}{x_1} + \frac{x_1}{x_2} + \cdots + \frac{x_{p-1}}{b}\Big) = p(\varkappa_p - 1)\frac{1}{\varkappa_p},$$

und $\qquad \overset{b}{\underset{a}{S}}(\mathfrak{Z}) = (\varkappa_p - 1)\left(\dfrac{a}{a} + \dfrac{x_1}{x_1} + \cdots + \dfrac{x_{p-1}}{x_{p-1}}\right) = p(\varkappa_p - 1),$

mithin $\qquad\qquad p(\varkappa_p - 1)\dfrac{1}{\varkappa_p} \leqq \displaystyle\int_a^b \dfrac{dx}{x} \leqq p(\varkappa_p - 1).$

Da nun $\lim \varkappa_p = 1$ und

$$\lim p(\varkappa_p - 1) = \lim p\left(\sqrt[p]{\dfrac{b}{a}} - 1\right) = \log \dfrac{b}{a}$$

ist, so haben wir $\qquad\qquad \displaystyle\int_a^b \dfrac{dx}{x} = \log b - \log a.$

§ 145. **Verallgemeinerung des Integralbegriffs.** Wir

haben das bestimmte Integral nur für den Fall definiert, daß $f(x)$ in dem Integrationsintervall $\langle a, b\rangle$ stetig ist.

Diese Voraussetzung wollen wir jetzt fallen lassen.

$\mathfrak{Z}$ sei eine Zerlegung des Intervalls $\langle a, b\rangle$ in die Teilintervalle

$$\langle a, x_1\rangle, \quad \langle x_1, x_2\rangle, \ldots, \quad \langle x_{p-1}, b\rangle.$$
$$(a < x_1 < \cdots < x_{p-1} < b).$$

ξ_1 sei ein beliebiger Wert aus $\langle a, x_1\rangle$, ξ_2 ein beliebiger Wert aus $\langle x_1, x_2\rangle, \ldots, \xi_p$ ein beliebiger Wert aus $\langle x_{p-1}, b\rangle$.

Wir wollen die Summe

$$(x_1 - a)f(\xi_1) + (x_2 - x_1)f(\xi_2) + \cdots + (b - x_{p-1})f(\xi_p)$$

wie in § 143 mit $\qquad\qquad \overset{b}{\underset{a}{\mathfrak{S}}}(\mathfrak{Z})$

bezeichnen und einen $\mathfrak{S}$-Ausdruck nennen. Liegt eine $\mathfrak{S}$-Folge vor, d. h. eine Folge von $\mathfrak{S}$-Ausdrücken, und ist die zugehörige $\mathfrak{Z}$-Folge eine ausgezeichnete (vgl. § 129), so soll auch die $\mathfrak{S}$-Folge ausgezeichnet heißen.

Wir nennen $f(x)$ in $\langle a, b\rangle$ integrierbar, wenn jede ausgezeichnete $\mathfrak{S}$-Folge konvergent ist.

Satz 1. Wenn $f(x)$ in $\langle a, b\rangle$ integrierbar ist, so haben alle ausgezeichneten $\mathfrak{S}$-Folgen denselben Grenzwert.

Sind nämlich

$$\mathfrak{S}_1, \mathfrak{S}_2, \mathfrak{S}_3, \ldots \quad \text{und} \quad \overline{\mathfrak{S}}_1, \overline{\mathfrak{S}}_2, \overline{\mathfrak{S}}_3, \ldots$$

ausgezeichnete $\mathfrak{S}$-Folgen, so ist auch

$$\mathfrak{S}_1,\ \overline{\mathfrak{S}}_1,\ \mathfrak{S}_2,\ \overline{\mathfrak{S}}_2,\ \mathfrak{S}_3,\ \overline{\mathfrak{S}}_3,\ \ldots$$

eine solche. Diese Folge ist **also konvergent**. Alle Teilfolgen einer konvergenten Folge haben aber denselben Grenzwert. Insbesondere ist daher $\qquad\qquad \lim \mathfrak{S}_n = \lim \overline{\mathfrak{S}}_n$.

Man bezeichnet den gemeinsamen Grenzwert der ausgezeichneten

$\mathfrak{S}$-Folgen mit $\qquad\qquad \displaystyle\int_a^b f(x)\,dx \qquad$ („Integral a bis b $f(x)\,dx$")

und nennt ihn ein bestimmtes Integral.

Satz 2. Wenn $\qquad\qquad \displaystyle\int_a^b f(x)\,dx$

existiert[1]), so läßt sich jedem positiven ε ein positives δ entgegenstellen derart, daß jeder Ausdruck

$$\mathfrak{S}_a^b(\mathfrak{Z}),$$

bei dem alle Teilintervalle kleiner als δ sind, von $\displaystyle\int_a^b f(x)\,dx$ um weniger als ε abweicht.

Bildete $\varepsilon_0\,(>0)$ eine Ausnahme von dem Satze, ließe sich ihm also kein δ von der angegebenen Beschaffenheit entgegenstellen, so würde auch $\delta = 1/n$ $(n = 1, 2, 3, \ldots)$ nicht ausreichen. Es gäbe also einen Ausdruck

$$\mathfrak{S}_{a\ n}^{\,b} = \mathfrak{S}(\mathfrak{Z}_n),$$

der von $\displaystyle\int_a^b f(x)\,dx$ mindestens um ε_0 abweicht, während die Teilintervalle von $\mathfrak{Z}_n$ alle kleiner als $1/n$ sind. $\mathfrak{S}_1, \mathfrak{S}_2, \mathfrak{S}_3, \ldots$ wäre dann eine ausgezeichnete $\mathfrak{S}$-Folge, die nicht den Grenzwert $\displaystyle\int_a^b f(x)\,dx$ hat.

Folgerung. Wenn $f(x)$ in $\langle a, b\rangle$ integrierbar ist, so gibt es eine Zahl A derart, daß in dem ganzen Intervall $\langle a, b\rangle$

$$|f(x)| < A \quad \text{ist.}$$

---

1) Dies soll heißen, daß $f(x)$ in $\langle a, b\rangle$ integrierbar ist.

Eine Funktion, deren Betrag in einem Intervall immer kleiner als eine Konstante ist, nennen wir in diesem Intervall beschränkt.

Eine in $\langle a, b \rangle$ integrierbare Funktion ist also in $\langle a, b \rangle$ beschränkt.

Nach dem obigen Satze hat man nämlich

$$\int\limits_a^b f(x)\,dx - \varepsilon < \mathfrak{S}(\mathfrak{Z}) < \int\limits_a^b f(x)\,dx + \varepsilon, \qquad (\varepsilon > 0)$$

sobald alle Teilintervalle von $\mathfrak{Z}$ kleiner als eine gewisse Zahl δ sind. Besitzt eine Zerlegung $\mathfrak{Z}$ diese Eigenschaft, so bleiben jene Ungleichungen bestehen, wenn man ξ_ν in $\langle x_{\nu-1}, x_\nu \rangle$ beliebig variieren läßt[1]) und die übrigen ξ festhält. Es gibt also zwei Zahlen, zwischen denen

$$(x_\nu - x_{\nu-1})f(\xi_\nu),$$

folglich auch zwei Zahlen, zwischen denen $f(\xi_\nu)$ beständig liegt, wenn ξ_ν irgend ein Wert aus $\langle x_{\nu-1}, x_\nu \rangle$ ist. $f(x)$ ist also in jedem Teilintervall $\langle x_{\nu-1}, x_\nu \rangle$ beschränkt $(\nu = 1, 2, 3, \ldots, p)$, mithin auch in $\langle a, b \rangle$.

§ 146. Obere und untere Grenze einer beschränkten Zahlenmenge. $\mathfrak{M}$ sei eine Menge von Zahlen, die alle zwischen A und B liegen. Die sämtlichen Rationalzahlen zerfallen dann in zwei Klassen, solche, die größer als alle Zahlen von $\mathfrak{M}$ sind, und solche, die diese Eigenschaft nicht haben. Jede Rationalzahl, die größer als B (kleiner als A) ist, gehört zur ersten (zweiten) Klasse. Offenbar ist die hier gemachte Einteilung aller Rationalzahlen ein Schnitt. M sei die durch ihn definierte Zahl. Man überzeugt sich leicht, daß M von keiner Zahl der Menge übertroffen wird, während jede kleinere Zahl M $-\varepsilon$ $(\varepsilon > 0)$ diese Eigenschaft nicht mehr hat.

Setzen wir $\varepsilon = 1/n$, so gibt es in $\mathfrak{M}$ eine Zahl x_n, die den Ungleichungen

$$\mathsf{M} - \frac{1}{n} < x_n \leqq \mathsf{M}$$

genügt. Offenbar ist dann $\lim x_n = \mathsf{M}$.

Es gibt also eine Folge, die nur aus Zahlen von $\mathfrak{M}$ besteht und M als Grenzwert hat. Natürlich brauchen die x_n nicht alle verschieden zu sein.[2])

---

1) Wir setzen $a = x_0$, $b = x_p$.
2) Besteht z. B. $\mathfrak{M}$ nur aus der Zahl x, so sind alle x_n gleich x.

Ebenso leicht ergibt sich die Existenz einer Zahl μ von der Beschaffenheit, daß keine Zahl von $\mathfrak{M}$ kleiner als μ ist, während es immer eine Zahl in $\mathfrak{M}$ gibt, die kleiner ist als $\mu + \varepsilon\,(\varepsilon > 0)$.

Es gibt eine Folge, die nur aus Zahlen von $\mathfrak{M}$ besteht und den Grenzwert μ hat.

Man nennt μ die untere und M die obere Grenze von $\mathfrak{M}$. Ist $\mathfrak{M}_1$ eine Teilmenge von $\mathfrak{M}$ und μ_1 die untere, M_1 die obere Grenze von $\mathfrak{M}_1$, so hat man $\quad \mu \leqq \mu_1 \leqq M_1 \leqq M$.

§ 147. Monotone Folgen mit dem Grenzwert $\int\limits_{a}^{b} f(x)\,dx$.

Wenn $\int\limits_{a}^{b} f(x)\,dx$ existiert, so ist $f(x)$ in $\langle a,\,b\rangle$ beschränkt (vgl. § 145).

Die Werte von $f(x)$ in $\langle a,\,b\rangle$ bilden also eine beschränkte Zahlenmenge. Die untere Grenze dieser Zahlenmenge wollen wir mit $\mu(a,\,b)$, die obere Grenze mit $M(a,\,b)$ bezeichnen. Wenn $\langle \alpha,\,\beta\rangle$ ein Teilintervall von $\langle a,\,b\rangle$ ist, so hat man

$$\mu(a,\,b) \leqq \mu(\alpha,\,\beta) \leqq M(\alpha,\,\beta) \leqq M(a,\,b).$$

Wir wollen jetzt eine Zerlegung $\mathfrak{Z}$ von $\langle a,\,b\rangle$ betrachten und die beiden Ausdrücke

$$\underset{a}{\overset{b}{S}}(\mathfrak{Z}) = (x_1 - a)M(a,\,x_1) + (x_2 - x_1)M(x_1,\,x_2) + \cdots$$
$$+ (b - x_{p-1})M(x_{p-1},\,b)$$

und $\qquad \underset{a}{\overset{b}{s}}(\mathfrak{Z}) = (x_1 - a)\mu(a,\,x_1) + (x_2 - x_1)\mu(x_1,\,x_2) + \cdots$
$$+ (b - x_{p-1})\mu(x_{p-1},\,b)$$

bilden. Offenbar sind $\underset{a}{\overset{b}{s}}(\mathfrak{Z})$ und $\underset{a}{\overset{b}{S}}(\mathfrak{Z})$ die untere und die obere Grenze der Summen

$$\underset{a}{\overset{b}{\mathfrak{S}}}(\mathfrak{Z}) = (x_1 - a)f(\xi_1) + (x_2 - x_1)f(\xi_2) + \cdots + (b - x_{p-1})f(\xi_p),$$
$$(a \leqq \xi_1 \leqq x_1,\ x_1 \leqq \xi_2 \leqq x_2,\ \ldots,\ x_{p-1} \leqq \xi_p \leqq b)$$

die zu der Zerlegung $\mathfrak{Z}$ gehören. Unter diesen Summen gibt es daher sowohl eine Folge

$$\mathfrak{S}_1,\ \mathfrak{S}_2,\ \mathfrak{S}_3,\ \ldots \ \text{mit dem Grenzwert } \underset{a}{\overset{b}{S}}(\mathfrak{Z})$$

als auch eine Folge

$$\mathfrak{f}_1,\ \mathfrak{f}_2,\ \mathfrak{f}_3,\ \ldots \text{ mit dem Grenzwert } \overset{b}{\underset{a}{s}}(\mathfrak{Z}).$$

Nach Satz 2 ist nun

$$\left|\int_a^b f(x)\,dx - \mathfrak{S}_n\right| < \varepsilon,\ \left|\int_a^b f(x)\,dx - \mathfrak{f}_n\right| < \varepsilon,$$

sobald alle Teilintervalle von $\mathfrak{Z}$ kleiner als δ sind. Daraus folgt

$$\left|\int_a^b f(x)\,dx - \overset{b}{\underset{a}{S}}(\mathfrak{Z})\right| \leqq \varepsilon,\ \left|\int_a^b f(x)\,dx - \overset{b}{\underset{a}{s}}(\mathfrak{Z})\right| \leqq \varepsilon.$$

Lassen wir $\mathfrak{Z}$ eine ausgezeichnete $\mathfrak{Z}$-Folge $\mathfrak{Z}_1,\ \mathfrak{Z}_2,\ \mathfrak{Z}_3,\ \ldots$ durchlaufen, so werden fast alle $\overset{b}{\underset{a}{s}}(\mathfrak{Z}_n),\ \overset{b}{\underset{a}{S}}(\mathfrak{Z}_n)$ zwischen

$$\int_a^b f(x)\,dx - \varepsilon \ \text{ und } \int_a^b f(x)\,dx + \varepsilon$$

liegen. Das bedeutet aber, da ε eine beliebige positive Zahl ist,

$$\lim \overset{b}{\underset{a}{s}}(\mathfrak{Z}_n) = \int_a^b f(x)\,dx,\ \lim \overset{b}{\underset{a}{S}}(\mathfrak{Z}_n) = \int_a^b f(x)\,dx.$$

Ist $\mathfrak{Z}_1,\ \mathfrak{Z}_2,\ \mathfrak{Z}_3,\ \ldots$ eine ausgezeichnete $\mathfrak{Z}$-Kette, so ist die Folge

$$\overset{b}{\underset{a}{s}}(\mathfrak{Z}_1),\ \overset{b}{\underset{a}{s}}(\mathfrak{Z}_2),\ \overset{b}{\underset{a}{s}}(\mathfrak{Z}_3),\ \ldots \text{ aufsteigend}$$

und die Folge $\overset{b}{\underset{a}{S}}(\mathfrak{Z}_1),\ \overset{b}{\underset{a}{S}}(\mathfrak{Z}_2),\ \overset{b}{\underset{a}{S}}(\mathfrak{Z}_3),\ \ldots \text{ absteigend}.$

Da man von jeder Zerlegung ausgehend eine ausgezeichnete $\mathfrak{Z}$-Kette bilden kann, so ist immer

$$\overset{b}{\underset{a}{s}}(\mathfrak{Z}) \leqq \int_a^b f(x)\,dx \leqq \overset{b}{\underset{a}{S}}(\mathfrak{Z}).$$

Insbesondere hat man

$$(b-a)\mu(a,b) \leqq \int_a^b f(x)\,dx \leqq (b-a)M(a,b).$$

§ 148. **Oberes und unteres Integral einer beschränkten Funktion.** Wenn $f(x)$ in $\langle a, b \rangle$ beschränkt ist, haben die beiden Ausdrücke $\overset{b}{\underset{a}{s}}(\mathfrak{Z})$ und $\overset{b}{\underset{a}{S}}(\mathfrak{Z})$ einen Sinn. Läßt man nun $\mathfrak{Z}$ eine ausgezeichnete $\mathfrak{Z}$-Kette durchlaufen, so durchläuft $\overset{b}{\underset{a}{s}}(\mathfrak{Z})$ eine aufsteigende, $\overset{b}{\underset{a}{S}}(\mathfrak{Z})$ eine absteigende Folge. Beide Folgen sind beschränkt, da alle ihre Glieder größer gleich $(b-a)\mu(a, b)$ und kleiner gleich $(b-a)$ $M(a, b)$ sind. Der Grenzwert der ersten Folge wird mit

$$\int\limits_{a}^{b} f(x)\,dx$$

bezeichnet. Man nennt ihn das untere Integral von $f(x)$ in $\langle a, b \rangle$. Der Grenzwert der zweiten Folge heißt das obere Integral von $f(x)$ in $\langle a, b \rangle$ und wird mit

$$\int\limits_{a}^{\overline{b}} f(x)\,dx$$

bezeichnet. Offenbar ist immer

$$\int\limits_{\underline{a}}^{b} f(x)\,dx \leqq \int\limits_{a}^{\overline{b}} f(x)\,dx\,.$$

Man kann beweisen, daß dieselben Grenzwerte herauskommen, wenn man $\mathfrak{Z}$ eine beliebige ausgezeichnete $\mathfrak{Z}$-Folge durchlaufen läßt. Dieser Nachweis wird ganz ähnlich wie in § 129 geführt. Nur ist für m immer μ und M immer M zu setzen.

Sind das obere und das untere einander gleich, so sind sie beide gleich

$$\int\limits_{a}^{b} f(x)\,dx\,.$$

Man sieht, daß $\int\limits_{a}^{b} f(x)\,dx$ dann und nur dann existiert, wenn $f(x)$ in $\langle a, b \rangle$ beschränkt und

$$\int\limits_{a}^{\overline{b}} f(x)\,dx = \int\limits_{\underline{a}}^{b} f(x)\,dx \quad \text{ist.}$$

§ 149. Mittlere Schwankung einer beschränkten Funktion. Die Differenz
$$M(a, b) - \mu(a, b),$$

also die Differenz zwischen der oberen und unteren Grenze nennt man die Schwankung von $f(x)$ in $\langle a, b \rangle$. Wir wollen sie mit $\sigma(a, b)$ bezeichnen. Man überzeugt sich leicht, daß $\sigma(a,b)$ die obere Grenze der Werte $|f(x) - f(\bar{x})|$ ist $(a \leqq x \leqq b,\ a \leqq \bar{x} \leqq b)$.

Nehmen wir eine Zerlegung $\mathfrak{Z}$ vor und bilden

$$\sigma(\mathfrak{Z}) = \frac{(x_1 - a)\sigma(a, x_1) + (x_2 - x_1)\sigma(x_1, x_2) + \cdots + (b - x_{p-1})\sigma(x_{p-1}, b)}{b - a},$$

so ist diese Zahl nicht kleiner als die kleinste und nicht größer als die größte unter den Zahlen

$$\sigma(a,\ x_1),\ \sigma(x_1,\ x_2),\ \ldots \sigma(x_{p-1},\ b).$$

Sie ist, wie man sagt, ein Mittelwert dieser Zahlen und heißt die mittlere Schwankung der Funktion $f(x)$ in den Teilintervallen von $\mathfrak{Z}$.

Läßt man nun $\mathfrak{Z}$ eine ausgezeichnete $\mathfrak{Z}$-Folge durchlaufen, so strebt $\sigma(\mathfrak{Z})$ einem Grenzwert σ zu, und zwar ist

$$\sigma = \frac{1}{b - a}\left\{ \int\limits_{\underline{a}}^{b} f(x)\,dx - \int\limits_{a}^{\overline{b}} f(x)\,dx \right\}.$$

Man bezeichnet σ als die mittlere Schwankung von $f(x)$ in $\langle a, b \rangle$.

§ 150. Integrabilitätskriterium. Wir können jetzt folgendes Integrabilitätskriterium aussprechen:

$\int\limits_{a}^{b} f(x)\,dx$ existiert dann und nur dann, wenn $f(x)$ in $\langle a, b \rangle$ beschränkt ist und die mittlere Schwankung Null hat.

Um zu erkennen, ob eine beschränkte Funktion $f(x)$ in $\langle a, b \rangle$ die mittlere Schwankung Null hat oder nicht, braucht man nur irgend eine ausgezeichnete $\mathfrak{Z}$-Folge $\mathfrak{Z}_1, \mathfrak{Z}_2, \mathfrak{Z}_3, \ldots$ zu nehmen und zu prüfen, ob

$$\lim \sigma(\mathfrak{Z}_n) = 0 \quad \text{ist.}$$

Man kann das Kriterium auch so formulieren:

$\int\limits_{a}^{b} f(x)\,dx$ existiert dann und nur dann, wenn $f(x)$ in $\langle a, b \rangle$ beschränkt ist und sich jedem positiven ε eine Zerlegung $\mathfrak{Z}$ des Intervalls $\langle a, b \rangle$ entgegenstellen läßt, für welche $\sigma(\mathfrak{Z})$ kleiner als ε wird.

Man erkennt mit Hilfe dieses Kriteriums, daß aus der Existenz von

$$\int_a^b f(x)\, dx$$

die von

$$\int_\alpha^\beta f(x)\, dx$$

folgt $(a \leq \alpha < \beta \leq b)$.

Ebenso sieht man, daß aus der Existenz von

$$\int_a^{a_1} f(x)\, dx,\ \int_{a_1}^{a_2} f(x)\, dx,\ \ldots \int_{a_{p-1}}^{b} f(x)\, dx$$

$$(a < a_1 < \cdots < a_{p-1} < b)$$

die Existenz von $\qquad \int_a^b f(x)\, dx \qquad$ folgt.

Aus der Definition des bestimmten Integrals in § 145 ergibt sich, daß

$$\int_a^b f(x)\, dx = \int_a^{a_1} f(x)\, dx + \int_{a_1}^{a_2} f(x)\, dx + \cdots + \int_{a_{p-1}}^{b} f(x)\, dx.$$

Wir wollen festsetzen, daß

$$\int_b^a f(x)\, dx \quad (a < b)$$

immer gleich $\qquad -\int_a^b f(x)\, dx$

sein soll und $\qquad \int_a^a f(x)\, dx$

immer gleich Null. Dann gilt folgendes:

Wenn $c_1, c_2, \ldots c_p$ irgend welche Zahlen sind und die Integrale

$$\int_{c_\nu}^{c_{\nu+1}} f(x)\, dx \quad (\nu = 1, 2, \ldots, p-1)$$

existieren, so existiert auch $\displaystyle\int_{c_1}^{c_p} f(x)\,dx,$

und man hat $\displaystyle\int_{c_1}^{c_p} f(x)\,dx = \sum_{\nu=1}^{p=1} \int_{c_\nu}^{c_\nu+1} f(x)\,dx.$

§ 151. Monotone Funktionen. Wenn $f(x)$ in $\langle a, b\rangle$ monoton ist, so existiert $\displaystyle\int_a^b f(x)\,dx$.

Zunächst sieht man sofort, daß $f(x)$ beschränkt ist. Um sich zu überzeugen, daß die mittlere Schwankung Null ist, zerlege man $\langle a, b\rangle$ in die p gleichen Teilintervalle $(x_{\nu-1}, x_\nu)$, wobei

$$x_\nu = a + \frac{\nu(b-a)}{p}. \quad (\nu = 0, 1, \ldots, p)$$

Dann wird[1] $\qquad \sigma(x_{\nu-1}, x_\nu) = \pm \{f(x_\nu) - f(x_{\nu-1})\}$

und $\qquad \sigma(\mathfrak{Z}) = \pm \dfrac{b-a}{p}\{f(x_1) - f(x_0) + f(x_2) - f(x_1) + \cdots$

$$+ f(x_p) - f(x_{p-1})\} = \pm \frac{b-a}{p}\{f(b) - f(a)\}.$$

Lassen wir p die Folge $1, 2, 3, \ldots$ durchlaufen, so durchläuft $\mathfrak{Z}$ eine ausgezeichnete $\mathfrak{Z}$-Folge, und es wird offenbar

$$\lim \sigma(\mathfrak{Z}) = 0.$$

Wir nennen $f(x)$ in $\langle a, b\rangle$ abteilungsweise monoton, wenn $\langle a, b\rangle$ sich in eine endliche Anzahl von Teilintervallen

$$\langle a, a_1\rangle, \langle a_1, a_2\rangle, \ldots, \langle a_{p-1}, b\rangle$$
$$(a < a_1 < \cdots < a_{p-1} < b)$$

zerlegen läßt, sodaß $f(x)$ in jedem Teilintervall monoton ist.

Da alsdann $\displaystyle\int_a^{a_1} f(x)\,dx, \quad \int_{a_1}^{a_2} f(x)\,dx, \ldots, \int_{a_{p-1}}^{b} f(x)\,dx$

---

[1] Je nachdem $f(x)$ aufsteigend oder absteigend ist, haben wir $+$ oder $-$ zu schreiben.

existieren, so existiert auch

$$\int\limits_a^b f(x)\,dx.$$

§ 152. **Die Integrale** $\int\limits_a^b \{f(x)+g(x)\}\,dx, \int\limits_a^b f(x)\,g(x)\,dx$ **und**
$\int\limits_a^b \dfrac{dx}{f(x)}$ · 1. Wenn

$$\int\limits_a^b f(x)\,dx \;\text{und}\; \int\limits_a^b g(x)\,dx$$

existieren, so existieren auch die Integrale

$$\int\limits_a^b \{f(x)+g(x)\}\,dx \;\text{und}\; \int\limits_a^b f(x)g(x)\,dx.$$

Da $f(x)$ und $g(x)$ beide in $\langle a, b\rangle$ beschränkt sind, so sind auch

$$f(x)+g(x) \;\text{und}\; f(x)g(x)$$

beschränkt. Aus $\quad |f(x)|\leqq A$ und $|g(x)|\leqq A$
folgt nämlich

$$|f(x)+g(x)|\leqq 2A \;\text{und}\; |f(x)g(x)|\leqq A^2.$$
$$(a\leqq x\leqq b)$$

Wir setzen

$$\varphi(x)=f(x)+g(x) \;\text{und}\; \psi(x)=f(x)g(x).$$

Dann ist $\quad |\varphi(x)-\varphi(\bar{x})|\leqq |f(x)-f(\bar{x})|+|g(x)-g(\bar{x})|$

und $\quad |\psi(x)-\psi(\bar{x})|=|f(x)\{g(x)-g(\bar{x})\}+g(\bar{x})\{f(x)-f(\bar{x})\}|$

$$\leqq A\{|f(x)-f(\bar{x})|+|g(x)-g(\bar{x})|\}.$$

Bezeichnen wir also mit $\sigma_1, \sigma_2, \sigma, \sigma'$ die Schwankungen von $f(x)$, $g(x)$, $\varphi(x)$, $\psi(x)$ in einem Teilintervall von $\langle a, b\rangle$, so ist

$$\sigma\leqq \sigma_1+\sigma_2, \quad \sigma'\leqq A(\sigma_1+\sigma_2).$$

Hieraus ergibt sich leicht, daß die mittlere Schwankung von $\varphi(x)$ und $\psi(x)$ in $\langle a, b\rangle$ null ist, wenn diejenige von $f(x)$ und $g(x)$ es ist.

Daß aus der Existenz von $\int_a^b f\,dx$ und $\int_a^b g\,dx$ diejenige von $\int_a^b (f+g)dx$

folgt, kann man auch direkt aus der Definition in § 145 entnehmen. Man findet dann gleichzeitig, daß

$$\int_a^b (f+g)dx = \int_a^b f\,dx + \int_a^b g\,dx$$

ist. Ebenso kann man aus jener Definition schließen, daß

$$\int_a^b cf\,dx = c \int_a^b f\,dx$$

ist (c eine Konstante), wenn $\int_a^b f\,dx$ existiert.

2. Wenn $\int_a^b f(x)dx$ existiert und die untere Grenze von

$|f(x)|$ in $\langle a, b\rangle$ positiv ist, so existiert auch $\int_a^b \dfrac{dx}{f(x)}$.

Hat man in $\langle a, b\rangle$ $\quad |f(x)| > B > 0,$

so folgt $$\left|\frac{1}{f(x)}\right| < \frac{1}{B}.$$

Ferner ist $$\left|\frac{1}{f(x)} - \frac{1}{f(\bar{x})}\right| \leqq \frac{1}{B^2}\left|f(x) - f(\bar{x})\right|.$$

Bezeichnen wir also mit σ und σ' die Schwanknng von $f(x)$ bzw. $1 : f(x)$ in einem Teilintervall von $\langle a, b\rangle$, so haben wir

$$\sigma' \leqq \frac{\sigma}{B^2}.$$

Hieraus ergibt sich, daß die mittlere Schwankung von $1 : f(x)$ in $\langle a, b\rangle$ null ist, wenn die von $f(x)$ es ist.

§ 153. **Das Integral** $\int_a^b |f(x)|dx$. Wenn $f(x)$ in $\langle a, b\rangle$ beschränkt ist, so ist es auch $|f(x)|$. Ferner hat man

$$\left| |f(x)| - |f(\bar{x})| \right| \leqq |f(x) - f(\bar{x})|,$$

also $$\sigma' \leqq \sigma,$$

wenn σ die Schwankung von $f(x)$ und σ' die von $|f(x)|$ in einem Teilintervall von $\langle a, b\rangle$ bedeutet. Man sieht hieraus, daß die mittlere Schwankung von $|f(x)|$ in $\langle a, b\rangle$ null ist, wenn die von $f(x)$ verschwindet.

Existiert also $\int\limits_a^b f(x)dx$, so existiert auch $\int\limits_a^b |f(x)| \, dx$. Das Umgekehrte gilt nicht. Denkt man sich, daß $f(x)$ für alle rationalen x gleich 1, für alle irrationalen x gleich -1 ist, so ist $f(x)$ nicht integrierbar. Das untere Integral wird nämlich gleich $-(b-a)$, das obere gleich $b-a$. Dagegen ist $|f(x)|$ beständig gleich 1, also integrierbar.

Wenn $\int\limits_a^b f(x)dx$ existiert, so ist immer

$$\left| \int\limits_a^b f(x) \, dx \right| \leq \int\limits_a^b |f(x)| \, dx.$$

Um dies zu erkennen, bedenke man, daß der Betrag von

$$(x_1 - a)f(\xi_1) + (x_2 - x_1)f(\xi_2) + \cdots + (b - x_{p-1})f(\xi_p)$$

kleiner oder gleich

$$(x_1 - a)|f(\xi_1)| + (x_2 - x_1)|f(\xi_2)| + \cdots + (b - x_{p-1})|f(\xi_p)|$$

ist $(a < x_1 < \cdots < x_{p-1} < b)$.

§ 154. **Funktionen von beschränkter Variation.** Wir nehmen eine Zerlegung $\mathfrak{Z}$ des Intervalls $\langle a, b\rangle$ in die Teilintervalle

$$\langle a, x_1\rangle, \langle x_1, x_2\rangle, \cdots, \langle x_{p-1}, b\rangle \quad (a < x_1 < \cdots < x_{p-1} < b)$$

vor und setzen

$$|f(x_1) - f(a)| + |f(x_2) - f(x_1)| + \cdots + |f(b) - f(x_{p-1})| = V(\mathfrak{Z}).$$

Bilden diese Zahlen $V(\mathfrak{Z})$ eine beschränkte Menge, gibt es also eine Zahl A, die stets größer als $V(\mathfrak{Z})$ ist, wie man auch die Zerlegung $\mathfrak{Z}$ wählen mag, so sagen wir, daß $f(x)$ in $\langle a, b\rangle$ von beschränkter Variation ist.

Ist die Funktion $f(x)$ in $\langle a, b\rangle$ von beschränkter Variation, so ist sie beschränkt. Aus

$$|f(a) - f(x)| + |f(x) - f(b)| < A$$

folgt nämlich, da

$$|f(a) - f(x)| \geqq |f(x)| - |f(a)|$$

und

$$|f(x) - f(b)| \geqq |f(x)| - |f(b)|$$

ist,

$$2|f(x)| < A + |f(a)| + |f(b)|. \qquad (a \leqq x \leqq b).$$

Ist $f(x)$ in $\langle a, b \rangle$ von beschränkter Variation, so ist die mittlere Schwankung von $f(x)$ in $\langle a, b \rangle$ null.

Um dies zu beweisen, zerlegen wir $\langle a, b \rangle$ in gleiche Teile und setzen

$$x_\nu = a + \frac{\nu}{p}(b - a). \qquad (\nu = 0, 1, \ldots, p)$$

Es kommt darauf an, zu zeigen, daß

$$\sigma_p = \frac{1}{p}\{\sigma(x_0, x_1) + \sigma(x_1, x_2) + \cdots + \sigma(x_{p-1}, x_p)\}$$

nach Null konvergiert, wenn p die Folge 1, 2, 3, ... durchläuft. Nun ist aber

$$\sigma(x_0, x_1) + \sigma(x_1, x_2) + \cdots + \sigma(x_{p-1}, x_p)$$

die obere Grenze von

$$|f(\xi_1) - f(\overline{\xi}_1)| + |f(\xi_2) - f(\overline{\xi}_2)| + \cdots + |f(\xi_p) - f(\overline{\xi}_p)|.$$
$$(x_{\nu-1} \leqq \xi_\nu < \overline{\xi}_\nu \leqq x_\nu).$$

Diese Summe ist aber nicht größer als

$$|f(\xi_1) - f(\overline{\xi}_1)| + |f(\overline{\xi}_1) - f(\xi_2)| + |f(\xi_2) - f(\overline{\xi}_2)|$$
$$+ \cdots + |f(\xi_p) - f(\overline{\xi}_p)|,$$

also sicher kleiner als A. Folglich ist

$$\sigma(x_0, x_1) + \sigma(x_1, x_2) + \cdots + \sigma(x_{p-1}, x_p) \leqq A$$

und

$$\sigma_p \leqq \frac{A}{p},$$

also lim $\sigma_p = 0$.

Man kann aus dem Obigen schließen, daß $\int_a^b f(x)dx$ immer existiert, wenn $f(x)$ in $\langle a, b \rangle$ von beschränkter Variation ist.

Dies läßt sich auch auf eine andere Weise erkennen. Es gilt nämlich der Satz:

Wenn die Funktion $f(x)$ in $\langle a, b \rangle$ von beschränkter Variation ist, so läßt sie sich als Summe von zwei in $\langle a, b \rangle$ monotonen Funktionen darstellen.

Nehmen wir eine beliebige Zerlegung $\mathfrak{Z}$ von $\langle a, b \rangle$ vor und sind $x_1, x_2, \ldots, x_{p-1}$ die Teilpunkte $(a < x_1 < \ldots < x_{p-1} < b)$, so ist

$$\sum(\mathfrak{Z}) = \sigma(a, x_1) + \sigma(x_1, x_2) + \cdots + \sigma(x_{p-1}, b) \leqq A.$$

Die obere Grenze der Zahlen $\sum(\mathfrak{Z})$ wollen wir mit $\overset{b}{\underset{a}{\sum}}$ bezeichnen.

Wenn $a < c < b$ ist, so ist

$$\overset{c}{\underset{a}{\sum}} + \overset{b}{\underset{c}{\sum}} = \overset{b}{\underset{a}{\sum}}.$$

$\overset{c}{\underset{a}{\sum}}$ ist nämlich die obere Grenze von

$$\sum_1(\mathfrak{Z}_1) = \sigma(a, y_1) + \sigma(y_1, y_2) + \cdots + \sigma(y_{m-1}, c)$$
$$(a < y_1 < \cdots < y_{m-1} < c)$$

und $\overset{b}{\underset{c}{\sum}}$ die obere Grenze von

$$\sum_2(\mathfrak{Z}_2) = \sigma(c, z_1) + \sigma(z_1, z_2) + \cdots + \sigma(z_{n-1}, b).$$
$$(c < z_1 < \cdots < z_{n-1} < b).$$

Nun ist aber $\qquad \sum_1(\mathfrak{Z}_1) + \sum_2(\mathfrak{Z}_2)$

ein Ausdruck $\sum(\mathfrak{Z})$. Umgekehrt ist $\sum(\mathfrak{Z})$ entweder selbst eine Summe $\sum_1(\mathfrak{Z}_1) + \sum_2(\mathfrak{Z}_2)$ oder wird dazu durch Einführung des neuen Teilpunktes c, so daß dann

$$\sum(\mathfrak{Z}) \leqq \sum_1(\mathfrak{Z}_1) + \sum_2(\mathfrak{Z}_2)$$

ist. Die Menge der Zahlen $\sum(\mathfrak{Z})$ und die der Zahlen $\sum_1(\mathfrak{Z}_1) + \sum_2(\mathfrak{Z}_2)$ stehen also in folgender Beziehung. Greift man aus irgend einer von ihnen eine Zahl heraus, so übertrifft sie nie alle Zahlen der andern Menge. Daraus folgt aber, daß die oberen Grenzen beider Mengen gleich sind.

Setzt man nun[1])

$$\varphi(x) = \tfrac{1}{2}\left(\overset{x}{\underset{a}{\sum}} + f(x)\right) \text{ und } \psi(x) = \tfrac{1}{2}\left(\overset{x}{\underset{a}{\sum}} - f(x)\right),$$

---

1) $\overset{a}{\underset{a}{\sum}}$ soll gleich Null sein.

so sind diese beiden Funktionen in $\langle a, b \rangle$ aufsteigend. Man hat nämlich, wenn $a \leq x < x + h \leq b$ ist,

$$\sum_{x}^{x+h} \geq |f(x+h) - f(x)|\,,$$

so daß $\;\varphi(x+h) - \varphi(x) = \tfrac{1}{2}\sum_{x}^{x+h} + \tfrac{1}{2}\{f(x+h) - f(x)\} \geq 0\;$ und

$$\psi(x+h) - \psi(x) = \tfrac{1}{2}\sum_{x}^{x+h} - \tfrac{1}{2}\{f(x+h) - f(x)\} \geq 0\,.$$

Da
$$f(x) = \varphi(x) - \psi(x)$$

ist, so haben wir $f(x)$ als Differenz der beiden in $\langle a, b \rangle$ aufsteigenden Funktionen[1]) $\varphi(x)$ und $\psi(x)$ oder als Differenz' der beiden in $\langle a, b \rangle$ absteigenden Funktionen[2]) $- \psi(x)$ und $- \varphi(x)$ oder als Summe der beiden monotonen Funktionen $\varphi(x)$ und $-\psi(x)$ dargestellt.

Daß $\displaystyle\int_{a}^{b} f(x)\,dx$ existiert, folgt jetzt aus § 151 und § 152.

§ 155. Stetige Funktionen. Daß $\displaystyle\int_{a}^{b} f(x)\,dx$ existiert, wenn $f(x)$ in $\langle a, b \rangle$ stetig ist, wissen wir bereits aus § 129. Wir können es aber auch mit Hilfe unseres Integrabilitätskriteriums in § 150 beweisen.

Daß $f(x)$ beschränkt ist, wissen wir aus § 105. Außerdem brauchen wir nur noch den Satz von der gleichmäßigen Stetigkeit, der so lautet:

Wenn $f(x)$ in $\langle a, b \rangle$ stetig ist, so läßt sich jedem positiven ε eine Zerlegung von $\langle a, b \rangle$ in eine endliche Anzahl von Teilintervallen entgegenstellen derart, daß in jedem Teilintervall die Schwankung von $f(x)$ kleiner als ε ist.

Jedem positiven ε läßt sich also eine Zerlegung $\mathfrak{Z}$ entgegenstellen, so daß

$$\sigma(a, x_1), \quad \sigma(x_1, x_2), \quad \ldots, \quad \sigma(x_{p-1}, b)$$

---

1) Zu jeder Funktion dürfen wir dieselbe Konstante C addieren. Wir können C so wählen, daß die Funktionen in $\langle a, b \rangle$ positiv sind.

alle kleiner als ε sind. Dann ist aber auch $\sigma(\mathfrak{Z}) < \varepsilon$ und die in § 150 angegebene Integrierbarkeitsbedingung ist erfüllt.

Um den Satz von der gleichmäßigen Stetigkeit zu beweisen, verfahren wir indirekt. Wäre der Satz nicht richtig, so würde ein positives ε, etwa ε_0, eine Ausnahme bilden.

Wir zerlegen nun $\langle a, b \rangle$ in p gleiche Teile. Dann muß wenigstens in einem Teilintervall die Schwankung größer oder gleich ε_0 sein. Ist $f(x_p)$ der größte, $f(\bar{x}_p)$ der kleinste Funktionswert in diesem Teilintervall, so hat man also

$$f(x_p) - (f\bar{x}_p) \geqq \varepsilon_0 \quad \text{und} \quad |x_p - \bar{x}_p| < \frac{b-a}{p}.$$

Nun sei $y_1, y_2, y_3, \ldots$ eine konvergente Teilfolge von $x_1, x_2, x_3, \ldots$ und $\bar{y}_1, \bar{y}_2, \bar{y}_3, \ldots$ die entsprechende Teilfolge in $\bar{x}_1, \bar{x}_2, \bar{x}_3, \ldots$. Setzt man $\lim y_n = y$, so wird auch $\lim \bar{y}_n = y$, weil $|y_1 - \bar{y}_1|$, $|y_2 - \bar{y}_2|, |y_3 - \bar{y}_3|, \ldots$ eine Teilfolge der nach Null konvergierenden Folge $|x_1 - \bar{x}_1|, |x_2 - \bar{x}_2|, |x_3 - \bar{x}_3|, \ldots$ ist.

Aus $\qquad \lim y_n = y \quad$ und $\quad \lim \bar{y}_n = y$

folgt aber wegen der Stetigkeit

$$\lim f(y_n) = f(y) \quad \text{und} \quad \lim f(\bar{y}_n) = f(y),$$

also $\qquad\qquad \lim \{ f(y_n) - f(\bar{y}_n) \} = 0,$

während doch immer $\quad f(y_n) - f(\bar{y}_n) \geqq \varepsilon_0 \quad$ ist.

§ 156. **Bestimmtes und unbestimmtes Integral.** Wenn $\int_a^b f(x)dx$ existiert und in dem ganzen Intervall $\langle a, b \rangle$ $F'(x) = f(x)$ ist, so gilt die Formel

$$\int_a^b f(x)dx = F(b) - F(a).$$

Zerlegen wir $\langle a, b \rangle$ in

$$\langle a, x_1 \rangle, \langle x_1, x_2 \rangle, \ldots, \langle x_{p-1}, b \rangle,$$
$$(a < x_1 < \ldots < x_{p-1} < b),$$

so ist nach § 67 $F(x_1) - F(a) = (x_1 - a)f(\xi_1), \qquad (a < \xi_1 < x_1)$

$$F(x_2) - F(x_1) = (x_2 - x_1)f(\xi_2), \qquad (x_1 < \xi_2 < x_2)$$

$$\cdots \cdots \cdots \cdots \cdots \cdots$$

$$F(b) - F(x_{p-1}) = (b - x_{p-1})f(\xi_p). \quad (x_{p-1} < \xi_p < b)$$

Hieraus ergibt sich

$$F(b) - F(a) = \mathop{\mathfrak{S}}\limits_a^b(\mathfrak{Z}),$$

wenn wir wie in § 143

$$(x_1 - a)f(\xi_1) + (x_2 - x_1)f(\xi_2) + \cdots + (b - x_{p-1})f(\xi_p) = \mathop{\mathfrak{S}}\limits_a^b(\mathfrak{Z})$$

setzen.

Lassen wir nun $\mathfrak{Z}$ eine ausgezeichnete $\mathfrak{Z}$-Folge durchlaufen, so ist

$$F(b) - F(a) = \lim \mathop{\mathfrak{S}}\limits_a^b(\mathfrak{Z}) = \int\limits_a^b f(x)dx.$$

Für die Differenz $F(b) - F(a)$ benutzt man die Bezeichnung

$$(F(x))_a^b.$$

Kennt man also in $\langle a, b \rangle$ das unbestimmte Integral von $f(x)$, so kann man das bestimmte Integral $\int\limits_a^b f(x)dx$ berechnen, falls es existiert.

Die beiden in § 144 behandelten Beispiele $\int\limits_0^b e^x dx$ und $\int\limits_a^b \dfrac{dx}{x}$ lassen sich auf diesem Wege viel einfacher erledigen.

§ 157. **Die Funktion** $\int\limits_c^x f(x)\,dx$. Die Funktion $f(x)$ sei in $\langle a, b \rangle$ integrierbar und c eine Zahl aus $\langle a, b \rangle$. Wir wollen die Funktion

$$F(x) = \int\limits_c^x f(x)\,dx \quad \text{betrachten.}$$

1. $F(x)$ ist in $\langle a, b \rangle$ stetig. Wenn $\lim x_n = x$ ist, so hat man

$$F(x_n) = \int\limits_c^{x_n} f(x)\,dx = \int\limits_c^x f(x)\,dx + \int\limits_x^{x_n} f(x)\,dx,$$

also $$F(x_n) = F(x) + \int\limits_x^{x_n} f(x)\,dx.$$

Bezeichnet K die obere Grenze von $|f(x)|$ in $\langle a, b\rangle$, so ist[1]

$$\left|\int\limits_{x}^{x_n} f(x)\,dx\right| \leqq |x-x_n|\,K,$$

also $\qquad \lim\limits \int\limits_{x}^{x_n} f(x)\,dx = 0, \quad \text{d. h.} \quad \lim F(x_n) = F(x).$

2. $F(x)$ ist in $\langle a, b\rangle$ von beschränkter Variation. Man hat nämlich für $a < a_1 < \cdots < a_{p-1} < b$

$$|F(a) - F(a_1)| + |F(a_1) - F(a_2)| + \cdots + |F(a_{p-1}) - F(b)|$$

$$= \left|\int\limits_{a}^{a_1} f(x)\,dx\right| + \left|\int\limits_{a_1}^{a_2} f(x)\,dx\right| + \cdots + \left|\int\limits_{a_{p-1}}^{b} f(x)\,dx\right| \leqq (b - a)\,K.$$

Die Zerlegung von $F(x)$ in zwei monotone Summanden läßt sich hier sehr einfach ausführen. Man setzt

$$\varphi(x) = \frac{|f(x)| + f(x)}{2}, \quad \psi(x) = \frac{|f(x)| - f(x)}{2}.$$

Dann existieren die beiden Integrale

$$\int\limits_{a}^{b} \varphi(x)\,dx, \quad \int\limits_{a}^{b} \psi(x)\,dx,$$

weil $\int\limits_{a}^{b} f(x)\,dx$ existiert (vgl. § 152 und § 153). Da in dem ganzen Intervall $\langle a, b\rangle$

$$\varphi(x) \geqq 0 \quad \text{und} \quad \psi(x) \geqq 0$$

ist, so sind

$$\Phi(x) = \int\limits_{c}^{x} \varphi(x)\,dx \quad \text{und} \quad \Psi(x) = \int\limits_{c}^{x} \psi(x)\,dx$$

beide aufsteigend. Man hat nämlich (für $a \leqq x < x + h \leqq b$)

$$\Phi(x + h) - \Phi(x) = \int\limits_{x}^{x+h} \varphi(x)\,dx \geqq 0,$$

---

[1] Man hat $\left|\int\limits_{a}^{b} f(x)\,dx\right| \leqq \int\limits_{a}^{b} |f(x)|\,dx$ (§ 153) und $\int\limits_{a}^{b} |f(x)|\,dx$ $\leqq (b - a)\,K.$

$$\Psi(x+h) - \Psi(x) = \int\limits_x^{x+h} \psi(x)\,dx \geqq 0.\ ^{1})$$

Nun ist aber $$f(x) = \varphi(x) - \psi(x),$$
also $$F(x) = \Phi(x) - \Psi(x).$$

Wenn in dem ganzen Intervall $\langle a, b\rangle\, f(x) \geqq 0$ (oder $f(x) \leqq 0$) ist so wird $\Psi(x) = 0$ (bzw. $\Phi(x) = 0$).

3. Wenn $f(x)$ an der Stelle x stetig ist, so hat man daselbst $$F'(x) = f(x).$$

Wenn $\lim x_n = x$ ist $(x_n \gtrless x)$, wird

$$\lim \mu\,(x, x_n) = f(x) \quad \text{und} \quad \lim \mathsf{M}\,(x, x_n) = f(x).$$

Wäre z. B. nicht $\lim \mu\,(x, x_n) = f(x)$, so gäbe es eine Teilfolge $\mu(x, \bar{x}_1)$, $\mu(x, \bar{x}_2)$, $\mu(x, \bar{x}_3)$, ..., die nach einem von $f(x)$ verschiedenen Grenzwert G konvergiert. In $(x, \bar{x}_n)$ existiert nun eine Stelle x_n', so daß

$$\mu(x, \bar{x}_n) \leqq f(x_n') \leqq \mu(x, \bar{x}_n) + \frac{1}{n}$$

ist. Hiernach wird $\lim f(x_n') = G$, während doch $\lim f(x_n') = f(x)$ sein muß.

Bedenkt man, daß

$$\mu(x, x_n) \leqq \frac{1}{x_n - x} \int\limits_x^{x_n} f(x)\,dx \leqq \mathsf{M}(x, x_n)$$

ist, so findet man

$$\lim \frac{F(x_n) - F(x)}{x_n - x} = \lim \frac{1}{x_n - x} \int\limits_x^{x_n} f(x)\,dx = f(x).$$

Wenn $f(x)$ in $\langle a, b\rangle$ stetig ist, so hat $F(x)$ in $\langle a, b\rangle$ überall die Ableitung $f(x)$. Ist $\Phi(x)$ irgend ein Integral von $f(x)$ in $\langle a, b\rangle$, d. h. $\Phi'(x) = f(x)$, so hat man

---

1) Wenn $f(x) \geqq 0$ ist, so ist $\int\limits_{}^{b} f(x)\,dx \geqq 0$ $(a < b)$. Das folgt aus der Definition in § 145.

$$\int\limits_{c}^{x} f(x)\,dx = \Phi(x) + C$$

und $C = -\,\Phi(c)$, da die linke Seite für $x = c$ Null ist. Also wird

$$\int\limits_{c}^{x} f(x)\,dx = (\Phi(x))_{c}^{x}\,,$$

wie uns schon aus § 156 bekannt ist.

§ 158. **Integrierbare unstetige Funktionen.** $\int\limits_{a}^{b} f(x)\,dx$
existiert, wenn $f(x)$ in $\langle a, b\rangle$ beschränkt ist und nur eine
endliche Anzahl von Unstetigkeitsstellen hat.

$\langle a, b\rangle$ zerfällt in eine endliche Anzahl von Teilintervallen $\langle \alpha, \beta\rangle$,
so daß $f(x)$ im Innern von $\langle \alpha, \beta\rangle$ stetig ist. Es genügt für uns zu
zeigen, daß $\int\limits_{\alpha}^{\beta} f(x)\,dx$ existiert (vgl. § 150).

Wir wählen zu diesem Zweck α', β' so, daß

$$\alpha < \alpha' < \beta' < \beta$$

und
$$\frac{(\alpha' - \alpha)\,\sigma\,(\alpha, \beta) + (\beta - \beta')\,\sigma\,(\alpha, \beta)}{\beta - \alpha} < \frac{\varepsilon}{2}$$

ist ($\varepsilon > 0$). Ferner zerlegen wir (α', β') so, daß in jedem Teilintervall die Schwankung von $f(x)$ kleiner als $\varepsilon/2$ ist.[1]) Dann haben
wir eine Zerlegung $\mathfrak{Z}$ von $\langle \alpha, \beta\rangle$ vor uns, für welche

$$\sigma(\mathfrak{Z}) < \varepsilon$$

ist. Nach dem Kriterium in § 150 existiert also $\int\limits_{\alpha}^{\beta} f(x)\,dx$.

Wir können schreiben

$$\int\limits_{\alpha}^{\beta} f(x)\,dx = \int\limits_{\alpha}^{\gamma} f(x)\,dx + \int\limits_{\gamma}^{\beta} f(x)\,dx. \qquad (\alpha < \gamma < \beta)$$

Wenn nun $\lim \alpha_n = \alpha\,(\alpha < \alpha_n < \gamma)$ und $\lim \beta_n = \beta\,(\gamma < \beta_n < \beta)$ ist,
so wird nach § 157

---

[1]) Das ist nach § 155 möglich, weil $f(x)$ in $\langle \alpha', \beta'\rangle$ stetig ist.

$$\int_\alpha^\gamma f(x)\,dx = \lim \int_{\alpha_n}^\gamma f(x)\,dx$$

und
$$\int_\gamma^\beta f(x)\,dx = \lim \int_\gamma^{\beta_n} f(x)\,dx,$$

also
$$\int_\alpha^\beta f(x)\,dx = \lim \int_{\alpha_n}^{\beta_n} f(x)\,dx$$

und
$$\int_a^b f(x)\,dx = \lim \sum \int_{\alpha_n}^{\beta_n} f(x)\,dx.$$

Das Integral der unstetigen Funktion $f(x)$ ist auf diese Weise als Grenzwert einer Summe von Integralen einer stetigen Funktion dargestellt.

§ 159. **Die partielle Integration.** $f(x)$ und $g(x)$ seien in $\langle a, b\rangle$ stetig. Wir wollen

$$F(x) = A + \int_a^x f(x)\,dx, \quad G(x) = B + \int_a^x g(x)\,dx$$

setzen (A, B Konstanten).

$F(x)$ und $G(x)$ sind dann (nach § 157) ebenfalls in $\langle a, b\rangle$ stetig, also auch die Produkte

$$f(x)G(x) \quad \text{und} \quad g(x)F(x).$$

Nun hat man $(F(x)G(x))' = f(x)G(x) + g(x)F(x)$, also nach § 156

$$(F(x)G(x))_a^b = \int_a^b f(x)\,G(x)\,dx + \int_a^b g(x)\,F(x)\,dx$$

oder
$$\int_a^b F(x)g(x)\,dx = (F(x)G(x))_a^b - \int_a^b G(x)f(x)\,dx.$$

Dies ist die Formel der partiellen Integration.

Sie gilt auch, wenn man nur fordert, daß $f(x)$ und $g(x)$ in $\langle a, b\rangle$ integrierbar sind.

Ist nämlich $a < x_1 < \cdots < x_{p-1} < b$ und setzt man $a = x_0$, $b = x_p$, so hat man

$$(F(x)\,G(x))_a^b = \sum_{\nu=1}^{p} \{ F(x_\nu)\,G(x_\nu) - F(x_{\nu-1})\,G(x_{\nu-1}) \}$$

$$= \sum G(x_\nu)\{ F(x_\nu) - F(x_{\nu-1}) \} + \sum F(x_{\nu-1})\{ G(x_\nu) - G(x_{\nu-1}) \},$$

oder $\quad (F(x)\,G(x))_a^b = \sum G(x_\nu)\int\limits_{x_{\nu-1}}^{x_\nu} f(x)\,dx + \sum F(x_{\nu-1})\int\limits_{x_{\nu-1}}^{x_\nu} g(x)\,dx.$

σ_ν sei die Schwankung von $f(x)$ und $\overline{\sigma}_\nu$ die von $g(x)$ in $\langle x_{\nu-1}, x_\nu \rangle$. Dann ist[1]

$$\int\limits_{x_{\nu-1}}^{x_\nu} f(x)\,dx = (x_\nu - x_{\nu-1})\{ f(x_\nu) + \vartheta_\nu\sigma_\nu \},$$

$$\int\limits_{x_{\nu-1}}^{x_\nu} g(x)\,dx = (x_\nu - x_{\nu-1})\{ g(x_{\nu-1}) + \overline{\vartheta}_\nu\overline{\sigma}_\nu \}$$

und ϑ_ν, $\overline{\vartheta}_\nu$ gehören dem Intervall $\langle -1, 1 \rangle$ an.

Wir wollen den größten Wert von $|F(x)|$ mit $\overline{M}$, den größten Wert von $|G(x)|$ mit M bezeichnen. Dann ergibt sich

$$(F(x)\,G(x))_a^b = \sum G(x_\nu)f(x_\nu)(x_\nu - x_{\nu-1})$$

$$+ \sum F(x_{\nu-1})g(x_{\nu-1})(x_\nu - x_{\nu-1}) + \varrho$$

und $\qquad |\varrho| < M\sum\sigma_\nu(x - x_{\nu-1}) + \overline{M}\sum\overline{\sigma}_\nu(x_\nu - x_{\nu-1}).$

Durchlaufen wir jetzt eine ausgezeichnete β-Folge, so wird

$$\lim \sum G(x_\nu)f(x_\nu)(x_\nu - x_{\nu-1}) = \int\limits_a^b f(x)\,G(x)\,dx,$$

$$\lim \sum F(x_{\nu-1})g(x_{\nu-1})(x_\nu - x_{\nu-1}) = \int\limits_a^b g(x)\,F(x)\,dx$$

---

[1] $\int\limits_a^b \varphi(x)\,dx$ und $\varphi(c)(b-a)$ sind, wenn $a \leqq c \leqq b$ ist, beide größer oder gleich $(b-a)\,\mu$ und kleiner oder gleich $(b-a)\,M$. Sie differieren also höchstens um $(b-a)\sigma$. Mit μ, M, σ bezeichnen wir die untere Grenze, die obere Grenze und die Schwankung von $\varphi(x)$ in $\langle a, b \rangle$.

und
$$\lim \varrho = 0,$$

und wir gewinnen dieselbe Formel wie im Falle stetiger $f(x)$, $g(x)$.

§ 160. **Anwendungen.** 1. $f(x)$ sei in $\langle a, b\rangle$ n-mal differenzierbar, und $f^{(n)}(x)$ in $\langle a, b\rangle$ integrierbar.

Dann findet man durch die partielle Integration

$$\frac{1}{(n-1)!}\int_a^b f^{(n)}(x)(b-x)^{n-1}dx$$

$$= -\frac{f^{(n-1)}(a)(b-a)^{n-1}}{(n-1)!} + \frac{1}{(n-2)!}\int_a^b f^{(n-1)}(x)(b-x)^{n-2}dx,$$

$$\frac{1}{(n-2)!}\int_a^b f^{(n-1)}(x)(b-x)^{n-2}dx$$

$$= -\frac{f^{(n-2)}(a)(b-a)^{n-2}}{(n-2)!} + \frac{1}{(n-3)!}\int_a^b f^{(n-2)}(x)(b-x)^{n-3}dx,$$

$$\cdot\ \cdot\ \cdot\ \cdot\ \cdot\ \cdot\ \cdot\ \cdot\ \cdot\ \cdot\ \cdot\ \cdot\ \cdot\ \cdot\ \cdot\ \cdot\ \cdot$$

$$\frac{1}{1!}\int_a^b f'(x)(b-x)dx = -\frac{f'(a)(b-a)}{1!} + \int_a^b f'(x)dx.$$

Endlich ist
$$\int_a^b f'(x)dx = f(b) - f(a).$$

Addiert man alle diese Gleichungen, so ergibt sich

$$f(b) = f(a) + \frac{b-a}{1!}f'(a) + \frac{(b-a)^2}{2!}f''(a) + \cdots + \frac{(b-a)^{n-1}}{(n-1)!}f^{(n-1)}(a) + R_n$$

und für R_n hat man

$$R_n = \frac{1}{(n-1)!}\int_a^b f^{(n)}(x)(b-x)^{n-1}dx.$$

Die erhaltene Formel ist nichts anderes als die Taylorsche Formel (vgl. § 74), und wir haben gleichzeitig eine neue Form für den Rest erhalten.

2. Um das Integral

$$J_m = \int_0^{\frac{\pi}{2}} \sin^m x\, dx \qquad\qquad (m = 1, 2, 3, \ldots)$$

zu berechnen, kann man sich der partiellen Integration bedienen. Man findet für $m > 1$

$$\int_0^{\frac{\pi}{2}} \sin^m x \, dx = -\left(\sin^{m-1} x \cos x\right)_0^{\frac{\pi}{2}} + (m-1)\int_0^{\frac{\pi}{2}} \sin^{m-2} x \cos^2 x \, dx$$

oder, da
$$\left(\sin^{m-1} x \cos x\right)_0^{\frac{\pi}{2}} = 0$$

ist,
$$\int_0^{\frac{\pi}{2}} \sin^m x \, dx = (m-1)\int_0^{\frac{\pi}{2}} \sin^{m-2} x \cos^2 x \, dx.$$

Benutzt man, daß $\cos^2 x = 1 - \sin^2 x$ ist, so ergibt sich

$$m\int_0^{\frac{\pi}{2}} \sin^m x \, dx = (m-1)\int_0^{\frac{\pi}{2}} \sin^{m-2} x \, dx$$

oder
$$J_m = \frac{m-1}{m} J_{m-2}.$$

Im Falle $m - 2 > 1$ hat man
$$J_{m-2} = \frac{m-3}{m-2} J_{m-4},$$

und so geht es fort.

Als letzte Gleichung kommt im Falle eines geraden m

$$J_2 = \frac{1}{2} J_0 = \frac{1}{2} \frac{\pi}{2},$$

so daß
$$J_{2n} = \frac{(2n-1)(2n-3)\ldots 1}{2n(2n-2)\ldots 2} \frac{\pi}{2} \qquad (n = 1, 2, 3, \ldots) \quad \text{ist.}$$

Im Falle eines ungeraden m kommt als letzte Gleichung

$$J_3 = \frac{2}{3} J_1 = \frac{2}{3} \int_0^{\frac{\pi}{2}} \sin x \, dx = \frac{2}{3},$$

so daß
$$J_{2n+1} = \frac{2n(2n-2)\ldots 2}{(2n+1)(2n-1)\ldots 3} \qquad (n = 1, 2, 3, \ldots) \quad \text{ist.}$$

§ 161. Transformation eines bestimmten Integrals.
In $\langle \alpha, \beta \rangle$ sei $\varphi(u)$ monoton und $\varphi'(u)$ integrierbar. Wir setzen $\varphi(\alpha) = a$, $\varphi(\beta) = b$ und nehmen an, daß

$$\int\limits_a^b f(x)\,dx$$

existiert. Hat man $\alpha < \alpha_1 < \cdots < \alpha_{p-1} < \beta$, $(\alpha = \alpha_0, \beta = \alpha_p)$

und
$$x_\nu = \varphi(\alpha_\nu), \qquad\qquad (\nu = 0, 1, \ldots, p)$$

so ist nach § 67 $\quad x_\nu - x_{\nu-1} = (\alpha_\nu - \alpha_{\nu-1})\varphi'(\beta_\nu), \quad (\alpha_{\nu-1} < \beta_\nu < \alpha_\nu)$

und
$$\xi_\nu = \varphi(\beta_\nu)$$

liegt sicher in $\langle x_{\nu-1}, x_\nu \rangle$.

δ_p sei die Maximallänge der Teilintervalle $\langle \alpha_{\nu-1}, \alpha_\nu \rangle$ und K die obere Grenze von $|\varphi'(u)|$ in $\langle \alpha, \beta \rangle$. Dann sind die Intervalle $\langle x_{\nu-1}, x_\nu \rangle$ alle kleiner als $K\delta_p$. Einer ausgezeichneten β-Folge des Intervalls $\langle \alpha, \beta \rangle$ entspricht also eine ausgezeichnete β-Folge des Intervalls $\langle a, b \rangle$. Auf Grund dieser Bemerkung überzeugt man sich leicht, daß $f(\varphi(u))\varphi'(u)$ in $\langle \alpha, \beta \rangle$ integrierbar ist.

Durchlaufen wir nämlich eine ausgezeichnete β-Folge des Intervalls $\langle \alpha, \beta \rangle$, so wird

$$\lim \sum f(\xi_\nu)(x_\nu - x_{\nu-1}) = \int\limits_a^b f(x)\,dx$$
$$= \lim \sum f(\varphi(\beta_\nu))\varphi'(\beta_\nu)\,\alpha_\nu - \alpha_{\nu-1}).$$

Der Grenzwert bleibt derselbe, wenn man jedes β_ν durch ein beliebiges $\bar{\beta}_\nu$ aus $\langle \alpha_{\nu-1}, \alpha_\nu \rangle$ ersetzt. Schreibt man nämlich $\bar{\xi}_\nu = \varphi(\bar{\beta}_\nu)$, so ist

$$\sum f(\varphi(\beta_\nu))\varphi'(\beta_\nu)(\alpha_\nu - \alpha_{\nu-1}) - \sum f(\varphi(\bar{\beta}_\nu))\varphi'(\bar{\beta}_\nu)(\alpha_\nu - \alpha_{\nu-1})$$
$$= \sum [f(\xi_\nu) - f(\bar{\xi}_\nu)](x_\nu - x_{\nu-1}) + \sum f(\bar{\xi}_\nu)[\varphi'(\beta_\nu) - \varphi'(\bar{\beta}_\nu)](\alpha_\nu - \alpha_{\nu-1}).$$

Die beiden letzten Summen konvergieren aber nach Null wegen der vorausgesetzten Integrierbarkeit von $f(x)$ und $\varphi'(u)$. Hierbei ist zu berücksichtigen, daß $f(x)$ wegen seiner Integrierbarkeit beschränkt sein muß. Man sieht also, daß $f(\varphi(u))\varphi'(u)$ integrierbar ist und daß folgende Gleichung gilt:

$$\int\limits_a^b f(x)\,dx = \int\limits_\alpha^\beta f(\varphi(u))\varphi'(u)\,du. \quad (a = \varphi(\alpha), b = \varphi(\beta))$$

Ist $\varphi(u)$ in $\langle \alpha, \beta \rangle$ abteilungsweise monoton und $\varphi'(u)$ in $\langle \alpha, \beta \rangle$ integrierbar, so gilt die obige Formel auch noch. Nur muß man fordern, daß $f(x)$ in $\langle A, B \rangle$ integrierbar ist, wobei A den kleinsten und B den größten Wert von $\varphi(u)$ in $\langle \alpha, \beta \rangle$ bedeutet. Man beweist die Formel, indem man $\langle \alpha, \beta \rangle$ in Monotonieintervalle[1]) von $\varphi(u)$ zerlegt und auf jedes dieser Intervalle das schon erhaltene Resultat anwendet.

§ 162. **Die beiden Mittelwertsätze.** 1. $f(x)$ und $\varphi(x)$ seien in $\langle a, b \rangle$ integrierbar und $\varphi(x)$ nie negativ. Bezeichnen wir mit μ die untere, mit M die obere Grenze von $f(x)$ in $\langle a, b \rangle$, so ist

$$\mu \int_a^b \varphi(x)\,dx \leqq \int_a^b f(x)\varphi(x)\,dx \leqq M \int_a^b \varphi(x)\,dx$$

oder

$$\int_a^b f(x)\varphi(x)\,dx = \mathfrak{m} \int_a^b \varphi(x)\,dx,$$

wobei $\mathfrak{m}$ eine Zahl aus dem Intervalle $\langle \mu, M \rangle$ ist.

Diese Formel nennt man den ersten Mittelwertsatz. Wir wissen, daß

$$\int_a^b f(x)\varphi(x)\,dx = \lim \sum f(\xi_\nu)\varphi(\xi_\nu)(x_\nu - x_{\nu-1})$$

und

$$\int_a^b \varphi(x)\,dx = \lim \sum \varphi(\xi_\nu)(x_\nu - x_{\nu-1})$$

ist, wenn man eine ausgezeichnete $\mathfrak{Z}$-Folge durchläuft. Wegen $\varphi(x) \geqq 0$ hat man aber

$$\mu \sum \varphi(\xi_\nu)(x_\nu - x_{\nu-1}) \leqq \sum f(\xi_\nu)\varphi(\xi_\nu)(x_\nu - x_{\nu-1})$$
$$\leqq M \sum \varphi(\xi_\nu)(x_\nu - x_{\nu-1}).$$

Daraus folgt der obige Mittelwertsatz.

Da man bei der Wahl der ξ die Grenzen a und b vermeiden kann, so darf man unter μ und M auch die untere bzw.

---

1) d. h. Intervalle, in denen $\varphi(u)$ monoton ist.

obere Grenze von $f(x)$ in (a, b) verstehen. Wenn $f(x)$ in $\langle a, b\rangle$ stetig ist, so können wir

$$\mathfrak{m} = f(\xi) \qquad\qquad (a \leqq \xi \leqq b)$$

setzen und haben dann

$$\int\limits_a^b f(x)\,\varphi(x)\,dx = f(\xi)\int\limits_a^b \varphi(x)\,dx. \qquad (a \leqq \xi \leqq b)$$

Ist auch $\varphi(x)$ in $\langle a, b\rangle$ stetig und hat man im Innern von $\langle a, b\rangle$ immer $\varphi(x) > 0$, so können wir auf

$$F(x) = \int\limits_a^x f(x)\,\varphi(x)\,dx \quad \text{und} \quad G(x) = \int\limits_a^x \varphi(x)\,dx$$

den Satz aus § 70 anwenden. Danach ist dann

$$\frac{\int\limits_a^b f(x)\,\varphi(x)\,dx}{\int\limits_a^b \varphi(x)\,dx} = \frac{f(\xi)\,\varphi(\xi)}{\varphi(\xi)} = f(\xi)$$

oder

$$\int\limits_a^b f(x)\,\varphi(x)\,dx = f(\xi)\int\limits_a^b \varphi(x)\,dx,$$

und diesmal wissen wir, daß $a < \xi < b$ ist.

Anwendung. In § 160 fanden wir für den Rest in der Taylorschen Formel die Gleichung

$$R_n = \frac{1}{(n-1)!}\int\limits_a^b f^{(n)}(x)\,(b-x)^{n-1}\,dx.$$

Ist $f^{(n)}(x)$ in $\langle a, b\rangle$ stetig, so liefert der erste Mittelwertsatz

$$\int\limits_a^b f^{(n)}(x)\,(b-x)^{n-1}\,dx = f^{(n)}(\xi)\int\limits_a^b (b-x)^{n-1}\,dx.$$

Nun hat man aber

$$\int (b-x)^{n-1}\,dx = -\frac{(b-x)^n}{n} + C,$$

also
$$R_n = \frac{(b-a)^n}{n!} f^{(n)}(\xi). \qquad (a < \xi < b)$$

Das ist die Lagrangesche Restform.

Die Cauchysche Restform ergibt sich, wenn man schreibt

$$\int_a^b f^{(n)}(x)(b-x)^{n-1}\,dx = f^{(n)}(\xi)(b-\xi)^{n-1}\int_a^b dx$$

$$= f^{(n)}(\xi)(b-\xi)^{n-1}(b-a). \qquad (a < \xi < b)$$

Man findet dann, da $\qquad \xi = a + \vartheta(b-a) \qquad (0 < \vartheta < 1)$
gesetzt werden darf,

$$R_n = \frac{(b-a)^n(1-\vartheta)^{n-1}}{(n-1)!} f^{(n)}(a + \vartheta(b-a)).$$

2. $f(x)$ sei in $\langle a, b\rangle$ integrierbar, $\psi(x)$ in $\langle a, b\rangle$ absteigend. Endlich sei

$$\psi(a) = 1, \quad \psi(b) = 0.$$

Ist dann $\qquad x_0 < x_1 < \cdots < x_{p-1} < x_p \qquad (x_0 = a,\ x_p = b)$

und bedeutet μ_k die untere Grenze, M_k die obere Grenze und σ_k die Schwankung von $f(x)$ in $\langle x_{k-1}, x_k\rangle$, so hat man (nach § 147)

$$\sum \mu_k(x_k - x_{k-1}) \leqq \int_a^b f(x)\,dx \leqq \sum \mathsf{M}_k(x_k - x_{k-1}).$$

Ebenso ist aber, wenn ξ_k dem Intervall $\langle x_{k-1}, x_k\rangle$ angehört

$$\sum \mu_k(x_k - x_{k-1}) \leqq \sum f(\xi_k)(x_k - x_{k-1}) \leqq \sum \mathsf{M}_k(x_k - x_{k-1}).$$

Das Integral $\int_a^b f(x)\,dx$ wird also durch

$$\sum_{k=1}^p f(\xi_k)(x_k - x_{k-1})$$

mit einem Fehler dargestellt, der höchstens gleich

$$D = \sum_{k=1}^p \sigma_k(x_k - x_{k-1}) \quad \text{ist.}$$

Der Fehler, mit welchem

$$\sum_{k=1}^q f(\xi_k)(x_k - x_{k-1}) \qquad (q = 1, 2, \ldots, p)$$

das Integral
$$\int_a^{x_q} f(x)\, dx$$

darstellt, ist höchstens gleich

$$\sum_{k=1}^{q} \sigma_k(x_k - x_{k-1}),$$

also nicht größer als D.[1])

Bevor wir weiter gehen, müssen wir den sogenannten Abelschen Hilfssatz beweisen. Er lautet:

Hat man $\quad\quad \varepsilon_1 \geqq \varepsilon_2 \geqq \cdots \geqq \varepsilon_p \geqq 0,$

und sind $u_1, u_2, \ldots, u_p$ irgend welche Zahlen, so ist immer

$$\varepsilon_1 u_1 + \varepsilon_2 u_2 + \cdots + \varepsilon_p u_p = \varepsilon_1 \mathfrak{M}(u_1, u_1 + u_2, \cdots, u_1 + u_2 + \cdots + u_p).$$

Mit $\mathfrak{M}(u_1, u_1 + u_2, \cdots, u_1 + u_2 + \cdots + u_p)$ bezeichnen wir eine Zahl, die nicht kleiner ist als die kleinste und nicht größer ist als die größte der Zahlen $u_1, u_1 + u_2, \cdots, u_1 + u_2 + \cdots + u_p$.

Setzen wir $s_1 = u_1, s_2 = u_1 + u_2, \cdots, s_p = u_1 + u_2 + \cdots + u_p,$ so wird

$$\varepsilon_1 u_1 + \varepsilon_2 u_2 + \cdots + \varepsilon_p u_p = \varepsilon_1 s_1 + \varepsilon_2(s_2 - s_1) + \cdots + \varepsilon_p(s_p - s_{p-1})$$
$$= (\varepsilon_1 - \varepsilon_2)s_1 + (\varepsilon_2 - \varepsilon_3)s_2 + \cdots + (\varepsilon_{p-1} - \varepsilon_p)s_{p-1} + \varepsilon_p s_p.$$

Ist s die kleinste und S die größte der Zahlen $s_1, s_2, \ldots, s_p$, so hat man, da nach Voraussetzung

$$\varepsilon_1 - \varepsilon_2 \geqq 0, \varepsilon_2 - \varepsilon_3 \geqq 0, \cdots, \varepsilon_{p-1} - \varepsilon_p \geqq 0, \varepsilon_p \geqq 0 \quad \text{ist,}$$
$$(\varepsilon_1 - \varepsilon_2)s \leqq (\varepsilon_1 - \varepsilon_2)s_1 \leqq (\varepsilon_1 - \varepsilon_2)S,$$
$$(\varepsilon_2 - \varepsilon_3)s \leqq (\varepsilon_2 - \varepsilon_3)s_2 \leqq (\varepsilon_2 - \varepsilon_3)S,$$
$$\cdots \cdots \cdots \cdots \cdots \cdots \cdots \cdots$$
$$(\varepsilon_{p-1} - \varepsilon_p)s \leqq (\varepsilon_{p-1} - \varepsilon_p)s_{p-1} \leqq (\varepsilon_{p-1} - \varepsilon_p)S,$$
$$\varepsilon_p s \leqq \varepsilon_p s_p \leqq \varepsilon_p S.$$

Daraus folgt aber durch Addition

$$\varepsilon_1 s \leqq (\varepsilon_1 - \varepsilon_2)s_1 + (\varepsilon_2 - \varepsilon_3)s_2 + \cdots + (\varepsilon_{p-1} - \varepsilon_p)s_{p-1} + \varepsilon_p s_p \leqq \varepsilon_1 S,$$

womit der Abelsche Hilfssatz bewiesen ist.

---

1) Man bedenke, daß $\sigma_k \geqq 0$ und $x_k - x_{k-1} > 0$ ist.

Diesen Hilfssatz können wir nun auf

$$\sum_{k=1}^{p} f(\xi_k)\,\psi(\xi_k)\,(x_k - x_{k-1})$$

anwenden. Setzen wir

$$\varepsilon_k = \psi(\xi_k) \quad \text{und} \quad u_k = f(\xi_k)(x_k - x_{k-1}),$$

so sind die Bedingungen des Hilfssatzes erfüllt. Er liefert, wenn man $\xi_1 = a$ nimmt (so daß $\varepsilon_1 = \psi(a) = 1$ wird),

$$\sum_{k=1}^{p} f(\xi_k)\,\psi(\xi_k)\,(x_k - x_{k-1})$$

$$= \mathfrak{M}\left(\sum_{k=1}^{1} f(\xi_k)(x_k - x_{k-1}), \cdots, \sum_{k=1}^{p} f(\xi_k)\,(x_k - x_{k-1})\right).$$

Wir wissen aus § 157, daß die Funktion

$$\int_a^x f(x)\,dx$$

in $\langle a, b\rangle$ stetig ist. Ihr größter Wert in $\langle a, b\rangle$ sei

$$\int_a^{\eta} f(x)\,dx,$$

ihr kleinster

$$\int_a^{\overline{\eta}} f(x)\,dx.$$

Da nun für $q = 1, 2, \ldots, p$

$$\int_a^{x_q} f(x)\,dx - D \leqq \sum_{k=1}^{q} f(\xi_k)\,(x_k - x_{k-1}) \leqq \int_a^{x_q} f(x)\,dx + D$$

ist, so wird auch

$$\int_a^{\overline{\eta}} f(x)\,dx - D \leqq \sum_{k=1}^{q} f(\xi_k)\,(x_k - x_{k-1}) \leqq \int_a^{\eta} f(x)\,dx + D$$

sein. Dann folgt aber

$$\int_a^{\overline{\eta}} f(x)\,dx - D \leqq \sum_{k=1}^{p} f(\xi_k)\,\psi(\xi_k)\,(x_k - x_{k-1}) \leqq \int_a^{\eta} f(x)\,dx +$$

Durchlaufen wir eine ausgezeichnete Folge von Zerlegungen, so wird

$$\lim \sum_{k=1}^{p} f(\xi_k)\,\psi(\xi_k)\,(x_k - x_{k-1}) = \int_a^b f(x)\,\psi(x)\,dx$$

und

$$\lim D = \lim \sum_{k=1}^{p} \sigma_k\,(x_k - x_{k-1}) = 0.$$

Also hat man $\int_a^{\bar{\eta}} f(x)\,dx \leqq \int_a^b f(x)\,\psi(x)\,dx \leqq \int_a^{\eta} f(x)\,dx$.

Da $\int_a^x f(x)\,dx$ in $\langle a, b\rangle$ stetig ist, so gibt es in diesem Intervall eine Stelle ξ derart, daß

$$\int_a^b f(x)\,\psi(x)\,dx = \int_a^{\xi} f(x)\,dx \quad \text{ist.}$$

Dieses Resutat läßt sich leicht verallgemeinern.

$\chi(x)$ sei in $\langle a, b\rangle$ monoton (aber nicht konstant). Setzen wir dann

$$\psi(x) = \frac{\chi(x) - \chi(b)}{\chi(a) - \chi(b)},$$

so ist $\psi(x)$ in $\langle a, b\rangle$ absteigend, und man hat außerdem

$$\psi(a) = 1, \quad \psi(b) = 0.$$

Es sind also, wenn $f(x)$ in $\langle a, b\rangle$ integrierbar ist, alle Bedingungen unserer obigen Betrachtungen erfüllt, und man hat

$$\int_a^b f(x)\,\frac{\chi(x) - \chi(b)}{\chi(a) - \chi(b)}\,dx = \int_a^{\xi} f(x)\,dx.$$

Hieraus ergibt sich aber

$$\int_a^b f(x)\,\chi(x)\,dx = \chi(a)\int_a^{\xi} f(x)\,dx + \chi(b)\int_{\xi}^b f(x)\,dx.$$

$$(a \leqq \xi \leqq b)$$

Diese Formel nennt man den zweiten Mittelwertsatz.

Wenn eine Funktion $F(x)$ in $\langle a, b\rangle$ integrierbar ist und eine zweite Funktion $G(x)$ in $\langle a, b\rangle$ mit Ausnahme einer einzigen Stelle durchweg mit $F(x)$ übereinstimmt, so ist $G(x)$ ebenfalls in $\langle a, b\rangle$ integrierbar, und zwar ist

$$\int_a^b G(x)\,dx = \int_a^b F(x)\,dx.$$

Hat man sich von der Richtigkeit dieser Bemerkung überzeugt[1]), so ergibt sich sofort, daß man an einer endlichen Anzahl von Stellen den Funktionswert $F(x)$ modifizieren darf, ohne daß $\int_a^b F(x)\,dx$ zu existieren aufhört und ohne daß es seinen Wert ändert.

Wir wollen jetzt in der Formel des zweiten Mittelwertsatzes

$$\chi(a) \text{ durch } A \quad \text{und} \quad \chi(b) \text{ durch } B$$

ersetzen, dabei aber A und B so wählen, daß die modifizierte Funktion $\chi(x)$ in $\langle a, b\rangle$ noch monoton ist. Dann bleibt $\int_a^b f(x)\,\chi(x)\,dx$ ungeändert. Es ändert sich höchstens ξ, und wir haben

$$\int_a^b f(x)\,\chi(x)\,dx = A \int_a^\xi f(x)\,dx + B \int_\xi^b f(x)\,dx.$$

$$(a \leqq \xi \leqq h)$$

Ist $\chi(x)$ in $\langle a, b\rangle$ absteigend und nie negativ, so können wir $B = 0$ setzen und erhalten dann

$$\int_a^b f(x)\,\chi(x)\,dx = A \int_a^\xi f(x)\,dx.$$

$$(a \leqq \xi \leqq b; \quad A \geqq \chi(a))$$

Ist $\chi(x)$ in $\langle a, b\rangle$ aufsteigend und nie negativ, so können wir $A = 0$ setzen und erhalten dann

$$\int_a^b f(x)\,\chi(x)\,dx = B \int_\xi^b f(x)\,dx.$$

$$(a \leqq \xi \leqq b, \quad B \geqq \chi(b))$$

---

1) Sie ergibt sich direkt aus der Definition des bestimmten Integrals in § 145.

§ 163. **Das Integral**

$$J_n = \int\limits_0^h \frac{\sin n x}{x}\,dx.$$

n soll eine positive ganze Zahl sein und $h > 0$.

Das Symbol $\frac{\sin n x}{x}$ ist für $x = 0$ bedeutungslos. Wir wollen festsetzen, daß es für $x = 0$ die Zahl n bedeuten soll. Dann ist $\frac{\sin n x}{x}$ durchweg stetig, da man für $x \gtrless 0$

$$\frac{\sin n x}{x} = n - \frac{n^3 x^2}{3!} + \frac{n^5 x^4}{5!} - \cdots$$

hat, und die Potenzreihe rechts durchweg stetig ist.

Setzen wir $n x = u$, so wird (nach § 161)

$$J_n = \int\limits_0^{nh} \frac{\sin u}{u}\,du,$$

also

$$J_n - J_\nu = \int\limits_{\nu h}^{n h} \frac{\sin u}{u}\,du.$$

Wir wollen $n > \nu$ voraussetzen und auf das letzte Integral den zweiten Mittelwertsatz anwenden. $\frac{1}{u}$ ist in $\langle \nu h, n h \rangle$ positiv und absteigend. Mithin dürfen wir in der Formel des zweiten Mittelwertsatzes

$$A = \frac{1}{\nu h} \quad \text{und} \quad B = 0$$

setzen. Dann erhalten wir

$$\int\limits_{\nu h}^{n h} \frac{\sin u}{u}\,dx = \frac{1}{\nu h} \int\limits_{\nu h}^{\xi} \sin u\,du. \qquad (\nu h \leqq \xi \leqq n h)$$

Nun ist aber $\int\limits_{\nu h}^{\xi} \sin u\,du = -(\cos u)_{\nu h}^{\xi} = \cos \nu h - \cos \xi$,

also

$$|J_n - J_\nu| \leqq \frac{2}{\nu h},$$

da $\cos \nu h$ und $\cos \xi$ ihrem Betrage nach kleiner oder gleich 1 sind.

Ist ε eine positive Zahl, so können wir den Index ν so wählen, daß $2/\nu h < \varepsilon$ wird. Dann haben für $n > \nu$

$$|J_n - J_\nu| < \varepsilon.$$

Nach § 27 läßt sich hieraus schließen, daß $\lim J_n$ existiert.

§ 164. **Die Integrale**

$$A_n = \int\limits_a^b f(x)\,\cos nx\,dx \quad \text{und} \quad B_n = \int\limits_a^b f(x)\,\sin nx\,dx\,.$$

$f(x)$ sei in $\langle a, b\rangle$ integrierbar. Wir werden zeigen, daß dann

$$\lim A_n = 0 \quad \text{und} \quad \lim B_n = 0 \quad \text{ist.}$$

$\langle a, b\rangle$ läßt sich so in Teilintervalle

$$\langle x_{\nu-1}, x_\nu\rangle \qquad\qquad (\nu = 1, 2, \ldots, p)$$

zerlegen, daß $\qquad D = \sum \sigma_\nu (x_\nu - x_{\nu-1}) < \dfrac{\varepsilon}{2}$

wird $(\varepsilon > 0)$. Dabei bedeutet σ_ν die Schwankung von $f(x)$ in $\langle x_{\nu-1}, x_\nu\rangle$. Nun ist aber

$$A_n = \sum \int\limits_{x_{\nu-1}}^{x_\nu} f(x)\,\cos nx\,dx$$

$$= \sum f(x_{\nu-1})\int\limits_{x_{\nu-1}}^{x_\nu}\cos nx\,dx + \sum \int\limits_{x_{\nu-1}}^{x_\nu} \{f(x) - f(x_{\nu-1})\}\cos nx\,dx$$

und $\quad B_n = \sum \int\limits_{x_{\nu-1}}^{x_\nu} f(x)\,\sin nx\,dx$

$$= \sum f(x_{\nu-1})\int\limits_{x_{\nu-1}}^{x_\nu}\sin nx\,dx + \sum \int\limits_{x_{\nu-1}}^{x_\nu} \{f(x) - f(x_{\nu-1})\}\sin nx\,dx\,.$$

Daraus läßt sich folgern

$$|A_n| \leq \frac{2}{n}\sum |f(x_{\nu-1})| + D$$

und ebenso $\qquad |B_n| \leq \frac{2}{n}\sum |f(x_{\nu-1})| + D\,.$

Wählt man k so, daß $\quad \dfrac{2}{k}\sum |f(x_{\nu-1})| < \dfrac{\varepsilon}{2}$

ist, so hat man für $n \geq k$

$$|A_n| < \varepsilon \quad \text{und} \quad |B_n| < \varepsilon.$$

Das bedeutet aber, daß $\lim A_n = \lim B_n = 0$ ist.

§ 165. **Berechnung von**

$$\lim \int\limits_0^h \frac{\sin nx}{x}\,dx.$$

Da nach § 164 $\quad \lim \int\limits_h^{h'} \frac{\sin nx}{x}\,dx = 0$

ist, wenn $h,\,h'$ beide größer als Null sind, so ist $\lim \int\limits_0^h \frac{\sin nx}{x}\,dx$ ganz unabhängig davon, welchen positiven Wert h hat.

Wir können uns also darauf beschränken

$$\lim \int\limits_0^{\frac{1}{2}\pi} \frac{\sin nx}{x}\,dx \quad \text{zu betrachten.}$$

Für $0 < x \leq \frac{1}{2}\pi$ ist

$$\frac{1}{x} - \frac{1}{\sin x} = \frac{\sin x - x}{x \sin x}$$

stetig. Da $\dfrac{\sin x - x}{x \sin x} = \dfrac{-\dfrac{x^3}{3!} + \dfrac{x^5}{5!} - \cdots}{x^2 - \dfrac{x^4}{3!} + \cdots} = -\,x\,\dfrac{\dfrac{1}{3!} - \dfrac{x^2}{5!} + \cdots}{1 - \dfrac{x^2}{3!} + \cdots}$

bei nach Null konvergierendem x den Grenzwert 0 hat, so wird $\frac{1}{x} - \frac{1}{\sin x}$ auch für $x = 0$ stetig sein, wenn wir für $x = 0$ dem bedeutungslosen Symbol den Wert Null beilegen.

Nach § 164 ist dann

$$\lim \int\limits_0^{\frac{1}{2}\pi} \left(\frac{1}{x} - \frac{1}{\sin x}\right) \sin nx\,dx = 0,$$

also $\quad\quad \lim \int\limits_0^{\frac{1}{2}\pi} \frac{\sin nx}{\sin x}\,dx = \lim \int\limits_0^{\frac{1}{2}\pi} \frac{\sin nx}{x}\,dx.$

Um den Grenzwert zu finden, genügt es, eine Teilfolge zu betrachten. Wir wollen die Teilfolge betrachten, die den ungeraden Indizes entspricht.

Wir gehen von der Bemerkung aus, daß

$$\cos(p-1)\varphi - 2\cos p\varphi + \cos(p+1)\varphi = 2(\cos\varphi - 1)\cos p\varphi$$

ist. Setzen wir

$$u_p = \cos(p-1)\varphi - \cos p\varphi,$$

so lautet diese Formel

$$u_{p+1} - u_p = 2(1-\cos\varphi)\cos p\varphi.$$

Wir schreiben nun folgende Kette von Gleichungen auf:

$$u_1 = 1 - \cos\varphi,$$
$$u_2 - u_1 = 2(1-\cos\varphi)\cos\varphi,$$
$$u_3 - u_2 = 2(1-\cos\varphi)\cos 2\varphi,$$
$$\cdot \quad \cdot \quad \cdot \quad \cdot \quad \cdot \quad \cdot \quad \cdot \quad \cdot \quad \cdot \quad \cdot$$
$$u_{p+1} - u_p = 2(1-\cos\varphi)\cos p\varphi.$$

Daraus ergibt sich

$$\tfrac{1}{2}u_{p+1} = \left(\tfrac{1}{2} + \cos\varphi + \cos 2\varphi + \cdots + \cos p\varphi\right)(1-\cos\varphi),$$

also im Falle $\cos\varphi < 1$

$$\tfrac{1}{2} + \cos\varphi + \cos 2\varphi + \cdots + \cos p\varphi = \frac{\cos p\varphi - \cos(p+1)\varphi}{2(1-\cos\varphi)}.$$

Da

$$\cos(p+1)\varphi = \cos\left(\left(p+\tfrac{1}{2}\right)\varphi + \tfrac{1}{2}\varphi\right);$$
$$\cos p\varphi = \cos\left(\left(p+\tfrac{1}{2}\right)\varphi - \tfrac{1}{2}\varphi\right)$$

ist, so wird $\cos p\varphi - \cos(p+1)\varphi = 2\sin\left(p+\tfrac{1}{2}\right)\varphi \sin\tfrac{\varphi}{2}$,

$$1 - \cos\varphi = 2\sin^2\tfrac{\varphi}{2},$$

also $\quad \tfrac{1}{2} + \cos\varphi + \cos 2\varphi + \cdots + \cos p\varphi = \dfrac{\sin\left(p+\tfrac{1}{2}\right)\varphi}{2\sin\tfrac{1}{2}\varphi}.$

Beschränken wir φ auf das Intervall $\langle 0, \pi \rangle$, so ist $\sin \frac{1}{2}\varphi$ nur für $\varphi = 0$ gleich Null. Schreiben wir dem Symbol

$$\frac{\sin (p + \frac{1}{2})\varphi}{2 \sin \frac{1}{2}\varphi}$$

für $\varphi = 0$ den Wert $p + \frac{1}{2}$ zu, so gilt die Formel auch für $\varphi = 0$.

In dem Integral $\qquad \int\limits_0^{\frac{1}{2}\pi} \frac{\sin (2p + 1)x}{\sin x}\,dx$

dürfen wir also schreiben

$$\frac{\sin (2p + 1)x}{\sin x} = 2 \left(\frac{1}{2} + \cos 2x + \cos 4x + \cdots + \cos 2px \right).$$

Daraus folgt aber

$$\int\limits_0^{\frac{1}{2}\pi} \frac{\sin (2p + 1)x}{\sin x}\,dx = \int\limits_0^{\frac{1}{2}\pi} dx + \sum_{\nu=1}^{p} 2 \int\limits_0^{\frac{1}{2}\pi} \cos 2\nu x\,dx$$

oder, da $\qquad 2 \int\limits_0^{\frac{1}{2}\pi} \cos 2\nu x\,dx = \frac{1}{\nu} (\sin 2\nu x)_0^{\frac{1}{2}\pi} = 0 \qquad$ ist,

$$\int\limits_0^{\frac{1}{2}\pi} \frac{\sin (2p + 1)x}{\sin x}\,dx = \frac{\pi}{2}.$$

Jetzt können wir schließen:

$$\lim \int\limits_0^h \frac{\sin nx}{x}\,dx = \frac{\pi}{2}. \qquad\qquad (h > 0)$$

Noch eine Bemerkung über das Integral $\int\limits_0^h \frac{\sin nx}{x}\,dx$ wollen wir hier anfügen.

Wenn $h \leqq \dfrac{\pi}{n}$ ist, so hat man

$$0 < \int\limits_0^h \frac{\sin nx}{x}\,dx \leqq \int\limits_0^{\pi/n} \frac{\sin nx}{x}\,dx = \int\limits_0^{\pi} \frac{\sin u}{u}\,du.^{1)}$$

---

1) $u = nx$.

Ist $h > \frac{\pi}{n}$, so schreibe man

$$\int\limits_0^h \frac{\sin nx}{x}\, dx = \int\limits_0^{\pi/n} \frac{\sin nx}{x}\, dx + \int\limits_{\pi/n}^h \frac{\sin nx}{x}\, dx$$

$$= \int\limits_0^\pi \frac{\sin u}{u}\, du + \int\limits_\pi^{nh} \frac{\sin u}{u}\, du^1)$$

und wende auf das zweite Integral rechts den zweiten Mittelwertsatz an. Danach ist (wenn $A = \frac{1}{\pi}$, $B = 0$ gesetzt wird)

$$\int\limits_\pi^{nh} \frac{\sin u}{u}\, du = \frac{1}{\pi} \int\limits_\pi^\xi \sin u\, du = -\frac{1}{\pi}(1 + \cos \xi).$$

Hieraus folgt wegen $|\cos \xi| \leq 1$

$$\left| \int\limits_\pi^{nh} \frac{\sin u}{u}\, du \right| \leq \frac{2}{\pi}.$$

Setzen wir

$$\int\limits_0^\pi \frac{\sin u}{u}\, du + \frac{2}{\pi} = G,$$

so ist beständig

$$\left| \int\limits_0^h \frac{\sin nx}{x}\, dx \right| \leq G.$$

Für $0 \leq h' \leq h$ hat man wegen

$$\int\limits_{h'}^h \frac{\sin nx}{x}\, dx = \int\limits_0^h \frac{\sin nx}{x}\, dx - \int\limits_0^{h'} \frac{\sin nx}{x}\, dx$$

immer

$$\left| \int\limits_{h'}^h \frac{\sin nx}{x}\, dx \right| \leq 2G.$$

§ 166. **Das Dirichletsche Integral.** $f(x)$ sei in $\langle 0, h \rangle$ monoton und an der Stelle $x = 0$ stetig.

---

1) $u = nx$.

Wir zerlegen das Integral

$$\mathfrak{D}_n = \int\limits_0^h f(x)\,\frac{\sin nx}{x}\,dx,$$

welches man das Dirichletsche Integral nennt, in folgender Weise

$$\mathfrak{D}_n = \int\limits_0^{h'} + \int\limits_{h'}^h \cdot \qquad\qquad (0 < h' < h)$$

Auf den ersten Bestandteil wenden wir den zweiten Mittelwertsatz an, wonach

$$\int\limits_0^{h'} f(x)\,\frac{\sin nx}{x}\,dx = .f(0)\int\limits_0^{h''}\frac{\sin nx}{x}\,dx + f(h')\int\limits_{h''}^{h'}\frac{\sin nx}{x}\,dx$$

ist $(0 \leqq h'' \leqq h')$. Dann wird

$$\mathfrak{D}_n = \{f(h') - f(0)\}\int\limits_{h''}^{h'}\frac{\sin nx}{x}\,dx + \int\limits_{h'}^h f(x)\,\frac{\sin nx}{x}\,dx + f(0)\int\limits_0^{h'}\frac{\sin nx}{x}\,dx$$

und

$$\mathfrak{D}_n - \frac{\pi}{2}\,f(0) = \mathfrak{A}_n + \mathfrak{B}_n + \mathfrak{C}_n,$$

wobei

$$\mathfrak{A}_n = \{f(h') - f(0)\}\int\limits_{h''}^{h'}\frac{\sin nx}{x}\,dx,$$

$$\mathfrak{B}_n = \int\limits_{h'}^h f(x)\,\frac{\sin nx}{x}\,dx,$$

$$\mathfrak{C}_n = f(0)\left(\int\limits_0^{h'}\frac{\sin nx}{x}\,dx - \frac{\pi}{2}\right).$$

Da

$$|\mathfrak{A}_n| \leqq 2G\,|f(h') - f(0)|$$

ist und bei nach Null konvergierendem h'

$$\lim f(h') = f(0)$$

wird, so läßt sich h' so wählen, daß man hat

$$2G\,|f(h') - f(0)| < \frac{\varepsilon}{3}\cdot \qquad\qquad (\varepsilon > 0)$$

Dann ist für alle Werte des Index n

$$|\mathfrak{A}_n| < \frac{\varepsilon}{3}.$$

Hat man h' in der angegebenen Weise festgelegt, so wird nach § 164 und § 165 (wenn n die Folge $1, 2, 3, \ldots$ durchläuft)

$$\lim \mathfrak{B}_n = 0 \quad \text{und} \quad \lim \mathfrak{C}_n = 0.$$

Für fast alle Werte des Index n ist somit

$$|\mathfrak{B}_n| < \frac{\varepsilon}{3}, \quad |\mathfrak{C}_n| < \frac{\varepsilon}{3}$$

und
$$\left| \mathfrak{D}_n - \frac{\pi}{2} f(0) \right| \leq |\mathfrak{A}_n| + |\mathfrak{B}_n| + |\mathfrak{C}_n| < \varepsilon$$

Das bedeutet aber

$$\lim \int\limits_0^h f(x)\, \frac{\sin nx}{x}\, dx = \frac{\pi}{2} f(0). \qquad\qquad (h > 0)$$

Wenn $f(x)$ in $\langle 0, h \rangle$ monoton, aber nicht bei $x = 0$ stetig ist so wird die Formel anders.

Es sei z. B. $f(x)$ in $\langle 0, h \rangle$ aufsteigend und

$$h_1 > h_2 > h_3 > \cdots, \quad \lim h_n = 0.$$

Dann ist die Folge $\quad f(h_1), f(h_2), f(h_3), \ldots$

absteigend und beschränkt, so daß

$$\lim f(h_n)$$

existiert. Wir wollen diesen Grenzwert mit f_0 bezeichnen.

Ist $h'_1, h'_2, h'_3, \ldots$ irgend eine Folge mit lauter positiven Gliedern und mit dem Grenzwert Null, so gibt es zu jedem h_n' ein h_m, so daß $h_m < h_n'$, also $f(h_m) \leq f(h_n')$ ist. Daraus folgt aber $f_0 \leq f(h_n')$. Wird ein positives ε vorgelegt, so können wir $f(h_\nu)$ so wählen, daß $f(h_\nu) < f_0 + \varepsilon$ ist. Da nun fast alle h_n' zwischen 0 und h_ν liegen, so erfüllen fast alle $f(h_n')$ die Ungleichungen

$$f_0 \leq f(h_n') < f_0 + \varepsilon.$$

Das bedeutet aber $\qquad \lim f(h_n') = f_0.$

Ersetzen wir nun $f(0)$ durch f_0, so wird $f(x)$ an der Stelle $x = 0$ stetig und bleibt in $\langle 0, h \rangle$ aufsteigend; das Integral

$$\int\limits_0^h f(x)\,\frac{\sin nx}{x}\,dx$$

behält seinen Wert.

Wir haben also

$$\lim \int\limits_0^h f(x)\,\frac{\sin nx}{x}\,dx = \frac{\pi}{2} f_0, \qquad\qquad (h > 0)$$

und dabei ist $\qquad\qquad f_0 = \lim f(x)$

für nach Null konvergierendes positives x.

Wenn $f(x)$ in $\langle 0, h\rangle$ von beschränkter Variation ist, so lassen sich, wie wir wissen, zwei in $\langle 0, h\rangle$ aufsteigende Funktionen $\varphi(x)$, $\psi(x)$ so wählen, daß in dem ganzen Intervall $\langle 0, h\rangle$

$$f(x) = \varphi(x) - \psi(x)$$

ist. Nach dem Obigen hat man nun

$$\lim \int\limits_0^h \varphi(x)\,\frac{\sin nx}{x}\,dx = \frac{\pi}{2}\,\varphi_0,$$

$$\lim \int\limits_0^h \psi(x)\,\frac{\sin nx}{x}\,dx = \frac{\pi}{2}\,\psi_0,$$

folglich $\qquad \lim \int\limits_0^h f(x)\,\frac{\sin nx}{x}\,dx = \frac{\pi}{2}\,(\varphi_0 - \psi_0) = \frac{\pi}{2}\,f_0.$

Dabei ist f_0 der Grenzwert von $f(x)$ für nach Null konvergierendes positives x.

Wir sagen, $f(x)$ sei rechts von $x = 0$ von beschränkter Variation, wenn sich eine positive Zahl δ so wählen läßt, daß $f(x)$ in $\langle 0, \delta\rangle$ von beschränkter Variation ist.

Bedienen wir uns dieser Redeweise, so können wir folgenden Satz aussprechen.

Wenn $f(x)$ in $\langle 0, h\rangle$ integrierbar und rechts von $x = 0$ von beschränkter Variation ist, so hat man

$$\lim \int\limits_0^h f(x)\,\frac{\sin nx}{x}\,dx = \frac{\pi}{2}\,f_0. \qquad\qquad (h > 0)$$

In der Tat hat man

$$\int_0^h f(x)\,\frac{\sin nx}{x}\,dx = \int_0^\delta + \int_\delta^h .$$

Der Grenzwert des ersten Bestandteils ist $\frac{\pi}{2}\,f_0$, der des zweiten aber nach § 164 gleich 0.

§ 167. **P. du Bois-Reymonds Satz über das Dirichletsche Integral.** In § 159 haben wir die Formel bewiesen

$$(F(x)\,G(x))_a^b = \int_a^b f(x)\,G(x)\,dx + \int_a^b g(x)\,F(x)\,dx\,.$$

$f(x)$ und $g(x)$ wurden in $\langle a,\,b\rangle$ integrierbar vorausgesetzt, und es war

$$F(x) = A + \int_a^x f(x)\,dx, \qquad G(x) = B + \int_a^x g(x)\,dx\,.$$

Diese Formel wollen wir jetzt auf das Integral

$$\int_0^{h'} f(x)\,\frac{\sin nx}{x}\,dx \qquad\qquad (0 < h' < h)$$

anwenden, wobei wir vorläufig von $f(x)$ fordern, daß es in $\langle 0,\,h\rangle$ integrierbar ist.

Zuvor bemerken wir, daß für $x \lessgtr 0$

$$\left(\frac{\sin nx}{x}\right)' = \frac{nx\cos nx - \sin nx}{x^2} = -\frac{1}{3}\,n^3 x + \cdots$$

ist. An der Stelle $x = 0$ setzen wir $\dfrac{\sin nx}{x}$ gleich n. Die Ableitung an dieser Stelle wird also

$$\lim \frac{1}{x}\left(\frac{\sin nx}{x} - n\right) = \lim\left(-\frac{1}{6}\,n^3 x + \cdots\right) = 0\,.$$

$$(\lim x = 0)$$

Schreiben wir dem Symbol

$$\frac{nx\cos nx - \sin nx}{x^2}$$

für $x = 0$ den Wert 0 zu, so haben wir eine durchweg stetige Funktion vor uns, die gleich der Ableitung von $\frac{\sin nx}{x}$ ist, so daß

$$\frac{\sin nx}{x} = n + \int\limits_0^x \frac{nx \cos nx - \sin nx}{x^2}\, dx\,.$$

Wir können also in der Formel der partiellen Integration $a = 0$, $b = h'$ und

$$F(x) = \int\limits_0^x f(x)\, dx\,, \quad g(x) = \frac{nx \cos nx - \sin nx}{x^2}\,, \quad G(x) = \frac{\sin nx}{x}$$

setzen. Dann liefert sie

$$\int\limits_0^{h'} f(x) \frac{\sin nx}{x}\, dx = F(h') \frac{\sin nh'}{h'} - \int\limits_0^{h'} \frac{nx \cos nx - \sin nx}{x^2} F(x)\, dx\,.$$

Wenn wir dem Ausdruck $\quad \dfrac{1}{x} \displaystyle\int\limits_0^x f(x)\, dx$

für $x = 0$ irgendeinen Wert beilegen, so ist die Funktion

$$\mathfrak{F}(x) = \frac{1}{x} \int\limits_0^x f(x)\, dx$$

in $\langle 0, h \rangle$ beschränkt.[1]) Sie ist ferner, abgesehen von der Stelle $x = 0$, in $\langle 0, h \rangle$ stetig. Also ist $\mathfrak{F}(x)$ in $\langle 0, h \rangle$ integrierbar. (§ 158.)

Die rechte Seite unserer obigen Formel läßt sich mit Hilfe von $\mathfrak{F}(x)$ so schreiben:

$$\mathfrak{F}(h') \sin nh' - \int\limits_0^{h'} \mathfrak{F}(x) n \cos nx\, dx + \int\limits_0^{h'} \mathfrak{F}(x) \frac{\sin nx}{x}\, dx\,.$$

Nun ist aber $\qquad \sin nh' = \displaystyle\int\limits_0^{h'} n \cos nx\, dx\,.$

Also wird

$$\int\limits_0^{h'} f(x) \frac{\sin nx}{x}\, dx = \int\limits_0^{h'} \mathfrak{F}(x) \frac{\sin nx}{x}\, dx + \int\limits_0^{h'} \{\mathfrak{F}(h') - \mathfrak{F}(x)\} n \cos nx\, dx\,.$$

---

1) Man bedenke, daß $f(x)$ in $\langle 0, h \rangle$ beschränkt ist.

Wir wollen jetzt annehmen, daß $\mathfrak{F}(x)$ in $\langle 0, h\rangle$ von beschränkter Variation ist. Dann lassen sich in $\langle 0, h\rangle$ zwei aufsteigende Funktionen $\Phi(x)$, $\Psi(x)$ so wählen, daß in dem ganzen Intervall $\langle 0, h\rangle$

$$\mathfrak{F}(x) = \Phi(x) - \Psi(x)$$

ist. Der zweite Mittelwertsatz liefert, da $\Phi(h') - \Phi(x)$ und $\Psi(h') - \Psi(x)$ absteigend und nie negativ sind,

$$\int_0^{h'} \{\Phi(h') - \Phi(x)\}\, n \cos nx\, dx = \{\Phi(h') - \Phi_0\} \sin n\xi,$$

$$\int_0^{h'} \{\Psi(h') - \Psi(x)\}\, n \cos nx\, dx = \{\Psi(h') - \Psi_0\} \sin n\bar{\xi},$$

so daß man hat:

$$\int_0^{h'} \{\mathfrak{F}(h') - \mathfrak{F}(x)\}\, n \cos nx\, dx = \{\Phi(h') - \Phi_0\} \sin \cdot n\xi$$
$$- \{\Psi(h') - \Psi_0\} \sin n\bar{\xi}.$$

Der Betrag der rechten Seiten ist kleiner oder gleich

$$\Phi(h') - \Phi_0| + |\Psi(h') - \Psi_0|.$$

Unter Φ_0, Ψ_0 verstehen wir aber die Grenzwerte von $\Phi(x)$ bzw $\Psi(x)$ für nach Null konvergierendes positives x. Es ist daher für $\lim h' = 0$

$$\lim \{|\Phi(h') - \Phi_0| + |\Psi(h') - \Psi_0|\} = 0,$$

und wir können h' so wählen, daß

$$|\Phi(h') - \Phi_0| + |\Psi(h') - \Psi_0| < \frac{\varepsilon}{3}$$

wird. Dann haben wir für alle Werte des Index n

$$\left| \int_0^{h'} \{\mathfrak{F}(h') - \mathfrak{F}(x)\}\, n \cos nx\, dx \right| < \frac{\varepsilon}{3}.$$

Schreiben wir jetzt

$$\int_0^{h} f(x)\, \frac{\sin nx}{x}\, dx - \frac{\pi}{2}\, \mathfrak{F}_0 = \left\{ \int_0^{h} \mathfrak{F}(x)\, \frac{\sin nx}{x}\, dx - \frac{\pi}{2}\, \mathfrak{F}_0 \right\}$$
$$+ \int_0^{h'} \{\mathfrak{F}(h') - \mathfrak{F}(x)\}\, n \cos nx\, dx + \int_{h'}^{h} f(x)\, \frac{\sin nx}{x}\, dx,$$

so haben, wenn n die Folge $1, 2, 3, \ldots$ durchläuft, das erste und das letzte Glied der rechten Seite den Grenzwert Null. Für fast alle Werte des Index n werden sie also ihrem Betrage nach kleiner als $\frac{\varepsilon}{3}$ sein und der Betrag von

$$\int_0^h f(x)\, \frac{\sin nx}{x}\, dx - \frac{\pi}{2}\,\mathfrak{F}_0$$

kleiner als ε. Das bedeutet aber

$$\lim \int_0^h f(x)\, \frac{\sin nx}{x}\, dx = \frac{\pi}{2}\,\mathfrak{F}_0 \,.$$

Wir können daher folgenden Satz aussprechen:
Wenn $f(x)$ in $\langle 0, h \rangle$ integrierbar und

$$\mathfrak{F}(x) = \frac{1}{x} \int_0^x f(x)\, dx$$

rechts von $x = 0$ von beschränkter Variation ist, so gilt die Formel

$$\lim \int_0^h f(x)\, \frac{\sin nx}{x}\, dx = \frac{\pi}{2}\,\mathfrak{F}_0 \,. \qquad\qquad (h > 0)$$

Dabei ist $\mathfrak{F}_0$ der Grenzwert von $\mathfrak{F}(x)$ für nach Null konvergierendes positives x.

Dieser Satz von P. du Bois-Reymond enthält den in § 166 bewiesenen als Spezialfall. Man kann nämlich zeigen, daß $\mathfrak{F}(x)$ rechts von $x = 0$ von beschränkter Variation ist, sobald $f(x)$ diese Eigenschaft hat.

§ 168. **Andere Fassung des du Bois-Reymondschen Satzes.** Wenn $f(x)$ in $\langle 0, h \rangle$ integrierbar ist, so findet man für $h \geq x > 0$ mittelst der partiellen Integration

$$\left(\frac{1}{u} \int_0^u f(u)\, du \right) = \int_x^h \frac{f(u)}{u}\, du - \int_x^h \left(\frac{1}{u^2} \int_0^u f(u)\, du \right) du,$$

d. h.

$$\mathfrak{F}(h) - \mathfrak{F}(x) = \int_x^h \{ f(u) - \mathfrak{F}(u) \}\, \frac{du}{u}$$

oder
$$\mathfrak{F}(x) = \mathfrak{F}(h) + \int\limits_{x}^{h} \{\mathfrak{F}(u) - f(u)\}\, \frac{du}{u}.$$

Wenn $\mathfrak{F}(x)$ in $\langle 0, h\rangle$ von beschränkter Variation ist, so gibt es eine Zahl A derart, daß
$$|\mathfrak{F}(0) - \mathfrak{F}(x_1)| + |\mathfrak{F}(x_1) - \mathfrak{F}(x_2)| + \cdots + |\mathfrak{F}(x_{p-1}) - \mathfrak{F}(h)| < A$$
$$(0 < x_1 < \cdots < x_{p-1} < h)$$
ist, wie man auch $\langle 0, h\rangle$ in Teilintervalle zerlegen mag. Es ist also auch
$$|\mathfrak{F}(x_1) - \mathfrak{F}(x_2)| + \cdots + |\mathfrak{F}(x_{p-1}) - \mathfrak{F}(x_p)| < A. \quad (x_p = h)$$
Setzt man zur Abkürzung
$$\frac{\mathfrak{F}(u) - f(u)}{u} = \mathfrak{G}(u)$$

und bezeichnet mit σ_ν die Schwankung von $\mathfrak{G}(u)$ in $\langle x_{\nu-1}, x_\nu\rangle$, so wird
$$\mathfrak{F}(x_{\nu-1}) - \mathfrak{F}(x_\nu) = \int\limits_{x_{\nu-1}}^{x_\nu} \mathfrak{G}(u)\, du = (x_\nu - x_{\nu-1})(\mathfrak{G}(\xi_\nu) + \vartheta_\nu \sigma_\nu).$$

Dabei ist ξ_ν ein beliebiger Wert aus $\langle x_{\nu-1}, x_\nu\rangle$ und ϑ_ν ein Wert aus $\langle -1, 1\rangle$.

Wir können aus der letzten Gleichung schließen
$$|\mathfrak{F}(x_{\nu-1}) - \mathfrak{F}(x_\nu)| \geqq (x_\nu - x_{\nu-1})\{|\mathfrak{G}(\xi_\nu)| - \sigma_\nu\},$$
$$(\nu = 2, 3, \ldots p)$$

also
$$\sum_{\nu=2}^{p}(x_\nu - x_{\nu-1})\,|\mathfrak{G}(\xi_\nu)| - \sum_{\nu=2}^{p}(x_\nu - x_{\nu-1})\sigma_\nu < A.$$

Halten wir x_1 fest und unterwerfen $\langle x_1, h\rangle$ einer ausgezeichneten $\mathfrak{Z}$-Folge, so wird
$$\lim \sum_{\nu=2}^{p}(x_\nu - x_{\nu-1})\sigma_\nu = 0,$$

$$\lim \sum_{\nu=2}^{p}(x_\nu - x_{\nu-1})\,|\mathfrak{G}(\xi_\nu)| = \int\limits_{x_1}^{h} |\mathfrak{G}(u)|\, du,$$

und es ergibt sich, daß für $0 < x < h$
$$\int\limits_{x}^{h} |\mathfrak{G}(u)|\, du \leqq A \quad \text{ist.}$$

Die Funktion $$X(x) = \int\limits_x^h |\, \mathfrak{G}(u)\,|\, du$$

ist also in $(0, h)$ beschränkt.

Wenn diese Bedingung erfüllt ist, so läßt sich umgekehrt zeigen, daß $\mathfrak{F}(x)$ in $\langle 0, h \rangle$ von beschränkter Variation ist.

Die beiden Funktionen

$$\Phi(x) = \mathfrak{F}(h) + \int\limits_x^h \frac{|\, \mathfrak{G}(u)\,| + \mathfrak{G}(u)}{2}\, du$$

und

$$\Psi(x) = \int\limits_x^h \frac{|\, \mathfrak{G}(u)\,| - \mathfrak{G}(u)}{2}\, du$$

sind dann nämlich in $(0, h)$ beschränkt und absteigend. Sind sie beständig kleiner als B und setzen wir fest, daß

$$\Phi(0) = \Psi(0) = B$$

sein soll, so sind sie in $\langle 0, h \rangle$ absteigend. Ihre Differenz wird aber, wenn man $\mathfrak{F}(0) = 0$ festsetzt, gleich $\mathfrak{F}(x)$, so daß $\mathfrak{F}(x)$ in $\langle 0, h \rangle$ von beschränkter Variation ist.[1]

Wir können also dem du Bois-Reymondschen Satze folgende Fassung geben:

Wenn $f(x)$ in $\langle 0, h \rangle$, $h > 0$, integrierbar und die Funktion

$$X(x) = \int\limits_x^h \left| \frac{f(u)}{u} - \frac{1}{u^2} \int\limits_0^u f(u)\, du \right|\, du$$

in $(0, h)$ beschränkt ist, so hat man

$$\lim \int\limits_0^h f(x)\, \frac{\sin nx}{x}\, dx = \frac{\pi}{2}\, \mathfrak{F}_0.$$

Dabei ist $\mathfrak{F}_0$ der Grenzwert von $\dfrac{1}{x} \int\limits_0^x f(x)\, dx$ bei nach

---

[1] Bei jeder anderen Festsetzung über $\mathfrak{F}(0)$ bleibt diese Eigenschaft bestehen.

Null konvergierendem positivem x. Dieser Grenzwert ist unter den hier gemachten Voraussetzungen stets vorhanden.

Wenn $f(x)$ für $x = 0$ stetig ist, so ist $\mathfrak{F}_0 = f(0)$. (Vgl. § 157.)

Anwendung. $f(x)$ sei in $\langle 0, h \rangle$, $h > 0$, integrierbar und habe an der Stelle $x = 0$ eine Ableitung.

Wir können bei gegebenem $\varepsilon\ (> 0)$ die positive Zahl δ so wählen, daß in $(0, \delta)$

$$\left| \frac{f(x) - f(0)}{x} - f'(0) \right| < \varepsilon$$

ist. Wäre nämlich in $\left(0, \dfrac{1}{n} \right)$, $n = 1, 2, 3, \ldots$, immer ein x_n zu finden, für welches

$$\left| \frac{f(x_n) - f(0)}{x_n} - f'(0) \right| \geq \varepsilon,$$

so könnte nicht

$$\lim \frac{f(x_n) - f(0)}{x_n} = f'(0) \quad \text{sein.}$$

Die Funktion $\dfrac{f(u) - f(0)}{u}$ ist also in $(0, \delta)$, folglich auch in $(0, h)$ beschränkt. Dasselbe gilt von $\mathfrak{G}(u)$ und von $X(x)$. Man hat nämlich

$$- \mathfrak{G}(u) = \frac{f(u) - f(0)}{u} - \frac{1}{u^2} \int\limits_0^u \frac{f(u) - f(0)}{u}\, u\, du,$$

und nach dem ersten Mittelwertsatz wird

$$\int\limits_0^u \frac{f(u) - f(0)}{u}\, u\, du = \mathfrak{m} \int\limits_0^u u\, du = \mathfrak{m}\, \frac{u^2}{2},$$

wobei $\mathfrak{m}$ nicht kleiner ist als die untere und nicht größer als die obere Grenze von $\dfrac{f(u) - f(0)}{u}$.

Nach dem obigen Theorem ist also

$$\lim \int\limits_0^h f(x) \frac{\sin nx}{x}\, dx = \frac{\pi}{2} f(0).$$

Dasselbe Resultat ergibt sich, wenn $f(x)$ in $\langle 0, h \rangle$ integrierbar und bei passender Wahl der positiven Zahl k

$$\frac{f(x) - f(0)}{x^k}$$

in $(0, h)$ beschränkt ist.

Bemerkung. Da

$$\lim \int\limits_0^h f(x)\left(\frac{1}{x} - \frac{1}{\sin x}\right)\sin nx\,dx = 0 \qquad (0 < h < \pi)$$

ist, wenn wir $f(x)$ in $\langle 0,\, h\rangle$ integrierbar annehmen, so ist

$$\lim \int\limits_0^h \frac{\sin nx}{x}\, f(x)\, dx = \lim \int\limits_0^h \frac{\sin nx}{\sin x}\, f(x)\, dx,$$

vorausgesetzt, daß dieser Grenzwert existiert.

Kapitel XV.

Integration unendlicher Reihen.

§ 169. Reihen von Funktionen. $u_1(x),\ u_2(x),\ u_3(x),\ \ldots$ sei eine Folge von Funktionen, die alle in $\langle a,\, b\rangle$ definiert sind. Außerdem sei die unendliche Reihe

$$u_1(x) + u_2(x) + u_3(x) + \cdots$$

für jeden Wert x aus $\langle a,\, b\rangle$ konvergent. Wir sagen dann, daß diese Reihe in dem Intervall $\langle a,\, b\rangle$ konvergiert. Ihre Summe wollen wir mit $U(x)$ bezeichnen, so daß

$$U(x) = u_1(x) + u_2(x) + u_3(x) + \cdots$$

ist $(a \leq x \leq b)$.

Die Potenzreihen sind eine spezielle Art Reihen von Funktionen.

§ 170. Gliedweise zu integrieren ist nicht immer erlaubt. Die älteren Analytiker folgerten aus

$$U(x) = u_1(x) + u_2(x) + u_3(x) + \cdots$$

ohne Bedenken

$$\int\limits_a^b U(x)\,dx = \int\limits_a^b u_1(x)\,dx + \int\limits_a^b u_2(x)\,dx + \int\limits_a^b u_3(x)\,dx + \cdots$$

Sie verfuhren also bei der Integration einer unendlichen Reihe von Funktionen ebenso wie bei der Integration einer Summe von p Funktionen.

Wir können durch ein Beispiel zeigen, daß dieses Verfahren manchmal zu falschen Resultaten führt.

Setzen wir $u_n(x) = nxe^{-nx^2} - (n-1)xe^{-(n-1)x^2}$,

so ist in der Reihe $u_1(x) + u_2(x) + u_3(x) + \cdots$ die n-te Partialsumme $s_n(x)$ gleich nxe^{-nx^2}. Für $x = 0$ ist sie null. Für $x \lessgtr 0$ wird ihr Betrag gleich[1])

$$\frac{n\,|x|}{e^{nx^2}} < \frac{n\,|x|}{\dfrac{n^2 x^4}{2}} = \frac{2}{n\,|x|^3},$$

so daß $\lim s_n(x) = 0$.

Man hat also für jeden Wert von x

$$0 = u_1(x) + u_2(x) + u_3(x) + \cdots$$

Durch skrupelloses Integrieren würde man finden

$$0 = \int_0^1 u_1(x)\,dx + \int_0^1 u_2(x)\,dx + \int_0^1 u_3(x)\,dx + \cdots$$

Nun ist aber

$$\int_0^1 nxe^{-nx^2}\,dx = -\frac{1}{2}(e^{-nx^2})_0^1 = \frac{1}{2}(1 - e^{-n}),$$

mithin

$$\int_0^1 u_n(x)\,dx = \tfrac{1}{2}(e^{-(n-1)} - e^{-n}).$$

Die n-te Partialsumme der Reihe

$$\int_0^1 u_1(x)\,dx + \int_0^1 u_2(x)\,dx + \int_0^1 u_3(x)\,dx + \cdots$$

lautet hiernach $\qquad\qquad \tfrac{1}{2}(1 - e^{-n})$

und hat den Grenzwert $1:2$.

Wir sind also zu der absurden Gleichung $0 = \tfrac{1}{2}$ gelangt.

§ 171. **Gleichmäßige Konvergenz.** Die Reihe

$$u_1(x) + u_2(x) + u_3(x) + \cdots$$

---

[1]) Man bedenke, daß $e^{nx^2} = 1 + \dfrac{nx^2}{1} + \dfrac{n^2 x^4}{1\cdot 2} + \cdots$, also $e^{nx^2} > \dfrac{n^2 x^4}{2}$ ist.

sei in $\langle a, b \rangle$ konvergent. Setzen wir

$$R_n(x) = u_n(x) + u_{n+1}(x) + \cdots,$$

so ist bei festgehaltenem x $\hspace{4cm}$ $(a \leqq x \leqq b)$

$$\lim R_n(x) = 0,$$

weil $\hspace{1cm} U(x) - s_{n-1}(x) = R_n(x) \hspace{0.5cm}$ und $\hspace{0.5cm} \lim s_{n-1}(x) = U(x) \hspace{0.5cm}$ ist.

Es kann nun sein, daß die Eigenschaft $\lim R_n(x) = 0$ auch dann noch gilt, wenn wir das x nicht mehr festhalten, sondern es mit wachsendem Index seine Lage in $\langle a, b \rangle$ ändern lassen. In diesem Falle wollen wir sagen, daß die Reihe in $\langle a, b \rangle$ gleichmäßig konvergiert.

Wir können diese Definition so formulieren:

Die Reihe $u_1(x) + u_2(x) + u_3(x) + \cdots$ heißt in $\langle a, b \rangle$[1]) **gleichmäßig konvergent,** wenn sie in $\langle a, b \rangle$[2]) konvergiert und dabei immer $\lim R_n(x_n) = 0$ ist, wie man auch die Folge x_1, x_2, $x_3, \ldots$ in $\langle a, b \rangle$ wählen mag.

Bei dem in § 170 betrachteten Beispiel ist

$$R_n(x) = -(n-1)xe^{-(n-1)x^2}.$$

Setzen wir $x_n = 1 : \sqrt{n-1}$, $n > 1$, so wird

$$R_n(x_n) = -\sqrt{n-1}\, e^{-1},$$

und es ist keineswegs $\lim R_n(x_n) = 0$. Die Reihe ist also in dem Intervall $\langle 0, 1 \rangle$, über welches wir integriert haben, nicht gleichmäßig konvergent.

Eine in $\langle a, b \rangle$ konvergierende Reihe

$$u_1(x) + u_2(x) + u_3(x) + \cdots$$

ist in $\langle a, b \rangle$ dann und nur dann gleichmäßig konvergent, wenn fast alle Glieder der Folge

$$|\,R_1(x)\,|,\ |\,R_2(x)\,|,\ |\,R_3(x)\,|, \ldots$$

in dem ganzen Intervall $\langle a, b \rangle$ kleiner als ε sind, wie auch die positive Zahl ε gewählt sein mag.

---

1) (oder in irgend einem andern Bereich $\mathfrak{B}$).
2) (bzw. in $\mathfrak{B}$).

Daß die Bedingung hinreichend ist, liegt auf der Hand. Wenn sie nämlich erfüllt ist, sind in jeder Folge

$$|\,R_1(x_1)\,|,\quad |\,R_2(x_2)\,|,\quad |\,R_3(x_3)\,|,\,\ldots$$

fast alle Glieder kleiner als ε, d. h. es ist $\lim R_n(x_n) = 0$, für jede aus $\langle a, b\rangle$ herausgegriffene Folge $x_1, x_2, x_3, \ldots$

Wenn die Bedingung nicht erfüllt ist, wenn es also ein Ausnahme-Epsilon, etwa ε_0, gibt, so werden unendlich viele Glieder der Folge nicht mehr in dem ganzen Intervall $\langle a, b\rangle$ kleiner als ε_0 sein. Es ist also möglich $x_1, x_2, x_3, \ldots$ so in $\langle a, b\rangle$ zu wählen, daß unendlich viele Glieder der Folge $|\,R_1(x_1)\,|,\;|\,R_2(x_2)\,|,\;|\,R_3(x_3)\,|,\,\ldots$ größer oder gleich ε_0 sind. Dann ist aber $u_1(x_1)+u_2(x_2)+u_3(x_3)+\cdots$ in $\langle a, b\rangle$ nicht gleichmäßig konvergent.

§ 172. Sätze über gleichmäßig konvergente Reihen.
1. Konvergiert sowohl $u_1(x) + u_2(x) + u_3(x) + \cdots$ als auch $v_1(x) + v_2(x) + v_3(x) + \cdots$ in $\langle a, b\rangle$ gleichmäßig, so gilt dasselbe von der Reihe

$$u_1(x) + v_1(x) + u_2(x) + v_2(x) + \cdots.$$

Setzen wir $\qquad R_n(x) = u_n(x) + u_{n+1}(x) + \cdots$

und $\qquad\qquad \bar{R}_n(x) = v_n(x) + v_{n+1}(x) + \cdots,$

so sind bei der neuen Reihe die ungeraden Reste $\mathsf{P}_1(x), \mathsf{P}_3(x), \ldots$

$$R_1(x) + \bar{R}_1(x),\quad R_2(x) + \bar{R}_2(x),\,\ldots$$

und die geraden $\mathsf{P}_2(x), \mathsf{P}_4(x), \ldots$

$$R_2(x) + \bar{R}_1(x),\quad R_3(x) + \bar{R}_2(x),\,\ldots$$

Ist $x_1, x_2, x_3, \ldots$ irgendeine Folge aus $\langle a, b\rangle$, so hat man

$$\lim R_n(x_{2n-1}) = \lim \bar{R}_n(x_{2n-1}) = 0$$

und $\qquad\qquad \lim R_{n+1}(x_{2n}) = \lim \bar{R}_n(x_{2n}) = 0.$

Es ist also

$$\lim \mathsf{P}_{2n-1}(x_{2n-1}) = \lim R_n(x_{2n-1}) + \lim \bar{R}_n(x_{2n-1}) = 0$$

und $\qquad \lim \mathsf{P}_{2n}(x_{2n}) = \lim R_{n+1}(x_{2n}) + \lim \bar{R}_n(x_{2n}) = 0,$

mithin auch $\qquad\qquad \lim \mathsf{P}_n(x_n) = 0.$

2. Konvergiert $u_1(x) + u_2(x) + u_3(x) + \cdots$ in $\langle a, b \rangle$ gleichmäßig und ist $\varphi(x)$ in $\langle a, b \rangle$ beschränkt, so konvergiert auch

$$u_1(x)\varphi(x) + u_2(x)\varphi(x) + u_3(x)\varphi(x) + \cdots$$

in $\langle a, b \rangle$ gleichmäßig.

Setzt man $\mathsf{P}_n(x) = u_n(x)\varphi(x) + u_{n+1}(x)\varphi(x) + \cdots$ und $R_n(x) = u_n(x) + u_{n+1}(x) + \cdots$, so wird

$$\mathsf{P}_n(x) = R_n(x)\varphi(x).$$

Ist M die obere Grenze von $|\varphi(x)|$ in $\langle a, b \rangle$, so hat man

$$|\mathsf{P}_n(x)| \leqq \mathsf{M}|R_n(x)|.$$

Aus $\lim R_n(x_n) = 0$ folgt also $\lim \mathsf{P}_n(x_n) = 0$.

3. Konvergiert $u_1(x) + u_2(x) + u_3(x) + \cdots$ in $\langle a, b \rangle$ gleichmäßig und ist jedes $u_n(x)$ in $\langle a, b \rangle$ integrierbar, so ist auch die Summe der Reihe in $\langle a, b \rangle$ integrierbar

Wir wählen ν so, daß in dem ganzen Intervall $\langle a, b \rangle |R_\nu(x)| < \varepsilon$. Dann ist

$$U(x) = u_1(x) + \cdots + u_{\nu-1}(x) + R_\nu(x)$$

eine Summe von ν Funktionen, die in $\langle a, b \rangle$ beschränkt sind. $U(x)$ ist also ebenfalls in $\langle a, b \rangle$ beschränkt.

Um die Integrierbarkeit von $U(x)$ zu erkennen, bedenke man, daß die mittlere Schwankung einer Summe von ν Funktionen nie größer ist als die Summe der mittleren Schwankungen der Summanden.[1]

Die mittlere Schwankung von $U(x)$ in $\langle a, b \rangle$ ist also nicht größer als die mittlere Schwankung von $R_\nu(x)$, weil jedes $u_n(x)$ als integrierbare Funktion die mittlere Schwankung Null hat. Da nun $R_\nu(x)$ beständig zwischen $-\varepsilon$ und ε liegt, so ist seine mittlere Schwankung nicht größer als 2ε. Die mittlere Schwankung von $U(x)$ in $\langle a, b \rangle$ ist also kleiner als 2ε, d. h. sie ist null, denn ε war eine beliebig gewählte positive Zahl.

Wir wollen nicht unerwähnt lassen, daß bei dem obigen Beweis weniger verlangt wird als die gleichmäßige Konvergenz. Es wird nur verlangt, daß sich jedem positiven ε ein Rest $R_\nu(x)$ entgegenstellen

---

1) Dies folgt daráus, daß die Schwankung einer Summe nie größer als die Summe der Schwankungen der Summanden ist

läßt, der in dem ganzen Intervall $\langle a, b \rangle$ seinem Betrage nach kleiner als ε ist. Diese Eigenschaft hat die in § 170 betrachtete ungleichmäßig konvergente Reihe, weil bei ihr $R_1(x)$ gleich Null ist.

Man stellt manchmal eine Definition der gleichmäßigen Konvergenz auf, die nur fordert, daß es zu jedem positiven ε einen Rest gibt, dessen Betrag in dem ganzen Intervall $\langle a, b \rangle$ kleiner als ε ist. Danach würde die in § 170 betrachtete Reihe gleichmäßig konvergent sein, weil sie die Summe Null hat.

Man beweist dann auch den Satz, den wir in Nr. 4 bringen. Bei jener Definition der gleichmäßigen Konvergenz ist dieser Satz aber direkt falsch (vgl. § 170).

4. Wenn $u_1(x) + u_2(x) + u_3(x) + \cdots$ in $\langle a, b \rangle$ gleichmäßig konvergiert und jedes $u_n(x)$ in $\langle a, b \rangle$ integrierbar ist, so hat man

$$\int_a^b (u_1(x) + u_2(x) + \cdots)\,dx = \int_a^b u_1(x)\,dx + \int_a^b u_2(x)\,dx + \cdots.$$

Man findet also das Integral einer solchen Reihe, indem man gliedweise integriert.

Aus Nr. 3 wissen wir, daß $U(x) = u_1(x) + u_2(x) + \cdots$ in $\langle a, b \rangle$ integrierbar ist. Ebenso ist $R_n(x)$ in $\langle a, b \rangle$ integrierbar. Wird ein positives ε vorgelegt, so sind fast alle $R_n(x)$ in dem ganzen Intervall $\langle a, b \rangle$ ihrem Betrage nach kleiner als ε. Für fast alle Werte des Index n ist also

$$\left| \int_a^b R_n(x)\,dx \right| < \varepsilon(b - a),$$

d. h.
$$\left| \int_a^b U(x)\,dx - \sum_{\nu=1}^{n-1} \int_a^b u_\nu(x)\,dx \right| < \varepsilon(b - a).$$

Das bedeutet aber

$$\lim \sum_{\nu=1}^{n-1} \int_a^b u_\nu(x)\,dx = \int_a^b U(x)\,dx$$

oder
$$\int_a^b U(x)\,dx = \int_a^b u_1(x)\,dx + \int_a^b u_2(x)\,dx + \int_a^b u_3(x)\,dx + \cdots.$$

Die gleichmäßige Konvergenz ist eine hinreichende Bedingung dafür, daß man gliedweise integrieren darf, aber keineswegs eine notwendige Bedingung.

Das sehen wir bei der Reihe

$$(1 - x) + x(1 - x) + x^2(1 - x) + \cdots,$$

die in $\langle 0, 1 \rangle$ konvergent, aber nicht gleichmäßig konvergent ist. Daß die Reihe nicht gleichmäßig konvergent ist, erkennt man daraus, daß für $0 \leq x < 1$

$$R_n(x) = x^{n-1}$$

ist. Setzt man $x_n = 1 - \dfrac{1}{n}$, so wird

$$R_n(x_n) = \left(1 - \frac{1}{n}\right)^{n-1},$$

also

$$\lim R_n(x_n) = \frac{1}{e},$$

während bei gleichmäßiger Konvergenz $\lim R_n(x_n) = 0$ sein müßte.

Trotzdem ist bei unserer Reihe die gliedweise Integration erlaubt. Die Summe $U(x)$ der Reihe ist

für $0 \leq x < 1$ gleich 1,   für $x = 1$ gleich 0.

Es wird also

$$\int_0^1 U(x)\,dx = 1.$$

Andererseits ist

$$\int_0^1 x^{n-1}(1 - x)\,dx = \int_0^1 x^{n-1}\,dx - \int_0^1 x^n\,dx = \frac{1}{n} - \frac{1}{n+1}.$$

Die gliedweise integrierte Reihe lautet also

$$\left(\tfrac{1}{1} - \tfrac{1}{2}\right) + \left(\tfrac{1}{2} - \tfrac{1}{3}\right) + \left(\tfrac{1}{3} - \tfrac{1}{4}\right) + \cdots.$$

Ihre n-te Partialsumme ist $1 - \dfrac{1}{n+1}$ und hat den Grenzwert 1. Die

Summe der Reihe ist also wirklich gleich $\int_0^1 U\,dx$.

5. **Konvergiert** $u_1(x) + u_2(x) + u_3(x) + \cdots$ in $\langle a, b \rangle$ gleichmäßig und ist jedes $u_n(x)$ an der Stelle x_0 in $\langle a, b \rangle$ stetig, so ist auch $U(x) = u_1(x) + u_2(x) + \cdots$ an der Stelle x_0 stetig.

Wir müssen zeigen, daß aus $\lim x_n = x_0$ (alle x_n Zahlen aus $\langle a, b \rangle$) immer folgt $\lim U(x_n) = U(x_0)$.

Wir wählen ν so, daß in dem ganzen Intervall $\langle a, b \rangle$ $| R_\nu(x) | < \frac{1}{3}\varepsilon$ ist. Setzen wir $u_1(x) + \cdots + u_{\nu-1}(x) = s_{\nu-1}(x)$, so ist $s_{\nu-1}(x)$ als Summe von $\nu - 1$ stetigen Funktionen an der Stelle x_0 stetig. Fast alle $s_{\nu-1}(x_n)$ werden sich also von $s_{\nu-1}(x_0)$ um weniger als $\frac{1}{3}\varepsilon$ unterscheiden. Da

$$U(x_n) - U(x_0) = s_{\nu-1}(x_n) - s_{\nu-1}(x_0) + R_\nu(x_n) - R_\nu(x_0)$$

ist, so wird für fast alle Werte des Index n

$$| U(x_n) - U(x_0) | < \varepsilon$$

sein. Das bedeutet aber $\lim U(x_n) = U(x_0)$.

Konvergiert $u_1(x) + u_2(x) + u_3(x) + \cdots$ in $\langle a, b \rangle$ gleichmäßig und ist jedes $u_n(x)$ in $\langle a, b \rangle$ stetig, so ist auch $U(x) = u_1(x) + u_2(x) + \cdots$ in $\langle a, b \rangle$ stetig.

In einem speziellen Fall läßt sich dieser Satz umkehren. Es gilt nämlich folgendes:

6. Eine in $\langle a, b \rangle$ konvergente Reihe von stetigen nirgends negativen Funktionen hat dann und nur dann eine stetige Summe, wenn sie gleichmäßig konvergiert.

Wir brauchen nur die Notwendigkeit der hier angegebenen Bedingung zu beweisen.

Ist $U(x)$ stetig, so sind wegen der Stetigkeit der $u_n(x)$ auch alle $R_n(x)$ stetig. Jedes $R_n(x)$ hat einen größten Wert $R_n(\xi_n)$, und es ist offenbar

$$R_1(\xi_1) \geq R_2(\xi_2) \geq R_3(\xi_3) \geq \cdots,$$

weil $R_n(\xi_n) \geq R_n(\xi_{n+1}) \geq R_{n+1}(\xi_{n+1})$. Außerdem ist $R_n(\xi_n) \geq 0$.

Was wir zu zeigen haben ist $\lim R_n(\xi_n) = 0$.

In $\xi_1, \xi_2, \xi_3, \ldots$ gibt es eine konvergente Teilfolge. Fassen wir in $u_1(x) + u_2(x) + u_3(x) + \cdots$ in geeigneter Weise benachbarte Glieder zusammen, so können wir den Fall herbeiführen, daß $\xi_1, \xi_2, \xi_3, \ldots$ selbst konvergent ist. Es sei $\lim \xi_n = \xi$. Dann hat man wegen der Stetigkeit von $U(x)$ $\quad \lim R_\nu(\xi_n) = R_\nu(\xi)$.

Da für $n > \nu$ $\qquad R_\nu(\xi_n) \geq R_n(\xi_n)$

ist, so folgt $\qquad \lim R_\nu(\xi_n) = R_\nu(\xi) \geq \lim R_n(\xi_n)$.

Dies gilt für $\nu = 1, 2, 3, \ldots$ Da aber $R_\nu(\xi)$, wenn ν die Folge $1, 2,$ $3, \ldots$ durchläuft, nach Null konvergiert, so ist auch $\lim R_n(\xi_n) = 0$.

7. Wenn es möglich ist, die Konstanten $A_1, A_2, A_3, \ldots$ so zu wählen, daß $A_1 + A_2 + A_3 + \cdots$ konvergent ist und daß in dem ganzen Intervall $\langle a, b \rangle$ die Ungleichungen

$$u_1(x) \mid \leqq A_1, \quad \mid u_2(x) \mid \leqq A_2, \quad \mid u_3(x) \mid \leqq A_3, \ldots$$

gelten, so ist die Reihe

$$|u_1(x)| + |u_2(x)| + |u_3(x)| + \cdots$$

in $\langle a, b \rangle$ gleichmäßig konvergent.

Daß die Reihe konvergent ist, liegt auf der Hand. Um die Gleichmäßigkeit der Konvergenz einzusehen, bemerke man, daß

$$|u_n(x)| + |u_{n+1}(x)| + \cdots \leqq A_n + A_{n+1} + \cdots$$

ist. Daraus folgt, wie man auch die Folge $x_1, x_2, x_3, \ldots$ in $\langle a, b \rangle$ wählen mag, $\quad \lim \{ |u_n(x_n)| + |u_{n+1}(x_n)| + \cdots \} = 0$.

Wenn $|u_1(x)| + |u_2(x)| + \cdots$ in $\langle a, b \rangle$ gleichmäßig konvergiert, so gilt dasselbe von $u_1(x) + u_2(x) + \cdots$. Denn man hat

$$|u_n(x) + u_{n+1}(x) + \cdots| \leqq |u_n(x)| + |u_{n+1}(x)| + \cdots.$$

Anwendung. $a_0 + a_1 x + a_2 x^2 + \cdots$ sei eine Potenzreihe, deren Konvergenzradius ϱ nicht null ist. Liegt das Intervall $\langle a, b \rangle$ in $(-\varrho, \varrho)$, so ist $|a_0| + |a_1 x| + |a_2 x^2| + \cdots$ in $\langle a, b \rangle$ gleichmäßig konvergent. Wir können nämlich in $(-\varrho, \varrho)$ ein Intervall $\langle -r, r \rangle$ so wählen, daß $\langle a, b \rangle$ in $\langle -r, r \rangle$ liegt. Dann ist in dem ganzen Intervall $\langle a, b \rangle$ $\qquad |a_n x^n| \leqq |a_n| r^n.$

Da $|a_0| + |a_1| r + |a_2| r^2 + \cdots$ konvergent ist, so konvergiert $|a_0| + |a_1 x| + |a_2 x^2| + \cdots$ in $\langle a, b \rangle$ gleichmäßig, mithin auch $a_0 + a_1 x + a_2 x^2 + \cdots$.

Setzt man also im Innern des Konvergenzintervalls

$$f(x) = a_0 + a_1 x + a_2 x^2 + \cdots,$$

so ist $\qquad \displaystyle\int_0^x f(x)\,dx = a_0 x + \frac{a_1 x^2}{2} + \frac{a_2 x^3}{3} + \cdots.$

Die Reihe $\qquad a_1 + 2a_2 x + 3a_3 x^2 + \cdots$

hat denselben Konvergenzradius wie $a_0 + a_1 x + a_2 x^2 + \cdots$.

Setzen wir im Innern des Konvergenzintervalls

$$\varphi(x) = a_1 + 2a_2 x + 3a_3 x^2 + \cdots,$$

so ist $\displaystyle\int_0^x \varphi(x)dx = a_1 x + a_2 x^2 + a_3 x^3 + \cdots = f(x) - a_0.$

Da $\varphi(x)$ im Innern des Konvergenzintervalls stetig ist, so folgt hieraus $f'(x) = \varphi(x)$, d. h.

$$f'(x) = a_1 + 2a_2 x + 3a_3 x^2 + \cdots.$$

Dieses Resultat ist uns schon bekannt.

8. $a_1 + a_2 + a_3 + \cdots$ sei eine konvergente Reihe und $f(x)$ sei eine Funktion, die für $x \geq 0$ absteigend ist, aber nie negativ wird. Dann ist

$$a_1 f(x) + a_2 f(2x) + a_3 f(3x) + \cdots$$

für $x \geq 0$ gleichmäßig konvergent.

Da nach Voraussetzung

$$f(x) \geq f(2x) \geq f(3x) \geq \cdots$$

und $f(px) \geq 0$ ist, so können wir auf

$$a_{\nu+1} f((\nu+1)x) + \cdots + a_{\nu+p} f((\nu+p)x)$$

den Abelschen Hilfssatz anwenden und schließen, daß bei unserer Reihe[1]

$$s_{\nu+p} - s_\nu = f((\nu+1)x)\,\mathfrak{M}(a_{\nu+1}, a_{\nu+1}+a_{\nu+2}, \cdots, a_{\nu+1}+a_{\nu+2}+\cdots+a_{\nu+p})$$

ist, d. h.

$$s_{\nu+p} - s_\nu = f((\nu+1)x)\,\mathfrak{M}(\sigma_{\nu+1}-\sigma_\nu, \sigma_{\nu+2}-\sigma_\nu, \cdots, \sigma_{\nu+p}-\sigma_\nu).$$

Bei passender Wahl von ν unterscheiden sich $\sigma_\nu, \sigma_{\nu+1}, \sigma_{\nu+2}, \cdots$ von σ um weniger als $\varepsilon/2$, also voneinander um weniger als ε.

Es wird dann für $p = 1, 2, 3, \cdots$

$$|s_{\nu+p} - s_\nu| \leq f(0)\varepsilon.$$

In der Folge $s_1, s_2, s_3, \cdots$ gibt es also ein Glied s_ν, von dem sich fast alle Glieder um weniger als $\varepsilon f(0)$ unterscheiden. Bedenkt man,

---

[1] Die n-te Partialsumme in $a_1 f(x) + a_2 f(2x) + \cdots$ bezeichnen wir mit s_n, die n-te Partialsumme in $a_1 + a_2 + \cdots$ mit σ_n. Endlich setzen wir $a_1 + a_2 + \cdots = \sigma$.

daß ε eine beliebig gewählte positive Zahl ist, so erkennt man, daß das Cauchysche Kriterium (§ 27) erfüllt ist, und daß $\lim s_n$ existiert. Damit ist die Konvergenz von $a_1 f(x) + a_2 f(2x) + \cdots$ bewiesen.

Aus der obigen Ungleichung folgt aber, wenn man p die Folge $1, 2, 3, \cdots$ durchlaufen läßt,

$$|R_{\nu+1}(x)| \leqq f(0)\varepsilon.$$

In der ganzen Betrachtung darf ν durch jede größere Zahl ersetzt werden. Es ist also auch

$$|R_{\nu+2}(x)| \leqq f(0)\varepsilon$$

usw. Fast alle Reste haben demnach die Eigenschaft für $x \geqq 0$ ihrem Betrage nach kleiner oder gleich $f(0)\varepsilon$ zu sein. Dies bedeutet aber, daß $a_1 f(x) + a_2 f(2x) + \cdots$ für $x \geqq 0$ gleichmäßig konvergiert.

$F(x)$ sei für $x \geqq 0$ **monoton** und außerdem **beschränkt**, d. h. es lasse sich A so wählen, daß alle Funktionswerte dem Intervall $\langle F(0), A\rangle$ angehören. Dann ist offenbar

$$f(x) = \frac{F(x) - A}{F(0) - A}$$

für $x \geqq 0$ **abnehmend und nie negativ.** $a_1 f(x) + a_2 f(2x) + \cdots$ ist also für $x \geqq 0$ gleichmäßig konvergent. Diese Eigenschaft bleibt bestehen, wenn wir die Reihe mit der Konstanten $F(0) - A$ multiplizieren und dann $A(a_1 + a_2 + \cdots)$ zu ihr addieren. Also ist auch die Reihe $\qquad a_1 F(x) + a_2 F(2x) + a_3 F(3x) + \cdots$

für $x \geqq 0$ **gleichmäßig konvergent.**

Beispiele. 1. Die Funktion

$$\varphi(x) = \left(\frac{\sin x}{x}\right)^2$$

hat, wenn wir $\varphi(0) = 1$ festsetzen, überall eine Ableitung und $\varphi'(x)$ ist durchweg stetig.

Für $x \gtrless 0$ ist nämlich

$$\varphi'(x) = 2\,\frac{\sin x}{x} \cdot \frac{x\cos x - \sin x}{x^3}.$$

Für $x = 0$ lautet der Differenzenquotient

$$\frac{\left(\frac{\sin x}{x}\right)^2 - 1}{x} = \frac{\sin^2 x - x^2}{x^3} = -\frac{1}{3}x + \cdots,$$

so daß
$$\varphi'(0) = 0 \quad \text{wird.}$$

Daß $\varphi'(x)$ für $x \gtrless 0$ stetig ist, sieht man dem Ausdruck von $\varphi'(x)$ an. Die Stetigkeit an der Stelle $x = 0$ folgt daraus, daß $\frac{\sin x}{x}$ bei nach Null konvergierendem x den Grenzwert 1, $(x \cos x - \sin x) : x^2$ dagegen den Grenzwert Null hat. Es ist nämlich

$$\frac{x \cos x - \sin x}{x^2} = -\frac{1}{3}x + \cdots.$$

Nun hat man $\quad \varphi(x) = \varphi(0) + \int\limits_0^x \varphi'(x)\,dx \quad$ und

$$\int\limits_0^x \varphi'(x)\,dx = \frac{1}{2}\int\limits_0^x \{|\varphi'(x)| + \varphi'(x)\}\,dx - \frac{1}{2}\int\limits_0^x \{|\varphi'(x)| - \varphi'(x)\}\,dx.$$

Jedes der beiden Integrale rechts ist für $x \geq 0$ aufsteigend und nie negativ. Sie sind außerdem nicht größer als

$$\int\limits_0^x |\varphi'(x)|\,dx.$$

Gelingt es zu zeigen, daß diese Funktion beschränkt ist, so sind auch jene beiden Integrale beschränkt.

Schreibt man $\quad \varphi'(x) = \dfrac{2\sin x \cos x}{x^2} - \dfrac{2\sin^2 x}{x^3},$

so erkennt man, daß für $x \geq 1$

$$|\varphi'(x)| < \frac{2}{x^2} + \frac{2}{x^3} < \frac{4}{x^3}$$

ist. Daraus folgt $\quad \int\limits_1^x |\varphi'(x)|\,dx < 4\int\limits_1^x \frac{dx}{x^2} = 4\left(1 - \frac{1}{x}\right) < 4 \quad (x \geq 1)$

und $\quad \int\limits_0^x |\varphi'(x)|\,dx < 4 + \int\limits_0^1 |\varphi'(x)|\,dx. \qquad (x \geq 0)$

$\varphi(x)$ ist somit die Summe von zwei Funktionen, nämlich

$$F(x) = \varphi(0) + \tfrac{1}{2}\int_0^x \{\,|\varphi'(x)| + \varphi'(x)\,\}\,dx$$

und
$$G(x) = -\tfrac{1}{2}\int_0^x \{\,|\varphi'(x)| - \varphi'(x)\,\}\,dx,$$

die für $x \geq 0$ monoton und beschränkt sind.

Da nun

sowohl $a_1 F(x) + a_2 F(2x) + \cdots$ als auch $a_1 G(x) + a_2 G(2x) + \cdots$ für $x \geq 0$ gleichmäßig konvergiert, so gilt dasselbe von
$$a_1\{F(x) + G(x)\} + a_2\{F(2x) + G(2x)\} + \cdots.$$

Wir haben hiermit folgenden Satz bewiesen, der uns später von Nutzen sein wird.

Wenn $a_1 + a_2 + a_3 + \cdots$ konvergent ist, so konvergiert die Reihe
$$a_1\left(\frac{\sin x}{x}\right)^2 + a_2\left(\frac{\sin 2x}{2x}\right)^2 + a_3\left(\frac{\sin 3x}{3x}\right)^2 + \cdots$$

für alle Werte von x gleichmäßig [1]).

Da $\left(\dfrac{\sin nx}{nx}\right)^2$ an der Stelle $x = 0$ stetig ist, wenn wir für $x = 0$ den Funktionswert gleich 1 setzen, so können wir aus der gleichmäßigen Konvergenz der Reihe schließen, daß für nach Null konvergierendes x

$$\lim\left\{a_1\left(\frac{\sin x}{x}\right)^2 + a_2\left(\frac{\sin 2x}{2x}\right)^2 + a_3\left(\frac{\sin 3x}{3x}\right)^2 + \cdots\right\} = a_1 + a_2 + a_3 + \cdots \quad \text{wird.}$$

2. Wenn $a_1 + a_2 + a_3 + \cdots$ konvergent ist, so konvergiert
$$a_1 t + a_2 t^2 + a_3 t^3 + \cdots$$

in $\langle 0, 1\rangle$ gleichmäßig.

Es genügt zu zeigen, daß die Reihe für $0 < t \leq 1$ gleichmäßig konvergent ist; denn für $t = 0$ sind alle Reste gleich Null.

Setzen wir unter der Annahme $0 < t \leq 1$
$$t = e^{-x}, \quad \text{also} \quad x = \log\frac{1}{t}, \quad \text{so ist } x \geq 0.$$

---

1) $\left(\dfrac{\sin x}{x}\right)^2$ ist eine gerade Funktion. Daher ist die Reihe sowohl für $x \geq 0$ als auch für $x \leq 0$ gleichmäßig konvergent.

Unsere Reihe lautet jetzt

$$a_1 e^{-x} + a_2 e^{-2x} + a_3 e^{-3x} + \cdots,$$

d. h. $a_1 f(x) + a_2 f(2x) + a_3 f(3x) + \cdots$, wobei $f(x) = e^{-x}$ ist. Diese Funktion ist aber für $x \geq 0$ absteigend und nie negativ.

Daher ist die Reihe $a_1 e^{-x} + a_2 e^{-2x} + \cdots$ für $x \geq 0$ gleichmäßig konvergent und die Reihe $a_1 t + a_2 t^2 + \cdots$ für $0 < t \leq 1$, also auch in dem Intervall $\langle 0, 1 \rangle$.

Wenn eine Potenzreihe

$$a_0 + a_1 x + a_2 x^2 + \cdots$$

für $x = x_0$ konvergiert $(x_0 \gtrless 0)$, so konvergiert sie in $\langle 0, x_0 \rangle$ gleichmäßig (Satz von Abel).

Man setze $x = t x_0$. Dann lautet die Potenzreihe

$$a_0 + a_1 x_0 t + a_2 x_0^2 t^2 + \cdots.$$

Aus der Konvergenz von $a_0 + a_1 x_0 + a_2 x_0^2 + \cdots$ folgt nach dem Obigen die gleichmäßige Konvergenz von $a_0 + a_1 x_0 t + a_2 x_0^2 t^2 + \cdots$ für $0 \leq t \leq 1$, d. h. die gleichmäßige Konvergenz von $a_0 + a_1 x + {}$ $+ a_2 x^2 + \cdots$ in $\langle 0, x_0 \rangle$.

Die Reihe $\qquad \dfrac{x}{1} - \dfrac{x^2}{2} + \dfrac{x^3}{3} - \cdots$

konvergiert für $x = 1$. Sie konvergiert also in $\langle 0, 1 \rangle$ gleichmäßig. Nun hat man für $|x| < 1$

$$\log (1 + x) = \frac{x}{1} - \frac{x^2}{2} + \frac{x^3}{3} - \cdots.$$

Läßt man x nach 1 konvergieren, so hat die linke Seite den Grenzwert $\log 2$, die rechte (vgl. Nr. 5) den Grenzwert $1 - \dfrac{1}{2} + \dfrac{1}{3} - \cdots$. Es ist also

$$\log 2 = 1 - \frac{1}{2} + \frac{1}{3} - \cdots.$$

§ 173. **Trigonometrische Reihen.** Unter einer trigonometrischen[1]) Reihe versteht man eine Reihe von der Form

$$\frac{1}{2} a_0 + (a_1 \cos x + b_1 \sin x) + (a_2 \cos 2x + b_2 \sin 2x) + \cdots.$$

---

1) $\cos x$, $\sin x$, $\operatorname{tg} x$, $\cot x$ nennt man trigonometrische Funktionen.

Wir wollen annehmen, daß die Reihe für alle Werte von x konvergiert, und ihre Summe mit $U(x)$ bezeichnen.

Schon Euler hat erkannt, in welchem Zusammenhang die Koeffizienten a, b mit der Funktion $U(x)$ stehen. Er folgert aus

$$U(x) = \frac{1}{2}a_0 + (a_1 \cos x + b_1 \sin x) + \cdots$$

$$\int_{-\pi}^{\pi} U(x)\,dx = \pi a_0 + \sum \left(a_n \int_{-\pi}^{\pi} \cos nx\,dx + b_n \int_{-\pi}^{\pi} \sin nx\,dx \right).$$

Da $\displaystyle\int_{-\pi}^{\pi} \cos nx\,dx = \left(\frac{\sin nx}{n}\right)_{-\pi}^{\pi} = 0$ und $\displaystyle\int_{-\pi}^{\pi} \sin nx\,dx = -\left(\frac{\cos nx}{n}\right)_{-\pi}^{\pi} = 0$

ist, so liefert die obige Gleichung

$$a_0 = \frac{1}{\pi} \int_{-\pi}^{\pi} U(x)\,dx.$$

Um a_p und b_p $(p = 1, 2, 3, \ldots)$ zu bestimmen, multipliziert er die Reihe mit $\cos px$ bzw. $\sin px$ und integriert wieder von $-\pi$ bis π. Dadurch ergibt sich

$$\int_{-\pi}^{\pi} U(x) \cos px\,dx = \tfrac{1}{2}a_0 \int_{-\pi}^{\pi} \cos px\,dx +$$

$$+ \sum \left(a_n \int_{-\pi}^{\pi} \cos nx \cos px\,dx + b_n \int_{-\pi}^{\pi} \sin nx \cos px\,dx \right)$$

und $\displaystyle\int_{-\pi}^{\pi} U(x) \sin px\,dx = \tfrac{1}{2}a_0 \int_{-\pi}^{\pi} \sin px\,dx +$

$$+ \sum \left(a_n \int_{-\pi}^{\pi} \cos nx \sin px\,dx + b_n \int_{-\pi}^{\pi} \sin nx \sin px\,dx \right).$$

Nun hat man

$$2 \cos nx \cos px = \cos(n+p)x + \cos(n-p)x,$$
$$2 \sin nx \sin px = \cos(n-p)x - \cos(n+p)x,$$
$$2 \cos nx \sin px = \sin(n+p)x - \sin(n-p)x,$$
$$2 \sin nx \cos px = \sin(n+p)x + \sin(n-p)x.$$

Daraus folgt im Falle $n \gtrless p$

$$2 \int_{-\pi}^{\pi} \cos nx \cos px \, dx = \left(\frac{\sin(n+p)x}{n+p}\right)_{-\pi}^{\pi} + \left(\frac{\sin(n-p)x}{n-p}\right)_{-\pi}^{\pi} = 0,$$

$$2 \int_{-\pi}^{\pi} \sin nx \sin px \, dx = \left(\frac{\sin(n-p)x}{n-p}\right)_{-\pi}^{\pi} - \left(\frac{\sin(n+p)x}{n+p}\right)_{-\pi}^{\pi} = 0,$$

$$2 \int_{-\pi}^{\pi} \cos nx \sin px \, dx = -\left(\frac{\cos(n+p)x}{n+p}\right)_{-\pi}^{\pi} + \left(\frac{\cos(n-p)x}{n-p}\right)_{-\pi}^{\pi} = 0,$$

$$2 \int_{-\pi}^{\pi} \sin nx \cos px \, dx = -\left(\frac{\cos(n+p)x}{n+p}\right)_{-\pi}^{\pi} - \left(\frac{\cos(n-p)x}{n-p}\right)_{-\pi}^{\pi} = 0.$$

Im Falle $n = p$ findet man

$$2 \int_{-\pi}^{\pi} \cos px \cos px \, dx = \left(\frac{\sin 2px}{2p}\right)_{-\pi}^{\pi} + 2\pi = 2\pi,$$

$$2 \int_{-\pi}^{\pi} \sin px \sin px \, dx = 2\pi - \left(\frac{\sin 2px}{2p}\right)_{-\pi}^{\pi} = 2\pi,$$

$$2 \int_{-\pi}^{\pi} \cos px \sin px \, dx = -\left(\frac{\cos 2px}{2p}\right)_{-\pi}^{\pi} = 0.$$

Hiernach sind in der ersten Reihe alle Glieder null bis auf πa_p in der zweiten Reihe alle bis auf πb_p, und man hat also

$$a_p = \frac{1}{\pi} \int_{-\pi}^{\pi} U(x) \cos px \, dx, \quad b_p = \frac{1}{\pi} \int_{-\pi}^{\pi} U(x) \sin px \, dx.$$

Setzt man in der Formel für a_p statt p Null ein, so erhält man die Formel für a_0. Diese einfache Beziehung besteht nur, weil wir den ersten Koeffizienten der Reihe mit $\frac{1}{2} a_0$ bezeichnet haben.

Gegen das Eulersche Verfahren ist einzuwenden, daß es skrupellos von der gliedweisen Integration Gebrauch macht. Wenn die be-

trachtete Reihe in $\langle -\pi, \pi \rangle$ gleichmäßig konvergent ist, so ist
das Verfahren vollkommen korrekt. Dieser Fall tritt z. B. ein, wenn
die Reihe

$$|a_1| + |b_1| + |a_2| + |b_2| + \cdots$$

konvergent ist. Dann hat man nämlich für jedes x

$$|a_n \cos nx + b_n \sin nx| \leqq |a_n| + |b_n|$$

und kann auf Grund von Nr. 7 in § 172 auf die gleichmäßige Konvergenz schließen.

§ 174. **Fouriersche Reihen.** Wir nehmen an, daß $f(x)$ in
$\langle -\pi, \pi \rangle$ integrierbar ist. Die Zahlen

$$a_p = \frac{1}{\pi} \int\limits_{-\pi}^{\pi} f(x) \cos px \, dx \qquad (p = 0, 1, 2, \cdots)$$

und

$$b_p = \frac{1}{\pi} \int\limits_{-\pi}^{\pi} f(x) \sin px \, dx \qquad (p = 1, 2, 3, \cdots)$$

nennen wir die Fourierschen Konstanten von $f(x)$ und die trigonometrische Reihe

$$\frac{1}{2} a_0 + (a_1 \cos x + b_1 \sin x) + (a_2 \cos 2x + b_2 \sin 2x) + \cdots,$$

deren Koeffizienten die Fourierschen Konstanten von $f(x)$ sind, die
Fouriersche Reihe von $f(x)$.

Das Ergebnis des § 173 läßt sich dann so ausdrücken: Wenn
eine trigonometrische Reihe in $\langle -\pi, \pi \rangle$ gleichmäßig konvergiert, so ist sie die Fouriersche Reihe ihrer Summe.

§ 175. **Die Partialsummen der Fourierschen Reihe.** Setzt
man für a_p und b_p ihre Integralausdrücke

$$a_p = \frac{1}{\pi} \int\limits_{-\pi}^{\pi} f(u) \cos pu \, du, \quad b_p = \frac{1}{\pi} \int\limits_{-\pi}^{\pi} f(u) \sin pu \, du$$

ein, so wird

$$a_p \cos px + b_p \sin px = \frac{1}{\pi} \int\limits_{-\pi}^{\pi} f(u) \left(\cos pu \cos px + \sin pu \sin px \right) du$$

$$= \frac{1}{\pi} \int\limits_{-\pi}^{\pi} f(u) \cos p\,(u - x)\,du,$$

und die **Fouriersche** Reihe lautet

$$\frac{1}{2\pi} \int\limits_{-\pi}^{\pi} f(u)\,du + \frac{1}{\pi} \int\limits_{-\pi}^{\pi} f(u) \cos(u - x)\,du + \frac{1}{\pi} \int\limits_{-\pi}^{\pi} f(u) \cos 2\,(u - x)\,du + \cdots.$$

Wir wissen, daß die Integrale sich nicht ändern, wenn wir $f(x)$ an der Stelle $x = \pi$ den Wert $f(-\pi)$ beilegen. Nachdem dies geschehen ist, können wir durch die Forderung, daß immer

$$f(x + 2\pi) = f(x)$$

sein soll, die Definition von $f(x)$ auf alle Werte von x ausdehnen. Geometrisch kommt dies darauf hinaus, daß wir die Bildkurve $y = f(x)$, $-\pi \leq x \leq \pi$, fortgesetzt nach links und nach rechts parallel zur x-Achse um 2π verschieben.

$f(x)$ ist also jetzt für alle Werte von x definiert und hat die Periode 2π. Da wir $f(x)$ in $\langle -\pi, \pi \rangle$ integrierbar annahmen, ist das neue $f(x)$ in jedem Intervall integrierbar.

Bemerkung. Wenn eine Funktion $\varphi(u)$ in jedem Intervall integrierbar ist und die Periode 2π besitzt, so ist

$$\int\limits_{-\pi}^{\pi} \varphi(a + u)\,du = \int\limits_{-\pi}^{\pi} \varphi(u)\,du,$$

wie man auch die Zahl a wählen mag. Man hat nämlich, wenn $a + u = v$ gesetzt wird,

$$\int\limits_{-\pi}^{\pi} \varphi(a + u)\,du = \int\limits_{a-\pi}^{a+\pi} \varphi(v)\,dv = \int\limits_{a-\pi}^{a+\pi} \varphi(u)\,du.$$

Das letzte Integral ist aber gleich

$$\int\limits_{a-\pi}^{-\pi} \varphi(u)\,du + \int\limits_{-\pi}^{\pi} \varphi(u)\,du + \int\limits_{\pi}^{a+\pi} \varphi(u)\,du.$$

Es kommt also darauf an zu zeigen, daß

$$\int\limits_{-\pi}^{a-\pi} \varphi(u)\,du = \int\limits_{\pi}^{a+\pi} \varphi(u)\,du$$

ist. Das gelingt aber sofort mittelst der Transformation $v = u + 2\pi$

Auf Grund obiger Bemerkung können wir nun die **F o u r i e r s c h e** Reihe so schreiben:

$$\frac{1}{2\pi}\int\limits_{-\pi}^{\pi} f(x + u)\,du + \frac{1}{\pi}\int\limits_{-\pi}^{\pi} f(x + u)\cos u\,du$$

$$+ \frac{1}{\pi}\int\limits_{-\pi}^{\pi} f(x + u)\cos 2u\,du + \cdots$$

Die p-te Partialsumme lautet

$$s_p(x) = \frac{1}{\pi}\int\limits_{-\pi}^{\pi}\left\{\frac{1}{2} + \cos u + \cos 2u + \cdots + \cos(p-1)u\right\} f(x + u)\,du.$$

Nach § 165 ist aber[1])

$$\frac{1}{2} + \cos u + \cos 2u + \cdots + \cos(p-1)u = \frac{\cos(p-1)u - \cos pu}{2(1 - \cos u)}.$$

Also wird

$$s_p(x) = \frac{1}{2\pi}\int\limits_{-\pi}^{\pi} f(x + u)\,\frac{\cos(p-1)u - \cos pu}{1 - \cos u}\,du. \qquad (p = 1, 2, 3, \ldots)$$

Wir wollen hier gleich bemerken, daß aus

$$s_1(x) = \frac{1}{2\pi}\int\limits_{-\pi}^{\pi} f(x + u)\,\frac{1 - \cos u}{1 - \cos u}\,du,$$

$$s_2(x) = \frac{1}{2\pi}\int\limits_{-\pi}^{\pi} f(x + u)\,\frac{\cos u - \cos 2u}{1 - \cos u}\,du,$$

$$\cdot \;\cdot\; \cdot \;\cdot\; \cdot \;\cdot\; \cdot \;\cdot\; \cdot \;\cdot\; \cdot \;\cdot\; \cdot \;\cdot\; \cdot \;,$$

---

1) Für $u = 0$ müssen wir die rechte Seite gleich $p - \dfrac{1}{2}$ setzen.

$$s_p(x) = \frac{1}{2\pi} \int_{-\pi}^{\pi} f(x+u) \, \frac{\cos(p-1)u - \cos pu}{1 - \cos u} \, du$$

folgt $\quad \dfrac{s_1(x) + s_2(x) + \cdots + s_p(x)}{p} = \dfrac{1}{2\pi p} \displaystyle\int_{-\pi}^{\pi} f(x+u) \dfrac{1 - \cos pu}{1 - \cos u} \, du$.

§ 176. Fouriersche Reihe einer Funktion von beschränkter Variation. Die Formel für $s_p(x)$ läßt sich nach § 165 auch so schreiben:

$$s_p(x) = \frac{1}{2\pi} \int_{-\pi}^{\pi} f(x+u) \, \frac{\sin\left(p - \frac{1}{2}\right)u}{\sin \frac{u}{2}} \, du.$$

Benutzt man die Zerlegung

$$\int_{-\pi}^{\pi} = \int_{-\pi}^{0} + \int_{0}^{\pi}$$

und führt in dem ersten Integral $v = -\frac{1}{2}u$, in dem zweiten $v = \frac{1}{2}u$ als neue Veränderliche ein, so ergibt sich:

$$s_p(x) = \frac{2}{\pi} \int_{0}^{\frac{1}{2}\pi} \frac{f(x-2v) + f(x+2v)}{2} \, \frac{\sin(2p-1)v}{\sin v} \, dv.$$

Das ist ein Integral, wie wir es in § 166 betrachtet haben.

Aus den damals erhaltenen Resultaten können wir folgendes entnehmen.

Wenn die in $\langle -\pi, \pi \rangle$ integrierbare Funktion $f(u)$ sowohl links als auch rechts von der Stelle $u = x$ von beschränkter Variation ist[1]), so existiert lim $s_p(x)$, d. h. die Fouriersche Reihe ist an der Stelle x konvergent. Ihre Summe ist gleich

$$\frac{f(x-0) + f(x+0)}{2},$$

---

1) Dann sind nämlich $f(x-2v)$, $f(x+2v)$ rechts von $v = 0$ von beschränkter Variation, also auch $\frac{1}{2}\{f(x-2v) + f(x+2v)\}$. Im Falle $x = \pm\pi$ denke man an $f(u+2\pi) = f(u)$.

wenn wir die Grenzwerte von $f(x - h)$ und $f(x + h)$ für nach Null konvergierendes positives h mit $f(x - 0)$ bzw. $f(x + 0)$ bezeichnen.

Wenn $f(x)$ in $\langle - \pi, \pi \rangle$ von beschränkter Variation ist, so konvergiert die Fouriersche Reihe[1]) für jeden Wert von x und hat die Summe $\frac{1}{2} \{ f(x - 0) + f(x + 0) \}$.

Wir wollen an dieser Stelle eine Bemerkung über Funktionen von beschränkter Variation einfügen.

Wenn $f(x)$ rechts von a und links von b ($a < b$) und rechts und links von jeder Stelle x zwischen a und b von beschränkter Variation ist,[2]) so ist $f(x)$ in $\langle a, b \rangle$ von beschränkter Variation.

Wäre $f(x)$ in $\langle a, b \rangle$ nicht von beschränkter Variation, so würde dasselbe in mindestens einem der beiden Intervalle $\left\langle a, \frac{a + b}{2} \right\rangle, \left\langle \frac{a + b}{2}, b \right\rangle$ gelten, etwa in $\langle a_1, b_1 \rangle$, ebenso in einer Hälfte $\langle a_2, b_2 \rangle$ von $\langle a_1, b_1 \rangle$ usw. Ist x_0 der gemeinsame Grenzwert von a_n und b_n, so würde $f(x)$ entweder rechts oder links von x_0 nicht von beschränkter Variation sein.

§ 177. **Satz von Lipschitz.** Das Resultat in § 176 rührt im wesentlichen von Dirichlet her (1829). Lipschitz hat (wenn auch nicht in dieser Allgemeinheit) folgenden Satz aufgestellt, der sich mit Hilfe von § 168 beweisen läßt.

Wenn es eine positive Zahl k gibt derart, daß die beiden Funktionen

$$\varphi(v) = \frac{f(x + v) - A}{v^k}, \quad \psi(v) = \frac{f(x - v) - B}{v^k} \qquad (v > 0)$$

bei passender Wahl der Konstanten A und B beschränkt sind, so konvergiert die Fouriersche Reihe an der Stelle x und hat die Summe $\frac{1}{2}(A + B)$. (Vgl. Fußnote 1 Seite 255.)

---

1) Die Fourierschen Konstanten existieren, weil $f(x)$ nach § 154 in $\langle - \pi, \pi \rangle$ integrierbar ist.

2) Wenn man feststellen soll, ob $f(x)$ rechts oder links von der Stelle x_0 von beschränkter Variation ist, so darf man vorher $f(x_0)$ durch irgend einen andern Wert ersetzen.

Offenbar ist $A = f(x+0)$, $\quad B = f(x-0)$.

Die Fouriersche Reihe konvergiert z. B. an jeder Stelle x, wo die Ableitung $f'(x)$ existiert (vgl. § 168) und ihre Summe ist dann gleich $f(x)$.[1])

§ 178. **Eindeutigkeitssatz.** Wenn zwei trigonometrische Reihen überall konvergieren und dieselbe Summe haben, so sind sie identisch.

Oder anders ausgedrückt:

Wenn für jeden Wert von x

$$\tfrac{1}{2}\, a_0 + (a_1 \cos x + b_1 \sin x) + (a_2 \cos 2x + b_2 \sin 2x) + \cdots = 0$$

ist, so sind alle a_n und alle b_n gleich Null.

x_0 sei eine beliebige Zahl. Da man wegen der Konvergenz

$$\lim (a_n \cos n x_0 + b_n \sin n x_0) = 0$$

hat, ist die Folge

$$\tfrac{1}{2}\, a_0, \; a_1 \cos x_0 + b_1 \sin x_0, \quad a_1 \cos 2x_0 + b_1 \sin 2x_0, \, \ldots,$$

deren Glieder wir der Reihe nach mit $A_0, A_1, A_2, \ldots$ bezeichnen wollen, sicher beschränkt. Es gibt also eine Zahl A, so daß für $n = 0, 1, 2, \ldots |A_n| < A$ ist.

Nun ergibt sich aus

$$0 = \tfrac{1}{2}\, a_0 + \{a_1 \cos (x_0 + x) + b_1 \sin (x_0 + x)\}$$
$$+ \{a_2 \cos 2(x_0 + x) + b_2 \sin 2(x_0 + x)\} + \cdots$$

und $\quad 0 = \tfrac{1}{2}\, a_0 + \{a_1 \cos (x_0 - x) + b_1 \sin (x_0 - x)\}$
$$+ \{a_2 \cos 2(x_0 - x) + b_2 \sin 2(x_0 - x)\} + \cdots$$

durch Addition $0 = A_0 + A_1 \cos x + A_2 \cos 2x + \cdots$.

Diese Gleichung gilt für jeden Wert von x. Wir wissen aber jetzt, daß alle Koeffizienten A_n ihrem Betrage nach kleiner als A sind.

---

1) Vorausgesetzt wird natürlich, daß $f(x)$ in $\langle -\pi, \pi \rangle$ integrierbar ist. Im Falle $x = \pm \pi$ denke man an $f(u + 2\pi) = f(u)$.

Die Reihe $- \dfrac{A_0 x^2}{2} + \dfrac{A_1 \cos x}{1^2} + \dfrac{A_2 \cos 2x}{2^2} + \dfrac{A_3 \cos 3x}{3^2} + \cdots$

ist in jedem Intervall gleichmäßig konvergent (vgl. § 172), weil

$$\left| \frac{A_n \cos n x}{n^2} \right| < \frac{A}{n^2}$$

ist und
$$\frac{1}{1^2} + \frac{1}{2^2} + \frac{1}{3^2} + \cdots$$

konvergiert.[1]) Ihre Summe $\varphi(x)$ ist also durchweg stetig, weil die Glieder stetig sind.

Da nun $\cos n(x + 2h) + \cos n(x - 2h) - 2 \cos nx$

$$= 2(\cos 2nh - 1) \cos nx = - 4 \sin^2 nh \cos nx$$

ist, so findet man für $h \gtreqless 0$

$$- \frac{\varphi(x + 2h) + \varphi(x - 2h) - 2\varphi(x)}{(2h)^2} = A_0 + A_1 \cos x \left(\frac{\sin h}{h} \right)^2$$
$$+ A_2 \cos 2x \left(\frac{\sin 2h}{2h} \right)^2 + \cdots.$$

Da $A_1 \cos x + A_2 \cos 2x + \cdots$ konvergent ist, so können wir hier den Satz aus § 172, Nr. 8, auwenden und schließen, daß für nach Null konvergierendes h

$$- \lim \frac{\varphi(x + 2h) + \varphi(x - 2h) - 2\varphi(x)}{(2h)^2}$$
$$= A_0 + A_1 \cos x + A_2 \cos 2x + \cdots = 0 \quad \text{ist.}$$

Auf Grund des Schwarzschen Theorems in § 106 können wir hieraus folgern, daß
$$\varphi(x) = \alpha x + \beta$$
ist (α, β Konstanten).

---

1) Da die Reihe $\dfrac{1}{1 \cdot 2} + \dfrac{1}{2 \cdot 3} + \cdots$, d. h. $\left(1 - \dfrac{1}{2}\right) + \left(\dfrac{1}{2} - \dfrac{1}{3}\right) + \cdots$, konvergiert und $\dfrac{1}{n^2} < \dfrac{1}{(n-1)n}$ ist, so konvergiert auch $\dfrac{1}{2^2} + \dfrac{1}{3^2} + \cdots$, also auch $\dfrac{1}{1^2} + \dfrac{1}{2^2} + \dfrac{1}{3^2} + \cdots$.

Wir haben also

$$\frac{A_0}{2} x^2 + \alpha x + \beta = \frac{A_1 \cos x}{1^2} + \frac{A_2 \cos 2x}{2^2} + \frac{A_3 \cos 3x}{3^2} + \cdots.$$

Ersetzen wir x durch $-x$, so bleibt die rechte Seite ungeändert. Es muß also $\alpha = 0$ sein.

Für $x = 0$ und $x = 2\pi$ hat die rechte Seite denselben Wert. Es muß daher $A_0 = 0$ sein, so daß die Gleichung

$$0 = -\beta + \frac{A_1 \cos x}{1^2} + \frac{A_2 \cos 2x}{2^2} + \frac{A_3 \cos 3x}{3^2} + \cdots$$

gilt. Da die trigonometrische Reihe hier gleichmäßig konvergent ist, gelten für die Koeffizienten die Eulerschen Formeln. Die Koeffizienten müssen also, weil die Summe der Reihe gleich Null ist, alle null sein.

Damit haben wir gezeigt, daß

$$a_0 = 0 \quad \text{und} \quad a_n \cos n x_0 + b_n \sin n x_0 = 0$$

ist (für $n = 1, 2, 3, \ldots$). x_0 sollte aber eine beliebige Zahl sein. Es ist also für jeden Wert von x

$$a_n \cos n x + b_n \sin n x = 0.$$

Durch Differentiation ergibt sich hieraus

$$- a_n \sin n x + b_n \cos n x = 0.$$

Man hat folglich

$$a_n = (a_n \cos n x + b_n \sin n x) \cos n x$$
$$- (- a_n \sin n x + b_n \cos n x) \sin n x = 0,$$
$$b_n = (a_n \cos n x + b_n \sin n x) \sin n x$$
$$+ (- a_n \sin n x + b_n \cos n x) \cos n x = 0.$$

§ 179. **Beispiele.** 1. $f(x)$ sei in $\langle -\pi, \pi \rangle$ folgendermaßen definiert:

$$f(-\pi) = f(0) = f(\pi) = 0,$$
$$f(x) = -c \quad (\text{für } -\pi < x < 0),$$
$$f(x) = +c \quad (\text{für } 0 < x < \pi).$$

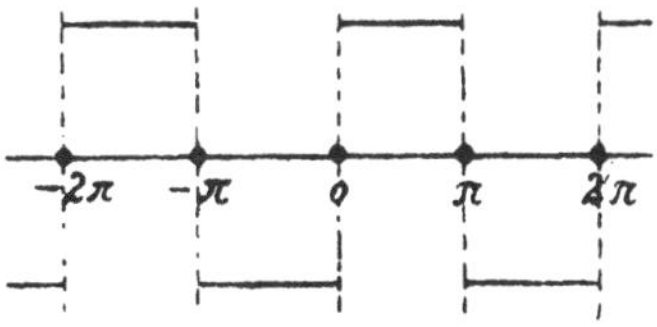

Fig. 11.

Mittelst der Forderung $f(x + 2\pi) = f(x)$ dehnen wir die Definition auf alle Werte von x aus. Die Bildkurve von $f(x)$ ist in Fig. 11 angedeutet.

Nach § 176 konvergiert im vorliegenden Falle die Fouriersche Reihe und ihre Summe ist überall $f(x)$.

Wir wollen die Fourierschen Konstanten berechnen.

Es ergibt sich

$$\pi a_p = - c \int\limits_{-\pi}^{0} \cos px\, dx + c \int\limits_{0}^{\pi} \cos px\, dx = 0\,,$$

$$\pi b_p = - c \int\limits_{-\pi}^{0} \sin px\, dx + c \int\limits_{0}^{\pi} \sin px\, dx$$

$$= 2c \int\limits_{0}^{\pi} \sin px\, dx = - 2c \left(\frac{\cos px}{p}\right)_{0}^{\pi}.$$

Für gerades p wird $b_p = 0$, für ungerades p dagegen $\pi b_p = \dfrac{4c}{p}$, also $b_p = \dfrac{4c}{p\pi}$.

Die Fouriersche Reihe lautet also, wenn man $c = \dfrac{\pi}{4}$ annimmt,

$$\frac{\sin x}{1} + \frac{\sin 3x}{3} + \frac{\sin 5x}{5} + \cdots.$$

Sie konvergiert für jeden Wert von x und stellt die in Fig. 11 veranschaulichte Funktion dar $\left(\text{für den Fall } c = \dfrac{\pi}{4}\right)$.

Für $x = \dfrac{\pi}{2}$ finden wir die Leibnizsche Reihe

$$\frac{\pi}{4} = 1 - \frac{1}{3} + \frac{1}{5} - \cdots$$

wieder (vgl. § 122).

2. $f(x)$ habe die in Fig. 12 angedeutete Bildkurve. Es sei also

$$f(-\pi) = f(0) = f(\pi) = 0$$

und in $(-\pi, \pi)$ sei

$$f(x) = cx\,.$$

Ferner sei $f(x + 2\pi) = f(x)$.

Auch in diesem Falle ist nach § 176 die Fouriersche Reihe überall konvergent und ihre Summe gleich $f(x)$.

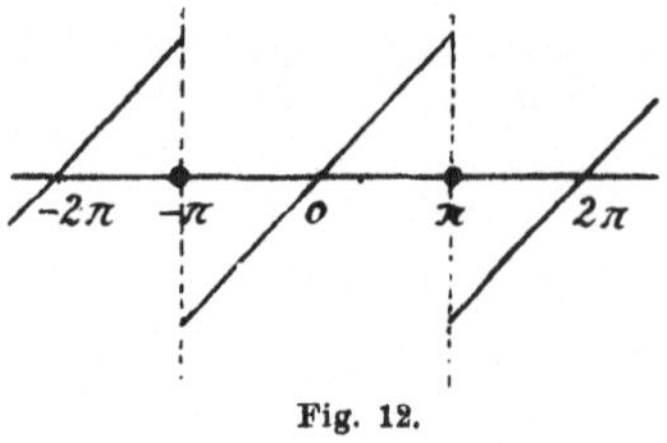

Fig. 12.

Was die Fourierschen Konstanten anbetrifft, so ist

$$\pi a_p = c \int_{-\pi}^{\pi} x \cos px\, dx, \qquad \pi b_p = c \int_{-\pi}^{\pi} x \sin px\, dx$$

$$\pi a_p = c \int_{-\pi}^{0} x \cos px\, dx + c \int_{0}^{\pi} x \cos px\, dx = 0.$$

oder $\pi b_p = c \int_{-\pi}^{0} x \sin px\, dx + c \int_{0}^{\pi} x \sin px\, dx = 2 c \int_{0}^{\pi} x \sin px\, dx.$

Nun hat man aber

$$\int_{0}^{\pi} x \sin px\, dx = -\left(\frac{x \cos px}{p}\right)_{0}^{\pi} + \frac{1}{p} \int_{0}^{\pi} \cos px\, dx = -\frac{\pi \cos p\pi}{p}.$$

Es wird also $\qquad b_1 = \frac{2c}{1}, \qquad b_2 = -\frac{2c}{2}, \qquad b_3 = \frac{2c}{3}, \ \cdots$

und die Fouriersche Reihe lautet für $c = \frac{1}{2}$

$$\frac{\sin x}{1} - \frac{\sin 2x}{2} + \frac{\sin 3x}{3} - \cdots.$$

Sie konvergiert für jeden Wert von x und stellt die in Fig. 12 veranschaulichte Funktion dar (für den Fall $c = \frac{1}{2}$). In $(-\pi, \pi)$ ist also

$$\frac{x}{2} = \frac{\sin x}{1} - \frac{\sin 2x}{2} + \frac{\sin 3x}{3} - \cdots.$$

3. Wir wollen zum Schluß die Fouriersche Reihe von $\cos kx$ suchen. Wir setzen also

$$f(x) = \cos kx \qquad\qquad (-\pi \leqq x \leqq \pi)$$

und fordern außerdem, daß $f(x + 2\pi) = f(x)$ sein soll. Aus § 176 f. können wir entnehmen, daß die Fouriersche Reihe überall konvergiert und die Summe $f(x)$ hat.

Wir wollen den trivialen Fall, daß k eine ganze Zahl ist, ausschließen. Dann wird

$$\pi a_p = \int_{-\pi}^{0} \cos kx \cos px\, dx + \int_{0}^{\pi} \cos kx \cos px\, dx = 2 \int_{0}^{\pi} \cos kx \cos px\, dx,$$

$$\pi b_p = \int_{-\pi}^{0} \cos kx \sin px\, dx + \int_{0}^{\pi} \cos kx \sin px\, dx = 0.$$

Ferner ist $2 \cos kx \cos px = \cos(p-k)x + \cos(p+k)x$,

also
$$\pi a_p = \left(\frac{\sin(p-k)x}{p-k}\right)_0^\pi + \left(\frac{\sin(p+k)x}{p+k}\right)_0^\pi$$

$$= \left\{\left(\frac{1}{p+k}\right) - \left(\frac{1}{p-k}\right)\right\} \sin k\pi \cos p\pi,$$

oder
$$\pi a_p = \frac{2k \sin k\pi}{k^2 - p^2} \cos p\pi. \qquad (p = 0, 1, 2, \ldots)$$

Für $-\pi \leq x \leq \pi$ gilt somit die Formel

$$\cos kx = \frac{\sin k\pi}{\pi}\left\{\frac{1}{k} - \frac{2k \cos x}{k^2 - 1^2} + \frac{2k \cos 2x}{k^2 - 2^2} - \cdots\right\}.$$

Setzen wir $x = \pi$, so kommt, da $\sin k\pi \gtrless 0$ ist,

$$\pi \cot k\pi = \frac{1}{k} + \frac{2k}{k^2 - 1^2} + \frac{2k}{k^2 - 2^2} + \cdots.$$

§ 180. **Theorem von Féjer.** $f(x)$ sei für jeden Wert von x stetig und habe die Periode 2π.

Wir wollen uns nicht mit der Konvergenz der Fourierschen Reihe beschäftigen, sondern vielmehr das arithmetische Mittel aus ihren p ersten Partialsummen bilden.

Wie wir in § 175 fanden, wird dieses Mittel gleich

$$\mathfrak{m}_p(x) = \frac{1}{2\pi p} \int_{-\pi}^{\pi} f(x+u) \frac{1 - \cos pu}{1 - \cos u}\, du,$$

oder gleich
$$\frac{1}{2\pi p} \int_{-\pi}^{\pi} f(x+u) \left(\frac{\sin p \frac{u}{2}}{\sin \frac{u}{2}}\right)^2 du.$$

Wir nehmen die Zerlegung $\displaystyle\int_{-\pi}^{\pi} = \int_{-\pi}^{0} + \int_{0}^{\pi}$

vor und führen in dem ersten Integral rechts die neue Veränderliche $-\frac{u}{2} = v$, in dem zweiten die neue Veränderliche $\frac{u}{2} = v$ ein. Dann wird

$$\mathfrak{m}_p(x) = \frac{1}{\pi p} \int_0^{\frac{1}{2}\pi} \{f(x - 2v) + f(x + 2v)\} \left(\frac{\sin pv}{\sin v}\right)^2 dv.$$

Wenn $f(x) = 1$ ist, werden alle Partialsummen der Fourierschen Reihe gleich 1, also auch $\mathfrak{m}_p(x) = 1$. Man hat also

$$1 = \frac{2}{p\pi} \int\limits_0^{\frac{1}{2}\pi} \left(\frac{\sin pv}{\sin v}\right)^2 dv,$$

und die Differenz $\mathfrak{m}_p(x) - f(x)$ läßt sich in folgender Weise schreiben:

$$\mathfrak{m}_p(x) - f(x) = \frac{1}{\pi p} \int\limits_0^{\frac{1}{2}\pi} \{f(x-2v) + f(x+2v) - 2f(x)\} \left(\frac{\sin pv}{\sin v}\right)^2 dv.$$

Jetzt können wir, wenn eine positive Zahl ε vorgelegt wird, δ so wählen[1]), daß der größte Wert von

$$|f(x-2v) + f(x+2v) - 2f(x)|$$

$$(0 \leq v \leq \delta)$$

kleiner als ε ist. Dann wird der Betrag des Integrals

$$\frac{1}{\pi p} \int\limits_0^{\delta} \{f(x-2v) + f(x+2v) - 2f(x)\} \left(\frac{\sin pv}{\sin v}\right)^2 dv$$

kleiner als $\quad \dfrac{\varepsilon}{\pi p} \int\limits_0^{\delta} \left(\dfrac{\sin pv}{\sin v}\right)^2 dv < \dfrac{\varepsilon}{\pi p} \int\limits_0^{\frac{1}{2}\pi} \left(\dfrac{\sin pv}{\sin v}\right)^2 dv = \dfrac{\varepsilon}{2},$

und zwar für $p = 1, 2, 3, \ldots$.

Bezeichnet man mit M den größten Wert, den $|f(x)|$ überhaupt annimmt[2]), so ist der Betrag des Integrals

$$\frac{1}{\pi p} \int\limits_0^{\frac{1}{2}\pi} \{f(x-2v) + f(x+2v) - 2f(x)\} \left(\frac{\sin pv}{\sin v}\right)^2 dv$$

kleiner als $\quad \dfrac{3M}{\pi p} \int\limits_0^{\frac{1}{2}\pi} \dfrac{dv}{\sin^2 v} < \dfrac{3M}{2p \sin^2 \delta}.$

---

1) δ sei kleiner als $\frac{1}{2}\pi$.

2) Einen solchen gibt es wegen der Stetigkeit und Periodizität.

Wenn also
$$p > \frac{3\,M}{\varepsilon \sin^2 \delta}$$

ist, wird der Betrag des letzten Integrals kleiner als $\frac{\varepsilon}{2}$ und der Betrag von $\mathfrak{m}_p(x) - f(x)$ kleiner als ε, was auch x sein mag.

Das bedeutet $\lim \mathfrak{m}_p(x) = f(x)$.
Wir haben aber noch mehr bewiesen. Wir wissen nicht nur, daß für jedes x

$$f(x) = \mathfrak{m}_1(x) + \{\mathfrak{m}_2(x) - \mathfrak{m}_1(x)\} + \{\mathfrak{m}_3(x) - \mathfrak{m}_2(x)\} + \cdots, {}^1)$$

sondern wir wissen auch noch, daß diese Reihe für alle x gleichmäßig konvergiert.

Dies ist das Theorem von **Féjer**.

Die Glieder obiger Reihe sind endliche trigonometrische Ausdrücke, d. h. Ausdrücke von der Form

$$\tfrac{1}{2} a_0 + a_1 \cos x + b_1 \sin x + a_2 \cos 2x$$
$$+ b_2 \sin 2x + \cdots + a_p \cos px + b_p \sin px.$$

Eine stetige Funktion mit der Periode 2π läßt sich also durch eine gleichmäßig konvergente Reihe endlicher trigonometrischer Ausdrücke darstellen.

§ 181. **Anwendung.** $f(x)$ sei in dem Intervall $\langle a, b \rangle$ stetig, $a < b$. Wir nehmen eine Zahl c, die größer als b ist und bilden in $\langle b, c \rangle$ eine lineare Funktion, die für $x = b$ den Wert $f(b)$ und für $x = c$ den Wert $f(a)$ hat. Diese Funktion stellt zusammen mit $f(x)$ eine stetige Funktion $F(x)$ in $\langle a, c \rangle$ dar, und diese Funktion hat die Eigenschaft
$$F(a) = F(c).$$

Setzen wir
$$x = \frac{a + c}{2} + \frac{(c - a) u}{2\pi},$$

so verwandelt sich $F(x)$ in eine stetige Funktion $\Phi(u)$ in $\langle -\pi, \pi \rangle$, die die Eigenschaft
$$\Phi(-\pi) = \Phi(\pi)$$

besitzt. Diese Funktion können wir mittelst der Forderung $\Phi(u + 2\pi) = \Phi(u)$ zu einer Funktion erweitern, die für alle u definiert ist. Da

---

${}^1)$ Die p-te Partialsumme dieser Reihe lautet $\mathfrak{m}_p(x)$.

sie stetig ist und die Periode 2π hat, so gilt für sie der Satz am Schluß von § 180. Es gibt eine gleichmäßig konvergente Reihe endlicher trigonometrischer Ausdrücke

$$T_1(u) + T_2(u) + T_3(u) + \cdots,$$

deren Summe $\Phi(u)$ ist.

$\cos pu$ und $\sin pu$ $(p = 1, 2, 3, \ldots)$ lassen sich in beständig konvergente Potenzreihen entwickeln. Dasselbe gilt von einem endlichen trigonometrischen Ausdruck, also auch von

$$\mathfrak{T}_p(u) = T_1(u) + T_2(u) + \cdots + T_p(u).$$

In dem Intervall $\langle -\pi, \pi \rangle$ ist diese Potenzreihe für $\mathfrak{T}_p(u)$ **gleichmäßig konvergent** (§ 172). Wenn ε_p eine positive Zahl ist, so werden fast alle Reste in $\langle -\pi, \pi \rangle$ ihrem Betrage nach kleiner als ε_p sein. Ziehen wir einen solchen Rest von $\mathfrak{T}_p(u)$ ab, so bleibt eine ganze rationale Funktion $\mathfrak{G}_p(u)$ übrig, die in dem ganzen Intervall $\langle -\pi, \pi \rangle$ der Ungleichung

$$|\mathfrak{T}_p(u) - \mathfrak{G}_p(u)| < \varepsilon_p \qquad \text{genügt.}$$

Richten wir es so ein, daß $\lim \varepsilon_p = 0$ ist, setzen wir also z. B. $\varepsilon_p = \left(\dfrac{1}{2}\right)^p$, so stellt

$$\mathfrak{G}_1(u) + \{\mathfrak{G}_2(u) - \mathfrak{G}_1(u)\} + \{\mathfrak{G}_3(u) - \mathfrak{G}_2(u)\} + \cdots$$

eine Reihe mit der Summe $\lim \mathfrak{T}_p(u) = \Phi(u)$ dar.

Die Glieder dieser Reihe sind ganze rationale Funktionen, und die Reihe ist in $\langle -\pi, \pi \rangle$ gleichmäßig konvergent. Denn fast alle Reste, d. h. fast alle Differenzen $\Phi(u) - \mathfrak{G}_p(u)$ unterscheiden sich von den entsprechenden Differenzen $\Phi(u) - \mathfrak{T}_p(u)$ um weniger als $\dfrac{\varepsilon}{2}$, und zwar in dem ganzen Intervall $\langle -\pi, \pi \rangle$. Da nun fast alle $\Phi(u) - \mathfrak{T}_p(u)$ in $\langle -\pi, \pi \rangle$ ihrem Betrage nach kleiner als $\dfrac{\varepsilon}{2}$ sind, so sind fast alle $\Phi(u) - \mathfrak{G}_p(u)$ in $\langle -\pi, \pi \rangle$ ihrem Betrage nach kleiner als ε.

Ersetzt man u durch

$$2\pi\left(x - \frac{a+c}{2}\right) : (c - a),$$

so werden $\mathfrak{G}_1(u)$, $\mathfrak{G}_2(u) - \mathfrak{G}_1(u)$, $\mathfrak{G}_3(u) - \mathfrak{G}_2(u)$, ... ganze rationale Funktionen $G_1(x)$, $G_2(x)$, $G_3(x)$, ... Die Reihe

$$G_1(x) + G_2(x) + G_3(x) + \cdots$$

konvergiert in $\langle a, c \rangle$ gleichmäßig und hat die Summe $F(x)$. In $\langle a, b \rangle$ ist ihre Summe also $f(x)$.

Wir haben damit den folgenden von Weierstraß herrührenden Satz bewiesen:

Wenn $f(x)$ in $\langle a, b \rangle$ stetig ist, so gibt es eine Reihe von ganzen rationalen Funktionen, die in $\langle a, b \rangle$ gleichmäßig konvergent ist und die Summe $f(x)$ hat.

Kapitel XVI.

Uneigentliche Integrale.

§ 182. Uneigentliche Integrale mit endlichem Integrationsintervall. $f(x)$ sei in $\langle a, b \rangle$ nicht integrierbar, wohl aber in jedem Intervall $\langle a, \beta \rangle$, $a < \beta < b$.

Die Nichtintegrierbarkeit von $f(x)$ in $\langle a, b \rangle$ kann in diesem Falle nur daran liegen, daß $f(x)$ in $\langle a, b \rangle$ nicht beschränkt ist. Wäre nämlich $f(x)$ in $\langle a, b \rangle$ beschränkt, so könnten wir zunächst β so nahe an b wählen, daß

$$(b - \beta)\sigma(a, b) < \frac{\varepsilon}{2}, \text{ also auch } (b - \beta)\sigma(\beta, b) < \frac{\varepsilon}{2}$$

ist. Darauf könnten wir, weil $f(x)$ in $\langle a, \beta \rangle$ integrierbar ist, $\langle a, \beta \rangle$ so in Teilintervalle $\langle a, x_1 \rangle$, $\langle x_1, x_2 \rangle$, ..., $\langle x_{p-1}, \beta \rangle$ zerlegen, daß

$$(x_1 - a)\sigma(a, x_1) + (x_2 - x_1)\sigma(x_1, x_2) + \cdots + (\beta - x_{p-1})\sigma(x_{p-1}, \beta) < \frac{\varepsilon}{2}$$

wird. Man sieht jedenfalls, daß die in § 150 angegebene Integrierbarkeitsbedingung erfüllt wäre.

$$\text{Es kann sein, daß} \quad \int_a^\beta f(x)\,dx \qquad\qquad (a < \beta < b)$$

immer einem Grenzwert zustrebt, wenn β nach b konvergiert. Dieser Grenzwert ist dann unabhängig von der Art, wie man

β nach b konvergieren läßt. Hat man nämlich

$$\lim \beta_n = b \quad \text{und} \quad \lim \bar\beta_n = b,$$

so konvergiert auch $\beta_1, \bar\beta_1, \beta_2, \bar\beta_2, \ldots$ nach b, so daß die Folge

$$\int\limits_a^{\beta_1} f(x)\,dx, \quad \int\limits_a^{\bar\beta_1} f(x)\,dx, \quad \int\limits_a^{\beta_2} f(x)\,dx, \quad \int\limits_a^{\bar\beta_2} f(x)\,dx, \ldots$$

konvergent ist. Ihre Teilfolgen haben alle denselben Grenzwert. Insbesondere ist also

$$\lim \int\limits_a^{\beta_n} f(x)\,dx = \lim \int\limits_a^{\bar\beta_n} f(x)\,dx.$$

Wenn der Grenzwert $\lim \int\limits_a^{\beta} f(x)\,dx \qquad (a < \beta < b,\ \lim \beta = b)$

existiert, so bezeichnet man ihn mit

$$\int\limits_a^{b} f(x)\,dx$$

und nennt ihn ein uneigentliches Integral.

Wenn $f(x)$ in $\langle a, b\rangle$ integrierbar ist, so hat man (vgl. § 157) ebenfalls

$$\int\limits_a^{b} f(x)\,dx = \lim \int\limits_a^{\beta} f(x)\,dx.$$

Wir wollen noch kurz den Fall [1]) besprechen, daß $f(x)$ in jedem Intervall $\langle \alpha, b\rangle$, $a < \alpha < b$, dagegen nicht in $\langle a, b\rangle$ integrierbar ist. Auch hier liegt die Nichtintegrierbarkeit in $\langle a, b\rangle$ daran, daß $f(x)$ in $\langle a, b\rangle$ nicht beschränkt ist.

Wenn der Grenzwert $\lim \int\limits_\alpha^{b} f(x)\,dx \qquad (a < \alpha < b,\ \lim \alpha = a)$

existiert, so bezeichnet man ihn mit

$$\int\limits_a^{b} f(x)\,dx$$

und nennt ihn ein uneigentliches Integral.

---

1) Durch die Transformation $x = -u$ läßt sich dieser Fall auf den andern zurückführen.

Auch in dem folgenden allgemeineren Falle bedient man sich des Symbols $\int\limits_{a}^{b} f(x)\,dx$:

$\langle a, b \rangle$ läßt sich in eine endliche Anzahl von Teilintervallen $\langle \alpha, \beta \rangle$ zerlegen, so daß $f(x)$ entweder in $\langle \alpha, \beta \rangle$ oder in jedem Intervall $\langle \alpha', \beta \rangle$, $\alpha < \alpha' < \beta$, oder in jedem Intervall $\langle \alpha, \beta' \rangle$, $\alpha < \beta' < \beta$, integrierbar ist.

Man setzt
$$\int\limits_{a}^{b} f(x)\,dx = \sum \int\limits_{a}^{b} f(x)\,dx,$$

falls die eigentlichen oder uneigentlichen Integrale

$$\int\limits_{\alpha}^{\beta} f(x)\,dx \qquad \text{existieren.}$$

§ 183. **Beispiel.** μ sei eine positive Zahl, aber nicht gleich 1. Dann ist
$$f(x) = \frac{1}{(b-x)^{\mu}}$$

in jedem Intervall $\qquad \langle a, \beta \rangle \qquad\qquad (a < \beta < b)$

integrierbar. Dagegen ist $f(x)$ in $\langle a, b \rangle$[1]) nicht integrierbar, weil $f(x)$ in $\langle a, b \rangle$ nicht beschränkt ist.

Man hat nun
$$\int\limits_{a}^{\beta} f(x)\,dx = - \left(\frac{(b-x)^{1-\mu}}{1-\mu} \right)_{a}^{\beta} = \frac{(b-a)^{1-\mu} - (b-\beta)^{1-\mu}}{1-\mu}.$$

Wenn $\mu < 1$ ist, so hat man
$$\lim \int\limits_{a}^{\beta} f(x)\,dx = \frac{(b-a)^{1-\mu}}{1-\mu}. \qquad\qquad (\lim \beta = b)$$

Ist dagegen $\mu > 1$, so existiert der Grenzwert nicht.

Im Falle $\mu = 1$ findet man
$$\int\limits_{a}^{\beta} f(x)\,dx = - (\log (b-x))_{a}^{\beta} = \log (b-a) - \log (b-\beta).$$

Auch hier existiert $\lim \int\limits_{a}^{\beta} f(x)\,dx$ nicht,

---

1) $f(b)$ denke man sich irgendwie festgesetzt.

Das uneigentliche Integral

$$\int\limits_a^b \frac{dx}{(b-x)^\mu} \qquad\qquad (a<b,\ \mu>0)$$

existiert also dann und nur dann, wenn $\mu<1$ ist.

Für $\mu\leqq 0$ handelt es sich um ein eigentliches Integral.

Ebenso existiert das uneigentliche Integral

$$\int\limits_a^b \frac{dx}{(x-a)^\mu} \qquad\qquad (a<b)$$

dann und nur dann, wenn $\mu<1$ ist.

§ 184. **Fälle, in denen das uneigentliche Integral existiert.** Wir nehmen an, daß $f(x)$ in jedem Intervall $\langle a, \beta\rangle$, aber nicht in $\langle a, b\rangle$ integrierbar ist. Dann ist auch $|f(x)|$ in $\langle a, \beta\rangle$ integrierbar. Es kann nun sein, daß

$$\int\limits_a^b |f(x)|\,dx$$

existiert. Ist dies der Fall, so existiert auch

$$\int\limits_a^b f(x)\,dx.$$

Man hat nämlich für $a\leqq x<b$

$$\int\limits_a^x f(x)\,dx = \int\limits_a^x \frac{|f(x)|+f(x)}{2}\,dx - \int\limits_a^x \frac{|f(x)|-f(x)}{2}\,dx.$$

Die beiden Integrale rechts sind aufsteigende Funktionen, aber beschränkt, weil keine von ihnen größer als $\int\limits_a^b |f(x)|\,dx$ ist. Es existieren also die Grenzwerte

$$\lim \int\limits_a^\beta \frac{|f(x)|+f(x)}{2}\,dx \quad \text{und} \quad \lim \int\limits_a^\beta \frac{|f(x)|-f(x)}{2}\,dx,$$

folglich auch der Grenzwert

$$\lim_{a}\int_a^{\beta} f(x)\,dx, \quad \text{d. h. } \int_a^b f(x)\,dx.$$

Satz 1. $f(x)$ sei in jedem Intervall $\langle a, \beta \rangle$, $a < \beta < b$, aber nicht in $\langle a, b \rangle$ integrierbar. Gibt es dann zwischen 0 und 1 eine Zahl μ derart, daß

$$\varphi(x) = (b - x)^{\mu} f(x)$$

in $\langle a, b \rangle$ beschränkt ist, so existiert das uneigentliche Integral

$$\int_a^b f(x)\,dx.$$

Bezeichnet man mit K die obere Grenze von $|\varphi(x)|$ in $\langle a, b \rangle$, so hat man für $a \leq x < b$

$$|f(x)| \leq \frac{K}{(b - x)^{\mu}}.$$

Da nun

$$K \int_a^b \frac{dx}{(b - x)^{\mu}}$$

existiert, so existiert auch [1])

$$\int_a^b |f(x)|\,dx, \quad \text{folglich auch} \quad \int_a^b f(x)\,dx.$$

Satz 2. $f(x)$ sei in jedem Intervall $\langle a, \beta \rangle$, $a < \beta < b$, aber nicht in $\langle a, b \rangle$ integrierbar. Gibt es dann eine Zahl μ größer oder gleich 1, derart, daß

$$\varphi(x) = (b - x)^{\mu} f(x)$$

in $\langle a, b \rangle$ eine positive untere Grenze [2]) hat, so existiert das uneigentliche Integral

$$\int_a^b f(x)\,dx \quad \text{nicht.}$$

---

1) Denn $\int_a^x |f(x)|\,dx$ ist aufsteigend und beschränkt ($a \leq x < b$).

2) oder eine negative obere Grenze. Ersetzt man $f(x)$ durch $- f(x)$, so geht der eine Fall in den andern über.

Ist k die untere Grenze von $\varphi(x)$, so hat man für $a \leq x < b$

$$f(x) > \frac{k}{(b-x)^\mu}.$$

Würde nun $$\int_a^b f(x)\,dx$$

existieren, so müßte auch $$\int_a^b \frac{dx}{(b-x)^\mu}$$

existieren. Das ist aber wegen $\mu \geq 1$ nicht der Fall.

Ähnliche Sätze wie die obigen gelten, wenn $f(x)$ in jedem Intervall $\langle \alpha, b \rangle$, aber nicht in $\langle a, b \rangle$ integrierbar ist.

§ 185. Zusammenhang mit dem unbestimmten Integral.
$f(x)$ sei in jedem Intervall $\langle a, \beta \rangle$, $a < \beta < b$, integrierbar und es gebe in $\langle a, b \rangle$ eine Funktion $F(x)$, die für $a \leq x < b$ die Ableitung $f(x)$ hat und an der Stelle b stetig ist.
Nach § 156 ist dann

$$\int_a^\beta f(x)\,dx = F(\beta) - F(a).$$

Da nun für $\lim \beta = b \quad \lim F(\beta) = F(b)$
ist, weil $F(x)$ an der Stelle b stetig sein soll, so hat man

$$\lim \int_a^\beta f(x)\,dx = F(b) - F(a), \quad \text{d. h.} \quad \int_a^b f(x)\,dx = (F(x))_a^b.$$

Es gilt hier also dieselbe Formel für eigentliche und uneigentliche Integrale.

Ähnlich beweist man folgendes: $f(x)$ und $g(x)$ seien in jedem Intervall $\langle a, \beta \rangle$, $a < \beta < b$, integrierbar. Ferner sei

$$F(x) = A + \int_a^x f(x)\,dx, \quad G(x) = B + \int_a^x g(x)\,dx.$$

Dann ist $\quad (F(x)\,G(x))_a^b = \int_a^b f(x)\,G(x)\,dx + \int_a^b g(x)\,F(x)\,dx,$

vorausgesetzt, daß die beiden Integrale rechts existieren. Unter

$F(b)\,G(b)$ hat man hierbei den Grenzwert von $F(x)\,G(x)$ für $\lim x = b$ zu verstehen. A, B sind beliebige Konstanten.

Beispiel. $\displaystyle\int_0^1 \frac{dx}{\sqrt{x}}$. Hier ist $F(x) = 2\sqrt{x}$. Diese Funktion hat für $0 < x$ die Ableitung $\dfrac{1}{\sqrt{x}}$ und ist an der Stelle $x = 0$ stetig. Man hat also

$$\int_0^1 \frac{dx}{\sqrt{x}} = (2\sqrt{x})_0^1 = 2\,.$$

§ 186. Eulersches Integral erster Gattung. Das Integral

$$B(p,\,q) = \int_0^1 x^{p-1}(1 - x)^{q-1}\,dx$$

hat immer einen Sinn, wenn

$$p > 0 \quad\text{und}\quad q > 0$$

ist. Man nennt es ein Eulersches Integral erster Gattung.

Wenn $p \geqq 1$, $q \geqq 1$ ist, haben wir ein eigentliches Integral vor uns. Andernfalls ist $B(p,\,q)$ ein uneigentliches Integral, das aber nach § 184 existiert. Es ist der Grenzwert des eigentlichen Integrals

$$\int_\varepsilon^{1-\varepsilon'} x^{p-1}(1 - x)^{q-1}\,dx, \qquad (\varepsilon > 0,\ \varepsilon' > 0)$$

wenn man ε und ε' beide nach Null konvergieren läßt. Man hat also

$$B(p,\,q) = \lim \int_\varepsilon^{1-\varepsilon'} x^{p-1}(1 - x)^{q-1}\,dx.$$

$$(\varepsilon > 0,\ \varepsilon' > 0,\ \lim \varepsilon = 0,\ \lim \varepsilon' = 0)$$

Die Transformation $x = 1 - y$ liefert aber

$$\int_\varepsilon^{1-\varepsilon'} x^{p-1}(1 - x)^{q-1}\,dx = \int_{\varepsilon'}^{1-\varepsilon} y^{q-1}(1 - y)^{p-1}\,dy,$$

so daß

$$B(p,\,q) = B(q,\,p).$$

$B(p,\,q)$ bleibt also bei Vertauschung von p und q ungeändert oder ist, wie man sagt, in p, q symmetrisch.

Man findet im Falle $q > 1$ durch partielle Integration (vgl. § 185):

$$\int_0^1 x^{p-1}(1-x)^{q-1}dx = \left(\frac{x^p(1-x)^{q-1}}{p}\right)_0^1 + \frac{q-1}{p}\int_0^1 x^p(1-x)^{q-2}dx$$

$$= \frac{q-1}{p}\int_0^1 x^{p-1}(1-x)^{q-2}dx - \frac{q-1}{p}\int_0^1 x^{p-1}(1-x)^{q-1}dx,$$

d. h. $$B(p, q) = \frac{q-1}{p+q-1}B(p, q-1).$$

Diese Formel kann man benutzen, um q solange zu verkleinern, bis es kleiner oder gleich 1 ist. Da $B(p, q) = B(q, p)$, so gilt für $p > 1$ die Gleichung

$$B(p, q) = \frac{p-1}{p+q-1}B(p-1, q).$$

Man kann also auch p solange verkleinern, bis es kleiner oder gleich 1 ist.

Wenn q eine ganze Zahl ist, so wird

$$B(p, q) = \frac{q-1}{p+q-1} \cdot \frac{q-2}{p+q-2} \cdots \frac{1}{p+1} B(p, 1).$$

Da aber $$B(p, 1) = \int_0^1 x^{p-1}dx = \left(\frac{x^p}{p}\right)_0^1 = \frac{1}{p}$$ ist, so hat man

$$B(p, q) = \frac{q-1}{p+q-1} \cdot \frac{q-2}{p+q-2} \cdots \frac{1}{p+1} \cdot \frac{1}{p}.$$

Ist auch p eine ganze Zahl, so kann man schreiben:

$$B(p, q) = \frac{(p-1)!\,(q-1)!}{(p+q-1)!}.$$

Diese Formel gilt auch, wenn p oder q oder beide gleich 1 sind, vorausgesetzt, daß man unter 0! die 1 versteht.

§ 187. **Uneigentliche Integrale mit unendlichem Integrationsintervall.**[1]) $f(x)$ sei in jedem Intervall $\langle a, x\rangle$, $x > a$,

---

1) Diese uneigentlichen Integrale lassen sich in die früher betrachteten überführen und umgekehrt. Es sei $a > b$ und man mache die Transformation

integrierbar. Wenn dann

$$\int\limits_a^x f(x)\,dx$$

bei unendlich zunehmendem x immer einem Grenzwert zustrebt, so bezeichnet man ihn mit

$$\int\limits_a^\infty f(x)\,dx$$

und nennt ihn ein uneigentliches Integral.

Die Aussage „x nimmt unendlich zu" oder „x wird positiv
unendlich" bedeutet (vgl. § 43): „x durchläuft eine Folge $x_1, x_2,$
$x_3, \ldots$, die so beschaffen ist, daß **jede** Zahl von fast allen
Gliedern der Folge übertroffen wird."

Wir müssen zu der obigen Definition noch folgende Bemerkung
machen. Der Grenzwert des Integrals ist immer derselbe,
auf welche Weise auch x unendlich zunehmen mag. Durchläuft das unendlich zunehmende x das eine Mal die Folge $x_1, x_2,$
$x_3, \ldots$, das andere Mal die Folge $\bar{x}_1, \bar{x}_2, \bar{x}_3, \ldots$, so nimmt es auch
unendlich zu beim Durchlaufen der Folge $x_1, \bar{x}_1, x_2, \bar{x}_2, x_3, \bar{x}_3, \ldots$.
Die Folge

$$\int\limits_a^{x_1} f(x)\,dx, \quad \int\limits_a^{\bar{x}_1} f(x)\,dx, \quad \int\limits_a^{x_2} f(x)\,dx, \quad \int\limits_a^{\bar{x}_2} f(x)\,dx, \ldots$$

ist also konvergent. Da alle ihre Teilfolgen denselben Grenzwert
haben, ist

$$\lim \int\limits_a^{\bar{x}_n} f(x)\,dx = \lim \int\limits_a^{x_n} f(x)\,dx.$$

$u = \dfrac{1}{x-b}$. Dann geht $\int\limits_a^x f(x)\,dx$ in $\int\limits_u^\beta \varphi(u)\,du$ über, wobei

$$\varphi(u) = f\left(b + \frac{1}{u}\right)\frac{1}{u^2}, \quad \beta = 1:(a-b)$$

ist. $\int\limits_a^\infty f(x)\,dx$ existiert dann und nur dann, wenn $\int\limits_0^\beta \varphi(u)\,du$ existiert.

Ganz ähnlich definiert man

$$\int\limits_{-\infty}^{a} f(x)\,dx.$$

Wenn $f(x)$ in jedem Intervall $\langle x, a\rangle$, $x < a$, integrierbar ist und

$$\int\limits_{x}^{a} f(x)\,dx$$

bei unendlich zunehmenden $- x$ immer einem Grenzwert zustrebt, so bezeichnet man ihn mit $\int\limits_{-\infty}^{a} f(x)\,dx$.

Existieren die beiden uneigentlichen Integrale

$$\int\limits_{-\infty}^{a} f(x)\,dx \quad \text{und} \quad \int\limits_{a}^{\infty} f(x)\,dx,$$

so bezeichnet man ihre Summe mit

$$\int\limits_{-\infty}^{\infty} f(x)\,dx.$$

Dieses Integral ist der Grenzwert von

$$\int\limits_{x}^{\overline{x}} f(x)\,dx$$

bei unendlich zunehmenden $\overline{x}$ und unendlich zunehmendem $- x$.

§ 188. **Beispiele.** μ sei eine von 1 verschiedene Zahl. Wir wollen untersuchen, wann

$$\int\limits_{a}^{\infty} \frac{dx}{x^{\mu}} \qquad\qquad (a > 0)$$

existiert.

Es ist hier
$$\int\limits_{a}^{x} \frac{dx}{x^{\mu}} = \left(\frac{x^{1-\mu}}{1-\mu}\right)_{a}^{x} = \frac{x^{1-\mu}}{1-\mu} - \frac{a^{1-\mu}}{1-\mu}.$$

Im Falle $\mu < 1$, nimmt $x^{1-\mu}$ gleichzeitig mit x unendlich zu, das Integral hat also keinen Grenzwert.

Im Falle $\mu > 1$ dagegen hat es den Grenzwert $a^{1-\mu} : (\mu - 1)$. Ist $\mu = 1$, so wird

$$\int\limits_a^x \frac{dx}{x} = \log x - \log a,$$

und das Integral hat bei unendlich zunehmenden x keinen Grenzwert.

Das uneigentliche Integral

$$\int\limits_a^\infty \frac{dx}{x^\mu} \qquad\qquad (a > 0)$$

existiert dann und nur dann, wenn $\mu > 1$ ist.

§ 189. **Fälle, in denen das uneigentliche Integral** $\int\limits_a^\infty f(x)\,dx$

existiert. 1. $f(x)$ sei in jedem Intervall $\langle a, x \rangle$, $x > a$, integrierbar. Wenn dann

$$\int\limits_a^\infty |f(x)|\,dx$$

existiert, so existiert auch $\quad\int\limits_a^\infty f(x)\,dx$.

Es existieren unter der gemachten Voraussetzung die Integrale

$$\int\limits_a^\infty \frac{|f(x)| + f(x)}{2}\,dx \quad \text{und} \quad \int\limits_a^\infty \frac{|f(x)| - f(x)}{2}\,dx;$$

denn die Funktionen

$$\int\limits_a^x \frac{|f(x)| + f(x)}{2}\,dx, \quad \int\limits_a^x \frac{|f(x)| - f(x)}{2}\,dx$$

sind aufsteigend und beschränkt (beide nämlich kleiner als oder

gleich $\int\limits_a^\infty |f(x)\,dx)$.

Folglich existiert auch

$$\int\limits_a^\infty f(x)\,dx = \lim \int\limits_a^x \frac{|f(x)| + f(x)}{2}\,dx - \lim \int\limits_a^x \frac{|f(x)| - f(x)}{2}\,dx.$$

Hat man für $x \geqq a$ beständig

$$|f(x)| \leqq \varphi(x),$$

so folgt aus der Existenz von $\int\limits_{a}^{\infty} \varphi(x)\,dx$ die von $\int\limits_{a}^{\infty} |f(x)|\,dx.$ Denn

$\int\limits_{a}^{x} |f(x)|\,dx$ ist aufsteigend und beschränkt (nämlich kleiner als oder

gleich $\int\limits_{a}^{\infty} \varphi(x)\,dx$).

Satz 1. $f(x)$ sei in jedem Intervall $\langle a, x \rangle$, $x > a > 0$, integrierbar. Gibt es dann eine Zahl μ, größer als 1, derart, daß

$$x^{\mu} f(x)$$

für $x \geqq a$ beschränkt ist, so existiert

$$\int\limits_{a}^{\infty} f(x)\,dx.$$

Hat man für $x \geqq a \quad |x^{\mu} f(x)| < A$,

so ist $\qquad\qquad |f(x)| < \dfrac{A}{x^{\mu}}.$

Da nun $\qquad\qquad \int\limits_{a}^{\infty} \dfrac{dx}{x^{\mu}}$

existiert, so existiert auch

$$\int\limits_{a}^{\infty} |f(x)|\,dx \quad \text{und} \quad \int\limits_{a}^{\infty} f(x)\,dx.$$

Satz 2. $f(x)$ sei in jedem Intervall $\langle a, x \rangle$, $x > a > 0$, integrierbar. Gibt es dann eine Zahl μ, kleiner als oder gleich 1, derart, daß die untere Grenze von $x^{\mu} f(x)$ positiv[1]) ist, so existiert

$$\int\limits_{a}^{\infty} f(x)\,dx \quad \text{nicht.}$$

------

1) oder die obere Grenze negativ.

Hat man nämlich für $x \geqq a$

$$x^\mu f(x) \geqq A > 0,$$

so folgt daraus

$$\frac{A}{x^\mu} \leqq f(x).$$

Aus der Existenz von

$$\int\limits_a^\infty f(x)\,dx$$

würde also die von

$$\int\limits_a^\infty \frac{dx}{x^\mu}$$

folgen. Dieses Integral existiert aber nicht, weil $\mu \leqq 1$ ist.

2. $\varphi(x)$ sei für $x \geqq a$ monoton und konvergiere bei unendlich zunehmendem x nach Null. $f(x)$ sei in jedem Intervall $\langle a, x \rangle$, $x > a$, integrierbar. Endlich sei die Funktion·

$$\int\limits_a^x f(x)\,dx \qquad\qquad (x \geqq a)$$

beschränkt. Unter diesen Voraussetzungen existiert

$$\int\limits_a^\infty f(x)\,\varphi(x)\,dx.$$

x nehme unendlich zu, indem es die Folge $x_1, x_2, x_3, \ldots$ durchläuft. Wir haben zu zeigen, daß die Folge

$$\int\limits_a^{x_1} f(x)\,\varphi(x)\,dx, \quad \int\limits_a^{x_2} f(x)\,\varphi(x)\,dx, \quad \int\limits_a^{x_3} f(x)\,\varphi(x)\,dx, \ldots$$

konvergent ist.

Es sei für $x \geqq a$ $\qquad \left| \int\limits_a^x f(x)\,dx \right| < A.$

Weil $\lim \varphi(x_n) = 0$ ist, können wir ν so wählen, daß

$$|\varphi(x_\nu)| < \frac{\varepsilon}{2A}$$

wird. Fast alle x_n sind nun größer als x_ν. Ist aber $x_n > x_\nu$, so können wir auf

$$\int\limits_a^{x_n} f(x)\,\varphi(x)\,dx - \int\limits_a^{x_\nu} f(x)\,\varphi(x)\,dx = \int\limits_{x_\nu}^{x_n} f(x)\,\varphi(x)\,dx$$

den zweiten Mittelwertsatz anwenden. Da $\varphi(x)$ monoton nach Null konvergiert, so bleibt es in $\langle x_\nu, x_n\rangle$ monoton, wenn wir $\varphi(x_n)$ durch Null ersetzen. Der zweite Mittelwertsatz liefert alsdann

$$\int\limits_{x_\nu}^{x_n} f(x)\,\varphi(x)\,dx = \varphi(x_\nu)\int\limits_{x_\nu}^{z_n} f(x)\,dx. \qquad (x_\nu \leqq z_n \leqq x_n)$$

$\int\limits_{x_\nu}^{x_n} f(x)\,dx$ ist als Differenz von $\int\limits_a^{x_n} f(x)\,dx$ und $\int\limits_a^{x_\nu} f(x)\,dx$ seinem

Betrage nach kleiner als $2A$, so daß für fast alle Werte des Index n

$$\left| \int\limits_a^{x_n} f(x)\,\varphi(x)\,dx - \int\limits_a^{x_\nu} f(x)\,\varphi(x)\,dx \right| < \varepsilon$$

ist. Nach dem Cauchyschen Kriterium (§ 27) existiert also

$$\lim \int\limits_a^{x_n} f(x)\,\varphi(x)\,dx.$$

Beispiel. $\int\limits_0^\infty \dfrac{\sin x}{x}\,dx$ existiert.[1]) Man hat hier nämlich $\varphi(x) = \dfrac{1}{x}$

und $f(x) = \sin x$. Ferner ist

$$\int\limits_a^x f(x)\,dx = \int\limits_a^x \sin x\,dx = \cos a - \cos x$$

seinem Betrage nach kleiner gleich 2. Es sind also alle Bedingungen des obigen Satzes erfüllt.

Der Wert des Integrals ist leicht zu berechnen. Wie wir wissen, ist

$$\lim \int\limits_0^h \frac{\sin n x}{x}\,dx = \frac{\pi}{2}, \qquad (h > 0)$$

---

[1]) Es genügt die Existenz von $\int\limits_a^\infty \dfrac{\sin x}{x}\,dx\ (a > 0)$ zu beweisen.

wenn n die Folge $1, 2, 3, \ldots$ durchläuft. Setzen wir $nx = u$, so wird

$$\int\limits_0^h \frac{\sin nx}{x}\, dx = \int\limits_0^{nh} \frac{\sin u}{u}\, du.$$

Man hat also
$$\lim \int\limits_0^{nh} \frac{\sin u}{u}\, du = \frac{\pi}{2},$$

d. h.
$$\int\limits_0^\infty \frac{\sin x}{x}\, dx = \frac{\pi}{2}.$$

Ist $\alpha > 0$ und setzt man $x = \alpha y$, so wird

$$\int\limits_0^x \frac{\sin x}{x}\, dx = \int\limits_0^{\alpha y} \frac{\sin \alpha y}{y}\, dy. \qquad (x > 0)$$

Hieraus folgt für $\alpha > 0$
$$\int\limits_0^\infty \frac{\sin \alpha x}{x}\, dx = \frac{\pi}{2}.$$

Es wird also für $\alpha < 0$

$$\int\limits_0^\infty \frac{\sin \alpha x}{x}\, dx = -\frac{\pi}{2}.$$

Für $\alpha = 0$ hat man
$$\int\limits_0^\infty \frac{\sin \alpha x}{x}\, dx = 0.$$

§ 190. Zusammenhang mit dem unbestimmten Integral.

$F(x)$ habe für $x \geqq a$ die Ableitung $f(x)$, und $f(x)$ sei in jedem Intervall $\langle a, x \rangle$, $x > a$, integrierbar. Dann ist für $x \geqq a$

$$\int\limits_a^x f(x)\, dx = F(x) - F(a)$$

und $\int\limits_a^\infty f(x)\, dx$ existiert dann und nur dann, wenn $F(x)$ bei unendlich zunehmendem x einem Grenzwert $F(\infty)$ zustrebt. Ist dieser Grenzwert $F(\infty)$ vorhanden, so hat man

$$\int\limits_a^\infty f(x)\,dx = F(\infty) - F(a) = (F(x))_a^\infty .$$

Z. B. ist
$$\int\limits_0^\infty e^{-x}\,dx = -\,(e^{-x})_0^\infty = 1 .$$

$f(x)$ und $g(x)$ seien in jedem Intervall $\langle a,\, x\rangle$ integrierbar und es sei
$$F(x) = A + \int\limits_a^x f(x)\,dx, \quad G(x) = B + \int\limits_a^x g(x)\,dx .$$

Dann hat man, vorausgesetzt, daß die Integrale
$$\int\limits_a^\infty f(x)\,G(x)\,dx, \quad \int\limits_a^\infty g(x)\,F(x)\,dx$$

und die Grenzwerte $F'(\infty)$ und $G(\infty)$ existieren,
$$(F(x)\,G(x))_0^\infty = \int\limits_a^\infty f(x)\,G(x)\,dx + \int\limits_a^\infty g(x)\,F(x)\,dx .$$

§ 191. **Eulersches Integral zweiter Gattung.** Als Eulersches Integral zweiter Gattung bezeichnet man das Integral
$$\Gamma(p) = \int\limits_0^\infty e^{-x}\,x^{p-1}\,dx .$$

Man nennt $\Gamma(p)$ auch die Gammafunktion.

Dieses Integral existiert, sobald die beiden Integrale
$$\int\limits_0^1 e^{-x}\,x^{p-1}\,dx \quad \text{und} \quad \int\limits_1^\infty e^{-x}\,x^{p-1}\,dx \qquad \text{existieren.}$$

Das zweite Integral existiert immer, was auch p sein mag. Denn man hat
$$e^x = 1 + \frac{x}{1!} + \frac{x^2}{2!} + \cdots ,$$

also für $x > 0$
$$e^x > \frac{x^k}{k!} \qquad (k = 1, 2, 3, \ldots)$$

Wählt man k größer als p, so wird
$$e^{-x}\,x^{p-1} < \frac{k!}{x^\mu} . \qquad (\mu = k - p + 1)$$

Wegen $\mu > 1$ existiert $\int\limits_1^\infty \dfrac{dx}{x^\mu}$, folglich auch $\int\limits_1^\infty e^{-x} x^{p-1}\, dx$.

$\int\limits_0^1 e^{-x} x^{p-1}\, dx$ existiert nach Satz 1 und 2 in § 184 dann und nur dann, wenn $p > 0$ ist.

Das Integral für $\Gamma(p)$ existiert also ebenfalls dann und nur dann, wenn $p > 0$ ist.

Durch partielle Integration findet man im Falle $p > 1$ (vgl. § 185 und 190)

$$\int\limits_0^\infty e^{-x} x^{p-1}\, dx = -\left(e^{-x} x^{p-1}\right)_0^\infty + (p-1)\int\limits_0^\infty e^{-x} x^{p-2}\, dx,$$

d. h. $$\Gamma(p) = (p-1)\,\Gamma(p-1). \qquad\qquad (p>1)$$

Ist p eine positive ganze Zahl, so liefert diese Formel

$$\Gamma(p) = (p-1)(p-2)\ldots 1 \cdot \Gamma(1)$$

oder, da $$\Gamma(1) = \int\limits_0^\infty e^{-x}\, dx = -\left(e^{-x}\right)_0^\infty = 1 \quad \text{ist,}$$

$$\Gamma(p) = (p-1)!$$

Die Formel gilt auch für $p = 1$, wenn $0! = 1$ gesetzt wird.

§ 192. **Die Eulerschen Integrale als Grenzwerte von Produkten.**[1]) In § 186 hatten wir die Formel

$$B(p, q) = \frac{q-1}{p+q-1} B(p, q-1). \quad (p>0, q>1)$$

Ersetzen wir q durch $q+1, q+2, \ldots, q+k-1$, so ergeben sich die Formeln

$$B(p, q) = \frac{p+q}{q} B(p, q+1),$$

$$B(p, q+1) = \frac{p+q+1}{q+1} B(p, q+2),$$

$$\cdots \cdots \cdots \cdots \cdots \cdots \cdots \cdots$$

$$B(p, q+k-1) = \frac{p+q+k-1}{q+k-1} B(p, q+k),$$

---

1) Vgl. Genocchi-Peanos Differential- und Integralrechnung (deutsch von Bohlmann) und Godefroys Monographie über die Gammafunktion.

und hieraus folgt für $p > 0$, $q > 0$ und $k = 1, 2, 3, \ldots$

$$B(p, q) = \frac{(p + q)(p + q + 1) \cdots (p + q + k - 1)}{q(q + 1) \cdots (q + k - 1)} B(p, q + k).$$

Wir wollen jetzt $B(p, q + k)$ zwischen zwei Grenzen einschließen. m sei eine ganze Zahl und so beschaffen, daß $m \leq q < m + 1$ ist.

In $(0, 1)$ gelten dann die Ungleichungen

$$(1 - x)^{m+k-1} \geqq (1 - x)^{q+k-1} > (1 - x)^{m+k},$$

so daß $\quad B(p, m + k) \geqq B(p, q + k) > B(p, m + k + 1)$

$$= \frac{m + k}{p + m + k} B(p, m + k),$$

mithin $\qquad B(p, q + k) = \lambda B(p, m + k),$

und $\qquad \dfrac{m + k}{p + m + k} < \lambda \leqq 1.$

Da $m + k$ eine ganze Zahl ist, so hat man nach § 186

$$B(p, m + k) = \frac{m + k - 1}{p + m + k - 1} \cdot \frac{m + k - 2}{p + m + k - 2} \cdots \frac{1}{p + 1} \cdot \frac{1}{p}.$$

Es wird also [1])

$$B(p, q) = \frac{1 \cdot 2 \cdots (k - 1)(p + q)(p + q + 1) \cdots (p + q + k - 1)}{p(p + 1) \cdots (p + k - 1) q(q + 1) \cdots (q + k - 1)} \cdot$$

$$\frac{k(k + 1) \cdots (m + k - 1)\lambda}{(p + k)(p + k + 1) \cdots (p + m + k - 1)}.$$

Lassen wir k unendlich zunehmen, so wird

$$\lim \lambda = 1, \quad \text{weil} \quad \lim \frac{m + k}{p + m + k} = 1.$$

Ebenso wird

$$\lim \frac{k(k + 1) \cdots (m + k - 1)}{(p + k)(p + k + 1) \cdots (p + m + k - 1)} = 1.$$

Mithin ist $B(p, q) = \lim \dfrac{(k - 1)!(p + q)(p + q + 1) \cdots (p + q + k - 1)}{p(p + 1) \cdots (p + k - 1) q(q + 1) \cdots (q + k - 1)} \cdot$

Beachtet man, daß $\quad 1 - \dfrac{pq}{(p + \nu)(q + \nu)} = \dfrac{\nu(p + q + \nu)}{(p + \nu)(q + \nu)}$

---

1) Im Falle $m = 0$ steht als zweiter Faktor λ allein.

ist ($\nu = 1, 2, 3, \ldots$), so läßt sich der obigen Formel folgende Gestalt geben
$$B(p, q) =$$
$$\frac{p+q}{pq} \lim \left\{ \left(1 - \frac{pq}{(p+1)(q+1)}\right) \cdots \left(1 - \frac{pq}{(p+k-1)(q+k-1)}\right)\right\}.$$

Hierfür pflegt man zu schreiben
$$B(p, q) = \frac{p+q}{pq} \left(1 - \frac{pq}{(p+1)(q+1)}\right) \left(1 - \frac{pq}{(p+2)(q+2)}\right) \cdots$$

und nennt die rechte Seite ein **konvergentes unendliches Produkt**.

Wir wollen jetzt ein unendliches Produkt für $\Gamma(p)$ herleiten.

Man setze in
$$\int_{\varepsilon}^{a} e^{-x} x^{p-1} dx \qquad\qquad (0 < \varepsilon < a)$$

$x = ku \, (k > 0)$.

Dann kommt $\displaystyle\int_{\varepsilon}^{a} e^{-x} x^{p-1} dx = k^p \int_{\varepsilon'}^{a'} e^{-ku} u^{p-1} du.$ $(\varepsilon = k\varepsilon', \; a = ka')$

Läßt man zuerst ε' nach Null konvergieren und dann a' unendlich zunehmen, so erhält man:
$$\Gamma(p) = k^p \int_{0}^{\infty} e^{-ku} u^{p-1} du. \qquad\qquad (p > 0)$$

Offenbar ist nun $\displaystyle\Gamma(p) > k^p \int_{0}^{1} e^{-ku} u^{p-1} du.$

In $(0, 1)$ hat man aber
$$e^u = 1 + \frac{u}{1!} + \frac{u^2}{2!} + \cdots < 1 + u + u^2 + \cdots = \frac{1}{1-u},$$

also
$$e^{-u} > 1 - u \quad \text{und} \quad e^{-ku} > (1 - u)^k.$$

Folglich ist $\displaystyle\Gamma(p) > k^p \int_{0}^{1} u^{p-1}(1 - u)^k du = k^p B(p, k+1).$

Da für $u > 0$
$$e^u > 1 + u, \quad \text{also} \quad e^{-u} < \frac{1}{1+u}, \quad e^{-ku} < \frac{1}{(1+u)^k}, [1])$$

---

[1]) Das folgende Integral existiert, wenn $k > p$ ist. $u^{p-1} : (1+u)^k$ ist nämlich kleiner als $u^{p-1} : u^k = 1 : u^{k-p+1}$. $(u > 0)$.

so wird
$$\Gamma(p) < k^p \int_0^\infty \frac{u^{p-1}\,du}{(1+u)^k}\,.$$

Man führe in
$$\int_\varepsilon^a \frac{u^{p-1}\,du}{(1+u)^k} \qquad\qquad (0 < \varepsilon < a)$$

$u:(1+u)=z$ als neue Veränderliche ein, setze also $u=z:(1-z)$. Dabei erhält man

$$\int_\varepsilon^a \frac{u^{p-1}\,du}{(1+u)^k} = \int_{\varepsilon'}^{a'} z^{p-1}(1-z)^{k-p-1}\,dz \cdot \left(\varepsilon = \frac{\varepsilon'}{1-\varepsilon'},\ a = \frac{a'}{1-a'}\right).$$

Läßt man zuerst ε' nach Null und dann a' nach 1 konvergieren, so ergibt sich
$$\Gamma(p) < k^p B(p, k-p).$$

Ersetzt man hier k durch $k+p+1$, so hat man für $\Gamma(p)$ die beiden Ungleichungen

$$k^p B(p, k+1) < \Gamma(p) < (k+p+1)^p B(p, k+1).$$

Es ist also
$$\Gamma(p) = \lambda k^p B(p, k+1)$$

und
$$1 < \lambda < \left(1 + \frac{p+1}{k}\right)^p.$$

Wir wollen jetzt k auf ganzzahlige Werte beschränken. Da nach § 186
$$B(p, k+1) = \frac{k}{p+k} \cdot \frac{k-1}{p+k-1} \cdots \frac{1}{p+1} \cdot \frac{1}{p}\,,$$

so hat man
$$\Gamma(p) = k^p \frac{1 \cdot 2 \cdots k \cdot \lambda}{p(p+1)\cdots(p+k)}\,.$$

Läßt man jetzt k unbegrenzt zunehmen, so wird $\lim \lambda = 1$, also
$$\Gamma(p) = \lim \frac{k^p \cdot k!}{p(p+1)\cdots(p+k)}\,. \qquad\qquad (p > 0)$$

Da
$$k = \frac{2 \cdot 3 \cdots k}{1 \cdot 2 \cdots k-1} = \left(1 + \frac{1}{1}\right)\left(1 + \frac{1}{2}\right)\cdots\left(1 + \frac{1}{k-1}\right),$$

mithin
$$k^p = \left(1 + \frac{1}{1}\right)^p \left(1 + \frac{1}{2}\right)^p \cdots \left(1 + \frac{1}{k-1}\right)^p$$

ist, so hat man
$$\frac{k^p k!}{p(p+1)\cdots(p+k)} = \frac{1}{p\left(1+\frac{p}{k}\right)} \cdot \frac{\left(1+\frac{1}{1}\right)^p\left(1+\frac{1}{2}\right)^p \cdots \left(1+\frac{1}{k-1}\right)^p}{\left(1+\frac{p}{1}\right)\left(1+\frac{p}{2}\right)\cdots\left(1+\frac{p}{k-1}\right)}$$

und, weil $\lim \left(1 + \frac{p}{k}\right) = 1$,

$$\Gamma(p) = \frac{1}{p} \lim \left\{ \frac{\left(1 + \frac{1}{1}\right)^p}{1 + \frac{p}{1}} \cdot \frac{\left(1 + \frac{1}{2}\right)^p}{1 + \frac{p}{2}} \cdots \frac{\left(1 + \frac{1}{k-1}\right)^p}{1 + \frac{p}{k-1}} \right\}; \quad (p > 0)$$

oder, wie man zu schreiben pflegt,

$$\Gamma(p) = \frac{1}{p} \cdot \frac{\left(1 + \frac{1}{1}\right)^p}{1 + \frac{p}{1}} \cdot \frac{\left(1 + \frac{1}{2}\right)^p}{1 + \frac{p}{2}} \cdot \frac{\left(1 + \frac{1}{3}\right)^p}{1 + \frac{p}{3}} \cdots$$

Da $\Gamma(p)$ nicht null ist, folgt aus unserer ersten Limesrelation für $\Gamma(p)$

$$\frac{1}{\Gamma(p)} = \lim \left\{ \frac{1}{k^p} \frac{p(p+1) \cdots (p+k)}{1 \cdot 2 \cdots k} \right\}.$$

Wir wollen nun
$$\sigma_k = \frac{1}{1} + \frac{1}{2} + \cdots + \frac{1}{k}$$

setzen und schreiben
$$\frac{1}{k^p} \frac{p(p+1) \cdots (p+k)}{1 \cdot 2 \cdots k}$$

$$= p \left(\frac{e^{\sigma_k}}{k}\right)^p \left\{\left(1 + \frac{p}{1}\right) e^{-\frac{p}{1}}\right\} \left\{\left(1 + \frac{p}{2}\right) e^{-\frac{p}{2}}\right\} \cdots \left\{\left(1 + \frac{p}{k}\right) e^{-\frac{p}{k}}\right\}.$$

Es läßt sich zeigen, daß $e^{\sigma_k} : k$ bei unendlich zunehmendem k einem Grenzwert zustrebt. Der Logarithmus dieses Quotienten ist nämlich gleich

$$\sigma_k - \log k = 1 + \frac{1}{2} + \cdots + \frac{1}{k} - \log k.$$

Nun hat man aber für $x > 0$

$$\log x = \int_1^x \frac{dx}{x},$$

also
$$\log k = \int_1^2 \frac{dx}{x} + \int_2^3 \frac{dx}{x} + \cdots + \int_{k-1}^k \frac{dx}{x}$$

und daher $\sigma_k - \log k = 1 + \left(\frac{1}{2} - \int_1^2 \frac{dx}{x}\right) + \cdots + \left(\frac{1}{k} - \int_{k-1}^k \frac{dx}{x}\right).$

Die eingeklammerten Differenzen sind alle negativ, da

$$\int\limits_{\nu}^{\nu+1}\frac{dx}{x} > \frac{1}{\nu+1}. \qquad (\nu = 1, 2, 3, \ldots)$$

$\sigma_k - \log k$ nimmt also mit wachsendem k ab, weil immer mehr negative Bestandteile hinzutreten.

Andererseits ist aber

$$\sigma_k - \log k = \left(\frac{1}{1} - \int\limits_1^2\frac{dx}{x}\right) + \left(\frac{1}{2} - \int\limits_2^3\frac{dx}{x}\right) + \cdots + \left(\frac{1}{k-1} - \int\limits_{k-1}^k\frac{dx}{x}\right) + \frac{1}{k}$$

positiv, weil $\qquad\qquad \int\limits_{\nu}^{\nu+1}\frac{dx}{x} < \frac{1}{\nu}. \qquad (\nu = 1, 2, 3, \ldots)$

$\sigma_k - \log k$ strebt also einem Grenzwert zu. Man bezeichnet ihn mit C und nennt ihn die **Eulersche Konstante**. $e^{\sigma_k} : k$ hat den Grenzwert e^C.

Für $1 : \Gamma(p)$ gilt demnach die Formel:

$$\frac{1}{\Gamma(p)} = p\,e^{Cp}\left\{\left(1+\frac{p}{1}\right)e^{-\frac{p}{1}}\right\}\left\{\left(1+\frac{p}{2}\right)e^{-\frac{p}{2}}\right\}\left\{\left(1+\frac{p}{3}\right)e^{-\frac{p}{3}}\right\}\cdots$$

Sie rührt von **Weierstraß** her.

§ 193. Einiges über unendliche Produkte. $u_1, u_2, u_3, \ldots$ sei eine Zahlenfolge, und man bilde das Produkt

$$p_n = (1 + u_1)(1 + u_2)\cdots(1 + u_n).$$

Wenn $\lim p_n$ existiert und gleich p ist, so schreibt man

$$p = (1 + u_1)(1 + u_2)(1 + u_3)\cdots$$

und sagt, daß das unendliche Produkt $(1 + u_1)(1 + u_2)(1 + u_3)\cdots$ konvergent ist und den Wert p hat.

Wir wollen zuerst ein unendliches Produkt $(1 + a_1)(1 + a_2)$ $(1 + a_3)\cdots$ betrachten, in welchem keine der Zahlen $a_1, a_2, a_3, \cdots$ negativ ist. In diesem Falle hat man

$$p_1 \leqq p_2 \leqq p_3 \leqq \cdots,$$

und es fragt sich nur, ob die Folge $p_1, p_2, p_3, \ldots$ beschränkt ist oder nicht. Rechnet man p_n aus, so findet man

$$1 + (a_1 + a_2 + \cdots + a_n) + \cdots + a_1 a_2 \cdots a_n$$

und es ist also $\qquad a_1 + a_2 + \cdots + a_n < p_n.$

Daraus können wir ersehen, daß die Konvergenz des unendlichen Produktes $(1 + a_1)(1 + a_2)(1 + a_3) \cdots$ die der unendlichen Reihe $a_1 + a_2 + a_3 + \cdots$ nach sich zieht. Das umgekehrte gilt aber auch. Man hat nämlich

$$1 + a_1 < e^{a_1},\ 1 + a_2 < e^{a_2}, \ldots,\ 1 + a_n < e^{a_n},$$

mithin $\qquad\qquad p_n < e^{a_1 + a_2 + \cdots + a_n}.$

Ist also $a_1 + a_2 + a_3 + \cdots = A$, so wird

$$p_n < e^A \qquad \text{sein.}$$

Wir haben somit folgenden Satz:

Das unendliche Produkt

$$(1 + a_1)(1 + a_2)(1 + a_3) \cdots \quad (a_n \geqq 0)$$

konvergiert dann und nur dann, wenn die Reihe

$$a_1 + a_2 + a_3 + \cdots \qquad \text{konvergent ist.}$$

Entsteht das unendliche Produkt $(1 + b_1)(1 + b_2)(1 + b_3) \cdots$ aus $(1 + a_1)(1 + a_2)(1 + a_3) \cdots$ durch Umordnung der Faktoren, so ist es ebenfalls konvergent, und beide haben denselben Wert. Zu jedem Partialprodukt

$$\bar{p}_m = (1 + b_1)(1 + b_2) \cdots (1 + b_m)$$

gibt es ein Partialprodukt

$$p_n = (1 + a_1)(1 + a_2) \cdots (1 + a_n)$$

derart, daß $\bar{p}_m \leqq p_n$ ist. Man braucht nur zu sorgen, daß in p_n alle Faktoren von $\bar{p}_m$ vorkommen. Es ist demnach $\bar{p}_m \leqq p$. Also existiert $\lim \bar{p}_m = \bar{p}$ und man hat $\bar{p} \leqq p$. Vertauscht man die Rollen der beiden unendlichen Produkte, so findet man $p \leqq \bar{p}$. Es ist also $p = \bar{p}$.

Wir wollen jetzt ein unendliches Produkt $(1 + u_1)(1 + u_2)(1 + u_3) \cdots$ betrachten und annehmen, daß die Reihe

$$|u_1| + |u_2| + |u_3| + \cdots$$

konvergiert. Da $\lim |u_n| = 0$ ist, so werden fast alle $|u_n|$ kleiner als $1/2$ sein. Wir wollen ν so wählen, daß $|u_\nu|$, $|u_{\nu+1}|$, $|u_{\nu+2}|$, $\cdots$ alle kleiner als $1/2$ sind und das unendliche Produkt

$$(1 + u_\nu)\,(1 + u_{\nu+1})\,(1 + u_{\nu+2}) \cdots$$

ins Auge fassen. Jeden Faktor $1 + u_n$ dieses Produktes können wir so schreiben:

$$\frac{1 + a_n}{1 + b_n},$$

wobei $\qquad 0 \leqq a_n \leqq 2\,|u_n| \quad$ und $\quad 0 \leqq b_n \leqq 2\,|u_n|$

ist. Wir brauchen nämlich nur

$$\text{im Falle } u_n \geqq 0 \qquad a_n = u_n,\; b_n = 0,$$
$$\text{im Falle } u_n < 0 \qquad a_n = 0,\; b_n = -\frac{u_n}{1 + u_n} \text{ zu setzen.}[1]$$

Nun wird

$$(1 + u_\nu)\,(1 + u_{\nu+1}) \cdots (1 + u_n) = \frac{(1 + a_\nu)\,(1 + a_{\nu+1}) \cdots (1 + a_n)}{(1 + b_\nu)\,(1 + b_{\nu+1}) \cdots (1 + b_n)}.$$

Sowohl der Zähler als auch der Nenner strebt einem Grenzwert (größer oder gleich 1) zu.[2] Folglich hat auch

$$(1 + u_\nu)\,(1 + u_{\nu+1}) \cdots (1 + u_n)$$

einen Grenzwert[3], und dasselbe gilt von

$$(1 + u_1)\,(1 + u_2) \cdots (1 + u_n).$$

Das unendliche Produkt $(1 + u_1)\,(1 + u_2)\,(1 + u_3) \cdots$ ist also konvergent.

Da der Wert von $(1 + u_\nu)\,(1 + u_{\nu+1})\,(1 + u_{\nu+2}) \cdots$ von Null verschieden ist, so ist $(1 + u_1)\,(1 + u_2)\,(1 + u_3) \cdots$ nur dann gleich Null, wenn einer der Faktoren $1 + u_1$, $1 + u_2, \ldots, 1 + u_{\nu-1}$ gleich Null ist.

Entsteht das unendliche Produkt $(1 + v_1)\,(1 + v_2)\,(1 + v_3) \ldots$ aus $(1 + u_1)\,(1 + u_2)\,(1 + u_3) \ldots$ durch Umordnung der Faktoren,

---

1) Da $|1 + u_n| \geqq 1 - |u_n| > \frac{1}{2}$ ist, hat man auch im zweiten Falle wirklich $|b_n| \leqq 2\,|u_n|$.

2) Man bedenke, daß die Reihen $a_\nu + a_{\nu+1} + \cdots$ und $b_\nu + b_{\nu+1} + \cdots$ wegen $0 \leqq a_n \leqq 2\,|u_n|$, $0 \leqq b_n \leqq 2\,|u_n|$ konvergent sind.

3) Er ist der Quotient von $(1 + a_\nu)\,(1 + a_{\nu+1}) \cdots$ durch $(1 + b_\nu)$ $(1 + b_{\nu+1}) \cdots$

so ist es konvergent und beide haben denselben Wert. Man gelangt nämlich zu $(1 + v_1)(1 + v_2)(1 + v_3)\ldots$, indem man zuerst in $(1 + u_\nu)(1 + u_{\nu+1})(1 + u_{\nu+2})$ eine passende Umordnung der Faktoren vornimmt und dann noch in dem ganzen Produkt eine endliche Anzahl von Faktoren vertauscht. Die erste Operation kommt darauf hinaus in $(1 + a_\nu)(1 + a_{\nu+1})(1 + a_{\nu+2})\ldots$ eine gewisse Umordnung der Faktoren vorzunehmen und in $(1 + b_\nu)(1 + b_{\nu+1})(1 + b_{\nu+2})\ldots$ die entsprechende Umordnung. Dabei bleiben aber diese Produkte konvergent und behalten ihre Werte. Dasselbe gilt folglich von $(1 + u_\nu)(1 + u_{\nu+1})(1 + u_{\nu+2})\ldots$ Daß durch Vertauschung einer unendlichen Anzahl von Faktoren nichts an der Konvergenz und am Wert eines unendlichen Produktes geändert wird, liegt auf der Hand.

Wir fassen unsere Ergebnisse in folgendem Satz zusammen:

Wenn $|u_1| + |u_2| + |u_3| + \cdots$ **eine konvergente Reihe ist, so konvergiert auch das unendliche Produkt**

$$(1 + u_1)(1 + u_2)(1 + u_3)\ldots$$

Es ist nur dann gleich Null, wenn einer seiner Faktoren verschwindet. Bei Umordnung der Faktoren bleibt das unendliche Produkt konvergent und behält seinen Wert.

Man überzeugt sich leicht, daß das für $B(p, q)$ gefundene unendliche Produkt konvergiert, solange p und q keinen der Werte 0, $-1, -2, \ldots$ hat.

Das unendliche Produkt (S. 285) für $1 : \Gamma(p)$ konvergiert für jeden Wert von p. Nach dem Taylorschen Satz ist nämlich

$$e^x = 1 + \frac{x}{1!} + \frac{x^2}{2!} e^{\vartheta x}. \qquad (0 < \vartheta < 1)$$

Hiernach wird

$$\left(1 + \frac{p}{k}\right)e^{-\frac{p}{k}} = \left(1 + \frac{p}{k}\right)\left(1 - \frac{p}{k} + \frac{1}{2}\frac{p^2}{k^2}e^{-\vartheta_k \frac{p}{k}}\right),$$

$$(0 < \vartheta_k < 1)$$

d. h. $\left(1 + \frac{p}{k}\right)e^{-\frac{p}{k}} = 1 - \frac{p^2}{k^2}\left(1 - \frac{1}{2}e^{-\vartheta_k \frac{p}{k}}\right) + \frac{1}{2}\frac{p^3}{k^3}e^{-\vartheta_k \frac{p}{k}} = 1 + u_k.$

Da offenbar $\qquad |u_k| < \dfrac{p^2}{k^2}\left(1 + \dfrac{1}{2}\,e^{|p|}\right) + \dfrac{1}{2}\,\dfrac{p^3}{k^3}\,e^{|p|},$

so ist $|u_1| + |u_2| + |u_3| + \cdots$ konvergent.[1])

§ 194. **Zusammenhang zwischen den Eulerschen Integralen erster und zweiter Gattung.** Nach § 192 ist für unendlich zunehmendes k:

$$\Gamma(p) = \lim \frac{k^p k!}{p(p+1)\cdots(p+k)}, \qquad (p > 0)$$

$$\Gamma(q) = \lim \frac{k^q k!}{q(q+1)\cdots(q+k)}, \qquad (q > 0)$$

$$\Gamma(p+q) = \lim \frac{k^{p+q} k!}{(p+q)(p+q+1)\cdots(p+q+k)} .$$

Hieraus ergibt sich

$$\frac{\Gamma(p)\,\Gamma(q)}{\Gamma(p+q)} = \lim \frac{k!\,(p+q)(p+q+1)\cdots(p+q+k)}{p(p+1)\cdots(p+k)\,q(q+1)\cdots(q+k)} .$$

Nach § 192 ist dieser Grenzwert aber gleich $B(p, q)$.

Jedes Eulersche Integral erster Gattung läßt sich also in folgender Weise durch die Gammafunktion ausdrücken:

$$B(p, q) = \frac{\Gamma(p)\,\Gamma(q)}{\Gamma(p+q)} .$$

Für $p = q = \frac{1}{2}$ wird $\quad \Gamma(p+q) = \Gamma(1) = 1,$

und man erhält $\quad \Gamma\!\left(\dfrac{1}{2}\right)\Gamma\!\left(\dfrac{1}{2}\right) = \displaystyle\int_0^1 x^{-\frac{1}{2}}(1-x)^{-\frac{1}{2}}\,dx.$

Dieses Integral läßt sich aber berechnen, wie man aus § 136 entnehmen kann. Am einfachsten berechnet man das Integral in folgender Weise:

Man führt die neue Veränderliche

$$u = \operatorname{arc\,sin}\sqrt{x} \qquad (0 \leqq x \leqq 1)$$

ein. Dann wird $\quad \displaystyle\int_{x_0}^{x_1} x^{-\frac{1}{2}}(1-x)^{-\frac{1}{2}}\,dx = 2\int_{u_0}^{u_1} du = 2(u_1 - u_0).$

----

[1]) **Man bedenke, daß die Reihen** $\dfrac{1}{1^2} + \dfrac{1}{2^2} + \cdots$ **und** $\dfrac{1}{1^3} + \dfrac{1}{2^3} + \cdots$ konvergent sind.

Dabei ist $0 < u_0 < u_1 < \frac{\pi}{2}$ und $x_0 = \sin^2 u_0$, $x_1 = \sin^2 u_1$.

Läßt man u_0 nach 0 und u_1 nach $\pi/2$ konvergieren, so wird

$$\lim x_0 = 0, \ \lim x_1 = 1,$$

so daß
$$\int_0^1 x^{-\frac{1}{2}} (1 - x)^{-\frac{1}{2}} \, dx = \pi \quad \text{ist.}$$

Da $\Gamma(\tfrac{1}{2}) > 0$ ist, so folgt $\Gamma(\tfrac{1}{2}) = \sqrt{\pi}$,

d. h.
$$\int_0^\infty e^{-x} \frac{dx}{\sqrt{x}} = \sqrt{\pi}.$$

Macht man in
$$\int_\varepsilon^a e^{-x} \frac{dx}{\sqrt{x}} \qquad (0 < \varepsilon < a)$$

die Transformation $x = u^2$, so ergibt sich

$$\int_\varepsilon^a e^{-x} \frac{dx}{\sqrt{x}} = 2 \int_{\varepsilon'}^{a'} e^{-u^2} \, du.$$

Läßt man zuerst ε' nach Null konvergieren und dann a' unendlich zunehmen, so kommt

$$\int_0^\infty e^{-x} \frac{dx}{\sqrt{x}} = 2 \int_0^\infty e^{-u^2} \, du.$$

Hiernach ist
$$\int_0^\infty e^{-u^2} \, du = \frac{1}{2} \sqrt{\pi}.$$

Dieses Integral, das in der Wahrscheinlichkeitsrechnung eine Rolle spielt, nennt man das Poissonsche Integral.

§ 195. **Integralkriterium für die Konvergenz unendlicher Reihen.** $f(x)$ sei für $x \geq a$ absteigend und positiv. Wir betrachten die unendliche Reihe

$$f(a) + f(a + 1) + f(a + 2) + \cdots$$

Da in dem Intervall $\langle a + p - 1, \, a + p \rangle$, $p = 1, 2, 3, \ldots$,

$$f(a + p - 1) \geq f(x) \geq f(a + p)$$

ist, so hat man $\quad f(a+p-1) \geqq \int\limits_{a+p-1}^{a+p} f(x)\,dx \geqq f(a+p)$.

Daraus folgt, wenn wir

$$f(a) + f(a+1) + \cdots + f(a+p-1) = s_p$$

setzen, $\qquad\qquad s_p \geqq \int\limits_{a}^{a+p} f(x)\,dx$

und $\qquad\qquad s_p \leqq f(a) + \int\limits_{a}^{a+p-1} f(x)\,dx$.

Wenn die Reihe konvergent ist, also $\lim s_p = s$ existiert, so folgt aus der ersten Ungleichung, daß die aufsteigende Funktion

$$\int\limits_{a}^{x} f(x)\,dx$$

beschränkt ist. Man kann nämlich, wenn x irgendeine Zahl $(\geqq a)$ ist, die ganze Zahl p so wählen, daß $a+p > x$ ist. Dann hat man

$$\int\limits_{a}^{x} f(x)\,dx < \int\limits_{a}^{a+p} f(x)\,dx < s \qquad\qquad (\text{weil } s_p < s)$$

Wenn die Reihe konvergent ist, existiert also das Integral

$$\int\limits_{a}^{\infty} f(x)\,dx.$$

Die Umkehrung gilt auch. Wenn dieses Integral existiert, so hat man

$$s_p \leqq f(a) + \int\limits_{a}^{a+p-1} f(x)\,dx < f(a) + \int\limits_{a}^{\infty} f(x)\,dx.$$

Die aufsteigende Folge $s_1,\ s_2,\ s_3,\ \ldots$ ist also beschränkt, und es existiert $\lim s_p$.

Es gilt demnach folgender Satz von Cauchy:

$f(x)$ sei für $x \geqq a$ absteigend und positiv. Dann konvergiert oder divergiert die Reihe

$$f(a) + f(a+1) + f(a+2) + \cdots,$$

je nachdem das Integral

$$\int\limits_a^\infty f(x)\,dx$$

existiert oder nicht.

Beispiele. 1. Die Reihe

$$\frac{1}{1^\mu} + \frac{1}{2^\mu} + \frac{1}{3^\mu} + \cdots \qquad\qquad (\mu \gtreqless 0)$$

hat die Form $\qquad\qquad f(1) + f(2) + f(3) + \cdots,$

wenn man $\qquad\qquad\qquad f(x) = \dfrac{1}{x^\mu}$

setzt. $f(x)$ ist für $x \geqq 1$ absteigend und positiv, erfüllt also die oben angegebenen Bedingungen.

Die betrachtete Reihe konvergiert oder divergiert nach dem Cauchyschen Satze, je nachdem

$$\int\limits_1^\infty \frac{dx}{x^\mu}$$

existiert oder nicht. Dieses Integral existiert aber, wie wir wissen, dann und nur dann, wenn $\mu > 1$ ist.

$\dfrac{1}{1^\mu} + \dfrac{1}{2^\mu} + \dfrac{1}{3^\mu} + \cdots$ konvergiert also, wenn $\mu > 1$ ist, und divergiert, wenn $\mu \leqq 1$ ist.

2. Die Reihe

$$\frac{1}{2\,(\log 2)^\mu} + \frac{1}{3\,(\log 3)^\mu} + \frac{1}{4\,(\log 4)^\mu} + \cdots$$

hat die Form $\qquad\qquad f(2) + f(3) + f(4) + \cdots,$

wenn $\qquad\qquad\qquad f(x) = \dfrac{1}{x\,(\log x)^\mu} \qquad\qquad (\mu \gtreqless 0)$

gesetzt wird. $f(x)$ ist für $x \geqq 2$ absteigend und positiv. Wir können also auch hier den Cauchyschen Satz anwenden, und es kommt darauf an, ob das Integral

$$\int\limits_2^\infty \frac{dx}{x\,(\log x)^\mu}$$

existiert oder nicht. Führt man die neue Veränderliche $s = \log x$ ein, so wird

$$\int_2^x \frac{dx}{x(\log x)^\mu} = \int_{\log 2}^s \frac{dz}{z^\mu}.$$

Läßt man x unendlich zunehmen, so nimmt auch s unendlich zu.

$\displaystyle\int_2^\infty \frac{dx}{x(\log x)^\mu}$ existiert also dann und nur dann, wenn $\displaystyle\int_{\log 2}^\infty \frac{dz}{z^\mu}$ existiert,

d. h. dann und nur dann, wenn $\mu > 1$ ist.

Die betrachtete Reihe konvergiert also, wenn $\mu > 1$ ist, und divergiert, wenn $\mu \leqq 1$ ist.

3. Wenn es sich um die Reihe

$$\frac{1}{3 \log 3 \, (\log\log 3)^\mu} + \frac{1}{4 \log 4 \, (\log\log 4)^\mu} + \cdots \qquad (\mu \geqq 0)$$

handelt, so ist $\qquad f(x) = \dfrac{1}{x \log x \, (\log\log x)^\mu}.$

Diese Funktion ist für $x \geqq 3$ absteigend und positiv. Führt man die neue Veränderliche $z = \log x$ ein, so wird

$$\int_3^x \frac{dx}{x \log x \, (\log\log x)^\mu} = \int_{\log 3}^z \frac{dz}{z \, (\log z)^\mu}.$$

Daraus ist zu entnehmen, daß

$$\int_3^\infty \frac{dx}{x \log x \, (\log\log x)^\mu}$$

dann und nur dann existiert, wenn $\mu > 1$ ist.

Die betrachtete Reihe konvergiert also, wenn $\mu > 1$ ist, und divergiert, wenn $\mu \leqq 1$ ist.

Diese Reihe von Beispielen läßt sich offenbar ins Unbegrenzte fortsetzen.

Nach dem Obigen sind die Reihen

$$\frac{1}{2} + \frac{1}{3} + \frac{1}{4} + \cdots,$$

$$\frac{1}{2 \log 2} + \frac{1}{3 \log 3} + \frac{1}{4 \log 4} + \cdots,$$

$$\frac{1}{2\log 2 \log\log 2} + \frac{1}{3\log 3 \log\log 3} + \frac{1}{4\log 4 \log\log 4} + \cdots,$$

$$\cdot \quad \cdot \quad \cdot \quad \cdot \quad \cdot \quad \cdot \quad \cdot \quad \cdot \quad \cdot \quad \cdot \quad \cdot \quad \cdot \quad \cdot$$

alle divergent.

Wir wollen die Summe der p ersten Glieder in der ersten Reihe mit A_p, in der zweiten mit B_p, in der dritten mit $C_p, \ldots$ bezeichnen. Dann stellt sich heraus, daß

$$\lim \frac{B_p}{A_p} = 0, \quad \lim \frac{C_p}{B_p} = 0, \ldots$$

ist. Man sagt deshalb, daß die zweite Reihe schwächer divergent ist als die erste, die dritte schwächer als die zweite usw.

Liegen zwei divergente Reihen

$$f(a) + f(a+1) + f(a+2) + \cdots$$

und
$$g(a) + g(a+1) + g(a+2) + \cdots$$

vor, wobei $f(x)$ und $g(x)$ die Bedingungen des Cauchyschen Satzes erfüllen, und ist s_p die p-te Partialsumme der ersten, $\bar{s}_p$ die p-te Partialsumme der zweiten Reihe, so hat man

$$s_p \leqq f(a) + \int_a^{a+p-1} f(x)\,dx < f(a) + \int_a^{a+p} f(x)\,dx,$$

$$\bar{s}_p \geqq \int_a^{a+p} g(x)\,dx,$$

also
$$\frac{s_p}{\bar{s}_p} \leqq \frac{f(a)}{\int_a^{a+p} g(x)\,dx} + \frac{\int_a^{a+p} f(x)\,dx}{\int_a^{a+p} g(x)\,dx}.$$

Ist $\dfrac{s_p}{\bar{s}_p}$ einer der Quotienten $\dfrac{B_p}{A_p}$, $\dfrac{C_p}{B_p}, \ldots$[1]) so konvergiert $f(x):g(x)$ bei unendlich zunehmendem x absteigend nach Null.

Daß in solchem Falle

$$\lim \frac{s_p}{\bar{s}_p} = 0$$

ist, ergibt sich auf folgende Weise:

---

1) Man denke sich in den beiden verglichenen Reihen die k ersten Glieder beseitigt, so daß alle Glieder positiv sind.

Es sei $a < a' < a + p$. Dann hat man nach dem ersten Mittel-wertsatz

$$\int\limits_{a'}^{a+p} f(x)\,dx = \frac{f(\xi)}{g(\xi)} \int\limits_{a'}^{a+p} g(x)\,dx. \qquad (a' < \xi < a + p)$$

Hiernach ist

$$\int\limits_{a'}^{a+p} f(x)\,dx < \frac{f(a')}{g(a')} \int\limits_{a}^{a+p} g(x)\,dx$$

und

$$\frac{s_p}{\bar{s}_p} < \frac{f(a) + \int\limits_{a}^{a'} f(x)\,dx}{\int\limits_{a}^{a+p} g(x)\,dx} + \frac{f(a')}{g(a')}.$$

Wählt man a' so, daß $\dfrac{f(a')}{g(a')} < \dfrac{\varepsilon}{2}$,

so wird für fast alle Werte des Index p

$$\frac{s_p}{\bar{s}_p} < \varepsilon$$

sein, weil

$$\lim \frac{f(a) + \int\limits_{a}^{a'} f(x)\,dx}{\int\limits_{a}^{a+p} g(x)\,dx} = 0 \qquad \text{ist.}$$

Es gibt übrigens zu jeder divergenten Reihe mit posi-tiven Gliedern eine ebensolche Reihe, die schwächer diver-gent ist.

Ist $u_1 + u_2 + u_3 \cdots$ eine divergente Reihe mit positiven Gliedern und s_p die p-te Partialsumme, so ist

$$\sqrt{s_1} + (\sqrt{s_2} - \sqrt{s_1}) + (\sqrt{s_3} - \sqrt{s_2}) + \cdots$$

ebenfalls eine divergente Reihe mit positiven Gliedern. Aber sie ist schwächer divergent als die erste Reihe, weil

$$\lim \frac{\sqrt{s_p}}{s_p} = \lim \frac{1}{\sqrt{s_p}} = 0 \qquad \text{ist.}$$

Bei zwei konvergenten Reihen mit positiven Gliedern

$$u_1 + u_2 + u_3 + \cdots \qquad \text{und} \qquad v_1 + v_2 + v_3 + \cdots$$

sagt man, daß die zweite schwächer konvergent ist als die erste, wenn $\lim \dfrac{r_p}{\bar{r}_p} = 0$ ist.

Dabei soll

$$r_p = u_p + u_{p+1} + \cdots \quad \text{und} \quad \bar{r}_p = v_p + v_{p+1} + \cdots \qquad \text{sein.}$$

Zu jeder konvergenten Reihe mit positiven Gliedern gibt es eine ebensolche Reihe, die schwächer konvergent ist.

Ist $u_1 + u_2 + u_3 + \cdots$ eine konvergente Reihe mit positiven Gliedern und $r_p = u_p + u_{p+1} + \cdots$ ihr p-ter Rest, so ist offenbar

$$(\sqrt{r_1} - \sqrt{r_2}) + (\sqrt{r_2} - \sqrt{r_3}) + \cdots$$

eine konvergente Reihe mit positiven Gliedern. Aber sie ist schwächer konvergent als die erste Reihe, weil ihr p-ter Rest gleich $\sqrt{r_p}$ und

$$\lim \frac{r_p}{\sqrt{r_p}} = \lim \sqrt{r_p} = 0 \qquad \text{ist.}$$

Kapitel XVII.

Geometrische Anwendungen der bestimmten Integrale.

§ 196. Berechnung von Flächeninhalten. $f(x)$ sei in $\langle a, b \rangle$ integrierbar und nirgends negativ. Die Kurve $y = f(x)$, $a \leqq x \leqq b$, liegt dann ganz auf einer Seite der x-Achse.[1]

Wir wollen von den Endpunkten der Bildkurve Lote auf die x-Achse fällen und das Flächenstück $\mathfrak{A}$ betrachten, das von diesen beiden Loten, der x-Achse und der Bildkurve begrenzt wird.[2]

Nehmen wir irgendeine Zerlegung $\mathfrak{Z}$ der Basis des Flächenstückes, d. h. des Intervalls $\langle a, b \rangle$, vor und errichten in den Teilpunkten Lote auf der x-Achse, so zerlegt sich das Flächenstück $\mathfrak{A}$ in eine Anzahl gleichartiger Flächenstücke.

---

1) x, y seien rechtwinklige Koordinaten.

2) Dieses Flächenstück besteht aus den Punkten

$$x = a + \vartheta(b - a), \quad y = \bar{\vartheta} f(x),$$

wobei $0 \leqq \bar{\vartheta}$, $\vartheta \leqq 1$ ist.

$\langle \alpha, \beta \rangle$ sei eins der Teilintervalle von $\langle a, b \rangle$ und $\mu(\alpha, \beta)$ sei die untere, $M(\alpha, \beta)$ die obere Grenze von $f(x)$ in $\langle \alpha, \beta \rangle$. Der über $\langle \alpha, \beta \rangle$ stehende Teil von $\mathfrak{A}$ ist dann offenbar kleiner oder gleich dem Rechteck

$$(\beta - \alpha) M(\alpha, \beta)$$

und größer oder gleich dem Rechteck

$$(\beta - \alpha) \mu(\alpha, \beta).$$

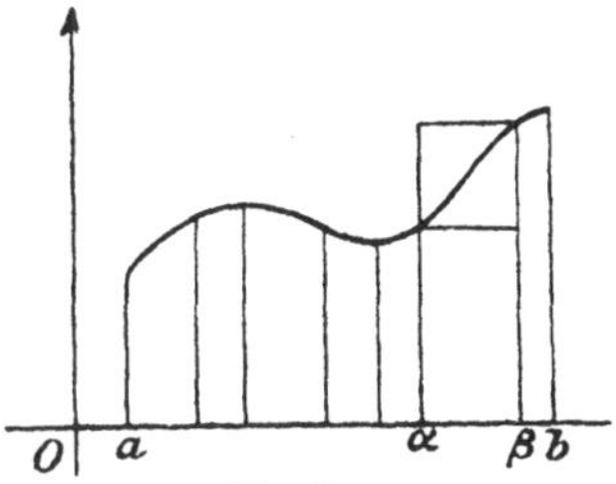

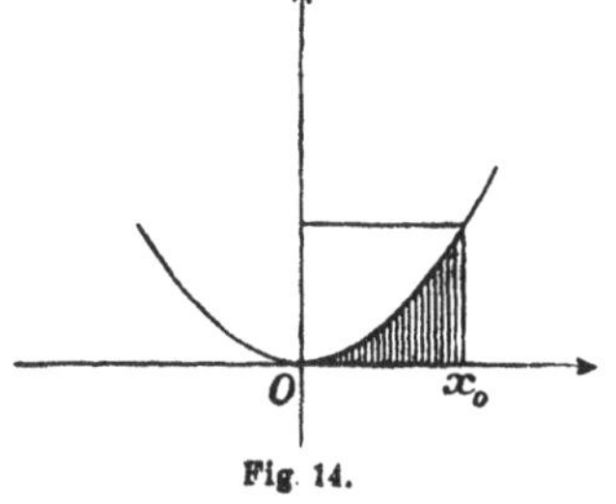

Fig. 13

Das Flächenstück $\mathfrak{A}$ ist folglich kleiner

oder gleich $\qquad S(\mathfrak{Z}) = \sum (\beta - \alpha) M(\alpha, \beta)$

und größer oder gleich

$$s(\mathfrak{Z}) = \sum (\beta - \alpha) \mu(\alpha, \beta),$$

wobei sich die Summation über alle Teilintervalle von $\mathfrak{Z}$ erstreckt.

Lassen wir nun $\mathfrak{Z}$ eine ausgezeichnete $\mathfrak{Z}$-Folge durchlaufen, so konvergieren $s(\mathfrak{Z})$ und $S(\mathfrak{Z})$ beide nach

$$\int\limits_a^b f(x)\, dx. \qquad \text{Folglich ist auch } \mathfrak{A} = \int\limits_a^b f(x)\, dx.$$

Gegen die obige Überlegung ist einzuwenden, das von dem Flächeninhalt $\mathfrak{A}$ gesprochen wird, ohne daß dieser vorher definiert ist.

Will man diesen Einwand vermeiden, so muß man den Flächeninhalt als den gemeinsamen Grenzwert von $s(\mathfrak{Z})$ und $S(\mathfrak{Z})$ definieren, für den Fall, daß $\mathfrak{Z}$ eine ausgezeichnete Folge von Zerlegungen durchläuft.

§ 197. **Beispiele.**[1]) 1. Die Bildkurve von

$$y = \frac{x^2}{2p} \qquad (0 \leq x \leq x_0)$$

ist ein Parabelbogen. Der Inhalt $\mathfrak{A}$ des in der Figur schraffierten Flächenstücks ist

$$\frac{1}{2p} \int\limits_0^{x_0} x^2\, dx = \frac{1}{2p} \left(\frac{x^3}{3} \right)_0^{x_0} = \frac{1}{3} x_0 y_0.$$

Fig. 14.

---

1) Überall sind x, y rechtwinklige Koordinaten.

Der Parabelbogen teilt also das Rechteck, das durch den Punkt (x_0, y_0) und die Achsen bestimmt wird, im Verhältnis $1:2$.

2. Die Bildkurve von $\quad y = \sqrt{a^2 - x^2} \qquad (-a \leq x \leq a)$

ist ein Halbkreis. Der Inhalt des in der Figur schraffierten Flächenstücks ist

$$\int_0^{x_0} \sqrt{a^2 - x^2}\, dx$$

oder, wenn $x = au$ gesetzt wird,

$$a^2 \int_0^{u_0} \sqrt{1 - u^2}\, du. \qquad (x_0 = au_0)$$

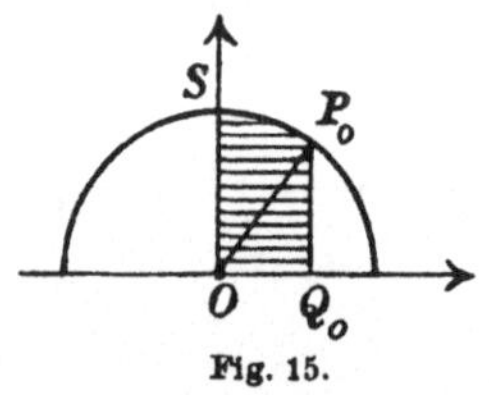

Fig. 15.

Nun ergibt sich aber durch partielle Integration

$$\int \sqrt{1 - u^2}\, du = u\sqrt{1 - u^2} + \int \frac{u^2\, du}{\sqrt{1 - u^2}}$$

$$= u\sqrt{1 - u^2} - \int \sqrt{1 - u^2}\, du + \int \frac{du}{\sqrt{1 - u^2}},$$

also $\qquad 2\int \sqrt{1 - u^2}\, du = u\sqrt{1 - u^2} + \arcsin u + C.$

Mithin ist

$$2\int_0^{u_0} \sqrt{1 - u^2}\, du = u_0\sqrt{1 - u_0^2} + \arcsin u_0 = \frac{x_0 y_0}{a^2} + \arcsin \frac{x_0}{a}$$

und der gesuchte Flächeninhalt gleich

$$\frac{x_0 y_0}{2} + \frac{a^2}{2} \arcsin \frac{x_0}{a}.$$

Der Inhalt des Halbkreises ist also $\frac{1}{2}\pi a^2$, der Inhalt des ganzen Kreises πa^2. Die Zahl π gibt demnach den Inhalt eines Kreises vom Radius 1 an.

3. Die Bildkurve von

$$y = \frac{b}{a}\sqrt{a^2 - x^2} \quad (-a \leq x \leq a)$$

ist eine halbe Ellipse. Der Inhalt des in der Figur schraffierten Flächenstückes ist

$$\frac{b}{a}\int_0^{x_0} \sqrt{a^2 - x^2}\, dx = \frac{x_0 y_0}{2} + \frac{ab}{2} \arcsin \frac{x_0}{a}.$$

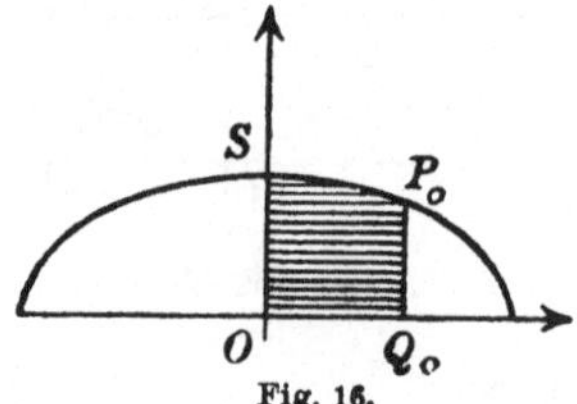

Fig. 16.

Die ganze durch
$$\frac{x^2}{a^2} + \frac{y^2}{b^2} = 1$$

dargestellte Ellipse hat also den Inhalt πab.

4. Die Bildkurve von
$$y = \frac{b}{a}\sqrt{x^2 - a^2} \qquad\qquad (x \geq a)$$

ist ein Hyperbelbogen. Wir wollen das in der Figur schraffierte Flächenstück berechnen. Dieses ist gleich

$$\frac{b}{a}\int_a^{x_0}\sqrt{x^2 - a^2}\,dx.$$

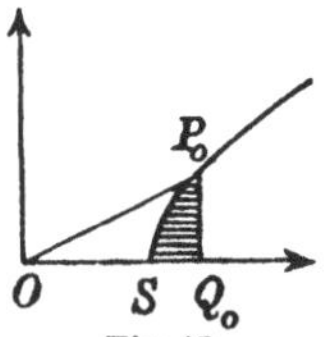

Mit Hilfe der partiellen Integration findet man

$$\int\sqrt{x^2 - a^2}\,dx = x\sqrt{x^2 - a^2} - \int\frac{x^2\,dx}{\sqrt{x^2 - a^2}}$$

$$= x\sqrt{x^2 - a^2} - \int\sqrt{x^2 - a^2}\,dx - a^2\int\frac{dx}{\sqrt{x^2 - a^2}}.$$

Es ist also $\quad 2\int\sqrt{x^2 - a^2}\,dx = x\sqrt{x^2 - a^2} - a^2\int\frac{dx}{\sqrt{x^2 - a^2}}.$

Um $\int\frac{dx}{\sqrt{x^2 - a^2}}$ zu finden, führe man

$$x + \sqrt{x^2 - a^2} = u$$

als neue Veränderliche ein. Dann wird

$$dx + \frac{x\,dx}{\sqrt{x^2 - a^2}} = \frac{u\,dx}{\sqrt{x^2 - a^2}} = du,$$

also
$$\frac{dx}{\sqrt{x^2 - a^2}} = \frac{du}{u}$$

und
$$\int\frac{dx}{\sqrt{x^2 - a^2}} = C + \log(x + \sqrt{x^2 - a^2}).$$

Unser Flächenstück hat also den Inhalt

$$\frac{x_0\,y_0}{2} - \frac{ab}{2}\log\frac{x_0 + \sqrt{x_0^2 - a^2}}{a}.$$

5. Ellipsensektor und Hyperbelsektor. Das Dreieck OQ_0P_0 ist in Nr. 3 und Nr. 4 gleich $\frac{1}{2}x_0y_0$. Daraus folgt, daß der Ellipsen-

sektor OSP_0 gleich $\qquad \dfrac{ab}{2}\ \text{arc}\sin\dfrac{x_0}{a}$

und der Hyperbelsektor OSP_0 gleich

$$\frac{ab}{2}\log\frac{x_0+\sqrt{x_0{}^2-a^2}}{a}\qquad\text{ist.}$$

§ 198. Berechnung von Bogenlängen. Wir wollen definieren, was unter der Länge des Kurvenbogens
$$y = f(x)\qquad (a\leqq x\leqq b)$$
zu verstehen ist.

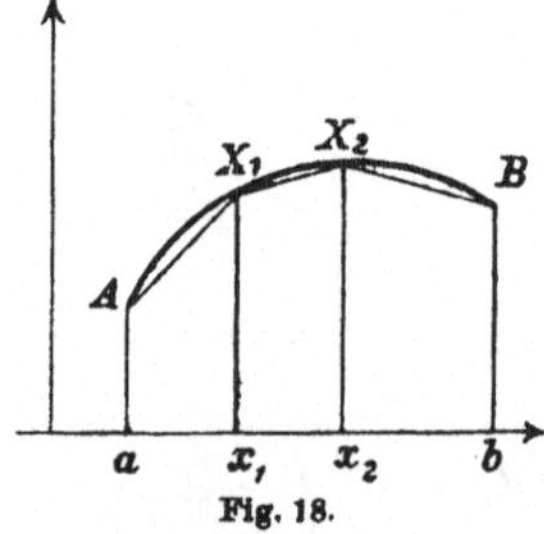

Fig. 18.

Wir zerlegen $\langle a, b\rangle$ in die Teilintervalle
$$\langle a, x_1\rangle,\ \langle x_1, x_2\rangle,\ \ldots,\ \langle x_{p-1}, b\rangle$$
$$(a < x_1 < \cdots < x_{p-1} < b)$$
und nennen diese Zerlegung $\mathfrak{Z}$. Die Kurvenpunkte, deren Abszissen
$$a,\ x_1,\ x_2,\ \ldots,\ x_{p-1},\ b$$
sind, mögen $\qquad A,\ X_1,\ X_2,\ \ldots,\ X_{p-1},\ B$

heißen. Die Länge der gebrochenen Linie $AX_1X_2\ldots X_{p-1}B$ bezeichnen wir mit $l(\mathfrak{Z})$.

Es kann sein, daß $l(\mathfrak{Z})$ immer einem Grenzwert zustrebt, wenn $\mathfrak{Z}$ eine ausgezeichnete $\mathfrak{Z}$-Folge durchläuft. Ist das der Fall, so kommt jedesmal derselbe Grenzwert heraus.[1]) Ihn bezeichnet man als die Länge des betrachteten Kurvenbogens und nennt den Kurvenbogen rektifizierbar.[2])

Jede Zerlegung $\mathfrak{Z}$ kann man zum Anfangsglied einer $\mathfrak{Z}$-Kette machen. Durchläuft aber $\mathfrak{Z}$ eine $\mathfrak{Z}$-Kette, so durchläuft $l(\mathfrak{Z})$ eine aufsteigende Folge. Es ist also, wenn wir die Länge unseres Kurvenbogens mit l bezeichnen, immer

$$l(\mathfrak{Z})\leqq l.$$

Hieraus können wir schließen, daß $f(x)$ in $\langle a, b\rangle$ von beschränkter Variation sein muß, wenn l existieren soll.

---

1) Wenn $\mathfrak{Z}_1,\ \mathfrak{Z}_2,\ \mathfrak{Z}_3,\ \ldots$ eine ausgezeichnete $\mathfrak{Z}$-Folge ist und ebenso $\overline{\mathfrak{Z}}_1,\ \overline{\mathfrak{Z}}_2,\ \overline{\mathfrak{Z}}_3,\ \ldots$, so ist auch $\mathfrak{Z}_1,\ \overline{\mathfrak{Z}}_1,\ \mathfrak{Z}_2,\ \overline{\mathfrak{Z}}_2,\ \ldots$ eine ausgezeichnete $\mathfrak{Z}$-Folge.

2) Man sagt auch, $f(x)$ sei in $\langle a, b\rangle$ rektifizierbar.

In der Tat ist[1])

$$l(\mathfrak{Z}) = \sum_{\nu=1}^{p} \sqrt{(x_\nu - x_{\nu-1})^2 + (y_\nu - y_{\nu-1})^2}.$$

Da $\quad \sqrt{(x_\nu - x_{\nu-1})^2 + (y_\nu - y_{\nu-1})^2} > \sqrt{(y_\nu - y_{\nu-1})^2} = |y_\nu - y_{\nu-1}|,$

so hat man $\qquad \sum_{\nu=1}^{p} |f(x_\nu) - f(x_{\nu-1})| < l.$

Dies bedeutet aber, daß $f(x)$ in $\langle a, b \rangle$ von beschränkter Variation ist.

Es muß nun, wenn l existieren soll, noch eine andere Bedingung erfüllt sein. x_0 sei eine Stelle zwischen a und b. $\mathfrak{Z}$ sei eine Zerlegung von $\langle a, b \rangle$, bei der x_0 nicht als Teilpunkt figuriert, und $\langle \alpha, \beta \rangle$ sei das Teilintervall, in welchem x_0 liegt. Fügen wir x_0 als Teilpunkt hinzu, so entsteht die Zerlegung $\overline{\mathfrak{Z}}$. Nun ist offenbar

$$l(\overline{\mathfrak{Z}}) - l(\mathfrak{Z}) = \sqrt{(x_0 - \alpha)^2 + \{f(x_0) - f(\alpha)\}^2}$$
$$+ \sqrt{(x_0 - \beta)^2 + \{f(x_0) - f(\beta)\}^2} - \sqrt{(\beta - \alpha)^2 + \{f(\beta) - f(\alpha)\}^2}.$$

Lassen wir $\mathfrak{Z}$ eine ausgezeichnete $\mathfrak{Z}$-Folge durchlaufen, so wird

$$\lim \{l(\overline{\mathfrak{Z}}) - l(\mathfrak{Z})\} = l - l = 0,$$

Andererseits ist[2])

$$\lim \{l(\overline{\mathfrak{Z}}) - l(\mathfrak{Z})\} = |f(x_0) - f(x_0 - 0)| + |f(x_0) - f(x_0 + 0)|$$
$$- |f(x_0 + 0) - f(x_0 - 0)|$$

Es muß demnach

$$|f(x_0 + 0) - f(x_0 - 0)| = |f(x_0 + 0) - f(x_0)| + |f(x_0) - f(x_0 - 0)|$$

sein. Aus $\qquad |A - B| = |A - C| + |C - B|$

folgt aber, daß C in dem Intervall $\langle A, B \rangle$ enthalten ist. Läge nämlich C außerhalb $\langle A, B \rangle$, so wäre eine der beiden Zahlen $|A - C|$ und $|C - B|$ größer als $|A - B|$.

---

1) Wir setzen $a = x_0$, $b = x_p$ und $f(x_\nu) = y_\nu$.

2) $f(x_0 + 0)$ und $f(x_0 - 0)$ existieren, weil $f(x)$ sich in $\langle a, b \rangle$ als Summe von zwei monotonen Funktionen darstellen läßt.

$f(x)$ hat also die Eigenschaft, daß $f(x_0)$ immer dem Intervall $\langle f(x_0 - 0), f(x_0 + 0)\rangle$ angehört ($a < x_0 < b$). Die Differenzen

$$f(x_0 - 0) - f(x_0), \quad f(x_0 + 0) - f(x_0)$$

haben also nie dasselbe Zeichen.

Wenn $f(x)$ in $\langle a, b\rangle$ von beschränkter Variation ist und außerdem die soeben angegebene Eigenschaft hat, ist der Kurvenbogen $y = f(x)$, $a \leq x \leq b$, rektifizierbar.

Da $f(x)$ in $\langle a, b\rangle$ von beschränkter Variation ist, gibt es eine Zahl K, so daß

$$\sum |f(\beta) - f(\alpha)| < K$$

ist, wie man auch $\langle a, b\rangle$ in Teilintervalle $\langle \alpha, \beta\rangle$ zerlegen mag. Nun hat man aber

$$\sqrt{(\beta - \alpha)^2 + \{f(\beta) - f(\alpha)\}^2} \leq \beta - \alpha + |f(\beta) - f(\alpha)|.$$

Es ist also immer $\qquad l(\mathfrak{Z}) < b - a + K.$

l sei die obere Grenze der aus den sämtlichen $l(\mathfrak{Z})$ bestehenden Zahlenmenge. Dann gibt es eine Zerlegung $\overline{\mathfrak{Z}}$, so daß

$$l(\overline{\mathfrak{Z}}) > l - \frac{\varepsilon}{2}$$

ist ($\varepsilon > 0$). Jetzt wollen wir beweisen, daß

$$\lim l(\mathfrak{Z}_n) = l$$

ist, wenn $\mathfrak{Z}_1, \mathfrak{Z}_2, \mathfrak{Z}_3, \ldots$ irgendeine ausgezeichnete $\mathfrak{Z}$-Folge bedeutet.

Ist $\mathfrak{Z}_1, \mathfrak{Z}_2, \mathfrak{Z}_3, \ldots$ eine ausgezeichnete $\mathfrak{Z}$-Folge, so haben fast alle $\mathfrak{Z}_n$ die Eigenschaft, in jedem Teilintervall höchstens einen Teilpunkt von $\overline{\mathfrak{Z}}$ zu enthalten. Die übrigen $\mathfrak{Z}_n$ lassen wir beiseite.

Mit $\overline{\mathfrak{Z}}_n$ wollen wir die Zerlegung bezeichnen, die aus $\mathfrak{Z}_n$ durch Hinzufügung der Teilpunkte von $\overline{\mathfrak{Z}}$ entsteht. Dann ist

$$l(\overline{\mathfrak{Z}}_n) \geq l(\overline{\mathfrak{Z}}) > l - \frac{\varepsilon}{2} \quad \text{und} \quad l(\overline{\mathfrak{Z}}_n) \geq l(\mathfrak{Z}_n).$$

Ist $\bar{x}$ ein Teilpunkt von $\overline{\mathfrak{Z}}$, der in dem Teilintervall $\langle \alpha_n, \beta_n\rangle$ von $\mathfrak{Z}_n$ liegt, so wird $\qquad l(\overline{\mathfrak{Z}}_n) - l(\mathfrak{Z}_n)$

$$= \sum \Big\{ \sqrt{(\bar{x} - \alpha_n)^2 + [f(\bar{x}) - f(\alpha_n)]^2} + \sqrt{(\bar{x} - \beta_n)^2 + [f(\bar{x}) - f(\beta_n)]^2}$$

$$- \sqrt{(\alpha_n - \beta_n)^2 + [f(\alpha_n) - f(\beta_n)]^2} \Big\},$$

wobei sich die Summation über alle derartigen Teilpunkte $\bar{x}$ erstreckt. Diese Summe konvergiert aber nach Null, weil

$$\sum\{|f(\bar{x}) - f(\bar{x}-0)| + |f(\bar{x}) - f(\bar{x}+0)| - f(\bar{x}-0) - f(\bar{x}+0)|\}$$

gleich Null ist.

Für fast alle $\mathfrak{Z}_n$ wird daher

$$l(\bar{\mathfrak{Z}}_n) - l(\mathfrak{Z}_n) < \frac{\varepsilon}{2}$$

sein. Hieraus und aus $\qquad l(\bar{\mathfrak{Z}}_n) > l - \frac{\varepsilon}{2}$

folgt aber $\qquad\qquad l(\mathfrak{Z}_n) > l - \varepsilon.$

Da außerdem $\qquad\qquad l(\mathfrak{Z}_n) \leqq l$

ist, so liegen fast alle $l(\mathfrak{Z}_n)$ in $\langle l - \varepsilon, l \rangle$, d. h. es ist

$$\lim l(\mathfrak{Z}_n) = l.$$

Wenn $f(x)$ in $\langle a, b \rangle$ stetig und von beschränkter Variation ist,
so sind die Bedingungen des obigen Satzes erfüllt. Es ist nämlich
wegen der Stetigkeit

$$f(x_0 - 0) = f(x_0 + 0) = f(x_0). \qquad (a < x_0 < b)$$

§ 199. **Eigenschaften der Bogenlänge.** Wenn die Funktion
$f(x)$ in $\langle a, b \rangle$ rektifizierbar ist, so ist sie es auch in jedem Teilintervall $\langle \alpha, \beta \rangle$ von $\langle a, b \rangle$. Denn die beiden für die Rektifizierbarkeit
charakteristischen Bedingungen sind in $\langle \alpha, \beta \rangle$ erfüllt, wenn sie in
$\langle a, b \rangle$ erfüllt sind.

Wir wollen die Länge des Bogens

$$y = f(x) \qquad\qquad (\alpha \leqq x \leqq \beta)$$

mit $l(\alpha, \beta)$ bezeichnen. $l(\alpha, \beta)$ ist offenbar größer oder gleich $\beta - \alpha$.

Für $a < c < b$ hat man

$$l(a, b) = l(a, c) + l(c, b).$$

Man erkennt dies, wenn man eine ausgezeichnete $\mathfrak{Z}$-Kette von $\langle a, b \rangle$
betrachtet, die mit der Zerlegung von $\langle a, b \rangle$ in $\langle a, c \rangle$ und $\langle c, b \rangle$
beginnt.

Aus der obigen Eigenschaft ergibt sich, daß die Funktion $l(a, x)$
in $\langle a, b \rangle$ **aufsteigend** ist[1]):

$$l(a, x) < l(a, x + h). \qquad (a \leqq x < x + h \leqq b)$$

---

1) Wir setzen fest: $l(a, a) = 0$.

Wenn $f(x)$ in $\langle a, b\rangle$ stetig ist, so ist auch $l(a, x)$ in $\langle a, b\rangle$ stetig. Es genügt die Stetigkeit von $l(a, x)$ oder $l(x, b) = l(a, b) - l(a, x)$ für $x = a$ und $x = b$ nachzuweisen. Ist nämlich $a < c < b$, so hat man in $\langle c, b\rangle$

$$l\langle a, x\rangle = l\langle a, c\rangle + l\langle c, x\rangle.$$

Weiß man, daß $l(a, x)$, $a \leqq x \leqq c$, und $l(c, x)$, $c \leqq x \leqq b$, an der Stelle c stetig sind, so ist damit die Stetigkeit von $l(a, x)$ an der Stelle c gesichert.

Um die Stetigkeit von $l(x, b)$ an der Stelle b zu beweisen, verfahren wir so:

x_0 sei ein Wert zwischen a und b, und $\mathfrak{Z}$ bedeute eine Zerlegung von $\langle x_0, b\rangle$ in Teilintervalle, die wir

$$\langle x_0, x_1\rangle, \langle x_1, x_2\rangle, \ldots \langle x_{p-1}, b\rangle$$

nennen wollen $(x_0 < x_1 < \cdots < x_{p-1} < b)$. Der Ausdruck

$$\sum_{\nu=1}^{p} \sqrt{(x_\nu - x_{\nu-1})^2 + \{f(x_\nu) - f(x_{\nu-1})\}^2} \qquad (b = x_p)$$

werde mit
$$\overset{b}{\underset{x_0}{l}}(\mathfrak{Z})$$

bezeichnet. Lassen wir $\mathfrak{Z}$ eine ausgezeichnete $\mathfrak{Z}$-Folge des Intervalls $\langle x_0, b\rangle$ durchlaufen, so wird

$$\lim \overset{b}{\underset{x_0}{l}}(\mathfrak{Z}) = l(x_0, b).$$

Wir haben nun $f(x)$ in $\langle a, b\rangle$ stetig vorausgesetzt. Da
$$\lim x_{p-1} = b$$
ist, so wird also

$$\lim \sqrt{(x_p - x_{p-1})^2 + \{f(x_p) - f(x_{p-1})\}^2}$$
$$= \lim \sqrt{(b - x_{p-1})^2 + \{f(b) - f(x_{p-1})\}^2} = 0,$$

mithin $\quad \lim \sum_{\nu=1}^{p-1} \sqrt{(x_\nu - x_{\nu-1})^2 + \{f(x_\nu) - f(x_{\nu-1})\}^2} = l(x_0, b).$

Bei passender Wahl von $x_1, x_2, \ldots, x_{p-1}\,(x_0 < x_1 < \cdots < x_{p-1} < b)$ wird also

$$\sum_{v=1}^{p-1} \sqrt{(x_v - x_{v-1})^2 + \{f(x_v) - f(x_{v-1})\}^2} > l(x_0, b) - \varepsilon$$
$$> l(b-0, b) - \varepsilon$$

sein $(\varepsilon > 0)$.

Aus demselben Grunde wird aber bei passender Wahl von $x_p, x_{p+1}, \ldots, x_{q-1}, (x_{p-1} < x_p < \cdots < x_{q-1} < b)$

$$\sum_{v=p}^{q-1} \sqrt{(x_v - x_{v-1})^2 + \{f(x_v) - f(x_{v-1})\}^2} > l(x_{p-1}, b) - \varepsilon$$
$$> l(b-0, b) - \varepsilon$$

sein usw.

Wäre $l(b-0, b) > 0$, so könnten wir $l(b-0, b) = 2\varepsilon$ setzen. Dann würde die unendliche Reihe

$$\sum \sqrt{(x_v - x_{v-1})^2 + \{f(x_v) - f(x_{v-1})\}^2} \qquad (v = 1, 2, 3, \ldots)$$

divergieren, weil die Reihe $\varepsilon + \varepsilon + \varepsilon + \cdots$ divergent ist. Aber auch die Reihe

$$\sum |f(x_v) - f(x_{v-1})| \qquad (v = 1, 2, 3, \ldots)$$

wäre divergent. Man hat nämlich

$$\sqrt{(x_v - x_{v-1})^2 + \{f(x_v) - f(x_{v-1})\}^2} \leqq x_v - x_{v-1} + |f(x_v) - f(x_{v-1})|,$$

so daß die Konvergenz von $\sum |f(x_v) - f(x_{v-1})|$ die von

$$\sum \sqrt{(x_v - x_{v-1})^2 + \{f(x_v) - f(x_{v-1})\}^2}$$

nach sich zieht.[1]

Daß aber $\sum |f(x_v) - f(x_{v-1})|$ divergiert, widerspricht der Voraussetzung, daß $f(x)$ in $\langle a, b \rangle$ von beschränkter Variation ist. Die n-te Partialsumme der Reihe ist nämlich kleiner gleich

$$\sum_{v=1}^{n} |f(x_v) - f(x_{v-1})| + |f(a) - f(x_0)| + |f(x_n) - f(b)|$$
$$(a < x_0 < \cdots < x_n < b).$$

Diese Summen sind aber alle kleiner als eine feste Zahl K.

Es muß demnach $l(b-0, b) = 0$ sein. $l(x, b)$ ist also für $x = b$ stetig. Dasselbe gilt von $l(a, x)$.

Ganz ebenso zeigt man, daß $l(a, x)$ an der Stelle a stetig ist.

Im Falle eines in $\langle a, b \rangle$ stetigen $f(x)$ ist also $l(a, x)$ in $\langle a, b \rangle$

---

[1] $\sum (x_v - x_{v-1})$ ist eine konvergente Reihe mit positiven Gliedern.

aufsteigend und stetig. $l(a, x)$ nimmt jeden Wert λ, der den Ungleichungen

$$0 \leq \lambda \leq l(a, b)$$

genügt, in $\langle a, b \rangle$ einmal und nur einmal an.

§ 200. **Die Bogenlänge ausgedrückt durch ein bestimmtes Integral.** $f(x)$ habe in $\langle a, b \rangle$ eine Ableitung $f'(x)$, und $f'(x)$ sei in $\langle a, b \rangle$ integrierbar. Daß unter diesen Voraussetzungen $l(a, b)$ existiert, kann man daraus schließen, daß $f(x)$ wegen der Existenz von $f'(x)$ in $\langle a, b \rangle$ stetig und wegen

$$f(x) = f(a) + \int_a^x f'(x)\, dx \qquad (a \leq x \leq b)$$

in $\langle a, b \rangle$ von beschränkter Variation ist (vgl. § 157).

Man kann aber die Existenz von $l(a, b)$ auch direkt beweisen. Wenn $a = x_0$, $b = x_p$ und

$$a < x_1 < \cdots < x_{p-1} < b$$

ist, so läßt sich der Ausdruck

$$l(\mathfrak{Z}) = \sum_{\nu=1}^{p} \sqrt{(x_\nu - x_{\nu-1})^2 + \{f(x_\nu) - f(x_{\nu-1})\}^2}$$

unter Benutzung des Mittelwertsatzes in § 67 in folgender Weise schreiben:

$$l(\mathfrak{Z}) = \sum_{\nu=1}^{p} (x_\nu - x_{\nu-1}) \sqrt{1 + [f'(\xi_\nu)]^2}. \qquad (x_{\nu-1} < \xi_\nu < x_\nu)$$

Da $f'(x)$ in $\langle a, b \rangle$ integrierbar sein sollte, so ist (nach § 152) auch

$$\varphi(x) = 1 + [f'(x)]^2$$

in $\langle a, b \rangle$ integrierbar. Nun hat man

$$\sqrt{\varphi(x)} \leq \varphi(x).$$

$\sqrt{\varphi(x)}$ ist also in $\langle a, b \rangle$ beschränkt, weil dies von $\varphi(x)$ gilt.

Ferner ist $\quad \sqrt{\varphi(x)} - \sqrt{\varphi(x')} = \dfrac{\varphi(x) - \varphi(x')}{\sqrt{\varphi(x)} + \sqrt{\varphi(x')}}$,

also $\quad \left| \sqrt{\varphi(x)} - \sqrt{\varphi(x')} \right| \leq \dfrac{1}{2} |\varphi(x) - \varphi(x')|$,

weil $\varphi(x) \geq 1$, $\varphi(x') \geq 1$. Bezeichnet man mit $\sigma(\alpha, \beta)$ die Schwankung von $\varphi(x)$ und mit $\bar{\sigma}(\alpha, \beta)$ die Schwankung von $\sqrt{\varphi(x)}$ in (α, β), so ist

$$\bar{\sigma}(\alpha, \beta) \leq \frac{1}{2}\,\sigma(\alpha, \beta).$$

Die mittlere Schwankung von $\sqrt{\varphi(x)}$ in $\langle a, b\rangle$ ist daher ebenso gleich Null wie die von $\varphi(x)$.

$\sqrt{\varphi(x)}$ ist also in $\langle a, b\rangle$ integrierbar.

Läßt man daher $\mathfrak{Z}$ eine ausgezeichnete $\mathfrak{Z}$-Folge durchlaufen, so konvergiert

$$l(\mathfrak{Z}) = \sum_{\nu=1}^{p} (x_\nu - x_{\nu-1})\,\sqrt{\varphi(\xi_\nu)}$$

nach einem Grenzwert l, und zwar ist

$$l = \int_a^b \sqrt{1 + [f'(x)]^2}\,dx.$$

Diese Formel läßt sich, wenn man $f'(x) = y$, also $f'(x)\,dx = dy$ setzt, noch einfacher so schreiben

$$l = \int_a^b \sqrt{dx^2 + dy^2}.$$

Die Funktion $\qquad \displaystyle\int_a^x \sqrt{1 + [f'(x)]^2}\,dx \qquad\qquad (a \leq x \leq b)$

hat, wenn $f'(x)$ stetig ist[1]), das Differential

$$\sqrt{1 + [f'(x)]^2}\,dx = \sqrt{dx^2 + dy^2}.$$

Man nennt es das Bogendifferential der Kurve $y = f(x)$.

§ 201. **Bogenlängen, die durch ein uneigentliches Integral dargestellt werden.** $f(x)$ sei in $\langle a, b\rangle$ stetig und von beschränkter Variation und habe zwischen a und b überall eine Ableitung. $[f'(x)]^2$ sei in jedem Intervall $\langle a', b'\rangle$, $a < a' < b' < b$, aber nicht in $\langle a, b\rangle$ integrierbar.

Dann ist nach § 200

$$l(a', b') = \int_{a'}^{b'} \sqrt{1 + [f'(x)]^2}\,dx.$$

---

[1]) Dann ist auch $\sqrt{1 + [f'(x)]^2}$ stetig.

Läßt man a' nach a und b' nach b konvergieren, so konvergiert $l(a', b')$ nach $l(a, b)$. Es existiert also das uneigentliche Integral

$$\int_a^b \sqrt{1 + [f'(x)]^2}\, dx$$

und hat den Wert $l(a, b)$.

§ 202. **Beispiele.** 1. Die Länge $l(0, x_0)$ des Parabelbogens

$$y = \frac{x^2}{2p} \qquad\qquad (0 \leqq x \leqq x_0)$$

ist durch folgende Formel bestimmt

$$l(0, x_0) = \int_0^{x_0} \sqrt{dx^2 + dy^2} = \int_0^{x_0} \sqrt{1 + \frac{x^2}{p^2}}\, dx.$$

Die partielle Integration liefert

$$\int \sqrt{1 + \frac{x^2}{p^2}}\, dx = x \sqrt{1 + \frac{x^2}{p^2}} - \int \frac{\frac{x^2}{p^2} dx}{\sqrt{1 + \frac{x^2}{p^2}}}$$

$$= x \sqrt{1 + \frac{x^2}{p^2}} - \int \sqrt{1 + \frac{x^2}{p^2}}\, dx + \int \frac{dx}{\sqrt{1 + \frac{x^2}{p^2}}},$$

so daß man hat

$$2 \int \sqrt{1 + \frac{x^2}{p^2}}\, dx = x \sqrt{1 + \frac{x^2}{p^2}} + \int \frac{dx}{\sqrt{1 + \frac{x^2}{p^2}}}.$$

Setzt man $x = pz$, so wird

$$\int \frac{dx}{\sqrt{1 + \frac{x^2}{p^2}}} = p \int \frac{dz}{\sqrt{1 + z^2}} = p \log\left(z + \sqrt{1 + z^2}\right).$$

Schließlich ergibt sich

$$l(0, x_0) = \frac{x_0 \sqrt{x_0^2 + p^2}}{2p} + \frac{p}{2} \log \frac{x_0 + \sqrt{x_0^2 + p^2}}{p}.$$

2. Die Länge φ_0 des Kreisbogens

$$y = \sqrt{1 - x^2} \qquad (x_0 \leqq x \leqq 1,\ -1 \leqq x_0)$$

wird durch ein uneigentliches Integral ausgedrückt, dessen Existenz man nach § 201 voraussehen kann, und zwar ist:

$$\varphi_0 = \int\limits_{x_0}^{1} \frac{dx}{\sqrt{1 - x^2}}.$$

Man hat nämlich für $-1 < x < 1$

$$dy = -\frac{x\,dx}{\sqrt{1 - x^2}} \quad \text{und} \quad dx^2 + dy^2 = \frac{dx^2}{1 - x^2}.$$

Da $\arccos x$ in $\langle -1, 1\rangle$ stetig ist und für $-1 < x < 1$ die Ableitung $-1 : \sqrt{1 - x^2}$ hat, so ist

$$\varphi_0 = -\,(\arccos x)\Big|_{x_0}^{1},$$

d. h. $\qquad \varphi_0 = \arccos x_0, \quad \text{also} \quad x_0 = \cos\varphi_0.$

Für $x_0 = -1$ wird $\arccos x_0 = \pi$, so daß π die **Bogenlänge eines Halbkreises vom Radius 1** bedeutet. Man hat also

$$0 \leqq \varphi_0 \leqq \pi.$$

Da $\sin x$ in $(0, \pi)$ positiv ist, so können wir aus $x_0 = \cos\varphi_0$ schließen

$$y_0 = \sqrt{1 - x_0^2} = \sin\varphi_0.$$

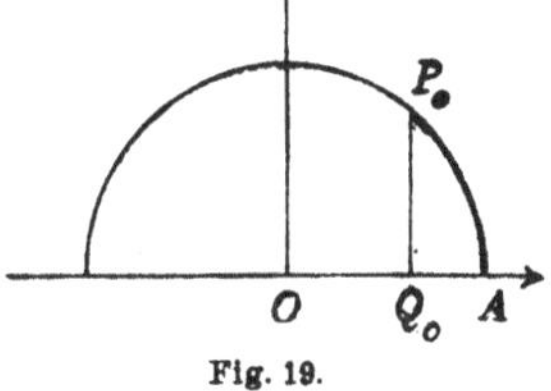

Fig. 19.

Hiermit ist der Zusammenhang aufgedeckt, in dem die beiden Funktionen Kosinus und Sinus zu dem Einheitskreise (d. h. dem Kreise vom Radius 1) stehen.

Dieser Zusammenhang bildet in der Elementarmathematik den Ausgangspunkt.

In Fig. 19 soll $\overline{OA} = 1$ sein. Dann hat man $\overline{OQ_0} = \cos\varphi_0$, $\overline{Q_0 P_0} = \sin\varphi_0$. φ_0 ist die Länge des Bogens AP_0.

Die Länge des Kreisbogens

$$y = \sqrt{a^2 - x^2} \qquad (x_0 \leqq x \leqq a,\ -a \leqq x_0)$$

ist gleich

$$a \int\limits_{x_0}^{a} \frac{dx}{\sqrt{a^2 - x^2}}$$

oder gleich

$$a \int\limits_{u_0}^{1} \frac{du}{\sqrt{1 - u^2}}. \qquad\qquad (x = au)$$

Setzt man
$$\int_{u_0}^{1} \frac{du}{\sqrt{1-u^2}} = \varphi_0,$$

so wird der betrachtete Kreisbogen gleich $a\varphi_0$.

φ_0 ist der entsprechende Bogen auf dem Einheitskreis. Man erhält ihn, indem man die Endpunkte des betrachteten Kreisbogens mit dem Mittelpunkt verbindet.

Der Winkel, den zwei Geraden, die sich in O schneiden, miteinander bilden, wird in der höheren Analysis durch den Bogen gemessen, den sie auf dem Einheitskreis mit dem Mittelpunkt O bestimmen. Ein rechter Winkel ist hiernach gleich $\frac{\pi}{2}$, ein gestreckter gleich π.

Die Länge eines Kreisbogens mit dem Radius a ist nach dem Obigen gleich a multipliziert mit dem zugehörigen Zentriwinkel.

3. Die Länge des Ellipsenbogens
$$y = \frac{b}{a}\sqrt{a^2 - x^2} \qquad (0 \leqq x \leqq x_0,\ x_0 \leqq a)$$

ist gleich
$$\int_0^{x_0} \sqrt{\frac{a^4 - (a^2 - b^2)\,x^2}{a^2\,(a^2 - x^2)}}\, dx.$$

Wir wollen $a > b > 0$ annehmen und
$$\sqrt{\frac{a^2 - b^2}{a^2}} = k \ ^{1)}$$

setzen. Dann ist $0 < k < 1$, und das obige Integral lautet
$$\int_0^{x_0} \sqrt{\frac{a^2 - k^2 x^2}{a^2 - x^2}}\, dx = \int_0^{x_0} \frac{\sqrt{(a^2 - x^2)\,(a^2 - k^2 x^2)}}{a^2 - x^2}\, dx.$$

Dieses Integral hat die Form
$$\int_\alpha^\beta \Re\left(x, \sqrt{P(x)}\right) dx,$$

und $P(x)$ ist eine ganze rationale Funktion 4. Grades. $\Re$ bedeutet

---

1) k ist die numerische Exzentrizität der Ellipse.

eine rationale Operation. Man nennt solche Integrale elliptische. Sie haben zu einer ausgedehnten Theorie Veranlassung gegeben.

Das für den Ellipsenbogen gefundene Integral wollen wir jetzt dadurch vereinfachen, daß wir die neue Veränderliche

$$\text{arc sin } \frac{x}{a} = \varphi$$

einführen. Dabei verwandelt es sich in

$$a \int_0^{\varphi_0} \sqrt{1 - k^2 \sin^2 \varphi}\, d\varphi.$$

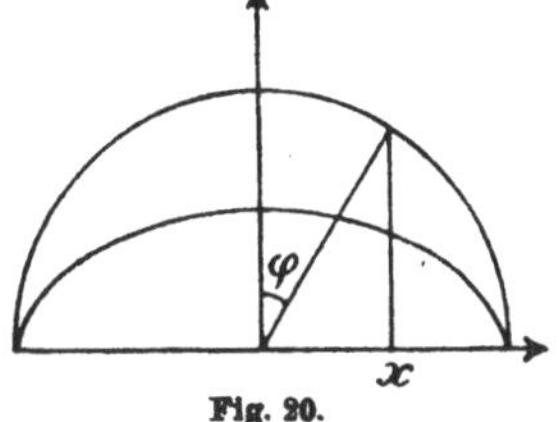

Fig. 20.

Man bezeichnet das hier auftretende Integral mit $E(k, \varphi_0)$. φ_0 heißt die Amplitude und k der Modul des Integrals.

Um $E(k, \varphi_0)$ zu berechnen, kann man so verfahren.[1]) Nach der Binomialformel hat man[2])

$$\sqrt{1 - k^2 \sin^2 \varphi} =$$

$$1 - \frac{1}{2}\, k^2 \sin^2 \varphi - \frac{1}{2 \cdot 4}\, k^4 \sin^4 \varphi - \frac{1 \cdot 3}{2 \cdot 4 \cdot 6}\, k^6 \sin^6 \varphi - \cdots.$$

Die Reihe rechts konvergiert für alle Werte von φ gleichmäßig (vgl. § 172, Nr. 7). Denn ihre Glieder sind ihrem Betrage nach kleiner als die entsprechenden Glieder der konvergenten Reihe

$$1 + k^2 + k^4 + \cdots.$$

Man hat also nach § 172, Nr. 4

$$E(k, \varphi_0) = \int_0^{\varphi_0} d\varphi - \frac{1}{2}\, k^2 \int_0^{\varphi_0} \sin^2 \varphi\, d\varphi - \frac{1}{2 \cdot 4}\, k^4 \int_0^{\varphi_0} \sin^4 \varphi\, d\varphi - \cdots$$

Insbesondere ist (vgl. § 160)

$$E\left(k, \frac{\pi}{2}\right) = \frac{\pi}{2} \left\{ 1 - \left(\frac{1}{2} k\right)^2 - \frac{1}{3}\left(\frac{1 \cdot 3}{2 \cdot 4} k^2\right)^2 - \frac{1}{5}\left(\frac{1 \cdot 3 \cdot 5}{2 \cdot 4 \cdot 6} k^3\right)^2 - \cdots \right\}.$$

Für $E\left(k, \frac{\pi}{2}\right)$ pflegt man gewöhnlich $E(k)$ zu schreiben. $a E(k)$ ist dann der Viertelumfang unserer Ellipse.

---

1) Bei sehr kleinem k ist dieses Verfahren besonders zweckmäßig.
2) Man bedenke, daß $k^2 \sin^2 \varphi \leqq k^2 < 1$ ist.

4. Wir wollen den geometrischen Ort eines Punktes P betrachten, der von zwei festen Punkten F und F' Entfernungen mit konstantem Produkt hat.

Als x-Achse benutzen wir die Verbindungslinie der beiden festen Punkte, als Anfangspunkt den Mittelpunkt von FF' und die y-Achse nehmen wir senkrecht zur x-Achse.

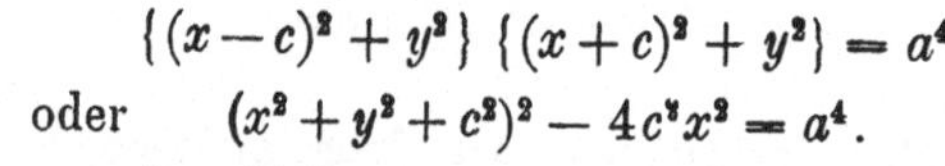

Dann lautet die Bedingung, die wir dem Punkte P auferlegen, so:

$$\{(x-c)^2 + y^2\}\,\{(x+c)^2 + y^2\} = a^4$$

oder $\quad (x^2 + y^2 + c^2)^2 - 4c^2 x^2 = a^4.$

Im Falle $a = c$ erhalten wir die sogenannte Lemniskate (Fig. 22). Ihre Gleichung lautet

$$(x^2 + y^2)^2 - 2c^2(x^2 - y^2) = 0.$$

Die Gleichung nimmt eine einfachere Form an, wenn man sich der Polarkoordinaten bedient.

Die Polarkoordinaten sind uns schon einmal begegnet. Wir wissen aus § 139, daß sich im Falle $x^2 + y^2 > 0$ die Zahl φ (und zwar nur auf eine Weise) so wählen läßt, daß

$$\frac{x}{\sqrt{x^2 + y^2}} = \cos\varphi, \quad \frac{y}{\sqrt{x^2 + y^2}} = \sin\varphi \quad (-\pi \leqq \varphi < \pi)$$

ist. Diese Zahl φ und die Zahl $r = \sqrt{x^2 + y^2}$ sind die Polarkoordinaten des Punktes (x, y). Für den Anfangspunkt ist $r = 0$ und φ unbestimmt.

r ist die Entfernung vom Anfangspunkt und wird der Radiusvektor genannt. φ ist der Winkel, den der Radiusvektor mit der positiven x-Achse bildet [1])

Über die Messung dieses Winkels müssen wir noch einiges sagen.

Man kann die positive x-Achse um den Anfangspunkt in zwei verschiedenen Richtungen drehen. Die eine zeichnen wir als die

---

1) Statt „positive Hälfte der x-Achse" sagen wir auch kurz „positive x-Achse". Sie wird von den Punkten positiver Abszisse gebildet.

positive aus. In der Figur ist sie durch einen Pfeil markiert. Um
eine Drehung zu messen, beachten wir, welchen Kreisbogen der Einheitspunkt E der x-Achse beschreibt. Die Länge dieses Kreisbogens
versehen wir mit dem Zeichen $+$, wenn die Drehung
im positiven, mit dem Zeichen $-$, wenn sie im
negativen Sinne stattfindet.

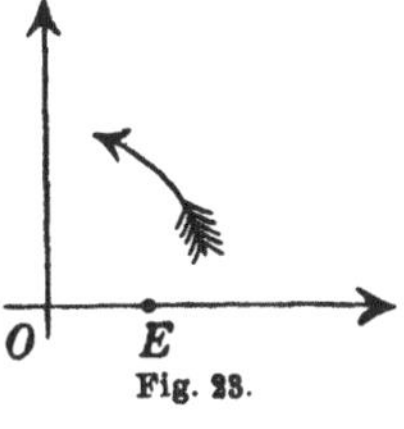
Fig. 23.

Wenn die positive x-Achse nach einer Drehung um φ durch den von O verschiedenen Punkt P
hindurchgeht, so sagen wir, daß OP mit der
positiven x-Achse den Winkel φ bildet.

Man wählt die positive Drehungsrichtung gewöhnlich so, daß
die positive y-Achse mit der positiven x-Achse den Winkel $\frac{\pi}{2}$ bildet.

Führt man nun in die Lemniskatengleichung Polarkoordinaten
ein, setzt man also $x = r \cos\varphi, \quad y = r \sin\varphi,$

so ergibt sich $\quad r^4 - 2r^2 c^2 (\cos^2\varphi - \sin^2\varphi) = 0$

oder[1)] $\quad r^2 - 2c^2 \cos 2\varphi = 0 \quad \text{oder} \quad r = a\sqrt{\cos 2\varphi}. \quad (a = c\sqrt{2})$

Wenn φ von 0 bis $\frac{\pi}{4}$ zunimmt, nehmen r und $x = r\cos\varphi$ von
a bis 0 ab. Dabei wird der Bogen $A P_0 O$ beschrieben.

Wir wollen die Länge s des Lemniskatenbogens $A P_0$ berechnen.
r_0, φ_0 seien die Polarkoordinaten und x_0, y_0 die cartesischen Koordinaten von P_0. Dann ist

$$s = \int\limits_{x_0}^{a} \sqrt{dx^2 + dy^2}.$$

Wenn man nun die neue Veränderliche φ einführt, so wird

$$dx = d(r \cos\varphi) = -r \sin\varphi \, d\varphi + \cos\varphi \, dr,$$

$$dy = d(r \sin\varphi) = r \cos\varphi \, d\varphi + \sin\varphi \, dr,$$

mithin $\qquad dx^2 + dy^2 = r^2 d\varphi^2 + dr^2$

---

1) Wir können den Faktor r^2 streichen, da auch die neue Gleichung
den Wert $r = 0$ liefert, nämlich für $\varphi = \frac{\pi}{4}$.

oder, da $\qquad r = a\sqrt{\cos 2\varphi}$ und $\quad dr = -\dfrac{a\sin 2\varphi}{\sqrt{\cos 2\varphi}}\,d\varphi \qquad$ ist,

$$dx^2 + dy^2 = \frac{a^2 d\varphi^2}{\cos 2\varphi},$$

also $\qquad\qquad \sqrt{dx^2 + dy^2} = -\dfrac{a\,d\varphi}{\sqrt{\cos 2\varphi}}.\,{}^1)$

Das Integral lautet jetzt

$$s = a\int_0^{\varphi_0} \frac{d\varphi}{\sqrt{\cos 2\varphi}} = a\int_0^{\varphi_0} \frac{d\varphi}{\sqrt{1 - 2\sin^2\varphi}}.$$

Da $\varphi_0 \leqq \dfrac{\pi}{4}$ ist, so wird

$$\sin\varphi \leqq \frac{1}{\sqrt{2}}, \quad \text{also} \quad \sqrt{2}\,\sin\varphi \leqq 1$$

sein. Wir können daher $\psi = \text{arc}\sin\left(\sqrt{2}\,\sin\varphi\right)$

setzen. Dann ist $\qquad\qquad d\psi = \dfrac{\sqrt{2}\,\cos\varphi\,d\varphi}{\sqrt{1 - 2\sin^2\varphi}}$

und $\qquad\quad \sin\varphi = \dfrac{1}{\sqrt{2}}\sin\psi, \quad \cos\varphi = \sqrt{1 - \tfrac{1}{2}\sin^2\psi},$

also $\qquad\qquad s = \dfrac{a}{\sqrt{2}}\int_0^{\psi_0} \dfrac{d\psi}{\sqrt{1 - \tfrac{1}{2}\sin^2\psi}} \qquad \left(\sin\psi_0 = \sqrt{2}\,\sin\varphi_0\right)$

Man pflegt $\qquad\qquad \displaystyle\int_0^{\psi_0} \dfrac{d\psi}{\sqrt{1 - k^2\sin^2\psi}} \qquad\qquad (k^2 < 1)$

mit $\qquad\qquad\qquad\qquad F(k, \psi_0)$

zu bezeichnen.${}^2)$ Danach ist

$$s = \frac{a}{\sqrt{2}}\,F\!\left(\frac{1}{\sqrt{2}}, \psi_0\right).$$

Zur Berechnung von $F(k, \psi_0)$ gibt es eine sehr schöne Methode von Gauß, die in folgendem besteht.

---

1) Da $dx > 0$, ist $d\varphi < 0$.

2) $F(k, \psi_0)$ ist ein elliptisches Integral. Man erkennt dies sofort, wenn man $\sin\psi = u$ als neue Veränderliche einführt.

Es sei das Integral

$$\int_0^{\psi_0} \frac{d\psi}{\sqrt{a^2\cos^2\psi + b^2\sin^2\psi}} \qquad\qquad (a > b > 0)$$

zu berechnen[1]), wobei $0 \leqq \psi_0 \leqq \dfrac{\pi}{2}$ ist.

Man führe eine neue Veränderliche φ ein, die mit ψ durch die Relation

$$\sin\psi = \frac{2a\sin\varphi}{a + b + (a-b)\sin^2\varphi} \qquad \text{verbunden ist.}[2])$$

Dann hat man

$$\cos\psi\, d\psi = a \cdot \frac{a + b - (a-b)\sin^2\varphi}{\{a + b + (a-b)\sin^2\varphi\}^2}\, 2\cos\varphi\, d\varphi,$$

$$\cos\psi = \frac{\sqrt{(a+b)^2 - (a-b)^2\sin^2\varphi}}{a + b + (a-b)\sin^2\varphi}\cos\varphi,$$

$$\sqrt{a^2\cos^2\psi + b^2\sin^2\psi} = a \cdot \frac{a + b - (a-b)\sin^2\varphi}{a + b + (a-b)\sin^2\varphi},$$

so daß

$$\frac{d\psi}{\sqrt{a^2\cos^2\psi + b^2\sin^2\psi}} = \frac{d\varphi}{\sqrt{\left(\dfrac{a+b}{2}\right)^2 - \left(\dfrac{a-b}{2}\right)^2\sin^2\varphi}}$$

$$= \frac{d\varphi}{\sqrt{\left(\dfrac{a+b}{2}\right)^2\cos^2\varphi + ab\sin^2\varphi}}$$

ist und

$$\int_0^{\psi_0}\frac{d\psi}{\sqrt{a^2\cos^2\psi + b^2\sin^2\psi}} = \int_0^{\varphi_0}\frac{d\varphi}{\sqrt{a_1{}^2\cos^2\varphi + b_1{}^2\sin^2\varphi}}$$

$$\left(a_1 = \frac{a+b}{2}, \quad b_1 = \sqrt{ab}\right).$$

Führt man eine neue Veränderliche χ ein, die mit φ durch die Relation

$$\sin\varphi = \frac{2a_1\sin\chi}{a_1 + b_1 + (a_1 - b_1)\sin^2\chi}$$

zusammenhängt, so wird

$$\int_0^{\varphi_0}\frac{d\varphi}{\sqrt{a_1{}^2\cos^2\varphi + b_1{}^2\sin^2\varphi}} = \int_0^{\chi_0}\frac{d\chi}{\sqrt{a_2{}^2\cos^2\chi + b_2{}^2\sin^2\chi}}$$

$$\left(a_2 = \frac{a_1 + b_1}{2}, \quad b_2 = \sqrt{a_1 b_1}\right) \quad \text{usw.}$$

---

1) Um $F(k, \psi_0)$ zu haben, muß man $a = 1$, $b = \sqrt{1 - k^2}$ setzen.

2) Wenn φ von 0 bis $\dfrac{\pi}{2}$ zunimmt, nimmt auch ψ von 0 bis $\dfrac{\pi}{2}$ zu.

Wenn $\alpha > \beta > 0$ ist, so hat man immer

$$\alpha > \frac{\alpha + \beta}{2} > \sqrt{\alpha\beta} > \beta.$$

Aus dieser Bemerkung können wir entnehmen, daß für $n = 1, 2, 3, \ldots$

$$a_{n-1} > a_n > b_n > b_{n-1}. \qquad (a_0 = a, \; b_0 = b)$$

Die Folgen $a, a_1, a_2, \ldots$ und $b, b_1, b_2, \ldots$ sind daher monoton und beschränkt. Es existiert also $\lim a_n$ und $\lim b_n$. Da

$$a_n = \frac{a_{n-1} + b_{n-1}}{2}$$

ist, so hat man

$$\lim a_n = \frac{1}{2}\left(\lim a_{n-1} + \lim b_{n-1}\right) = \frac{1}{2}\left(\lim a_n + \lim b_n\right), \quad \text{d. h.}$$
$$\lim a_n = \lim b_n.$$

Gauß nennt diesen gemeinsamen Grenzwert von a_n und b_n das arithmetisch-geometrische Mittel der beiden Zahlen a und b. Er bezeichnet es mit $\mu(a, b)$. Man hat für $n = 0, 1, 2, \ldots$

$$b_n < \mu(a, b) < a_n.$$

Nehmen wir an, daß man das obige Transformatiosverfahren bis zu dem Integral

$$\int_0^{\omega_0} \frac{d\omega}{\sqrt{a_n^2 \cos^2\omega + b_n^2 \sin^2\omega}}$$

fortgesetzt hat. Da offenbar[1])

$$\frac{\omega_0}{a_n} < \int_0^{\omega_0} \frac{d\omega}{\sqrt{a_n^2 \cos^2\omega + b_n^2 \sin^2\omega}} < \frac{\omega_0}{b_n}$$

ist, so ist auch $\quad \dfrac{\omega_0}{a_n} < \displaystyle\int_0^{\psi_0} \frac{d\psi}{\sqrt{a^2 \cos^2\psi + b^2 \sin^2\psi}} < \dfrac{\omega_0}{b_n}.$

Man überzeugt sich leicht, daß

$$\psi_0 \geqq \varphi_0 \geqq \chi_0 \geqq \cdots$$

ist. Die positiven Zahlen $\psi_0, \varphi_0, \chi_0, \ldots$ bilden also eine absteigende Folge. λ sei der Grenzwert dieser Folge. Dann haben die Folgen

$$\frac{\psi_0}{a}, \; \frac{\varphi_0}{a_1}, \; \frac{\chi_0}{a_2}, \; \ldots \quad \text{und} \quad \frac{\psi_0}{b}, \; \frac{\varphi_0}{b_1}, \; \frac{\chi_0}{b_2}, \; \ldots$$

---

1) Man bedenke, daß $b_n^2 < a_n^2 \cos^2\omega + b \sin^2\omega < a_n^2$.

beide den Grenzwert $\qquad \lambda : \mu(a, b)$.

Es ist also

$$\int_0^{\psi_0} \frac{d\psi}{\sqrt{a^2 \cos^2 \psi + b^2 \sin^2 \psi}} = \frac{\lambda}{\mu(a, b)}.$$

Im Falle $\psi_0 = \frac{\pi}{2}$ sind $\varphi_0, \chi_0, \ldots$ alle gleich $\frac{\pi}{2}$, mithin ist auch $\lambda = \frac{\pi}{2}$, und man hat

$$\int_0^{\frac{\pi}{2}} \frac{d\psi}{\sqrt{a^2 \cos^2 \psi + b^2 \sin^2 \psi}} = \frac{\pi}{2\mu(a, b)}.$$

§ 203. **Bogenlängen von Raumkurven.** $f(t)$, $g(t)$, $h(t)$ seien in $\langle \alpha, \beta \rangle$ differenzierbar. Die Ableitungen $f'(t)$, $g'(t)$, $h'(t)$ seien in $\langle \alpha, \beta \rangle$ integrierbar, und $[f'(t)]^2 + [g'(t)]^2 + [h'(t)]^2$ habe in $\langle \alpha, \beta \rangle$ eine positive untere Grenze.

Setzen wir $\qquad x = f(t), \quad y = g(t), \quad z = h(t)$

und betrachten wir x, y, z als rechtwinklige cartesische Koordinaten, so entspricht jedem Wert t aus $\langle \alpha, \beta \rangle$ ein Punkt im Raume. Den Inbegriff dieser Punkte nennen wir eine Raumkurve.

Wenn $\alpha < t_1 < \cdots < t_{p-1} < \beta$ ist und wir verbinden den Punkt

$$x = f(t_{\nu-1}), \quad y = g(t_{\nu-1}), \quad z = h(t_{\nu-1})$$

mit $\qquad x = f(t_\nu), y = g(t_\nu), z = h(t_\nu)$

$$(\nu = 1, 2, \ldots, p; \ t_0 = \alpha, t_p = \beta)$$

geradlinig, so entsteht ein der Kurve einbeschriebener Linienzug.

Die Länge dieses Linienzuges nennen wir $l(\mathfrak{Z})$, indem wir mit $\mathfrak{Z}$ die dabei benutzte Zerlegung des Intervalls $\langle \alpha, \beta \rangle$ bezeichnen.

Wir werden zeigen, daß $l(\mathfrak{Z})$ einem Grenzwert l zustrebt, wenn $\mathfrak{Z}$ irgend eine ausgezeichnete $\mathfrak{Z}$-Folge durchläuft. Diesen Grenzwert nennen wir die Bogenlänge der Kurve.[1])

---

1) **Man kann hier eine ähnliche Untersuchung durchführen wie die in § 198. Das überlassen wir dem Leser.**

Für $l(\mathfrak{Z})$ ergibt sich der Ausdruck

$$l(\mathfrak{Z}) = \sum_{\nu=1}^{p} \sqrt{\{f(t_\nu)-f(t_{\nu-1})\}^2 + \{g(t_\nu)-g(t_{\nu-1})\}^2 + \{h(t_\nu)-h(t_{\nu-1})\}^2}$$

oder unter Anwendung des Mittelwertsatzes

$$l(\mathfrak{Z}) = \sum (t_\nu - t_{\nu-1})\sqrt{[f'(\alpha_\nu)]^2 + [g'(\beta_\nu)]^2 + [h'(\gamma_\nu)]^2}.$$
$$(t_{\nu-1} < \alpha_\nu, \beta_\nu, \gamma_\nu < t_\nu)$$

Wir wollen jetzt mit $\quad a_\nu, b_\nu, c_\nu$ die unteren,

mit $\qquad\qquad A_\nu, B_\nu, C_\nu$ die oberen Grenzen

von $\qquad\qquad [f'(t)]^2, [g'(t)]^2, [h'(t)]^2$

in dem Intervall $\langle t_{\nu-1}, t_\nu \rangle$ bezeichnen. Dann ist

$$\sum (t_\nu - t_{\nu-1})\sqrt{a_\nu + b_\nu + c_\nu} \leqq l(\mathfrak{Z}) \leqq \sum (t_\nu - t_{\nu-1})\sqrt{A_\nu + B_\nu + C_\nu}.$$

Da $\qquad\qquad \sqrt{A_\nu + B_\nu + C_\nu} - \sqrt{a_\nu + b_\nu + c_\nu}$

$$= \frac{(A_\nu - a_\nu) + (B_\nu - b_\nu) + (C_\nu - c_\nu)}{\sqrt{a_\nu + b_\nu + c_\nu} + \sqrt{A_\nu + B_\nu + C_\nu}} \leqq \frac{(A_\nu - a_\nu) + (B_\nu - b_\nu) + (C_\nu - c_\nu)}{K}$$

ist, wenn wir mit K^2 die positive untere Grenze von $f'^2 + g'^2 + h'^2$ in $\langle \alpha, \beta \rangle$ bezeichnen, so kann die Differenz von

$$\sum (t_\nu - t_{\nu-1})\sqrt{A_\nu + B_\nu + C_\nu}, \quad \sum (t_\nu - t_{\nu-1})\sqrt{a_\nu + b_\nu + c_\nu}$$

nicht größer sein als

$$\frac{1}{K}\sum (t_\nu - t_{\nu-1})(A_\nu - a_\nu) + \frac{1}{K}\sum (t_\nu - t_{\nu-1})(B_\nu - b_\nu) +$$
$$+ \frac{1}{K}\sum (t_\nu - t_{\nu-1})(C_\nu - c_\nu).$$

Jeder der drei Bestandteile dieses Ausdrucks konvergiert aber nach Null, wenn $\mathfrak{Z}$ eine ausgezeichnete $\mathfrak{Z}$-Folge durchläuft.

τ_ν sei ein beliebiger Wert aus $\langle t_{\nu-1}, t_\nu \rangle$. Dann ist

$$\sum (t_\nu - t_{\nu-1})\sqrt{a_\nu + b_\nu + c_\nu}$$
$$\leqq \sum (t_\nu - t_{\nu-1})\sqrt{[f'(\tau_\nu)]^2 + [g'(\tau_\nu)]^2 + [h'(\tau_\nu)]^2}$$
$$\leqq \sum (t_\nu - t_{\nu-1})\sqrt{A_\nu + B_\nu + C_\nu}.$$

Aus diesen Ungleichungen können wir die Integrierbarkeit von $\sqrt{f'^2 + g'^2 + h'^2}$ folgern. Ist nämlich $\mathfrak{m}_\nu$ die untere, $\mathfrak{M}_\nu$ die obere

Grenze und $\mathfrak{F}_\nu$ die Schwankung dieser Funktion in $\langle t_{\nu-1}, t_\nu\rangle$, so hat man

$$\sum(t_\nu - t_{\nu-1})\sqrt{a_\nu + b_\nu + c_\nu} \leq \sum(t_\nu - t_{\nu-1})\mathfrak{m}_\nu$$
$$\leq \sum(t_\nu - t_{\nu-1})\mathfrak{M}_\nu \leq \sum(t_\nu - t_{\nu-1})\sqrt{A_\nu + B_\nu + C_\nu},$$

also

$$\sum(t_\nu - t_{\nu-1})\mathfrak{F}_\nu \leq \frac{1}{K}\sum(t_\nu - t_{\nu-1})(A_\nu - a_\nu) + \frac{1}{K}\sum(t_\nu - t_{\nu-1})(B_\nu - b_\nu)$$
$$+ \frac{1}{K}\sum(t_\nu - t_{\nu-1})(C_\nu - c_\nu)$$

und
$$\lim \sum(t_\nu - t_{\nu-1})\mathfrak{F}_\nu = 0,$$

wenn $\mathfrak{Z}$ eine **ausgezeichnete** $\mathfrak{Z}$-Folge durchläuft.

Jetzt sind wir sicher, daß

$$\lim \sum(t_\nu - t_{\nu-1})\sqrt{a_\nu + b_\nu + c_\nu} = \lim \sum(t_\nu - t_{\nu-1})\sqrt{A_\nu + B_\nu + C_\nu}$$
$$= \int_\alpha^\beta \sqrt{[f'(t)]^2 + [g'(t)]^2 + [h'(t)]^2}\, dt$$

ist, folglich auch

$$l = \lim l(\mathfrak{Z}) = \int_\alpha^\beta \sqrt{[f'(t)]^2 + [g'(t)]^2 + [h'(t)]^2}\, dt.$$

Bedenkt man, daß

$$dx = f'(t)\, dt, \quad dy = g'(t)\, dt, \quad dz = h'(t)\, dt$$

ist, so kann man auch schreiben

$$l = \int_\alpha^\beta \sqrt{dx^2 + dy^2 + dz^2}.$$

Sind f', g', h' in $\langle\alpha, \beta\rangle$ stetig, so hat der Bogen

$$\int_\alpha^t \sqrt{dx^2 + dy^2 + dz^2} \qquad\qquad (\alpha \leq t \leq \beta)$$

das Differential $\qquad\qquad \sqrt{dx^2 + dy^2 + dz^2}.$

Man nennt diesen Ausdruck daher das **Bogendifferential**.

§ 204. **Beispiel.** Durch die Gleichungen

$$x = a \cos t, \quad y = a \sin t, \quad z = bt$$

wird eine gewöhnliche Schraubenlinie dargestellt.

Hier ist $\quad dx = -a\sin t\,dt, \quad dy = a\cos t\,dt, \quad dz = b\,dt,$

also das Bogendifferential gleich

$$\sqrt{a^2 + b^2}\,dt$$

und die Länge eines Bogens

$$\int_{t_0}^{t_1} \sqrt{a^2 + b^2}\,dt = (t_1 - t_0)\sqrt{a^2 + b^2}.$$

Kapitel XVIII.

Doppelintegrale und Kurvenintegrale.

§ 205. Definition des Doppelintegrals in einem speziellen Fall. In dem Rechteck[1])

$$a \leqq x \leqq b, \quad c \leqq y \leqq d$$

sei eine Funktion $f(x, y)$ definiert. Wir zerlegen $\langle a, b\rangle$ in die Teilintervalle

$$\langle x_{\mu-1}, x_\mu\rangle \qquad (\mu = 1, 2, \ldots, p;\ x_0 = a,\ x_p = b)$$

und $\langle c, d\rangle$ in die Teilintervalle

$$\langle y_{\nu-1}, y_\nu\rangle. \qquad (\nu = 1, 2, \ldots, q;\ y_0 = c,\ y_q = d)$$

Dadurch entsteht eine Zerlegung β des Rechtecks $\langle a, b; c, d\rangle$ in die pq Teilrechtecke

$$\langle x_{\mu-1}, x_\mu; y_{\nu-1}, y_\nu\rangle \qquad (x_{\mu-1} < x_\mu,\ y_{\nu-1} < y_\nu).$$

$f_{\mu\nu}$ sei irgend ein Wert, den $f(x, y)$ in $\langle x_{\mu-1}, x_\mu; y_{\nu-1}, y_\nu\rangle$ annimmt.

Wir wollen den Ausdruck

$$\sum (x_\mu - x_{\mu-1})(y_\nu - y_{\nu-1}) f_{\mu\nu} = \mathfrak{S}(\beta) \qquad \text{betrachten.}$$

Es kann sein, daß er immer einem Grenzwert zustrebt, wenn β eine ausgezeichnete β-Folge[2]) durchläuft. Dann sagen wir, daß $f(x, y)$ in $\langle a, b; c, d\rangle$ integrierbar ist und nennen den Grenzwert[3]) von

---

1) x, y betrachten wir als rechtwinklige Koordinaten.

2) $\beta_1, \beta_2, \beta_3, \ldots$ heißt eine ausgezeichnete β-Folge, wenn $\lim \delta_n = 0$ ist. δ_n ist dabei die Maximallänge der Diagonalen oder kurz die Maximaldiagonale der Teilrechtecke von β_n.

3) Wenn $\beta_1, \beta_2, \beta_3, \ldots$ und $\overline{\beta}_1, \overline{\beta}_2, \overline{\beta}_3, \ldots$ ausgezeichnete β-Folgen sind, so ist auch $\beta_1, \overline{\beta}_1, \beta_2, \overline{\beta}_2, \ldots$ eine solche. Daraus folgt, daß der oben genannte Grenzwert stets derselbe ist.

$\sum (x_\mu - x_{\mu-1})(y_\nu - y_{\nu-1}) f_{\mu\nu}$ das **Integral** von $f(x, y)$, erstreckt über das Rechteck $\langle a, b; c, d \rangle$. Man bezeichnet dieses Integral mit

$$\iint f(x, y)\, dx\, dy,$$

wobei noch hinzugefügt werden muß, daß $\langle a, b; c, d \rangle$ das Integrationsgebiet ist.

§ 206. Monotone Folgen mit dem Grenzwert

$$\iint f(x, y)\, dx\, dy.$$

Wenn das über $\langle a, b; c, d \rangle$ erstreckte Integral J von $f(x, y)$ existiert, so gilt folgender Satz.

Jedem positiven ε läßt sich ein positives δ entgegenstellen, so daß

$$\left| J - \sum (x_\mu - x_{\mu-1})(y_\nu - y_{\nu-1}) f_{\mu\nu} \right| < \varepsilon$$

ist, sobald $\quad \sqrt{(x_\mu - x_{\mu-1})^2 + (y_\nu - y_{\nu-1})^2} < \delta,$

$$(\mu = 1, 2, \ldots, p;\ \nu = 1, 2, \ldots, q)$$

sobald also die Diagonalen aller Teilrechtecke kleiner als δ sind.

Bildete $\varepsilon = \varepsilon_0$ eine Ausnahme von dem Satze, so gäbe es, wenn wir $\delta = 1/n$ $(n = 1, 2, 3, \ldots)$ setzen, einen Ausdruck $\mathfrak{S}(\mathfrak{Z}_n)$, der von J wenigstens um ε_0 abweicht, während die Diagonalen aller Teilrechtecke kleiner als $1/n$ sind. $\mathfrak{Z}_1, \mathfrak{Z}_2, \mathfrak{Z}_3, \ldots$ wäre also eine ausgezeichnete $\mathfrak{Z}$ Folge, und doch hätte man nicht

$$\lim \mathfrak{S}(\mathfrak{Z}_n) = J.$$

Wir können jetzt schließen, daß $f(x, y)$ in $\langle a, b; c, d \rangle$ beschränkt ist. Da unter der Bedingung $(x_\mu - x_{\mu-1})^2 + (y_\nu - y_{\nu-1})^2 < \delta^2$

$$(x_1 - x_0)(y_1 - y_0)|f_{11}| < |J| + \sum{}'(x_\mu - x_{\mu-1})(y_\nu - y_{\nu-1})|f_{\mu\nu}| + \varepsilon$$

ist[1]), so folgt, wenn wir alle $f_{\mu\nu}$ außer f_{11} festhalten, daß f_{11} zwischen zwei festen Zahlen liegt, daß also $f(x, y)$ in $\langle x_0, x_1; y_0, y_1 \rangle$ beschränkt ist. Ebenso ergibt sich, daß $f(x, y)$ in jedem andern Rechteck $\langle x_{\mu-1}, x_\mu; y_{\nu-1}, y_\nu \rangle$ beschränkt ist.

---

1) Der Strich an dem Σ-Zeichen bedeutet, daß ein Glied der Summe fehlt. Hier ist es das Glied $(x_1 - x_0)(y_1 - y_0)|f_{11}|$.

$\mathfrak{m}_{\mu\nu}$ sei die untere, $\mathfrak{M}_{\mu\nu}$ die obere Grenze von $f(x,y)$ in $\langle x_{\mu-1}, x_\mu;$ $y_{\nu-1}, y_\nu\rangle$. Dann ist

$$\sum (x_\mu - x_{\mu-1})(y_\nu - y_{\nu-1})\,\mathfrak{m}_{\mu\nu} \text{ die untere,}$$

$$\sum (x_\mu - x_{\mu-1})(y_\nu - y_{\nu-1})\,\mathfrak{M}_{\mu\nu} \text{ die obere}$$

Grenze der Ausdrücke $\mathfrak{S}(\mathfrak{Z})$ bei festgehaltenem $\mathfrak{Z}$. Da nun unter der Bedingung $(x_\mu - x_{\mu-1})^2 + (y_\nu - y_{\nu-1})^2 < \delta^2$

$$|J - \mathfrak{S}(\mathfrak{Z})| < \varepsilon$$

ist, so werden die Ausdrücke

$$s(\mathfrak{Z}) = \sum (x_\mu - x_{\mu-1})(y_\nu - y_{\nu-1})\,\mathfrak{m}_{\mu\nu},$$

$$S(\mathfrak{Z}) = \sum (x_\mu - x_{\mu-1})(y_\nu - y_{\nu-1})\,\mathfrak{M}_{\mu\nu}$$

von J höchstens um ε abweichen.

Nun sei $\mathfrak{Z}_1, \mathfrak{Z}_2, \mathfrak{Z}_3, \ldots$ eine ausgezeichnete $\mathfrak{Z}$-Folge. Dann erfüllen fast alle $\mathfrak{Z}_n$ die Bedingung $(x_\mu - x_{\mu-1})^2 + (y_\nu - y_{\nu-1})^2 < \delta^2$. Daher werden fast alle $s(\mathfrak{Z}_n)$, $S(\mathfrak{Z}_n)$ von J höchstens um ε differieren. Das bedeutet aber

$$\lim s(\mathfrak{Z}_n) = J, \quad \lim S(\mathfrak{Z}_n) = J.$$

Ist $\mathfrak{Z}_1, \mathfrak{Z}_2, \mathfrak{Z}_3, \ldots$ eine ausgezeichnete $\mathfrak{Z}$-Kette, entsteht also jedes $\mathfrak{Z}_{n+1}$ aus $\mathfrak{Z}_n$ durch Hinzufügen neuer Teilungslinien, so ist

$$s(\mathfrak{Z}_1), \ s(\mathfrak{Z}_2), \ s(\mathfrak{Z}_3), \ldots \text{ eine aufsteigende,}$$

$$S(\mathfrak{Z}_1), \ S(\mathfrak{Z}_2), \ S(\mathfrak{Z}_3), \ldots \text{ eine absteigende}$$

Folge mit dem Grenzwert J. Man kann mit jedem $\mathfrak{Z}$ eine ausgezeichnete $\mathfrak{Z}$-Kette beginnen. Daher ist

$$s(\mathfrak{Z}) \leqq \iint f(x,y)\,dx\,dy \leqq S(\mathfrak{Z}).$$

Insbesondere hat man

$$(b-a)(d-c)\,\mathfrak{m} \leqq \iint f(x,y)\,dx\,dy \leqq (b-a)(d-c)\,\mathfrak{M}.$$

Dabei bedeutet $\mathfrak{m}$ die untere, $\mathfrak{M}$ die obere Grenze von $f(x,y)$ in $\langle a, b; c, d\rangle$.

§ 207. **Oberes und unteres Integral einer beschränkten Funktion.** Wenn $f(x,y)$ in $\langle a, b; c, d\rangle$ beschränkt ist, so haben die Ausdrücke $s(\mathfrak{Z})$ und $S(\mathfrak{Z})$ einen Sinn.

Durchläuft $\mathfrak{Z}$ eine ausgezeichnete $\mathfrak{Z}$-Kette, so konvergiert $s(\mathfrak{Z})$ aufsteigend nach einem Grenzwert s und $S(\mathfrak{Z})$ absteigend nach einem Grenzwert S ($\geq s$). Man schreibt

$$s = \underline{\iint} f(x, y)\, dx\, dy$$

und $\qquad S = \overline{\iint} f(x, y)\, dx\, dy \qquad$ (erstreckt über $\langle a, b;\, c, d\rangle$)

und nennt s das untere und S das obere Integral von $f(x, y)$ in $\langle a, b;\, c, d\rangle$.

Man kann beweisen, daß $s(\mathfrak{Z})$ und $S(\mathfrak{Z})$ auch dann nach s bzw. S konvergieren, wenn $\mathfrak{Z}$ irgend eine ausgezeichnete $\mathfrak{Z}$-Folge durchläuft.

Hat man zwei Zerlegungen $\mathfrak{Z}$ und $\overline{\mathfrak{Z}}$ von $\langle a, b;\, c, d\rangle$, so zerfallen die Teilrechtecke von $\mathfrak{Z}$ in zwei Klassen:

1. solche, die in einem Teilrechteck von $\overline{\mathfrak{Z}}$ enthalten sind,
2. solche, die diese Eigenschaft nicht haben.

Die Glieder $(x_\mu - x_{\mu-1})(y_\nu - y_{\nu-1})\mathfrak{M}_{\mu\nu}$ von $S(\mathfrak{Z})$ nennen wir Glieder erster oder zweiter Klasse, je nachdem das Teilrechteck $\langle x_{\mu-1}, x_\mu;\, y_{\nu-1}, y_\nu\rangle$ zur ersten oder zweiten Klasse gehört.

Die Teilrechtecke zweiter Klasse geben eine Summe, die kleiner als

$$\{(\overline{p} - 1)(d - c) + (\overline{q} - 1)(b - a)\}\delta = \overline{k}\delta$$

ist.[1]) In jedem Glied zweiter Klasse in $S(\mathfrak{Z})$ wollen wir $\mathfrak{M}_{\mu\nu}$ durch $\mathfrak{m}_{\mu\nu}$ ersetzen. Dann wird das so modifizierte $S(\mathfrak{Z})$ kleiner als $S(\overline{\mathfrak{Z}})$ sein. Die vorgenommene Verkleinerung ist aber nicht größer als $\overline{k}\delta(\mathfrak{M} - \mathfrak{m})$.

Wir haben also $\quad S(\mathfrak{Z}) \leq S(\overline{\mathfrak{Z}}) + \overline{k}\delta(\mathfrak{M} - \mathfrak{m})$.
Aus demselben Grunde ist aber

$$S(\overline{\mathfrak{Z}}) \leq S(\mathfrak{Z}) + k\overline{\delta}(\mathfrak{M} - \mathfrak{m}),$$

wobei $\qquad k = (p - 1)(d - c) + (q - 1)(b - a) \qquad$ sein soll.

Jetzt wollen wir unter $\overline{\mathfrak{Z}}_1, \overline{\mathfrak{Z}}_2, \overline{\mathfrak{Z}}_3, \ldots$ eine ausgezeichnete $\mathfrak{Z}$-Folge und unter $\mathfrak{Z}_1, \mathfrak{Z}_2, \mathfrak{Z}_3, \ldots$ eine ausgezeichnete $\mathfrak{Z}$-Kette verstehen.

---

1) $\overline{p}, \overline{q}$ haben für $\overline{\mathfrak{Z}}$ dieselbe Bedeutung wie p, q für $\mathfrak{Z}$. δ ist die Maximaldiagonale der Teilrechtecke von $\mathfrak{Z}$. $\overline{\delta}$ hat dieselbe Bedeutung für $\overline{\mathfrak{Z}}$.

Die Folge $S(\mathfrak{Z}_1)$, $S(\overline{\mathfrak{Z}}_2)$, $S(\overline{\mathfrak{Z}}_3)$, ... ist beschränkt, weil immer

$$(b-a)(d-c)\,\mathfrak{m} \leqq S(\overline{\mathfrak{Z}}_n) \leqq (b-a)(d-c)\,\mathfrak{M}.$$

$S(\mathfrak{Z}_1')$, $S(\mathfrak{Z}_2')$, $S(\mathfrak{Z}_3')$, ... sei eine konvergente Teilfolge von ihr mit dem Grenzwert S'. Dann ist also

$$\lim S(\mathfrak{Z}_n) = S \quad \text{und} \quad \lim S(\mathfrak{Z}_m') = S'.$$

Wenden wir auf $S(\mathfrak{Z}_n)$ und $S(\mathfrak{Z}_m')$ die oben für $S(\mathfrak{Z})$ und $S(\mathfrak{Z})$ aufgestellten Ungleichungen an, so erhalten wir

$$S(\mathfrak{Z}_m') \leqq S(\mathfrak{Z}_n) + k_n\,\delta_m'(\mathfrak{M} - \mathfrak{m}),$$
$$S(\mathfrak{Z}_n) \leqq S(\mathfrak{Z}_m') + k_m'\,\delta_n(\mathfrak{M} - \mathfrak{m}).$$

Halten wir n fest und lassen m die Folge $1, 2, 3, \ldots$ durchlaufen, so liefert die erste Ungleichung

$$S' \leqq S(\mathfrak{Z}_n).$$

Halten wir dagegen m fest und lassen n die Folge $1, 2, 3, \ldots$ durchlaufen, so liefert die zweite Ungleichung

$$S \leqq S(\mathfrak{Z}_m').$$

Lassen wir in diesen neuen Ungleichungen m und n beide die Folge $1, 2, 3, \ldots$ durchlaufen, so ergibt sich

$$S' \leqq S \quad \text{und} \quad S \leqq S', \quad \text{d. h.} \quad S' = S.$$

Damit ist bewiesen, daß die beschränkte Folge $S(\overline{\mathfrak{Z}}_1)$, $S(\mathfrak{Z}_2)$, $S(\overline{\mathfrak{Z}}_3)$, ... nur einen Häufungswert, nämlich S, hat. Das bedeutet aber

$$\lim S(\mathfrak{Z}_n) = S.$$

Wendet man die obigen Betrachtungen auf die Funktion $-f(x)$ an, so ist für S zu setzen $-s$ und für $S(\overline{\mathfrak{Z}}_n)$ zu setzen $-s(\overline{\mathfrak{Z}}_n)$. Die obige Gleichung liefert dann

$$\lim s(\overline{\mathfrak{Z}}_n) = s.$$

§ 208. Integrabilitätskriterium. $f(x, y)$ ist in $\langle a, b; c, d\rangle$ dann und nur dann integrierbar, wenn $f(x, y)$ in $\langle a, b; c, d\rangle$ beschränkt und das obere gleich dem unteren Integral ist. Die zweite Bedingung läßt sich noch etwas anders ausdrücken. Man bezeichnet $\mathfrak{M} - \mathfrak{m}$ als die **Schwankung** von $f(x, y)$ in $\langle a, b; c, d\rangle$ und entsprechend $\mathfrak{M}_{\mu\nu} - \mathfrak{m}_{\mu\nu} = \sigma_{\mu\nu}$ als die Schwankung von $f(x,y)$ in $\langle x_{\mu-1}$

$x_\mu; y_{\nu-1}, y_\nu\rangle$.

$$\sigma(\mathfrak{Z}) = \frac{S(\mathfrak{Z}) - s(\mathfrak{Z})}{(b-a)(d-c)} = \frac{\sum (x_\mu - x_{\mu-1})(y_\nu - y_{\nu-1})\sigma_{\mu\nu}}{(b-a)(d-c)}$$

heißt die mittlere Schwankung von $f(x,y)$ in den Teilrechtecken von $\mathfrak{Z}$. Läßt man $\mathfrak{Z}$ eine ausgezeichnete $\mathfrak{Z}$-Folge durchlaufen, so konvergiert $\sigma(\mathfrak{Z})$ nach dem Grenzwert

$$\frac{S-s}{(b-a)(d-c)}.$$

Dieser Grenzwert heißt die mittlere Schwankung von $f(x,y)$ in $\langle a, b; c, d\rangle$.

Die Funktion $f(x,y)$ ist also in $\langle a, b; c, d\rangle$ integrierbar, wenn sie beschränkt ist und die mittlere Schwankung Null hat.

Die mittlere Schwankung ist null, wenn sich jedem positiven ε eine Zerlegung $\mathfrak{Z}$ entgegenstellen läßt, so daß

$$\sigma(\mathfrak{Z}) < \varepsilon \quad \text{ist.}$$

Der Fehler, mit welchem

$$\mathfrak{S}(\mathfrak{Z}) = \sum (x_\mu - x_{\mu-1})(y_\nu - y_{\nu-1}) f_{\mu\nu}$$

das über $\langle a, b; c, d\rangle$ erstreckte Integral von $f(x,y)$ darstellt, ist höchstens gleich $\qquad (b-a)(d-c)\,\sigma(\mathfrak{Z})$.

§ 209. **Die Integrale**

$$\iint (f+g)\,dx\,dy, \quad \iint fg\,dx\,dy, \quad \iint \frac{1}{f}\,dx\,dy, \quad \iint |f|\,dx\,dy.$$

Wenn f und g in $\langle a, b; c, d\rangle$ integrierbar sind, so gilt dasselbe von $f+g$, fg, $|f|$ und $|g|$.

Wenn f in $\langle a, b; c, d\rangle$ integrierbar ist und $|f|$ eine positive untere Grenze hat, so ist auch $1 : f$ in $\langle a, b; c, d\rangle$ integrierbar.[1])

§ 210. **Zerlegungsformel.** Wenn $f(x,y)$ in dem Rechteck $\mathfrak{R}$ integrierbar ist und man zerlegt $\mathfrak{R}$ durch Parallelen zu den Achsen in p Teilrechtecke $\qquad \mathfrak{R}_1, \mathfrak{R}_2, \ldots, \mathfrak{R}_p,$

so ist $f(x,y)$ in jedem dieser Teilrechtecke integrierbar.

---

1) Beweis ähnlich wie in § 152 f. Man muß benutzen, daß $\sigma = \mathfrak{M} - \mathfrak{m}$ die obere Grenze von $f(x,y) - f(\overline{x}, \overline{y})$ ist, wenn (x,y), $(\overline{x}, \overline{y})$ Punkte in $\langle a, b; c, d\rangle$ sind.

Umgekehrt folgt, wenn die Funktion $f(x, y)$ in jedem der Teil-rechtecke integrierbar ist, daß sie auch in $\Re$ integrierbar ist. Das ergibt sich alles sofort aus dem Kriterium in § 208.

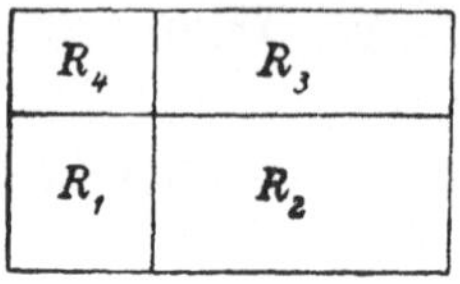

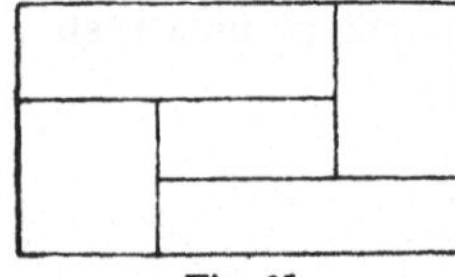

Fig. 24.

Betrachtet man eine $\mathfrak{Z}$-Kette, deren erstes Glied die Zerlegung von $\Re$ in $\Re_1, \Re_2, \ldots, \Re_p$ ist, so erkennt man, daß

$$\iint\limits_{\Re} f\, dx\, dy = \iint\limits_{\Re_1} f\, dx\, dy + \iint\limits_{\Re_2} f\, dx\, dy + \cdots + \iint\limits_{\Re_p} f\, dx\, dy$$

ist. Dabei bedeutet
$$\iint\limits_{\Re} f\, dx\, dy$$

das über $\Re$ erstreckte Integral von $f(x, y)$. Die Integrale rechts haben eine ähnliche Bedeutung.

Fig. 25.

Die obige Zerlegungsformel gilt auch dann noch, wenn $\Re$ auf irgend eine andre Art in Rechtecke zerlegt ist, deren Seiten parallel zu den Achsen sind (vgl. Fig. 25). Durch Verlänge-rung dieser Seiten erhält man nämlich sofort eine Zerlegung, wie wir sie oben betrachteten.

§ 211. **Beispiele integrierbarer Funktionen.** 1. $\varphi(x)$ $= f(x, y_0)$ sei, wenn y_0 irgendein fester Wert aus $\langle c, d\rangle$ ist, in $\langle a, b\rangle$ absteigend ($a < b$, $c < d$). Ebenso sei $\psi(y) = f(x_0, y)$, wenn x_0 irgend ein fester Wert aus $\langle a, b\rangle$ ist, in $\langle c, d\rangle$ absteigend. Wir wollen zeigen, daß dann $f(x, y)$ in $\langle a, b; c, d\rangle$ integrierbar ist.

Die erste Bedingung für die Integrierbarkeit ist erfüllt. $f(x, y)$ ist in $\langle a, b; c, d\rangle$ beschränkt. Der größte Wert ist $f(a, c)$, der kleinste $f(b, d)$.

Nehmen wir eine Zerlegung $\mathfrak{Z}$ des Rechtecks $\langle a, b; c, d\rangle$ in p^2 gleiche Teilrechtecke vor, so ist die mittlere Schwankung $\sigma(\mathfrak{Z})$ in diesen Teilrechtecken gleich

$$\frac{1}{p^2} \sum \{f(x_{\mu-1}, y_{\nu-1}) - f(x_\mu, y_\nu)\}.$$

Es heben sich hier alle Glieder fort, in denen beide Indizes größer als Null und kleiner als p sind. Es bleiben nur die $2p - 1$ Glieder

$$f(x_0, y_0),\ f(x_0, y_1),\ \ldots,\ f(x_0, y_{p-1}),$$
$$f(x_1, y_0),\ \ldots,\ f(x_{p-1}, y_0)$$

und die $2p - 1$ Glieder

$$-f(x_p, y_1),\ \ldots,\ -f(x_p, y_{p-1}),\ -f(x_p, y_p),$$
$$-f(x_1, y_p),\ \ldots,\ -f(x_{p-1}, y_p)$$

übrig. Die erste Gruppe von Gliedern hat eine Summe, die kleiner gleich

$$(2p - 1)f(a, c)$$

ist, während die Summe der zweiten Gruppe kleiner gleich

$$-(2p - 1)f(b, d)$$

ist. Man hat also

$$\sigma(\mathfrak{Z}) \leqq \frac{2p - 1}{p^2}\{f(a, c) - f(b, d)\},$$

also
$$\lim \sigma(\mathfrak{Z}) = 0.$$

2. Wenn die Funktion $f(x, y)$ in $\langle a, b;\ c, d\rangle$ stetig ist, so ist sie in $\langle a, b;\ c, d\rangle$ integrierbar.

Aus § 117 wissen wir, daß $f(x, y)$ beschränkt ist. Es kommt also nur darauf an, zu zeigen, daß die mittlere Schwankung gleich Null ist.

Diese Frage wird durch den Satz von der gleichmäßigen Stetigkeit erledigt:

Wenn $f(x, y)$ in dem Rechteck $\mathfrak{R}$ stetig ist, so läßt sich jedem positiven ε eine Zerlegung von $\mathfrak{R}$ in eine endliche Anzahl von Teilrechtecken entgegenstellen derart, daß in jedem Teilrecteck die Schwankung von $f(x, y)$ kleiner als ε ist.

Angenommen, $\varepsilon_0\ (> 0)$ machte eine Ausnahme. Zerlegt man $\mathfrak{R}$ durch Parallelen zu den Achsen in p^2 gleiche Teilrechtecke, so müßte in einem dieser Teilrechtecke die Schwankung größer gleich ε_0 sein. Ist $f(x_p, y_p)$ der größte, $f(x_p', y_p')$ der kleinste Funktionswert in dem betreffenden Teilrecteck, so hätte man

$$f(x_p, y_p) - f(x_p', y_p') \geqq \varepsilon_0.$$

$\bar{x}_1,\ \bar{x}_2,\ \bar{x}_3,\ \ldots$ sei eine konvergente Teilfolge von $x_1,\ x_2,\ x_3,\ \ldots$ und $\bar{y}_1,\ \bar{y}_2,\ \bar{y}_3,\ \ldots$ die entsprechende Teilfolge von $y_1,\ y_2,\ y_3,\ \ldots$. Ist

$\mathfrak{y}_1, \mathfrak{y}_2, \mathfrak{y}_3, \ldots$ eine konvergente Teilfolge von $\bar{y}_1, \bar{y}_2, \bar{y}_3, \ldots$, so ist auch $\mathfrak{x}_1, \mathfrak{x}_2, \mathfrak{x}_3, \ldots$, die entsprechende Teilfolge von $\bar{x}_1, \bar{x}_2, \bar{x}_3, \ldots$, konvergent. Es sei nun

$$\lim \mathfrak{x}_p = \mathfrak{x} \quad \text{und} \quad \lim \mathfrak{y}_p = \mathfrak{y}.$$

Dann ist offenbar auch[1])

$$\lim \mathfrak{x}_p{}' = \mathfrak{x} \quad \text{und} \quad \lim \mathfrak{y}_p{}' = \mathfrak{y};$$

denn man hat $|x_p{}' - x_p| \leqq \dfrac{b-a}{p}, \quad |y_p{}' - y_p| \leqq \dfrac{d-c}{p}$

und um so mehr $|\mathfrak{x}_p{}' - \mathfrak{x}_p| \leqq \dfrac{b-a}{p}, \quad |\mathfrak{y}_p{}' - \mathfrak{y}_p| \leqq \dfrac{d-c}{p}.$

Aus $\lim \mathfrak{x}_p = \mathfrak{x}$, $\lim \mathfrak{y}_p = \mathfrak{y}$ folgt aber wegen der Stetigkeit von $f(x, y)$

$$\lim f(\mathfrak{x}_p, \mathfrak{y}_p) = f(\mathfrak{x}, \mathfrak{y})$$

und aus $\lim \mathfrak{x}_p{}' = \mathfrak{x}$, $\lim \mathfrak{y}_p{}' = \mathfrak{y}$ folgt ebenso

$$\lim f(\mathfrak{x}_p{}', \mathfrak{y}_p{}') = f(\mathfrak{x}, \mathfrak{y}).$$

Demnach ist $\quad\quad \lim \{f(\mathfrak{x}_p, \mathfrak{y}_p) - f(\mathfrak{x}_p{}', \mathfrak{y}_p{}')\} = 0,$

während andererseits $f(\mathfrak{x}_p, \mathfrak{y}_p) - f(\mathfrak{x}_p{}', \mathfrak{y}_p{}') \geqq \varepsilon_0$ sein soll.

Nachdem der Satz von der gleichmäßigen Stetigkeit bewiesen ist, weiß man, daß es immer eine Zerlegung $\mathfrak{Z}$ gibt, für welche

$$\sigma(\mathfrak{Z}) < \varepsilon$$

ist $(\varepsilon > 0)$. So lautete aber gerade die zweite Bedingung für die Integrierbarkeit.

3. Wenn die Funktion $f(x, y)$ in $\langle a, b; c, d \rangle$ beschränkt und mit Ausnahme von k Stellen überall stetig ist, so ist sie in $\langle a, b; c, d \rangle$ integrierbar.

Man zerlege $\langle a, b; c, d \rangle$ zuerst in p^2 gleiche Teilrechtecke. Höchstens $4k$ Teilrechtecke werden dann einen Unstetigkeitspunkt enthalten. Wir wollen ihren Inbegriff mit $\mathfrak{U}$ bezeichnen. Durch Hinzufügen neuer Teilungslinien kann man erreichen, daß in jedem Teil-

---

1) Der Teilfolge $\mathfrak{x}_1, \mathfrak{x}_2, \mathfrak{x}_3, \ldots$ von $x_1, x_2, x_3, \ldots$ sollen in $x_1{}', x_2{}', x_3{}', \ldots$ und $y_1{}', y_2{}', y_3{}', \ldots$ die Teilfolgen $\mathfrak{x}_1{}', \mathfrak{x}_2{}', \mathfrak{x}_3{}', \ldots$ und $\mathfrak{y}_1{}', \mathfrak{y}_2{}', \mathfrak{y}_3{}', \ldots$ entsprechen.

rechteck außerhalb $\mathfrak{U}$ die Schwankung kleiner als $\frac{\varepsilon}{2}$ wird. Für die neue Zerlegung wird dann

$$\sigma(\mathfrak{Z}) < \frac{4\,k\,\dfrac{(b-a)\,(d-c)}{p^2}\,(\mathfrak{M}-\mathfrak{m}) + \tfrac{1}{2}(b-a)\,(d-c)\,\varepsilon}{(b-a)\,(d-c)},$$

wobei $\mathfrak{m}$ die untere und $\mathfrak{M}$ die obere Grenze von $f(x, y)$ in $\langle a, b; c, d\rangle$ bedeutet. Hat man p von vornherein so gewählt, daß

$$\frac{4\,k}{p^2}(\mathfrak{M}-\mathfrak{m}) < \frac{\varepsilon}{2}$$

ist, so wird $\qquad\qquad \sigma(\mathfrak{Z}) < \varepsilon \qquad$ sein.

Es können auch unendlich viele Unstetigkeitsstellen da sein, wenn nur $f(x, y)$ beschränkt ist und sich $\mathfrak{Z}$ immer so wählen läßt, daß die Summe der Teilrechtecke, die eine Unstetigkeitsstelle enthalten, kleiner als δ wird. δ bedeutet dabei eine beliebig vorgelegte positive Zahl.[1]

§ 212. **Bestimmtes und unbestimmtes Integral.** $f(x, y)$ sei in $\langle a, b; c, d\rangle$ integrierbar. $F(x, y)$ habe in $\langle a, b; c, d\rangle$ überall die Ableitungen F'_x und F''_{xy}. Endlich sei

$$F''_{xy} = f(x, y).$$

Eine solche Funktion wollen wir ein Integral von $f(x, y)$ in $\langle a, b; c, d\rangle$ nennen. Wenn $F(x, y)$ ein Integral ist, so ist auch

$$F(x, y) + \varphi(x) + \psi(y) \qquad \text{ein solches.}[2]$$

Wir wollen $\langle a, b; c, d\rangle$ durch Parallelen zu den Achsen in die Teilrechtecke $\langle x_{\mu-1}, x_\mu; y_{\nu-1}, y_\nu\rangle$ zerlegen. Dann läßt sich

$$F(x_{\mu-1}, y_{\nu-1}) - F(x_\mu, y_{\nu-1}) - F(x_{\mu-1}, y_\nu) + F(x_\mu, y_\nu)$$

in der Form schreiben

$$\Phi(x_\mu) - \Phi(x_{\mu-1}).$$

Dabei ist $\qquad \Phi(x) = F(x, y_\nu) - F(x, y_{\nu-1}) \qquad$ gesetzt.

Nach dem Mittelwertsatz in § 67 ist nun

$$\Phi(x_\mu) - \Phi(x_{\mu-1}) = (x_\mu - x_{\mu-1})\,\Phi'(x_{\mu\nu}),$$

---

1) Eine ähnliche Bemerkung hätten wir in § 158 machen können.
2) $\varphi(x)$ müssen wir in $\langle a, b\rangle$ differenzierbar annehmen.

$$(x_{\mu-1} < x_{\mu\nu} < x_\mu) \quad \text{d. h.}$$

$$\Phi(x_\mu) - \Phi(x_{\mu-1}) = (x_\mu - x_{\mu-1})\{F'_x(x_{\mu\nu}, y_\nu) - F'_x(x_{\mu\nu}, y_{\nu-1})\}$$

Nach demselben Satz ist ferner

$$F'_x(x_{\mu\nu}, y_\nu) - F'_x(x_{\mu\nu}, y_{\nu-1}) = y_\nu - y_{\nu-1})F''_{xy}(x_{\mu\nu}, y_{\mu\nu}),$$

$$(y_{\nu-1} < y_{\mu\nu} < y_\nu)$$

so daß schließlich

$$F(x_{\mu-1}, y_{\nu-1}) - F(x_\mu, y_{\nu-1}) - F(x_{\mu-1}, y_\nu) + F(x_\mu, y_\nu)$$

$$= (x_\mu - x_{\mu-1})(y_\nu - y_{\nu-1})F''_{xy}(x_{\mu\nu}, y_{\mu\nu})$$

$$= (x_\mu - x_{\mu-1})(y_\nu - y_{\nu-1})f(x_{\mu\nu}, y_{\mu\nu}) \quad \text{wird.}$$

Summiert man über alle Teilrechtecke, so ergibt sich

$$\sum\{F(x_{\mu-1}, y_{\nu-1}) - F(x_\mu, y_{\nu-1}) - F(x_{\mu-1}, y_\nu) + F(x_\mu, y_\nu)\}$$

$$= \sum(x_\mu - x_{\mu-1})(y_\nu - y_{\nu-1})f(x_{\mu\nu}, y_{\mu\nu}),$$

oder, wenn man die erste Summe ausrechnet,

$$F(a, c) - F(b, c) - F(a, d) + F(b, d)$$

$$= \sum(x_\mu - x_{\mu-1})(y_\nu - y_{\nu-1})f(x_{\mu\nu}, y_{\mu\nu}).$$

Nun durchlaufe man eine ausgezeichnete $\mathfrak{Z}$-Folge. Dann konvergiert die rechte Seite der Gleichung nach

$$\iint\limits_{\mathfrak{R}} f(x, y)\,dx\,dy,$$

und man hat
$$\iint\limits_{\mathfrak{R}} f(x, y)\,dx\,dy = (F(x, y))_{a, b}^{c, d},$$

wobei
$$(F(x, y))_{a, b}^{c, d} = F(a, c) - F(b, c) - F(a, d) + F(b, d)$$
sein soll.

§ 213. **Zurückführung eines Doppelintegrals auf zwei einfache Integrationen.** Wir wollen uns zunächst auf den Fall beschränken, daß $f(x, y)$ in $\langle a, b; c, d\rangle$ stetig ist.

Die Funktion
$$\varphi(y) = \int\limits_a^b f(x, y)\,dx$$

ist dann in $\langle c, d\rangle$ stetig. Hat man nämlich

$$\lim y_n = y, \qquad\qquad\qquad (c \leqq y_n \leqq d)$$

so wird
$$\varphi(y) - \varphi(y_n) = \int_a^b \{f(x, y) - f(x, y_n)\}\, dx$$
$$= (b - a)\{f(x_n, y) - f(x_n, y_n)\}.$$
$$(a < x_n < b)$$

Man zerlege das Rechteck $\langle a, b; c, d \rangle$ durch Parallelen zu den Achsen so in Teilrechtecke, daß in jedem Teilrechteck die Schwankung kleiner als $\frac{1}{2}\varepsilon$ ist ($\varepsilon > 0$). Dann werden die beiden Punkte
$$(x_n, y) \quad \text{und} \quad (x_n, y_n)$$
in benachbarten Teilrechtecken liegen, sobald $n \geq \nu$ ist. Für $n \geq \nu$ wird also
$$|f(x_n, y) - f(x_n, y_n)| \leq \varepsilon$$
sein. Das bedeutet aber
$$\lim \{f(x_n, y) - f(x_n, y_n)\} = 0.^{1)}$$
Mithin ist auch
$$\lim \varphi(y_n) = \varphi(y).$$

Das Integral
$$\int_c^d \varphi(y)\, dy$$

ist, wie wir jetzt zeigen werden, gleich dem über $\langle a, b; c, d \rangle$ erstreckten Integral von $f(x, y)$.

Es sei $c < y_1 < \cdots y_{q-1} < d$ und $c = y_0$, $d = y_q$. Dann ist (vgl. § 150 und § 162)
$$\int_c^d \varphi(y)\, dy = \sum_{\nu=1}^q \int_{y_{\nu-1}}^{y_\nu} \varphi(y)\, dy = \sum_{\nu=1}^q (y_\nu - y_{\nu-1})\varphi(\bar{y}_\nu),$$

wobei $y_{\nu-1} < \bar{y}_\nu < y_\nu$.

---

1) $x_1, x_2, x_0, \ldots$ und $\bar{x}_1, \bar{x}_2, \bar{x}_3, \ldots$ seien zwei beliebige Folgen aus $\langle a, b \rangle$, $y_1, y_2, y_3, \ldots$ und $\bar{y}_1, \bar{y}_2, \bar{y}_3, \ldots$ zwei beliebige Folgen aus $\langle c, d \rangle$ von solcher Beschaffenheit, daß
$$\lim (x_n - \bar{x}_n) = 0, \quad \lim (y_n - \bar{y}_n) = 0$$
ist. Dann liegen für $n \geq \nu$ die Punkte (x_n, y_n) und $(\bar{x}_n, \bar{y}_n)$ in aneinanderstoßenden Teilrechtecken. Es ist also für $n \geq \nu$
$$|f(x_n, y_n) - f(\bar{x}_n, \bar{y}_n)| < \varepsilon.$$
Das bedeutet aber $\quad \lim \{f(x_n, y_n) - f(\bar{x}_n, \bar{y}_n)\} = 0.$

Setzen wir für $\varphi(y)$ seinen Wert ein, so lautet diese Gleichung so:

$$\int_c^d \varphi(y)\,dy = \sum (y_\nu - y_{\nu-1})\int_a^b f(x,\bar{y}_\nu)\,dx$$

$$= \int_a^b \sum (y_\nu - y_{\nu-1})f(x,\bar{y}_\nu)\,dx.$$

Jetzt sei $a < x_1 < \cdots < x_{p-1} < b$ und $a = x_0$, $b = x_p$. Dann können wir schreiben

$$\int_c^d \varphi(y)\,dy = \sum_{\mu=1}^p \int_{x_{\mu-1}}^{x_\mu} \sum_{\nu=1}^q (y_\nu - y_{\nu-\nu})f(x,\bar{y}_\nu)\,dx$$

$$= \sum_{\mu=1}^\mu (x_\mu - x_{\mu-1}) \sum_{\nu=1}^y (y_\nu - y_{\nu-1})f(\bar{x}_\mu,\bar{y}_\nu),$$

wobei $x_{\mu-1} < \bar{x}_\mu < x_\mu$.

Es hat sich also ergeben

$$\int_c^d \varphi(y)\,dy = \sum (x_\mu - x_{\mu-1})(y_\nu - y_{\nu-1})f(\bar{x}_\mu,\bar{y}_\nu).$$

Die Summation erstreckt sich über alle Teilrechtecke

$$\langle x_{\mu-1},\, x_\mu;\, y_{\nu-1},\, y_\nu \rangle.$$

Wir haben hier eine Zerlegung $\mathfrak{Z}$ von $\langle a, b\rangle$ und eine Zerlegung $\bar{\mathfrak{Z}}$ von $\langle c, d\rangle$ benutzt. Lassen wir beide gleichzeitig ausgezeichnete $\mathfrak{Z}$-Folgen durchlaufen, so finden wir:

$$\int_c^d \varphi(y)\,dy = \iint_\mathfrak{R} f(x,y)\,dx\,dy$$

oder, ausführlich geschrieben,

$$\iint_\mathfrak{R} f(x,y)\,dx\,dy = \int_c^d \left(\int_a^b f(x,y)\,dx \right) dy.$$

Aus demselben Grunde ist aber

$$\iint_\mathfrak{R} f(x,y)\,dx\,dy = \int_a^b \left(\int_c^d f(x,y)\,dy \right) dx.$$

Es besteht also, wenn $f(x, y)$ in $\langle a, b; c, d\rangle$ stetig ist, die Gleichung

$$\int_c^d \left(\int_a^b f(x, y)\,dx\right) dy = \int_a^b \left(\int_c^d f(x, y)\,dy\right) dx.^{1)}$$

Man kann diese Formel in folgender Weise in Worte fassen:

Bei der Integration von $\varphi(y) = \int_a^b f(x, y)\,dx$ darf man unter dem Integralzeichen integrieren.

Wenn $A(x)$ in $\langle a, b\rangle$ und $C(y)$ in $\langle c, d\rangle$ stetig ist, so ist

$$f(x, y) = A(x)\,C(y)$$

in $\langle a, b; c. d\rangle$ stetig. Hier wird

$$\varphi(y) = \int_a^b f(x, y)\,dx = C(y)\int_a^b A(x)\,dx$$

und

$$\int_c^d \varphi(y)\,dy = \left(\int_a^b A(x)\,dx\right)\left(\int_c^d C(y)\,dy\right).$$

Man hat also

$$\iint_{\Re} A(x)\,C(y)\,dx\,dy = \left(\int_a^b A(x)\,dx\right)\left(\int_c^d C(y)\,dy\right).$$

Wenn $\qquad a = c \quad$ und $\quad b = d \quad$ und $\quad C(x) = A(x)$

ist, so geht die obige Formel in folgende über:

$$\iint_{\Re} A(x)\,A(y)\,dx\,dy = \left(\int_a^b A(x)\,dx\right)^2.$$

$\Re$ ist hier das Quadrat $\langle a, b; a, b\rangle$.

§ 214. Differentiation unter dem Integralzeichen. $f(x, y)$ und $f_y'(x, y)$ seien in $\langle a, b; c, d\rangle$ stetig.

Dann hat $\qquad\qquad \varphi(y) = \int_a^b f(x, y)\,dx$

---

1) Die Formel gilt auch für $c = d$, weil dann beide Seiten gleich Null sind.

in $\langle c, d \rangle$ die Ableitung $\quad \varphi'(y) = \int\limits_a^b f_y'(x, y)\, dx$.

Man darf also bei der Differentiation von $\varphi(y)$ unter dem Integralzeichen differenzieren.

Um dies zu beweisen, bedenke man, daß

$$f(x, y) = f(x, c) + \int\limits_c^y f_y'(x, y)\, dy$$

ist, also $\qquad \varphi(y) = \int\limits_a^b f(x, c)\, dx + \int\limits_a^b \left(\int\limits_c^y f_y'(x, y)\, dy \right) dx$.

Nach § 213 ist aber das letzte Integral gleich

$$\int\limits_c^y \left(\int\limits_a^b f_y'(x, y)\, dx \right) dy .$$

Da $\int\limits_a^b f_y'(x, y)\, dx$ in $\langle c, d \rangle$ eine stetige Funktion von y ist, (vgl. § 213),

so hat $\int\limits_c^y \left(\int\limits_a^b f_y'(x, y)\, dx \right) dy$ die Ableitung $\int\limits_a^b f_y'(x, y)\, dx$.

Dieselbe Ableitung hat aber auch $\varphi(y)$.

Man kann den Satz auch so beweisen:
y und $y + k$ seien zwei verschiedene Werte aus $\langle c, d \rangle$. Dann ist

$$\frac{\varphi(y + k) - \varphi(y)}{k} = \int\limits_a^b \frac{f(x, y + k) - f(x, y)}{k}\, dx$$

$$= \int\limits_a^b f_y'(x, x + \vartheta k)\, dx, \qquad (0 < \vartheta < 1)$$

also

$$\frac{\varphi(y + k) - \varphi(y)}{k} - \int\limits_a^b f_y'(x, y)\, dx = \int\limits_a^b \{ f_y'(x, y + \vartheta k) - f_y'(x, y) \}\, dx$$

$$= \{ f_y'(\bar{x}, y + \vartheta k) - f_y'(\bar{x}, y) \}\, \{ b - a \}. \qquad (a < \bar{x} < b)$$

Hieraus folgt wegen der gleichmäßigen Stetigkeit[1])

$$\varphi'(y) = \lim \frac{\varphi(y+k) - \varphi(y)}{k} = \int_a^b f_y'(x,y)dx. \quad (\lim k = 0)$$

Auch unter folgenden Bedingungen ist die Differentiation unter dem Integralzeichen erlaubt:

$f(x, y_0)$ und $f_y'(x, y_0)$ sind in $\langle a, b\rangle$ integrierbar, wie man auch y_0 in $\langle c, d\rangle$ wählen mag. $f_{yy}''(x,y)$ ist in $\langle a, b; c, d\rangle$ beschränkt.

Unter diesen Voraussetzungen hat man nämlich

$$\int_a^b \{f_y'(x, y + \vartheta k) - f_y'(x,y)\}dx = \int_a^b \overline{\vartheta} k f_{yy}''(x, y + \overline{\vartheta}k)dx.$$

$$(0 < \overline{\vartheta} < \vartheta)$$

Ist nun in $\langle a, b; c, d\rangle$ $|f_{yy}''(x,y)| < K,$

so wird $\left| \int_a^b \{f_y'(x, y + \vartheta k) - f_y'(x,y)\}dx \right| < (b-a)kK,$

d. h. $\left| \dfrac{\varphi(y+k) - \varphi(y)}{k} - \int_a^b f_y'(x,y)dx \right| < (b-a)kK.$

Für $\lim k = 0$ konvergiert die rechte Seite nach Null, folglich auch die linke.

§ 215. **Differentiation und Integration unter dem Integralzeichen bei uneigentlichen Integralen.** 1. $f(x,y)$ und $f_y'(x,y)$ seien für

$$x \geqq a_0, \, c \leqq y \leqq d$$

stetig. Wir wollen ferner annehmen, daß die Integrale

$$\varphi(y) = \int_{a_0}^\infty f(x,y)dx \quad \text{und} \quad \psi(y) = \int_{a_0}^\infty f_y'(x,y)dx$$

existieren, wie auch y in $\langle c, d\rangle$ gewählt sein mag.

Es sei $a_0 < a_1 < a_2 < \cdots$ und a_n werde mit zunehmendem n unendlich. Dann ist

---

1) Vgl. die Fußnote auf S. 331.

$$\lim \int\limits_{a_0}^{a_n} f_y{}'(x, y)\, dx = \int\limits_{a_0}^{\infty} f_y{}'(x, y)\, dx .$$

Wir können also schreiben

$$\psi(y) = \int\limits_{a_0}^{a_1} f_y{}'(x, y)\, dx + \int\limits_{a_1}^{a_2} f_y{}'(x, y)\, dx + \cdots = \sum \int\limits_{a_{\nu-1}}^{a_\nu} f_y{}'(x, y)\, dx .$$

Wenn diese unendliche Reihe für $c \leqq y \leqq d$ gleichmäßig konvergiert, so dürfen wir gliedweise integrieren. Dabei ergibt sich

$$\int\limits_{c}^{y} \psi(y)\, dy = \sum \int\limits_{c}^{y} \Big(\int\limits_{a_{\nu-1}}^{a_\nu} f_y{}'(x, y)\, dx \Big)\, dy . \qquad (c \leqq y \leqq d)$$

Nun ist aber nach § 213

$$\int\limits_{c}^{y} \Big(\int\limits_{a_{\nu-1}}^{a_\nu} f_y{}'(x, y)\, dx \Big)\, dy = \int\limits_{a_{\nu-1}}^{a_\nu} \Big(\int\limits_{c}^{y} f_y{}'(x, y)\, dy \Big)\, dx$$

$$= \int\limits_{a_{\nu-1}}^{a_\nu} \{ f(x, y) - f(x, c) \}\, dx ,$$

also

$$\int\limits_{c}^{y} \psi(y)\, dy = \varphi(y) - \varphi(c) ,$$

weil

$$\varphi(y) = \sum \int\limits_{a_{\nu-1}}^{a_\nu} f(x, y)\, dx \qquad (c \leqq y \leqq d) \qquad \text{ist.}$$

Da die einzelnen Glieder der Reihe für $\psi(y)$ in $\langle c, d \rangle$ stetig sind (vgl. § 213), so ist auch $\psi(y)$ in $\langle c, d \rangle$ stetig (vgl. § 172, Nr. 5). Man hat daher

$$\varphi'(y) = \psi(y) ,$$

d. h. die Ableitung von $\displaystyle \int\limits_{a_0}^{\infty} f(x, y)\, dx$

ist unter den von uns gemachten Voraussetzungen gleich

$$\int\limits_{a_0}^{\infty} f_y{}'(x, y)\, dx .$$

Daß man bei der Differentiation unter dem Integralzeichen vorsichtig sein muß, zeigt das Beispiel

$$\varphi(y) = \int\limits_0^\infty \frac{\sin xy}{x}\, dx.$$

Wir wissen (§ 189), daß

$$\begin{aligned}
&\text{für } y = 0 && \varphi(y) = 0,\\
&\text{für } y > 0 && \varphi(y) = \frac{\pi}{2},\\
&\text{für } y < 0 && \varphi(y) = -\frac{\pi}{2}
\end{aligned}$$

ist. Demnach muß für $y > 0$ und $y < 0$ $\varphi'(y) = 0$ sein.

Durch skrupelloses Differenzieren unter dem Integralzeichen findet man

$$\varphi'(y) = \int\limits_0^\infty \cos xy\, dx.$$

Das Integral auf der rechten Seite ist aber völlig sinnlos. Denn man hat für $y \gtrless 0$

$$\int\limits_0^x \cos xy\, dx = \left(\frac{\sin xy}{y}\right)_0^x = \frac{\sin xy}{y}.$$

$\sin xy$ strebt aber bei unendlich zunehmendem x keineswegs immer einem Grenzwert zu.

Wir wollen jetzt ein Beispiel behandeln, wo die Differentiation unter dem Integralzeichen erlaubt ist.

Von den beiden Integralen

$$\varphi(y) = \int\limits_0^\infty e^{-xy}\frac{\sin x}{x}\, dx \quad \text{und} \quad \psi(y) = \int\limits_0^\infty e^{-xy} \sin x\, dx$$

existiert das erste für $y \geq 0$, das zweite für $y > 0$.[1]

Setzt man $a_\nu = \nu\pi$ $(\nu = 0, 1, 2, \ldots)$, so konvergiert die Reihe

$$\psi(y) = \sum \int\limits_{a_{\nu-1}}^{a_\nu} e^{-xy} \sin x\, dx \qquad (\nu = 1, 2, \ldots)$$

für $y \geq c > 0$ gleichmäßig.

---

1) $e^{-xy} : x$ konvergiert bei unendlich zunehmenden x absteigend nach Null, wenn $y \geq 0$ ist. e^{-xy} konvergiert nur für $y > 0$ absteigend nach Null. Vgl. im übrigen § 189.

Die Reihe ist alternierend und die Beträge der Glieder bilden eine absteigende Folge, weil

$$\int\limits_{a_\nu}^{a_{\nu+1}} e^{-xy} \sin x \, dx = \int\limits_{a_{\nu-1}}^{a_\nu} e^{-(x+\pi)y} \sin (x+\pi) \, dx = - \int\limits_{a_{\nu-1}}^{a_1} e^{-(x+\pi)y} \sin x \, dx \text{ ist.}$$

Der ν-te Rest ist also seinem Betrage nach kleiner als

$$\left| \int\limits_{a_{\nu-1}}^{a_\nu} e^{-xy} \sin x \, dx \right| = e^{-c a_{\nu-1}} \left| \int\limits_{a_{\nu-1}}^{\xi_\nu} \sin x \, dx \right| < 2 e^{-c a_{\nu-1}},$$

d. h. man hat für $y \geqq c$ $\;|R_\nu(y)| < 2 e^{-(\nu-1)c\pi}$.

Ist also $y_1, y_2, y_3, \ldots$ eine beliebige Folge, deren Glieder größer gleich c sind, so wird

$$\lim R_\nu(y_\nu) = 0,$$

weil

$$\lim e^{-(\nu-1)c\pi} = 0$$

ist. Damit haben wir die gleichmäßige Konvergenz der Reihe $\psi(y)$ bewiesen.

Da c eine beliebige positive Zahl ist, so haben wir für $y > 0$

$$\varphi'(y) = - \psi(y).$$

$\psi(y)$ können wir aber berechnen. Es ist nämlich

$$\int e^{-xy} \sin x \, dx = - \frac{e^{-xy} \sin x}{y} + \frac{1}{y} \int e^{-xy} \cos x \, dx,$$

$$\int e^{-xy} \cos x \, dx = - \frac{e^{-xy} \cos x}{y} - \frac{1}{y} \int e^{-xy} \sin x \, dx,$$

mithin $\quad\displaystyle\int e^{-xy} \sin x \, dx = - \frac{e^{-xy} (\cos x + y \sin x)}{1 + y^2}$

und (vgl. § 190)

$$\int\limits_0^\infty e^{-xy} \sin x \, dx = - \left(\frac{e^{-xy} (\cos x + y \sin x)}{1 + y^2} \right)_0^\infty = \frac{1}{1 + y^2}.$$

Wir haben somit für $y > 0$

$$\varphi'(y) = - \frac{1}{1 + y^2}.$$

Nun ist $$\varphi(y) = \sum \int_{a_{\nu-1}}^{a\nu} e^{-xy}\frac{\sin x}{x}\,dx \qquad (y \geq 0)$$

ebenfalls eine alternierende Reihe, bei der die absoluten Beträge der Glieder eine absteigende Folge bilden. Der ν-te Rest der Reihe ist also seinem Betrage nach kleiner als

$$\left|\int_{a_{\nu-1}}^{a_\nu} e^{-xy}\frac{\sin x}{x}\,dx\right| = \frac{e^{-ya_{\nu-1}}}{a_{\nu-1}}\left|\int_{a_{\nu-1}}^{\xi_\nu}\sin x\,dx\right| \leq \frac{2}{a_{\nu-1}}. \qquad (\nu > 1)$$

Die Reihe ist demnach für $y \geq 0$ gleichmäßig konvergent. Da die einzelnen Glieder für $y \geq 0$ stetig sind (vgl. § 213), so folgt, daß $\varphi(y)$ für $y \geq 0$ stetig ist.

$\varphi(y) + \operatorname{arctg} y$ ist also für $y \geq 0$ stetig und hat für $y > 0$ die Ableitung Null. Daraus folgt (vgl. § 67)

$$\varphi(y) + \operatorname{arctg} y = c. \qquad (c \text{ eine Konstante})$$

Läßt man y unendlich zunehmen, so konvergiert $\operatorname{arctg} y$ nach $\pi/2$ und $\varphi(y)$, wie man sich leicht überzeugt, nach Null. Es ist daher

$$\frac{\pi}{2} = c \quad \text{und} \quad \varphi(y) = \frac{\pi}{2} - \operatorname{arctg} y.$$

Für $y = 0$ finden wir $$\int_0^\infty \frac{\sin x}{x}\,dx = \frac{\pi}{2},$$

ein uns schon bekanntes Resultat.

2. $f(x, y)$ sei für $x \geq a_0, c \leq y \leq d$ stetig und es existiere

$$\varphi(y) = \int_{a_0}^\infty f(x, y)\,dx,$$

welchen Wert aus $\langle c, d\rangle$ auch y haben mag.

Wenn $a_0 < a_1 < a_2 < \cdots$ ist und a_n mit zunehmendem n unendlich wird, so haben wir

$$\varphi(y) = \sum \int_{a_{\nu-1}}^{a_\nu} f(x, y)\,dx. \qquad (\nu = 1, 2, 3, \ldots)$$

Es kann nun sein, daß diese Reihe immer[1]) in $\langle c, d \rangle$ gleichmäßig konvergiert.[2]) In diesem Falle ist (vgl. § 172)

$$\int_c^d \varphi(y)\,dy = \sum \int_c^d \left(\int_{a_{\nu-1}}^{a_\nu} f(x, y)\,dx \right) dy$$

oder

$$\int_c^d \varphi(y)\,dy = \sum \int_{a_{\nu-1}}^{a_\nu} \left(\int_c^d f(x, y)\,dy \right) dx.$$

Hierin liegt, daß

$$\int_{a_0}^\infty \left(\int_c^d f(x, y)\,dy \right) dx$$

existiert, und daß $\displaystyle \int_c^d \varphi(y)\,dy = \int_{a_0}^\infty \left(\int_c^d f(x, y)\,dy \right) dx$ ist.

Man darf hier also unter dem Integralzeichen integrieren.

3. $f(x, y)$ sei für $\quad x \geq a_0, \quad y \geq c_0$

stetig und nirgends negativ. Ferner sei

$$\int_{a_0}^\infty f(x, y)\,dx \qquad \text{in jedem Intervall } \langle c_0, c \rangle$$

und

$$\int_{c_0}^\infty f(x, y)\,dy \qquad \text{in jedem Intervall } \langle a_0, a \rangle$$

gleichmäßig konvergent.[3]) Endlich sei das über $\langle a_0, a;\ c_0, c \rangle$ erstreckte Integral von $f(x, y)$ stets kleiner als eine feste Zahl K.

Wir wollen mit J die obere Grenze von

$$\iint_{\langle a_0,\, a;\ c_0,\, c \rangle} f(x, y)\,dx\,dy \qquad\qquad (a > a_0,\ c > c_0)$$

---

1) d. h. für j e d e Folge $a_0, a_1, a_2, \ldots$ von der angegebenen Beschaffenheit.

2) Man pflegt dann zu sagen, daß $\displaystyle\int_{a_0}^\infty f(x, y)\,dx$ in $\langle c, d \rangle$ gleichmäßig konvergent ist.

3) Vgl. Fußnote 2. Nach § 172, Nr. 6 könnten wir auch sagen, daß $\displaystyle\int_{a_0}^\infty f(x, y)\,dx$ für $y \geq c_0$ und $\displaystyle\int_{c_0}^\infty f(x, y)\,dy$ für $x \geq a_0$ stetig ist.

bezeichnen und a_1, c_1 so wählen, daß

$$J_1 = \iint\limits_{\langle a_0,\, a_1;\; c_0,\, c_1\rangle} f(x, y)\, dx\, dy > J - \varepsilon \qquad (a_1 > a_0,\ c_1 > c_0)$$

ist $(\varepsilon > 0)$.

Für $a \geqq a_1$, $c \geqq c_1$ wird dann

$$J_1 \leqq \int\limits_{a_0}^{a}\left(\int\limits_{c_0}^{c} f(x, y)\, dy\right) dx \leqq J.$$

Hieraus ersieht man, daß

$$\int\limits_{a_0}^{\infty}\left(\int\limits_{c_0}^{c} f(x, y)\, dy\right) dx$$

existiert und einen Wert hat, der in $\langle J_1, J\rangle$ liegt. Dieses Integral ist aber nach Nr. 2 gleich

$$\int\limits_{c_0}^{c}\left(\int\limits_{a_0}^{\infty} f(x, y)\, dx\right) dy,$$

so daß
$$J_1 \leqq \int\limits_{c_0}^{c}\left(\int\limits_{a_0}^{\infty} f(x, y)\, dx\right) dy \leqq J$$

ist. Jetzt können wir schließen, daß

$$\int\limits_{c_0}^{\infty}\left(\int\limits_{a_0}^{\infty} f(x, y)\, dx\right) dy$$

existiert, und daß der Wert dieses Integrals in $\langle J_1, J\rangle$ enthalten ist.

Ebenso ergibt sich, daß

$$\int\limits_{a_0}^{\infty}\left(\int\limits_{c_0}^{\infty} f(x, y)\, dy\right) dx$$

existiert und einen Wert hat, der in $\langle J_1, J\rangle$ liegt. Da $J - J_1 < \varepsilon$ und ε eine beliebig gewählte positive Zahl war, so folgt, daß

$$\int\limits_{a_0}^{\infty}\left(\int\limits_{c_0}^{\infty} f(x, y)\, dy\right) dx = \int\limits_{c_0}^{\infty}\left(\int\limits_{a_0}^{\infty} f(x, y)\, dx\right) dy \quad \text{ist.}$$

§ 216. **Verallgemeinerung des Satzes in § 213.** Wir wollen jetzt von $f(x, y)$ nur die Integrierbarkeit in $\langle a, b;\, c, d\rangle$

verlangen. Dann ist $f(x, y)$ **beschränkt**, und es existieren daher nach § 148 die Integrale

$$\varphi(y) = \underline{\int\limits_a^b} f(x, y)\, dx, \quad \Phi(y) = \overline{\int\limits_a^b} f(x, y)\, dx. \quad (c \leqq y \leqq d)$$

$\varphi(y)$ ist das untere, $\Phi(y)$ das obere Integral von $f(x, y)$ bei festgehaltenem y. Teilen wir $\langle a, b; c, d \rangle$ durch Parallelen zu den Achseu in die pq Teilrechtecke

$$\langle x_{\mu-1}, x_\mu; y_{\nu-1}, y_\nu \rangle \qquad (\mu = 1, 2, \ldots, p;\ \nu = 1, 2, \ldots, q)$$

und bezeichnen mit $\mathfrak{m}_{\mu\nu}$ die untere, mit $\mathfrak{M}_{\mu\nu}$ die obere Grenze von $f(x, y)$ in $\langle x_{\mu-1}, x_\mu; y_{\nu-1}, y_\nu \rangle$, so ist für $y_{\nu-1} \leqq \bar{y}_\nu \leqq y_\nu$

$$\sum_{\mu=1}^p (x_\mu - x_{\mu-1})\, \mathfrak{m}_{\mu\nu} \leqq \varphi(\bar{y}_\nu) \leqq \Phi(\bar{y}_\nu) \leqq \sum_{\mu=1}^p (x_\mu - x_{\mu-1})\, \mathfrak{M}_{\mu\nu},$$

also (vgl. § 206)

$$s(\mathfrak{Z}) \leqq \sum (y_\nu - y_{\nu-1})\, \varphi(\bar{y}_\nu) \leqq \sum (y_\nu - y_{\nu-1})\, \Phi(\bar{y}_\nu) \leqq S(\mathfrak{Z}).$$

Nun durchlaufe $\mathfrak{Z}$ eine ausgezeichnete $\mathfrak{Z}$-Folge. Dann ist

$$\lim s(\mathfrak{Z}) = \lim S(\mathfrak{Z}) = \iint\limits_{\langle a,\, b;\, c,\, d \rangle} f(x, y)\, dx\, dy.$$

Demselben Grenzwert streben daher auch die Summen

$$\sum (y_\nu - y_{\nu-1})\, \varphi(\bar{y}_\nu) \quad \text{und} \quad \sum (y_\nu - y_{\nu-1})\, \Phi(\bar{y}_\nu)$$

zu. Dies bedeutet aber, daß die Integrale

$$\int\limits_c^d \varphi(y)\, dy \quad \text{und} \quad \int\limits_c^d \Phi(y)\, dy$$

existieren und beide gleich

$$\iint\limits_{\langle a,\, b;\, c,\, d \rangle} f(x, y)\, dx\, dy \quad \text{sind.}$$

Ist die Funktion $\omega(y)$ so beschaffen, daß in $\langle c, d \rangle$ beständig die Ungleichungen

$$\varphi(y) \leqq \omega(y) \leqq \Phi(y)$$

gelten, so existiert

$$\int\limits_c^d \omega(y)\, dy$$

und ist ebenfalls gleich dem betrachteten Doppelintegral.

Statt von $\varphi(y)$ und $\Phi(y)$ kann man auch von

$$\psi(x) = \int_{\underline{c}}^{d} f(x, y)\, dy \quad \text{und} \quad \Psi(x) = \int_{c}^{\overline{d}} f(x, y)\, dy$$

ausgehen.

Ist in $\langle a,\, b\rangle$ beständig

$$\psi(x) \leqq w(x) \leqq \Psi(x),$$

so hat man
$$\int_{c}^{d} \omega(y)\, dy = \int_{a}^{b} w(x)\, dx.$$

§ 217. **Doppelintegrale, erstreckt über Normalbereiche.**

$\varphi(x)$ und $\psi(x)$ seien in $\langle a,\, b\rangle$ stetig, und es sei für $a < x < b$ immer

$$\varphi(x) < \psi(x).$$

Der durch die beiden Geraden

$$x = a \quad \text{und} \quad x = b$$

und durch die Kurven

$$y = \varphi(x) \quad \text{und} \quad y = \psi(x)$$

begrenzte Bereich $\mathfrak{B}$, möge ein Normalbereich (in bezug auf die x-Achse) heißen.[1]) $f(x,\, y)$ sei eine in $\mathfrak{B}$ definierte Funktion.

Wir wollen unter c den kleinsten Wert von $\varphi(x)$ und unter d den größten Wert von $\psi(x)$ in $\langle a,\, b\rangle$ verstehen und das Rechteck $\langle a,\, b;\, c,\, d\rangle$ betrachten. $\mathfrak{B}$ ist in $\langle a,\, b;\, c,\, d\rangle$ enthalten. In jedem Punkt von $\langle a,\, b;\, c,\, d\rangle$, der nicht zu $\mathfrak{B}$ gehört, wollen wir festsetzen, daß $f(x,\, y) = 0$ sein soll. Dann ist $f(x,\, y)$ in dem ganzen Rechteck $\langle a,\, b;\, c,\, d\rangle$ definiert.

Wenn das Integral

$$\iint\limits_{\langle a,\, b;\, c,\, d\rangle} f(x,\, y)\, dx\, dy$$

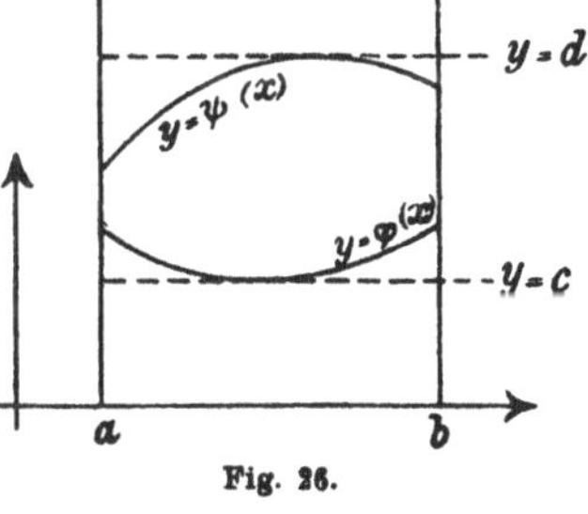

Fig. 26.

---

1) Dieser Bereich besteht aus allen Punkten $(x,\, y)$, die den Bedingungen $a \leqq x \leqq b$, $\varphi(x) \leqq y \leqq \psi(x)$ genügen. Ein Normalbereich in bezug auf die y-Achse wird durch die Ungleichungen $a \leqq y \leqq b$, $\varphi(y) \leqq x \leqq \psi(y)$ dargestellt.

existiert, so nennen wir es das über $\mathfrak{B}$ erstreckte Integral von $f(x, y)$ und bezeichnen es mit

$$\iint\limits_{\mathfrak{B}} f(x, y)\, dx\, dy.$$

Dieses Integral ändert sich nicht, wenn man c durch eine kleinere oder d durch eine größere Zahl ersetzt.

§ 218. $f(x, y)$ in $\mathfrak{B}$ stetig. Wir wollen jetzt annehmen, daß $f(x, y)$ in $\mathfrak{B}$ stetig ist, und zeigen, daß dann $\iint\limits_{\mathfrak{B}} f(x, y)\, dx\, dy$ existiert.

Die Funktion $f(x, y)$ ist, wenn wir ihr außerhalb $\mathfrak{B}$ den Wert Null beilegen, in $\langle a, b; c, d \rangle$ beschränkt.[1]) Ihre Unstetigkeitsstellen liegen alle auf $y = \varphi(x)$ und $y = \psi(x)$.

Wir wollen $\langle a, b \rangle$ in p Teilintervalle $\langle x_{\mu-1}, x_\mu \rangle$ zerlegen derart, daß in jedem Teilintervall die Schwankung von $\varphi(x)$ und $\psi(x)$ kleiner als ε ist ($\varepsilon > 0$). Ist dann $m_\mu (\overline{m}_\mu)$ der kleinste und $M_\mu (\overline{M}_\mu)$ der größte Wert von $\varphi(x)$ bzw. $\psi(x)$ in $\langle x_{\mu-1}, x_\mu \rangle$, so wollen wir zur Teilung von $\langle c, d \rangle$ die Werte

$$m_\mu, \ \overline{m}_\mu, \ M_\mu, \ \overline{M}_\mu \qquad\qquad (\mu = 1, 2, \ldots, p)$$

benutzen. Es entsteht auf diese Weise eine Zerlegung von $\langle a, b; c, d \rangle$ in Teilrechtecke, und man sieht sofort, daß die Summe der Teilrechtecke, die Punkte von $y = \varphi(x)$ oder $y = \psi(x)$ enthalten, kleiner als $2\varepsilon(b - a)$ ist. Diese Summe läßt sich durch passende Wahl von ε so klein machen als man will. Nach § 211 ist also $f(x, y)$ in $\langle a, b; c, d \rangle$ integrierbar, und es existiert somit $\iint\limits_{\mathfrak{B}} f(x, y)\, dx\, dy$.

Dasselbe Resultat ergibt sich, wenn $f(x, y)$ in $\mathfrak{B}$ beschränkt ist und auf $y = \varphi(x)$ oder $y = \psi(x)$ Unstetigkeiten hat, sonst aber in $\mathfrak{B}$ nirgends unstetig ist.

Wenn $g(x, y)$ in $\mathfrak{B}$ beschränkt und höchstens auf den Kurven

---

1) Wenn man festsetzt, daß $F(x, y)$ in $\mathfrak{B}$ gleich $f(x, y)$ sein soll und daß ferner für $a \leq x \leq b$ und $y > \psi(x)$ stets $F(x, y) = f(x, \psi(x))$, für $a \leq x \leq b$ und $y < \varphi(x)$ stets $F(x, y) = f(x, \varphi(x))$ sein soll, so ist $F(x, y)$ in $\langle a, b; c, d \rangle$ stetig. Der größte (kleinste) Wert von $F(x, y)$ ist aber zugleich der größte (kleinste) Wert von $f(x, y)$.

$y = \varphi(x)$ und $y = \psi(x)$ nicht null ist, so liegt ein solcher Fall vor, und offenbar ist das über $\langle a, b; c, d \rangle$ erstreckte Integral von $g(x, y)$ gleich Null, weil man bei der Auswahl der $g_{\mu\nu}$ in

$$\sum (x_\mu - x_{\mu-1})(y_\nu - y_{\nu-1})\, g_{\mu\nu}$$

immer die Kurven $y = \varphi(x)$ und $y = \psi(x)$ vermeiden kann.

Wenn $\iint\limits_{\mathfrak{B}} f(x, y)\, dx\, dy$ existiert, so hat man

$$\iint\limits_{\mathfrak{B}} (f + g)\, dx\, dy = \iint\limits_{\mathfrak{B}} f\, dx\, dy + \iint\limits_{\mathfrak{B}} g\, dx\, dy = \iint\limits_{\mathfrak{B}} f\, dx\, dy.$$

Das Integral
$$\iint\limits_{\mathfrak{B}} f(x, y)\, dx\, dy$$

behält also seinen Wert, wenn man auf $y = \varphi(x)$ oder $y = \psi(x)$ die Werte von $f(x, y)$ modifiziert, aber so, daß $f(x, y)$ in $\mathfrak{B}$ beschränkt bleibt.

§ 219. Das Integral $\iint\limits_{\mathfrak{B}} dx\, dy$.

Wir nehmen wie in § 217 eine Zerlegung $\mathfrak{Z}$ von $\langle a, b \rangle$ in p Teilintervalle vor und bezeichnen mit $m_\mu(\overline{m}_\mu)$ den kleinsten und mit $M_\mu(\overline{M}_\mu)$ den größten Wert von φ (bzw. ψ) in dem Teilintervall $\langle x_{\mu-1}, x_\mu \rangle$. Diese Werte $m_\mu, \overline{m}_\mu, M_\mu, \overline{M}_\mu\ (\mu = 1, 2, \ldots, p)$ benutzen wir zur Zerlegung von $\langle c, d \rangle$. Dann haben wir eine Zerlegung von $\langle a, b; c, d \rangle$ in Teilrechtecke $\langle x_{\mu-1}, x_\mu; y_{\nu-1}, y_\nu \rangle$ vor uns, und bei passender Wahl der $f_{\mu\nu}$[1]) wird

$$\sum (x_\mu - x_{\mu-1})(y_\nu - y_{\nu-1}) f_{\mu\nu} = \sum_{\mu=1}^{p} (x_\mu - x_{\mu-1})(\overline{M}_\mu - m_\mu)$$

$$= \sum_{\mu=1}^{p} (x_\mu - x_{\mu-1})(\overline{M}_\mu - c) - \sum_{\mu=1}^{p} (x_\mu - x_{\mu-1})(m_\mu - c).$$

Lassen wir $\mathfrak{Z}$ eine ausgezeichnete $\mathfrak{Z}$-Folge durchlaufen, so ergibt sich

$$\iint\limits_{\mathfrak{B}} dx\, dy = \int\limits_a^b (\psi(x) - c)\, dx - \int\limits_a^b (\varphi(x) - c)\, dx.$$

---

[1]) $f(x, y)$ ist in $\mathfrak{B}$ gleich 1, außerhalb $\mathfrak{B}$ gleich Null.

Das erste Integral rechts ist der Inhalt des durch $y = \psi(x)$, $y = c$ und die beiden Geraden $x = a$, $x = b$ begrenzten Bereichs; ebenso ist das zweite Integral der Inhalt des durch $y = \varphi(x)$, $y = c$ und $x = a$, $x = b$ begrenzten Bereichs. Die Differenz ist der Inhalt von $\mathfrak{B}$.

§ 220. **Zerlegungsformel.** Wir beschränken uns auf den Fall, daß $f(x, y)$ in $\mathfrak{B}$ stetig ist. Außerhalb $\mathfrak{B}$ setzen wir $f(x, y)$ gleich Null.

Durch eine stetige Kurve $y = \omega(x)$, die so beschaffen ist, daß für $a < x < b$ die Ungleichungen

$$\varphi(x) < \omega(x) < \psi(x)$$

gelten, zerlegen wir $\mathfrak{B}$ in zwei Normalbereiche $\mathfrak{B}_1$ und $\mathfrak{B}_2$.

$f_1(x, y)$ sei gleich $f(x, y)$ für alle Punkte von $\mathfrak{B}_1$, die nicht auf $y = \omega(x)$ liegen. Sonst sei $f_1(x, y)$ überall gleich Null. $f_2(x, y)$ sei gleich $f(x, y)$ für alle Punkte von $\mathfrak{B}_2$ und sonst überall gleich Null. Dann ist in dem ganzen Rechteck $\langle a, b; c, d \rangle$

$$f(x, y) = f_1(x, y) + f_2(x, y).$$

$f(x, y)$, $f_1(x, y)$, $f_2(x, y)$ sind in $\langle a, b; c, d \rangle$ integrierbar (vgl. § 218). Man hat also

$$\iint f(x, y)\, dx\, dy = \iint f_1(x, y)\, dx\, dy + \iint f_2(x, y)\, dx\, dy,$$

wobei alle Integrale über $\langle a, b; c, d \rangle$ erstreckt sind, oder

$$\iint_{\mathfrak{B}} f(x, y)\, dx\, dy = \iint_{\mathfrak{B}_1} f(x, y)\, dx\, dy + \iint_{\mathfrak{B}_2} f(x, y)\, dx\, dy.^{1)}$$

Durch die Gerade $x = c \; (a < c < b)$ wird $\mathfrak{B}$ ebenfalls in zwei Normalbereiche zerlegt. Wir wollen sie $\overline{\mathfrak{B}}_1, \overline{\mathfrak{B}}_2$ nennen. Offenbar ist

$$\iint_{\mathfrak{B}} f(x, y)\, dx\, dy = \iint_{\overline{\mathfrak{B}}_1} f(x, y)\, dx\, dy + \iint_{\overline{\mathfrak{B}}_2} f(x, y)\, dx\, dy.$$

Wendet man auf einen der Teilbereiche $\mathfrak{B}_1, \mathfrak{B}_2$ bzw. $\overline{\mathfrak{B}}_1, \overline{\mathfrak{B}}_2$ eine der beiden obigen Zerlegungsarten an, so entsteht eine Zerlegung von $\mathfrak{B}$ in drei Normalbereiche. Wendet man auf einen dieser drei Teilbereiche wieder eine der beiden Zerlegungsarten an, so entsteht

---

1) Man beachte die Bemerkung am Schluß von § 218.

eine Zerlegung von $\mathfrak{B}$ in vier Normalbereiche usf. Ist man auf diese Weise zu einer Zerlegung von $\mathfrak{B}$ in p Normalbereiche $\mathfrak{B}_1, \mathfrak{B}_2, \ldots, \mathfrak{B}_p$ gelangt, so gilt die folgende Zerlegungsformel:

$$\iint\limits_{\mathfrak{B}} f(x, y)\, dx\, dy = \iint\limits_{\mathfrak{B}_1} f(x, y)\, dx\, dy + \cdots + \iint\limits_{\mathfrak{B}_p} f(x, y)\, dx\, dy.$$

§ 221. **Mittelwertsatz.** $f(x, y)$ sei in $\mathfrak{B}$ integrierbar. $\mathfrak{m}$ sei die untere, $\mathfrak{M}$ die obere Grenze von $f(x, y)$ in $\mathfrak{B}$. Dann hat man

$$\iint\limits_{\mathfrak{B}} \mathfrak{m}\, dx\, dy \leq \iint\limits_{\mathfrak{B}} f(x, y)\, dx\, dy \leq \iint\limits_{\mathfrak{B}} \mathfrak{M}\, dx\, dy.$$

Bezeichnet B den Inhalt von $\mathfrak{B}$, so wird hiernach

$$\iint\limits_{\mathfrak{B}} f(x, y)\, dx\, dy = B\mathfrak{K}.$$

$\mathfrak{K}$ bedeutet einen Wert aus $\langle \mathfrak{m}, \mathfrak{M} \rangle$.

Man beweist ebenso leicht die allgemeinere Formel

$$\iint\limits_{\mathfrak{B}} f(x, y)\, \varphi(x, y)\, dx\, dy = \mathfrak{K} \iint\limits_{\mathfrak{B}} \varphi(x, y)\, dx\, dy.$$

$\varphi(x, y)$ ist in $\mathfrak{B}$ integrierbar und nirgends negativ.

Wenn $f(x, y)$ in $\mathfrak{B}$ stetig ist, so gehören $\mathfrak{m}$ und $\mathfrak{M}$ zu den Werten, die $f(x, y)$ in $\mathfrak{B}$ annimmt. Denn die in § 218 (Fußnote 2) konstruierte Funktion $F(x, y)$ hat in $\langle a, b; c, d \rangle$ einen größten und einen kleinsten Wert (vgl. § 117).

Jeder Wert $\mathfrak{K}$ zwischen $\mathfrak{m}$ und $\mathfrak{M}$ wird ebenfalls von $f(x, y)$ in $\mathfrak{B}$ angenommen. Er gehört nämlich, wenn

$$F(x, y) = \mathfrak{m}, \cdot\ F(x + h, y + k) = \mathfrak{M}$$

ist, zu den Werten der stetigen Funktion $F(x + ht, y + kt)$ in dem Intervall $0 \leq t \leq 1$.

Wir können also, falls $f(x, y)$ in $\mathfrak{B}$ stetig ist, die Formel des Mittelwertsatzes so schreiben

$$\iint\limits_{\mathfrak{B}} f(x, y)\, \varphi(x, y)\, dx\, dy = f(\xi, \eta) \iint\limits_{\mathfrak{B}} \varphi(x, y)\, dx\, dy.$$

(ξ, η) ist ein Punkt von $\mathfrak{B}$.

§ 222. **Ausgezeichnete Folgen von Zerlegungen des Bereichs $\mathfrak{B}$.** $\mathfrak{Z}$ sei eine Zerlegung von $\mathfrak{B}$ in eine endliche Anzahl von Normalbereichen (vgl. § 220). Ist

$$\alpha \leqq x \leqq \beta, \quad \varrho(x) \leqq y \leqq \sigma(x)$$

einer dieser Teilbereiche, γ der kleinste Wert von $\varrho(x)$ und δ der größte Wert von $\sigma(x)$ in $\langle \alpha, \beta \rangle$, so soll die Diagonale des Rechtecks $\langle \alpha, \beta; \gamma, \delta \rangle$ kurz die Diagonale des betrachteten Teilbereiches heißen. $\mathfrak{d}$ sei die Maximallänge der Diagonalen bei den Teilbereichen von $\mathfrak{Z}$ oder kurz die Maximaldiagonale von $\mathfrak{Z}$.

Eine Folge $\mathfrak{Z}_1, \mathfrak{Z}_2, \mathfrak{Z}_3, \ldots$ von Zerlegungen wie $\mathfrak{Z}$ wollen wir eine ausgezeichnete $\mathfrak{Z}$-Folge des Bereichs $\mathfrak{B}$ nennen, wenn sie die Eigenschaft $\lim \mathfrak{d}_n = 0$ hat. Dabei bedeutet $\mathfrak{d}_n$ die Maximaldiagonale von $\mathfrak{Z}_n$. Ein Beispiel einer ausgezeichneten $\mathfrak{Z}$-Folge werden wir in § 223 kennen lernen.

$f(x, y)$ sei in $\mathfrak{B}$ stetig und σ_n sei die Maximalschwankung von $f(x, y)$ in den Teilbereichen von $\mathfrak{Z}_n$, so daß in keinem dieser Bereiche eine größere Schwankuug als σ_n und in wenigstens einem die Schwankung σ_n stattfindet. Ist dann $\mathfrak{Z}_1, \mathfrak{Z}_2, \mathfrak{Z}_3, \ldots$ eine ausgezeichnete $\mathfrak{Z}$-Folge, so hat man

$$\lim \sigma_n = 0.$$

Dies folgt unmittelbar daraus, daß die in § 218 (Fußnote 2) konstruierte Funktion $F(x, y)$ in $\langle a, b; c, d \rangle$ stetig ist und daher die Eigenschaft der gleichmäßigen Stetigkeit hat (vgl. § 211, Nr. 2 und die Fußnote auf S. 331).

Sind

$$\mathfrak{B}_1, \mathfrak{B}_2, \ldots, \mathfrak{B}_p$$

die Teilbereiche bei der Zerlegung $\mathfrak{Z}$, so hat man nach § 220

$$\iint\limits_{\mathfrak{B}} f(x, y)\, dx\, dy = \sum \iint\limits_{\mathfrak{B}_\nu} f(x, y)\, dx\, dy.$$

Nach § 221 ist aber $\quad \iint\limits_{\mathfrak{B}} f(x, y)\, dx\, dy = B_\nu f_\nu.$

Dabei bedeutet B_ν den Inhalt von $\mathfrak{B}_\nu$ und f_ν ist ein Wert, den $f(x, y)$ in $\mathfrak{B}_\nu$ annimmt.

Wir haben also $\quad \iint\limits_{\mathfrak{B}} f(x, y)\, dx\, dy = \sum B_\nu f_\nu.$

Nun sei $\bar{f}_\nu$ irgendein Wert von $f(x, y)$ in $\mathfrak{B}_\nu$. Dann wird

$$\left|\sum B_\nu \bar{f}_\nu - \iint_{\mathfrak{B}} f(x, y)\, dx\, dy\right| \leqq \sum B_\nu \left|\bar{f}_\nu - f_\nu\right| \leqq B\sigma \;{}^{1})$$

und, wenn $\mathfrak{Z}$ die ausgezeichnete $\mathfrak{Z}$-Folge $\mathfrak{Z}_1, \mathfrak{Z}_2, \mathfrak{Z}_3, \ldots$ durchläuft,

$$\lim \sum B_\nu \bar{f}_\nu = \iint_{\mathfrak{B}} f(x, y)\, dx\, dy.$$

Es gilt also folgender Satz:

$f(x, y)$ sei in dem Normalbereich $\mathfrak{B}$ stetig. Man nehme eine Zerlegung $\mathfrak{Z}$ des Bereichs $\mathfrak{B}$ in p Normalbereiche $\mathfrak{B}_1, \mathfrak{B}_2, \ldots \mathfrak{B}_p$ vor. B_ν sei der Inhalt von $\mathfrak{B}_\nu$ und f_ν irgend ein Wert von $f(x, y)$ in $\mathfrak{B}_\nu$ $(\nu = 1, 2, \ldots, p)$. Läßt man $\mathfrak{Z}$ eine ausgezeichnete $\mathfrak{Z}$-Folge durchlaufen, so konvergiert

$$\mathfrak{S}(\mathfrak{Z}) = \sum_{\nu=1}^{p} B_\nu f_\nu \quad \text{nach} \quad \iint_{\mathfrak{B}} f(x, y)\, dx\, dy.$$

§ 223. Zurückführung des Doppelintegrals auf zwei einfache Integrationen. Die Kurven

$$y = \varphi_\nu(x) = \varphi(x) + \frac{\nu}{p}\left\{\psi(x) - \varphi(x)\right\}$$

und die Geraden $\qquad x = x_\nu = a + \dfrac{\nu}{p}(b - a)$

$$(\nu = 1, 2, \ldots, p - 1)$$

zerlegen $\mathfrak{B}$ in p^2 Normalbereiche, und $\mathfrak{Z}_1, \mathfrak{Z}_2, \mathfrak{Z}_3, \ldots$ ist offenbar eine ausgezeichnete $\mathfrak{Z}$-Folge.

Ist $f(x, y)$ in $\mathfrak{B}$ stetig, so ist

$$F(x) = \int_{\varphi(x)}^{\psi(x)} f(x, y)\, dy$$

in $\langle a, b\rangle$ stetig. Man hat nämlich [2])

$$F(x) = \sum_{\nu=1}^{p} \int_{\varphi_{\nu-1}(x)}^{\varphi_\nu(x)} f(x, y)\, dy = \left\{\psi(x) - \varphi(x)\right\}\frac{\Sigma f(x, y_\nu)}{p}.$$

---

1) σ ist die Maximalschwankung in den Teilbereichen von $\mathfrak{Z}$ und B der Inhalt von $\mathfrak{B}$.

2) Wir setzen $\varphi(x) = \varphi_0(x)$, $\psi(x) = \varphi_p(x)$.

Dabei ist $\qquad \varphi_{\nu-1}(x) < y_\nu < \varphi_\nu(x)$.

Der erste der beiden Faktoren, in die wir $F(x)$ zerlegt haben, ist in $\langle a, b \rangle$ stetig. Es handelt sich also nur darum, die Stetigkeit des andern Faktors $G(x) = \dfrac{\Sigma f(x, y_\nu)}{p}$ zu beweisen.

Wenn $\lim \bar{x} = x$ ist, so werden fast alle $\bar{x}$ der Ungleichung

$$|x - \bar{x}| < \frac{b - a}{p}$$

genügen. Die Punkte (x, y_ν) und $(\bar{x}, \bar{y}_\nu)$ liegen dann entweder in demselben oder in benachbarten Teilbereichen von $\mathfrak{B}_p$. Ist also σ_p die Maximalschwankung von $f(x, y)$ in diesen Teilbereichen, so hat man

$$|f(x, y_\nu) - f(\bar{x}, \bar{y}_\nu)| \leqq 2\sigma_p,$$

also auch $\qquad \left| \dfrac{\Sigma f(x, y_\nu)}{p} - \dfrac{\Sigma f(\bar{x}, \bar{y}_\nu)}{p} \right| \leqq 2\sigma_p$.

Da $\lim \sigma_p = 0$ ist, so folgt $\lim G(\bar{x}) = G(x)$.

Die Teilbereiche von $\mathfrak{B}_p$, die zwischen den beiden Geraden $x = x_{\mu-1}$ und $x = x_\mu$ liegen[1]), haben alle den Inhalt

$$B_\mu = \frac{1}{p} \int\limits_{x_{\mu-1}}^{x_\mu} \{ \psi(x) - \varphi(x) \}\, dx = \frac{\psi(\mathfrak{x}_u) - \varphi(\mathfrak{x}_u)}{p} (x_\mu - x_{\mu-1}),$$

wobei $x_{\mu-1} < \mathfrak{x}_\mu < x_\mu$.

Den Ausdruck $\qquad \displaystyle\sum_{\mu=1}^{\mu} (x_\mu - x_{\mu-1})\, F(\mathfrak{x}_\mu)$

können wir, da $F(\mathfrak{x}_\mu) = \dfrac{\psi(\mathfrak{x}_u) - \varphi(\mathfrak{x}_u)}{p} \displaystyle\sum_{\nu=1}^{p} f(\mathfrak{x}_\mu, \mathfrak{y}_{\mu\nu})$

$$\{ \varphi_{\nu-1}(\mathfrak{x}_\mu) < \mathfrak{y}_{\mu\nu} < \varphi_\nu(\mathfrak{x}_\mu) \}$$

ist, so schreiben $\qquad \displaystyle\sum_{\mu=1}^{\mu} \sum_{\nu=1}^{p} B_\mu f(\mathfrak{x}_\mu, \mathfrak{y}_{\mu\nu})$.

Lassen wir p die Folge $1, 2, 3, \ldots$ durchlaufen, so konvergiert diese

---

[1]) $a = x_0,\ b = x_v$.

Summe nach $\iint\limits_{\mathfrak{B}} f(x, y)\,dx\,dy.$

Andererseits ist $\lim \sum\limits_{\mu=1}^{p} (x_\mu - x_{\mu-1}) F(\mathfrak{x}_\mu) = \int\limits_{a}^{b} F(x)\,dx$.

Es gilt also die Formel

$$\iint\limits_{\mathfrak{B}} f(x, y)\,dx\,dy = \int\limits_{a}^{b} \Big(\int\limits_{\varphi(x)}^{\psi(x)} f(x, y)\,dy \Big)\,dx.$$

Man kann diese Formel auch so beweisen:

Durch die Geraden $x = x_\mu$ zerlege man $\mathfrak{B}$ in p Teile $\mathfrak{B}_1, \mathfrak{B}_2, \ldots, \mathfrak{B}_p$. Mit $m_\mu(\overline{m}_\mu)$ werde der kleinste, mit $M_\mu(\overline{M}_\mu)$ der größte Wert von $\varphi(x)$ bzw. $\psi(x)$ in $\langle x_{\mu-1}, x_\mu \rangle$ bezeichnet. Wir führen noch ein Symbol m'_μ ein, das folgende Bedeutung hat.

Wenn $M_\mu \leqq \overline{m}_\mu$ ist, so setzen wir $m'_\mu = \overline{m}_\mu$. Wenn $M_\mu > \overline{m}_\mu$ ist, so setzen wir $m'_\mu = M_\mu$. Dann ist immer

$$0 \leqq \overline{M}_\mu - m'_\mu \leqq \overline{M}_\mu - \overline{m}_\mu.$$

Mit $\mathfrak{Q}_\mu$ wollen wir das Rechteck

$$\langle x_{\mu-1}, x_\mu;\ M_\mu, m'_\mu \rangle$$

bezeichnen. σ sei die Maximalschwankung von $\varphi(x)$ und $\psi(x)$ in den Teilintervallen $\langle x_{\mu-1}, x_\mu \rangle$ und $\mathfrak{M}$ der größte Wert von $|f(x, y)|$ in $\mathfrak{B}$.

Man hat alsdann

$$\left| \iint\limits_{\mathfrak{B}_\mu} f(x, y)\,dx\,dy - \iint\limits_{\mathfrak{Q}_\mu} f(x, y)\,dx\,dy \right| \leqq 2\sigma \mathfrak{M} (x_\mu - x_{\mu-1}),$$

also $\left| \iint\limits_{\mathfrak{B}} f(x,y)\,dx\,dy - \sum \iint\limits_{\mathfrak{Q}_\mu} f(x, y)\,dx\,dy \right| \leqq 2\sigma (b-a) \mathfrak{M}$.

Andererseits ist

$$\left| \int\limits_{\varphi(x)}^{\psi(x)} f(x, y)\,dy - \int\limits_{M_\mu}^{m'_\mu} f(x, y)\,dy \right| \leqq 2\sigma \mathfrak{M},$$

$$(x_{\mu-1} \leqq x \leqq x_\mu)\quad \text{mithin}$$

$$\left| \int\limits_{x_{\mu-1}}^{x_\mu} \Big(\int\limits_{\varphi(x)}^{\psi(x)} f(x,y)\,dy \Big)\,dx - \int\limits_{x_{\mu-1}}^{x_\mu} \Big(\int\limits_{M_\mu}^{m'_\mu} f(x, y)\,dy \Big)\,dx \right| \leqq 2\sigma (x_\mu - x_{\mu-1}) \mathfrak{M}$$

Nach § 213 darf man aber schreiben

$$\int\limits_{x_{\mu}-1}^{x_{\mu}} \Big(\int\limits_{M_{\mu}}^{m'_{\mu}} f(x,y)\,dy\Big)\,dx = \iint\limits_{\mathfrak{D}_{\mu}} f(x,y)\,dx\,dy\,.$$

Mithin ist

$$\Big|\int\limits_{a}^{b}\Big(\int\limits_{\varphi(x)}^{\psi(x)} f(x,y)\,dy\Big)\,dx - \sum \iint\limits_{\mathfrak{D}_{\mu}} f(x,y)\,dx\,dy\Big| \leqq 2\,\sigma(b-a)\mathfrak{M}$$

und $\quad \Big|\iint\limits_{\mathfrak{B}} f(x,y)\,dx\,dy - \int\limits_{a}^{b}\Big(\int\limits_{\varphi(x)}^{\psi(x)} f(x,y)\,dy\Big)dx\Big| < 4\sigma(b-a)\mathfrak{M}.$

Da man σ beliebig klein machen kann, folgt, daß die linke Seite Null ist.

Noch einfacher gelangt man zu diesem Resultat, wenn man sich auf § 216 stützt und annimmt, daß $f(x,y)$ außerhalb von $\mathfrak{B}$ überall gleich Null ist.

§ 224. **Doppelintegrale in beliebigen beschränkten Bereichen.** $\mathfrak{A}$ sei ein beliebiger beschränkter Bereich, d. h. ein Bereich, der sich in ein Rechteck $\langle a, b;\, c, d\rangle$ einschließen läßt. In $\mathfrak{A}$ sei eine Funktion $f(x,y)$ definiert. Wir dehnen die Definition von f auf $\langle a, b;\, c, d\rangle$ aus, indem wir festsetzen, daß f an jeder Stelle, die nicht zu $\mathfrak{A}$ gehört, gleich Null sein soll. Wenn dann das Integral

$$\iint\limits_{\langle a,b;\,c,d\rangle} f(x,y)\,dx\,dy$$

existiert, so nennen wir es das über $\mathfrak{A}$ erstreckte Integral von f und bezeichnen es mit $\quad \iint\limits_{\mathfrak{A}} f(x,y)\,dx\,dy.$

Wir wollen uns auf den Fall beschränken, daß $\mathfrak{A}$ in eine endliche Anzahl von Normalbereichen[1]) zerlegbar ist (vgl. Fig. 28 auf Seite 364). Ferner soll $f(x,y)$ in $\mathfrak{A}$ stetig sein. Bezeichnen wir die Normalbereiche mit $\mathfrak{B}_1, \mathfrak{B}_2, \ldots, \mathfrak{B}_p$, so ist $f(x,y)$ in jedem $\mathfrak{B}_\nu$ stetig.

---

1) Wir lassen beide Arten von Normalbereichen zu, solche in bezug auf die x-Achse und solche in bezug auf die y-Achse. Bei der Zerlegung von $\mathfrak{A}$ dürfen beide Arten von Normalbereichen zusammen auftreten.

Es existieren also die Integrale

$$\iint_{\mathfrak{B}_\nu} f(x, y)\,dx\,dy. \qquad (\nu = 1, 2\ldots, p)$$

Jetzt sei $f_\nu(x, y)$ eine Funktion, die in $\mathfrak{B}_\nu$ gleich $f(x, y)$ ist und sonst überall verschwindet. Dann ist in $\langle a, b; c, d\rangle$

$$f(x, y) = f_1(x, y) + \cdots + f_p(x, y)$$

außer an den Rändern der einzelnen $\mathfrak{B}_\nu$. Durch geeignetes Abändern jedes $f_\nu(x)$ auf dem Rande von $\mathfrak{B}_\nu(x)$ können wir erreichen, daß die obige Gleichung überall in $\langle a, b; c, d\rangle$ gilt. Beachtet man, daß die Integrale

$$\iint_{\mathfrak{B}_\nu} f_\nu(x, y)\,dx\,dy$$

dabei ungeändert bleiben, so ergibt sich

$$\iint_{\mathfrak{A}} f(x, y)\,dx\,dy = \sum_{\nu=1}^{p} \iint_{\mathfrak{B}_\nu} f_\nu(x, y)\,dx\,dy = \sum_{\nu=1}^{p} \iint_{\mathfrak{B}_\nu} f(x, y)\,dx\,dy.$$

Zerlegt man $\mathfrak{A}$ in eine endliche Anzahl von Bereichen $\mathfrak{A}_1$, $\mathfrak{A}_2, \ldots, \mathfrak{A}_r$, deren jeder in eine endliche Anzahl von Normalbereichen zerlegbar ist, so hat man

$$\iint_{\mathfrak{A}} f(x, y)\,dx\,dy = \sum_{\varrho=1}^{r} \iint_{\mathfrak{A}_\varrho} f(x, y)\,dx\,dy.$$

Auf jedes $\mathfrak{A}_\varrho$ läßt sich nämlich die soeben bewiesene Formel anwenden.

$f(x, y)$, $\varphi(x, y)$ seien in $\mathfrak{A}$ stetig und $\varphi(x, y)$ nirgends negativ. Dann ist (vgl. § 221), wenn wir $\mathfrak{A}$ wieder in die p Normalbereiche $\mathfrak{B}_\nu$ zerlegen,

$$m\iint_{\mathfrak{B}_\nu} \varphi\,dx\,dy \leqq \iint_{\mathfrak{B}_\nu} f\varphi\,dx\,dy \leqq M \iint_{\mathfrak{B}_\nu} \varphi\,dx\,dy,$$

$$(\nu = 1, 2, \ldots, p)$$

m soll den kleinsten und M den größten Wert von $f(x, y)$ in $\mathfrak{A}$ bedeuten. Hieraus folgt

$$m\iint_{\mathfrak{A}} \varphi\,dx\,dy \leqq \iint_{\mathfrak{A}} f\varphi\,dx\,dy \leqq M \iint_{\mathfrak{A}} \varphi\,dx\,dy,$$

und wir können

$$\iint_{\mathfrak{A}} f\varphi\,dx\,dy = K \iint_{\mathfrak{A}} \varphi\,dx\,dy$$

setzen ($m \leq K \leq M$). Ist m_ν der kleinste und M_ν der größte Wert von $f(x, y)$ in $\mathfrak{B}_\nu$, so liegt K sicher in einem der Intervalle

$$\langle m_1, M_1\rangle, \ \langle m_2, M_2\rangle, \ \ldots, \ \langle m_p, M_p\rangle.$$

Nach § 221 gibt es also in $\mathfrak{A}$ einen Punkt (ξ, η), so daß $K = f(\xi, \eta)$ ist. Dann wird aber

$$\iint_{\mathfrak{A}} f(x, y)\,\varphi(x, y)\,dx\,dy = f(\xi, \eta)\iint_{\mathfrak{A}} \varphi(x, y)\,dx\,dy.$$

Setzen wir $\varphi(x, y) = 1$, so haben wir die Formel

$$\iint_{\mathfrak{A}} f(x, y)\,dx\,dy = f(\xi, \eta)\,A.$$

A, d. h.

$$\iint_{\mathfrak{A}} dx\,dy = \sum \iint_{\mathfrak{B}_\nu} dx\,dy = \Sigma B_\nu,$$

ist der Inhalt von $\mathfrak{A}$.

$\mathfrak{Z}$ bedeute eine Zerlegung von $\mathfrak{A}$ in Teilbereiche $\mathfrak{A}_1, \mathfrak{A}_2, \ldots, \mathfrak{A}_r$, deren jeder in eine endliche Anzahl von Normalbereichen zerlegbar ist. Jedes $\mathfrak{A}_\varrho$ schließen wir in ein möglichst kleines Rechteck $\langle a_\varrho, b_\varrho; c_\varrho, d_\varrho\rangle$ ein und nennen die Diagonale dieses Rechtecks die Diagonale von $\mathfrak{A}_\varrho$. Die größte Diagonale, die bei den Bereichen $\mathfrak{A}_1, \mathfrak{A}_2, \ldots, \mathfrak{A}_r$ vorkommt, nennen wir die Maximaldiagonale der Zerlegung $\mathfrak{Z}$. Eine Folge $\mathfrak{Z}_1, \mathfrak{Z}_2, \mathfrak{Z}_3, \ldots$ von Zerlegungen wie $\mathfrak{Z}$ nennen wir eine ausgezeichnete $\mathfrak{Z}$-Folge, wenn $\lim \mathfrak{d}_n = 0$ ist. Dabei bedeutet $\mathfrak{d}_n$ die Maximaldiagonale von $\mathfrak{Z}_n$.

(x_ϱ, y_ϱ) sei ein beliebiger Punkt von $\mathfrak{A}_\varrho$. Dann unterscheidet sich die Summe

$$\mathfrak{S}(\mathfrak{Z}) = \sum_{\varrho=1}^{r} f(x_\varrho, y_\varrho)\,A_\varrho \qquad \left(A_\varrho = \iint_{\mathfrak{A}_\varrho} dx\,dy\right)$$

von

$$\iint_{\mathfrak{A}} f(x, y)\,dx\,dy = \sum \iint_{\mathfrak{A}_\varrho} f(x, y)\,dx\,dy = \Sigma f(\xi_\varrho, \eta_\varrho)\,A_\varrho$$

um weniger als σA, wenn σ die größte unter den Zahlen $|f(\xi_\varrho, \eta_\varrho) - f(x_\varrho, y_\varrho)|$ bedeutet. Läßt man $\mathfrak{Z}$ eine ausgezeichnete $\mathfrak{Z}$-Folge durchlaufen, so wird $\lim \sigma = 0$. Um das einzusehen, denke man sich $\mathfrak{A}$ in

Normalbereiche $\mathfrak{B}_1, \mathfrak{B}_2, \ldots, \mathfrak{B}_p$ zerlegt $\delta\,(>0)$ wähle man so, daß zwei Punkte, die in nicht aneinanderstoßenden Teilbereichen liegen, um mehr als δ voneinander entfernt sind.[1]) Ist nun

$$\lim (x_n - \bar{x}_n) = \lim (y_n - \bar{y}_n) = 0,$$

so wird für $n \geq \nu$

$$\sqrt{(x_n - \bar{x}_n)^2 + (y_n - \bar{y}_n)^2} < \delta$$

sein. Die Punkte (x_n, y_n) und $(\bar{x}_n, \bar{y}_n)$ liegen dann in demselben oder in benachbarten Normalbereichen. Hat man (was nach § 223 möglich ist) die Zerlegung von $\mathfrak{A}$ so eingerichtet, daß die Schwankung von $f(x, y)$ in jedem Teilbereich kleiner als $\frac{\varepsilon}{2}$ ist, so wird für $n \geq \nu$

$$|f(x_n, y_n) - f(\bar{x}_n, \bar{y}_n)| < \varepsilon$$

sein. Das bedeutet aber

$$\lim \{f(x_n, y_n) - f(\bar{x}_n, \bar{y}_n)\} = 0.$$

Es ist also $\int\!\!\!\int_{\mathfrak{A}} f(x, y)\,dx\,dy = \lim \sum f(x_\varrho, y_\varrho) A_\varrho$

für den Fall, daß $\mathfrak{Z}$ eine ausgezeichnete Folge von Zerlegungen durchläuft.

§ 225. **Kurvenintegrale.** $\varphi(t)$, $\psi(t)$, $\chi(t)$ seien in $\langle a, b \rangle$ stetig und so beschaffen, daß

$$\{\varphi(t) - \varphi(\bar{t})\}^2 + \{\psi(t) - \psi(\bar{t})\}^2 + \{\chi(t) - \chi(\bar{t})\}^2 > 0$$

ist, so lange t, $\bar{t}$ zwei verschiedene Werte aus $\langle a, b \rangle$ sind.

Durch

$$(\mathfrak{t}) \qquad x = \varphi(t), \quad y = \psi(t), \quad z = \chi(t) \qquad \langle a \leq t \leq b \rangle$$

wird dann, wie man sagt, eine einfache stetige Kurve dargestellt. Der Punkt A, der dem Wert $t = a$ entspricht, heißt ihr **Anfangspunkt**, der Punkt B, der dem Wert $t = b$ entspricht, ihr **Endpunkt**.

---

1) Die Existenz eines solchen δ ergibt sich leicht. Man beachte, daß zwei Kurven $x = f(t)$, $y = g(t)$, $a \leq t \leq b$ und $x = F(u)$, $y = G(u)$, $c \leq u \leq d$, wenn f, g, F, G stetig sind, einen kürzesten Abstand haben. Dieser ist der kleinste Wert von

$$\omega(t, u) = \{f(t) - F(u)\}^2 + \{g(t) - G(u)\}^2$$

in $\langle a, b; c, d \rangle$. Haben die Kurven keinen gemeinsamen Punkt, so ist der kürzeste Abstand größer als Null.

Unter den Punkten von $\mathfrak{k}$ ist durch die Variable t eine bestimmte Ordnung hergestellt. Entspricht der Punkt P_1 dem Wert $t = t_1$, der Punkt P_2 dem Wert $t = t_2$ ($> t_1$), so wollen wir sagen, daß P_2 auf P_1 folgt und schreiben

$$P_1 \prec P_2.$$

Mit $\langle P_1, P_2 \rangle$ bezeichnen wir die Kurve

$$x = \varphi(t), \; y = \psi(t), \; z = \chi(t). \qquad (t_1 \leqq t \leqq t_2)$$

Wählen wir auf $\mathfrak{k}$ die Punkte $P_1, P_2, \ldots, P_{n-1}$ so, daß

$$A \prec P_1 \prec \ldots \prec P_{n-1} \prec B$$

ist, so zerlegt sich $\mathfrak{k}$ in n Teile von derselben Beschaffenheit wie $\mathfrak{k}$, nämlich in $\qquad \langle A, P_1 \rangle, \langle P_1, P_2 \rangle, \cdots, \langle P_{n-1}, B \rangle.$

Eine solche Zerlegung wollen wir mit $\mathfrak{Z}$ bezeichnen. Als **Maximalsehne** von $\mathfrak{Z}$ bezeichnen wir die längste unter den Sehnen $A P_1$, $P_1 P_2, \ldots, P_{n-1} B$.[1]

Unter einer **ausgezeichneten** $\mathfrak{Z}$-Folge von $\mathfrak{k}$ verstehen wir eine Folge $\mathfrak{Z}_1, \mathfrak{Z}_2, \mathfrak{Z}_3, \ldots$ von Zerlegungen mit der Eigenschaft $\lim l_p = 0$ Dabei bedeutet l_p die Maximalsehne von $\mathfrak{Z}_p$.

Auf $\mathfrak{k}$ seien zwei Funktionen definiert, d. h. jedem Punkt P von $\mathfrak{k}$ sei eine Zahl $f(P)$ und eine Zahl $g(P)$ zugeordnet. Wir nehmen die Zerlegung $\mathfrak{Z}$ vor und bezeichnen mit Q_ν einen beliebigen Punkt von $\langle P_{\nu-1}, P_\nu \rangle$.[2]

Es kann nun sein, daß

$$\mathfrak{S}(\mathfrak{Z}) = \sum_{\nu=1}^{n} f(Q_\nu)\{g(P_\nu) - g(P_{\nu-1})\}$$

stets einem Grenzwert zustrebt, wenn $\mathfrak{Z}$ eine ausgezeichnete $\mathfrak{Z}$-Folge durchläuft. Diesen Grenzwert bezeichnet man mit

$$\int_{\mathfrak{k}} f\, dg$$

und nennt ihn ein **Kurvenintegral**.

„Orientieren" wir die Kurve $\mathfrak{k}$ anders, d. h. kehren wir die Ord-

---

[1] Diese Sehnen sind mit der zugrunde gelegten Längeneinheit zu messen.
[2] A nennen wir P_0 und B nennen wir P_n.

nung, die unter ihren Punkten herrscht, um, so multipliziert sich das Integral mit -1, d. h. es ist

$$\int\limits_{\langle A B\rangle} f\,dg = -\int\limits_{\langle B A\rangle} f\,dg.$$

Mit $\langle B A\rangle$ bezeichnen wir die umgekehrt orientierte Kurve $\mathfrak{k}$.

Existieren die Kurvenintegrale

$$\int\limits_{\mathfrak{k}} f_1\,dg_1, \cdots, \int\limits_{\mathfrak{k}} f_p\,dg_p,$$

so schreibt man für ihre Summe

$$\int\limits_{\mathfrak{k}} (f_1\,dg_1 + \cdots + f_p\,dg_p)$$

und nennt auch diesen Ausdruck ein Kurvenintegral.

Das Kurvenintegral ist eine Verallgemeinerung des einfachen bestimmten Integrals.

§ 226. **Zerlegungsformel.** Wenn

$$\int\limits_{\mathfrak{k}} f\,dg$$

existiert, so existiert auch $\quad\int\limits_{\langle A P\rangle} f\,dg,$

wobei P irgend ein Punkt von $\mathfrak{k}$ ist.[1]

Wir beweisen zunächst folgendes:

Jedem positiven δ läßt sich ein positives ε entgegenstellen derart, daß

$$\left| \int\limits_{\mathfrak{k}} f\,dg - \mathfrak{S}(\mathfrak{Z}) \right| < \varepsilon$$

ist, sobald die Maximalsehne von $\mathfrak{Z}$ kleiner als δ ist.

Machte nämlich $\varepsilon = \varepsilon_0 (> 0)$ eine Ausnahme, so gäbe es, wenn $\delta = 1/n$ gesetzt wird ($n = 1, 2, 3, \ldots$), eine Zerlegung $\mathfrak{Z}_n$ und ein $\mathfrak{S}(\mathfrak{Z}_n)$ derart, daß

$$\left| \int\limits_{\mathfrak{k}} f\,dg - \mathfrak{S}(\mathfrak{Z}_n) \right| \geqq \varepsilon_0$$

ist, obwohl die Maximalsehne von $\mathfrak{Z}_n$ kleiner als $1/n$ ist.

---

[1] Wenn P mit A zusammenfällt, setzen wir das Integral gleich Null.

$\mathfrak{Z}_1, \mathfrak{Z}_2, \mathfrak{Z}_3, \ldots$ ist offenbar eine ausgezeichnete $\mathfrak{Z}$-Folge. Man hat aber nicht

$$\lim \mathfrak{S}(\mathfrak{Z}_n) = \int_{\mathfrak{k}} f\,dg.$$

Nehmeu wir nun auf $\langle PB\rangle$ eine Zerlegung $\mathfrak{Z}'$ vor, deren Maximalsehne kleiner als δ ist, und betrachten wir auf $\langle AP\rangle$ zwei Zerlegungen $\overline{\mathfrak{Z}}$ und $\overline{\overline{\mathfrak{Z}}}$, die auch diese Eigenschaft haben, so ist

$$\left| \int_{\mathfrak{k}} f\,dg - \mathfrak{S}(\mathfrak{Z}') - \mathfrak{S}(\overline{\mathfrak{Z}}) \right| < \varepsilon,$$

$$\left| \int_{\mathfrak{k}} f\,dg - \mathfrak{S}(\mathfrak{Z}') - \mathfrak{S}(\overline{\overline{\mathfrak{Z}}}) \right| < \varepsilon,$$

mithin
$$\left| \mathfrak{S}(\overline{\mathfrak{Z}}) - \mathfrak{S}(\overline{\overline{\mathfrak{Z}}}) \right| < 2\,\varepsilon.$$

Mit Hilfe des Cauchyschen Kriteriums ergibt sich hieraus, daß $\lim \mathfrak{S}(\overline{\mathfrak{Z}}_n)$ existiert, wenn $\overline{\mathfrak{Z}}_1, \overline{\mathfrak{Z}}_2, \overline{\mathfrak{Z}}_3, \ldots$ eine ausgezeichnete $\mathfrak{Z}$-Folge auf $\langle AP\rangle$ ist.

Es existiert also das über $\langle AP\rangle$ erstreckte Integral von $f\,dg$, folglich auch das über $\langle PB\rangle$ erstreckte, und man hat offenbar

$$\int_{\mathfrak{k}} f\,dg = \int_{\langle AP\rangle} f\,dg + \int_{\langle PB\rangle} f\,dg.$$

Allgemein gilt die Formel

$$\int_{\mathfrak{k}} f\,dg = \int_{\langle AP_1\rangle} f\,dg + \int_{\langle P_1 P_2\rangle} f\,dg + \cdots + \int_{\langle P_{n-1},\, B\rangle} f\,dg.$$

$$(A \prec P_1 \prec \cdots \prec P_{n-1} \prec B)$$

Unter einer **Kette** von einfachen Kurven wollen wir p einfache Kurven
$$\mathfrak{k}_1, \mathfrak{k}_2, \ldots, \mathfrak{k}_\nu$$
verstehen, die so beschaffen sind, daß der Endpunkt von $\mathfrak{k}_\nu$ $(\nu = 1, 2, \ldots, p-1)$ der Anfangspunkt von $\mathfrak{k}_{\nu+1}$ ist. Mit $\mathfrak{k}$ werde die aus $\mathfrak{k}_1, \mathfrak{k}_2, \ldots, \mathfrak{k}_p$ in dieser Reihenfolge zusammengesetzte Kurve bezeichnet.

Wenn die Integrale $\displaystyle\int_{\mathfrak{k}_1} f\,dg, \quad \int_{\mathfrak{k}_2} f\,dg, \cdots, \quad \int_{\mathfrak{k}_p} f\,dg$

existieren, so setzen wir ihre Summe gleich

$$\int_{\mathfrak{k}} f\,dg$$

und nennen sie das über $\mathfrak{k}$ erstreckte Integral von $f\,dg$.

Ist $\bar{\mathfrak{l}}_1, \bar{\mathfrak{l}}_2, \ldots, \bar{\mathfrak{l}}_{\bar{p}}$ eine andere Zerlegung von $\mathfrak{l}$ in eine Kette von einfachen Kurven, so liefern beide Zerlegungen zusammen eine dritte Zerlegung von $\mathfrak{l}$ in die einfachen Kurven $\mathfrak{l}_1', \mathfrak{l}_2', \ldots, \mathfrak{l}_{p'}'$. Sie entsteht aus jeder der beiden ersten dadurch, daß die Kurven $\mathfrak{l}_\nu$ bezw. $\bar{\mathfrak{l}}_{\bar{\nu}}$ weiter zerlegt werden. Wendet man die oben erhaltene Zerlegungsformel an, so erkennt man, daß

$$\sum \int\limits_{\mathfrak{l}_\nu} f\,dg = \sum \int\limits_{\mathfrak{l}_{\nu'}'} f\,dg = \sum \int\limits_{\bar{\mathfrak{l}}_{\bar{\nu}}} f\,dg \qquad \text{ist.}$$

§ 227. **Beziehung zwischen** $\int\limits_{\mathfrak{l}} f\,dg$ **und** $\int\limits_{\mathfrak{l}} g\,df.$

Wir wollen annehmen, daß das erste Integral existiert, und zeigen, daß dann auch das zweite existiert.

Wir müssen zu diesem Zweck den Ausdruck

$$\overline{\mathfrak{S}}(\mathfrak{Z}) = \sum_{\nu=1}^{n} g(Q_\nu)\{f(P_\nu) - f(P_{\nu-1})\}$$

betrachten. Offenbar ist

$$\overline{\mathfrak{S}}(\mathfrak{Z}) = \sum_{\nu=1}^{n} \{g(Q_\nu)[f(P_\nu) - f(Q_\nu)] + g(Q_\nu)[f(Q_\nu) - f(P_{\nu-1})]\}.$$

Nun kann man aber schreiben

$$g(Q_\nu)[f(P_\nu) - f(Q_\nu)]$$
$$= g(P_\nu)f(P_\nu) - g(Q_\nu)f(Q_\nu) - f(P_\nu)[g(P_\nu) - g(Q_\nu)]$$

und
$$g(Q_\nu)[f(Q_\nu) - f(P_{\nu-1})]$$
$$= g(Q_\nu)f(Q_\nu) - g(P_{\nu-1})f(P_{\nu-1}) - f(P_{\nu-1})[g(Q_\nu) - g(P_{\nu-1})],$$

so daß sich ergibt

$$\overline{\mathfrak{S}}(\mathfrak{Z}) = \sum_{\nu=1}^{n} \{g(P_\nu)f(P_\nu) - g(P_{\nu-1})f(P_{\nu-1})\}$$

$$- \sum_{\nu=1}^{n} \{f(P_{\nu-1})[g(Q_\nu) - g(P_{\nu-1})] + f(P_\nu)[g(P_\nu) - g(Q_\nu)]\}$$

Die erste Summe rechts ist gleich

$$(fg)_A^B = f(B)g(B) - f(A)g(A).$$

Die zweite Summe rechts ist ein Ausdruck wie $\mathfrak{S}(\mathfrak{Z})$ in § 225. Lassen wir $\mathfrak{Z}$ eine ausgezeichnete $\mathfrak{Z}$-Folge durchlaufen, so ergibt sich

$$\lim \overline{\mathfrak{S}}(\mathfrak{Z}) = (fg)_A^B - \int\limits_t f\,dg\,.$$

Wir haben also folgenden Satz:

Wenn eins von den beiden Integralen

$$\int\limits_t f\,dg, \quad \int\limits_t g\,df$$

existiert, so existiert auch das andre, und es gilt die Formel

$$\int\limits_t f\,dg + \int\limits_t g\,df = (fg)_A^B\,.$$

§ 228. Ein Fall, in welchem $\int\limits_t f\,dg$ existiert.

f sei auf $\mathfrak{t}$ stetig und g sei auf $\mathfrak{t}$ absteigend, d. h. es sei immer

$$g(P_1) \geqq g(P_2), \quad \text{wenn} \quad P_1 \prec P_2 \quad \text{ist.}$$

.Wir wollen zeigen, daß unter diesen Bedingungen $\int\limits_t f\,dg$ existiert. Zunächst beweisen wir folgendes:

Wenn $\mathfrak{Z}_1, \mathfrak{Z}_2, \mathfrak{Z}_3, \ldots$ eine ausgezeichnete $\mathfrak{Z}$-Folge ist und σ_n die Maximalschwankung von $f(x, y)$ auf den Teilbögen von $\mathfrak{Z}_n$ bedeutet, so hat man $\lim \sigma_n = 0$.

Ist σ ein Häufungswert der beschränkten Folge $\sigma_1, \sigma_2, \sigma_3, \ldots$, so läßt sich in $\mathfrak{Z}_1, \mathfrak{Z}_2, \mathfrak{Z}_3, \ldots$ die Teilfolge $\overline{\mathfrak{Z}}_1, \overline{\mathfrak{Z}}_2, \overline{\mathfrak{Z}}_3, \ldots$ so auswählen, daß $\lim \overline{\sigma}_n = \sigma$ ist.

$\langle A_n, B_n \rangle$ sei der Teilbogen von $\overline{\mathfrak{Z}}_n$, auf welchem f die Schwankung $\overline{\sigma}_n$ hat. A_n gehöre zu $t = a_n$ und B_n zu $t = b_n$. Wir wählen in $a_1, a_2, a_3, \ldots$ eine konvergente Teilfolge $a_1', a_2', a_3', \ldots$ und in $b_1', b_2', b_3', \ldots$ eine konvergente Teilfolge $b_1'', b_2'', b_3'', \ldots$. Es sei

$$\lim a_n'' = a'', \quad \lim b_n'' = b'',$$

und A_n'', B_n'', A'', B'' seien die Punkte, die zu $t = a_n'', t = b_n'', t = a''$, $t = b''$ gehören. Wegen der Stetigkeit von $\varphi(t), \psi(t), \chi(t)$ ist dann

$$\lim \overline{A_n'' B_n''}^2 = \overline{A'' B''}^2\,.$$

Da aber $\qquad\qquad \lim \overline{A_n'' B_n''}{}^2 = 0,$

weil $\mathfrak{Z}_1, \mathfrak{Z}_2, \mathfrak{Z}_3, \ldots$ eine ausgezeichnete $\mathfrak{Z}$-Folge sein soll, so folgt

$$\overline{A'' B''}{}^2 = 0, \quad \text{d. h.} \quad a'' = b''.\text{[1]}$$

Wenn man mit σ_n'' die Schwankung von $f(x, y)$ auf $\langle A_n'', B_n''\rangle$ bezeichnet, so ist $\lim \sigma_n'' = \sigma$. Nun sei $f(\mathfrak{A}_n'')$ der kleinste und $f(\mathfrak{B}_n'')$ der größte Wert von f auf $\langle A_n'', B_n''\rangle$, also

$$f(\mathfrak{B}_n'') - f(\mathfrak{A}_n'') = \sigma_n''.$$

Gehört $\mathfrak{A}_n''$ zu $t = \mathfrak{a}_n''$ und $\mathfrak{B}_n''$ zu $t = \mathfrak{b}_n''$, so hat man

$$a_n'' \leqq \mathfrak{a}_n'' \leqq b_n'' \quad \text{und} \quad a_n'' \leqq \mathfrak{b}_n'' \leqq b_n'',$$

also $\qquad\qquad \lim \mathfrak{a}_n'' = a'', \quad \lim \mathfrak{b}_n'' = a''.$

Daraus folgt aber $\quad \sigma = \lim\{f(\mathfrak{B}_n'') - f(\mathfrak{A}_n'')\} = 0.$

Die beschränkte Folge $\sigma_1, \sigma_2, \sigma_3, \ldots$ hat also nur den Häufungswert Null. Es ist daher $\lim \sigma_n = 0$.

Jetzt sind wir imstande, die Existenz von $\int\limits_{\mathfrak{k}} f\,dg$ zu beweisen.

Da $\lim \sigma_n = 0$ ist, läßt sich ν so wählen, daß σ_n für $n \geqq \nu$ kleiner als ε ist. Aus $\mathfrak{Z}_\nu$ und $\mathfrak{Z}_n \, (n > \nu)$ zusammen ergibt sich eine Zerlegung $\overline{\mathfrak{Z}}_n$ von $\mathfrak{k}$. Man bestätigt leicht, daß

$$|\mathfrak{S}(\mathfrak{Z}_\nu) - \mathfrak{S}(\overline{\mathfrak{Z}}_n)| < \sigma_\nu\{g(A) - g(B)\} < \varepsilon\{g(A) - g(B)\}$$

und $\quad |\mathfrak{S}(\mathfrak{Z}_n) - \mathfrak{S}(\overline{\mathfrak{Z}}_n)| < \sigma_n\{g(A) - g(B)\} < \varepsilon\{g(A) - g(B)\}$

ist, also

$$|\mathfrak{S}(\mathfrak{Z}_\nu) - \mathfrak{S}(\mathfrak{Z}_n)| < 2\varepsilon\{g(A) - g(B)\}.$$

Mit Hilfe des Cauchyschen Kriteriums erkennt man hieraus, daß $\lim \mathfrak{S}(\mathfrak{Z}_n)$ existiert.[2]

Wenn g auf $\mathfrak{k}$ von beschränkter Variation und $f(x)$ auf $\mathfrak{k}$ stetig ist, so existiert $\int\limits_{\mathfrak{k}} f\,dg$ ebenfalls. g läßt sich nämlich als Differenz von zwei absteigenden Funktionen darstellen.

---

[1] Man bedenke, daß $\mathfrak{k}$ eine einfache Kurve ist.

[2] Daß immer derselbe Grenzwert herauskommt, beruht darauf, daß $\mathfrak{Z}_1, \overline{\mathfrak{Z}}_1, \mathfrak{Z}_2, \overline{\mathfrak{Z}}_2, \ldots$ eine ausgezeichnete $\mathfrak{Z}$-Folge ist, sobald $\mathfrak{Z}_1, \mathfrak{Z}_2, \mathfrak{Z}_3, \ldots$ und $\overline{\mathfrak{Z}}_1, \overline{\mathfrak{Z}}_2, \overline{\mathfrak{Z}}_3, \ldots$ solche sind.

Anwendung. $F(x)$ sei in $\langle a, b\rangle$ monoton und $G(x)$ in $\langle a, b\rangle$ integrierbar. Dann ist $\int\limits_a^x G(x)dx$ in $\langle a, b\rangle$ stetig. Nach dem Obigen existiert also das Integral

$$\int\limits_a^b\Big(\int\limits_a^x G(x)dx\Big)dF(x),$$

mithin (nach § 227) auch das Integral

$$\int\limits_a^b F(x)d\int\limits_a^x G(x)dx,$$

und man hat

$$\int\limits_a^b F(x)d\int\limits_a^x G(x)dx +\int\limits_a^b\Big(\int\limits_a^x G(x)dx\Big)dF(x) = F(b)\int\limits_a^b G(x)dx.$$

Nun unterscheiden sich, wenn $x_{\nu-1}\leq\bar{x}_\nu\leq x_\nu$ ist,

$$\sum F(\bar{x}_\nu)\int\limits_{x_{\nu-1}}^{x_\nu}G(x)dx \quad\text{und}\quad \sum F(\bar{x}_\nu)\,G(\bar{x}_\nu)(x_\nu - x_{\nu-1})$$

höchstens um $\qquad M\sum(x_\nu - x_{\nu-1})\,\sigma_\nu,$

wobei σ_ν die Schwankung von $G(x)$ in $\langle x_{\nu-1}, x_\nu\rangle$ und M die größte der Zahlen $|F(a)|$, $|F(b)|$ bedeutet. Es ist daher

$$\int\limits_a^b F(x)d\Big(\int\limits_a^x G(x)dx\Big) =\int\limits_a^b F(x)\,G(x)\,dx.{}^{1)}$$

Beachtet man, daß $F(x)$ monoton und $\int\limits_a^x G(x)dx$ stetig ist, so erkennt man leicht, daß

$$\int\limits_a^b\Big(\int\limits_a^x G(x)dx\Big)dF(x) = \{F(b) - F(a)\}\int\limits_a^\xi G(x)dx$$

ist $(a\leq\xi\leq b)$. Schließlich erhält man also

---

1) Diese Formel gilt überhaupt immer, wenn F und G in $\langle a, b\rangle$ integrierbar sind. Ist $G(x) = H'(x)$, so lautet sie

$$\int\limits_a^b F(x)\,dH(x) =\int\limits_a^b F(x)\,H'(x)dx.$$

$$\int\limits_a^b F(x)\,G(x)\,dx = F(a)\int\limits_a^\xi G(x)\,dx + F(b)\int\limits_\xi^b G(x)\,dx,$$

die Formel des zweiten Mittelwertsatzes (vgl. § 162).

§ 229. **Greensche Formel.** $f(x, y)$ und $f_y'(x, y)$ seien in dem Normalbereich $\mathfrak{B}$ stetig.

Nach § 223 hat man

$$\iint\limits_{\mathfrak{B}} f_y'(x, y)\,dx\,dy = \int\limits_a^b \Big(\int\limits_{\varphi(x)}^{\psi(x)} f_y'(x, y)\,dy \Big)\,dx.$$

Da nun (nach § 156)

$$\int\limits_{\varphi(x)}^{\psi(x)} f_y'(x, y)\,dy = f(x, \psi(x)) - f(x, \varphi(x))$$

ist, so wird

$$\iint\limits_{\mathfrak{B}} f_y'(x, y)\,dy = \int\limits_a^b f(x, \psi(x))\,dx - \int\limits_a^b f(x, \varphi(x))\,dx.$$

Bezeichnen wir die vier Begrenzungskurven von $\mathfrak{B}$ mit $\mathfrak{k}_1, \mathfrak{k}_2, \mathfrak{k}_3, \mathfrak{k}_4$ (vgl. Fig. 27), so ist

$$\int\limits_{\mathfrak{k}_2} f(x, y)\,dx = 0, \quad \int\limits_{\mathfrak{k}_4} f(x, y)\,dx = 0,$$

$$\int\limits_{\mathfrak{k}_1} f(x, y)\,dx = \int\limits_a^b f(x, \varphi(x))\,dx,$$

$$\int\limits_{\mathfrak{k}_3} f(x, y)\,dx = - \int\limits_a^b f(x, \psi(x))\,dx.$$

Wir können also schreiben

$$\iint\limits_{\mathfrak{B}} f_y'(x, y)\,dx\,dy = - \int\limits_{\mathfrak{B}} f(x, y)\,dx,$$

wobei $\int\limits_{\mathfrak{B}} f\,dx$ das über den ganzen Rand von $\mathfrak{B}$ erstreckte Integral

von $f\,dx$ bedeutet. Dabei ist der Rand so orientiert, wie es die Figur zeigt. Wenn man den Rand in der Richtung der Pfeile durchläuft, so umfährt man $\mathfrak{B}$ in derselben Weise, wie man den Einheitskreis bei positiver Drehung (vgl. S. 313) des Radius umfährt. Diesen Umfahrungssinn wollen wir den positiven nennen. Wählt man die positiven Achsenrichtungen so, daß die positive Drehung der Drehung des Uhrzeigers entgegengesetzt ist, so hat man bei der positiven Umfahrung von $\mathfrak{B}$ das Innere zur Linken. Wir nehmen an, daß der Beobachter immer auf einer und derselben Seite der Koordinatenebene bleibt.

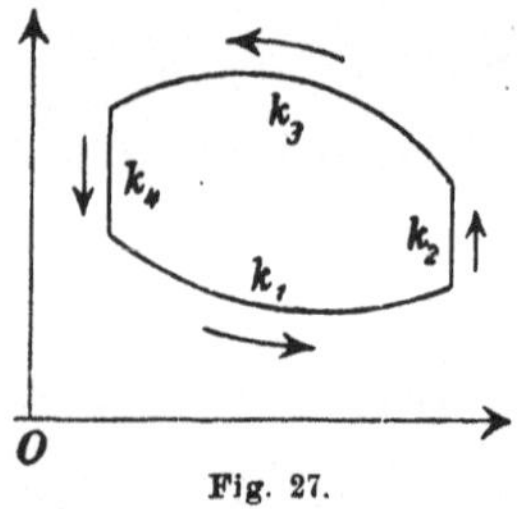

Fig. 27.

Man kann die obige Formel noch verallgemeinern. Ist $\mathfrak{A}$ ein Bereich, der sich in p Normalbereiche in Bezug auf die x-Achse (vgl. § 217) zerlegen läßt, so gilt für jeden dieser Normalbereiche jene Formel. Durch Addition ergibt sich[1])

$$\iint_{\mathfrak{A}} f_y{}'(x, y)\, dx\, dy = -\int_{\mathfrak{A}} f(x, y)\, dx.$$

Das Integral rechts ist über den ganzen Rand erstreckt, der so orientiert ist, daß man das Innere von $\mathfrak{A}$ zur Linken hat, wenn man ihn durchläuft. Der Leser möge an Fig. 28 selbst den Beweis führen.

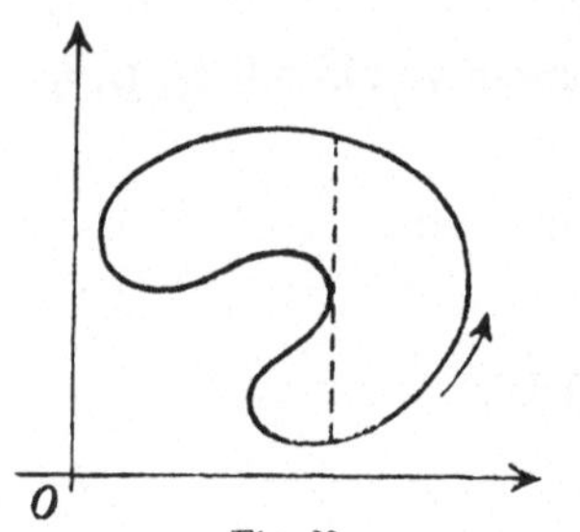

Fig. 28

Wir wollen jetzt annehmen, daß $\mathfrak{A}$ auch in Normalbereiche in Bezug auf die y-Achse zerlegbar ist. Sind $g(x, y)$ und $g_x{}'(x, y)$ in $\mathfrak{A}$ stetig, so hat man[2])

$$\iint_{\mathfrak{A}} g_x{}'(x, y)\, dx\, dy = \int_{\mathfrak{A}} g(x, y)\, dy.$$

Durch Subtraktion der beiden Formeln ergibt sich

$$\int_{\mathfrak{A}} (f\, dx + g\, dy) = \iint_{\mathfrak{A}} (g_x{}' - f_y{}')\, dx\, dy.$$

Das ist die Greensche Formel.

$\mathfrak{B}$ sei ein Normalbereich in Bezug auf die x-Achse und $\overline{\mathfrak{B}}$ ein Normalbereich in Bezug auf die y-Achse. Die Formel

$$\iint_{\mathfrak{B}} f_y{}'\, dx\, dy = -\int_{\mathfrak{B}} f\, dx$$

---

1) Es wird angenommen, daß f und f_y' in $\mathfrak{A}$ stetig sind.

2) Die Achsen haben ihre Rollen vertauscht. Dabei hat sich der positive Drehungssinn umgekehrt. Daher fehlt rechts das Zeichen —

liefert für $f = y$
$$\int\!\!\int_{\mathfrak{B}} dx\,dy = - \int_{\mathfrak{B}} y\,dx = \int_{\mathfrak{B}} x\,dy. \qquad (\S\ 227)$$

Die Formel
$$\int\!\!\int_{\mathfrak{B}} f_x{}'\,dx\,dy = \int_{\mathfrak{B}} f\,dy$$

liefert für $f = x$
$$\int\!\!\int_{\mathfrak{B}} dx\,dy = \int_{\mathfrak{B}} x\,dy.$$

Ein Normalbereich $\mathfrak{B}$ hat also stets den Inhalt
$$\int_{\mathfrak{B}} x\,dy,$$

ob es nun ein Normalbereich in Bezug auf die x Achse oder in Bezug auf die y-Achse ist. Das Integral ist in positivem Sinne längs des Randes zu nehmen.

Hieraus ergibt sich der folgende allgemeinere Satz:

Wenn $\mathfrak{A}$ ein Bereich ist, der sich in eine endliche Anzahl von Normalbereichen[1]) zerlegen läßt, so ist sein Inhalt gleich
$$\int_{\mathfrak{A}} x\,dy,$$

wobei man das Integral in positivem Sinne längs des Randes von $\mathfrak{A}$ zu nehmen hat.

Statt $\int_{\mathfrak{A}} x\,dy$ können wir auch schreiben $-\int_{\mathfrak{A}} y\,dx$ oder $\frac{1}{2}\int_{\mathfrak{A}} (x\,dy - y\,dx)$.

$\S\ 230.$ **Das Integral** $\int f(x, y)\,dg(x, y).$

$f(x, y)$ und $g(x, y)$ mögen in dem Rechteck $\langle a, b;\, c, d \rangle$ stetige erste Ableitungen $\quad f_1(x, y) = f_x{}'(x, y), \quad f_2(x, y) = f_y{}'(x, y),$
$$g_1(x, y) = g_x{}'(x, y), \quad g_2(x, y) = g_y{}'(x, y)$$
haben. $f(x, y)$, $g(x, y)$ sind dann ebenfalls in $\langle a, b;\, c, d \rangle$ stetig (vgl. $\S\ 111$).

$\mathfrak{B}$ sei ein in $\langle a, b;\, c, d \rangle$ enthaltener Normalbereich, und zwar ein Normalbereich in Bezug auf die x-Achse, so daß er durch Ungleichungen von der Form

---

1) Beide Arten von Normalbereichen (sowohl solche in Bezug auf die x-Achse als auch solche in Bezug auf die y-Achse) sind hier zulässig.

$$a \leqq \alpha \leqq x \leqq \beta \leqq b,$$
$$c \leqq \varphi(x) \leqq y \leqq \psi(x) \leqq d \qquad \text{definiert ist.[1]}$$

Wir wollen annehmen, daß $\mathfrak{B}$ rektifizierbar ist, d. h. daß der Rand von $\mathfrak{B}$ eine Länge hat. Dazu müssen $\varphi(x)$, $\psi(x)$ in $\langle \alpha, \beta \rangle$ von beschränkter Variation sein.

Bezeichnen wir mit $\lambda(x_0)$ die Summe der beiden Bögen
$$y = \varphi(x) \quad \text{und} \quad y = \psi(x),$$
$$(\alpha \leqq x \leqq x_0)$$
so ist $\lambda(x)$ in $\langle \alpha, \beta \rangle$ stetig (vgl. § 199) und $\lambda(\alpha) = 0$.

Da eine stetige Funktion beim Übergange von einem Wert zum andern alle Zwischenwerte annimmt, so können wir zwischen $\alpha = \alpha_0$ und $\beta = \alpha_p$ die Werte $\alpha_1, \alpha_2, \ldots \alpha_{p-1}$ in der Weise wählen, daß
$$\lambda(\alpha_\nu) = \frac{\nu}{p}\,\lambda(\beta) \qquad \text{ist } (\nu = 0, 1, 2, \ldots p).$$

Durch die Geraden $\qquad x = \alpha_\nu \qquad\qquad (\nu = 1, 2, \ldots, p-1)$ wird $\mathfrak{B}$ in p Normalbereiche zerlegt.

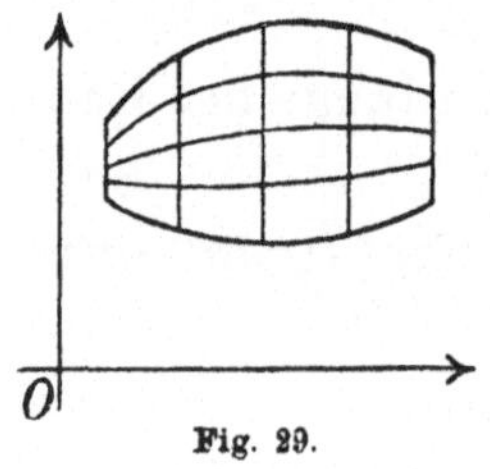

Fig. 29.

Benutzen wir außer jenen Geraden noch die Kurven
$$y = \varphi_\nu(x) = \varphi(x) + \frac{\nu}{p}\,\{\psi(x) - \varphi(x)\}$$
$$(\nu = 1, 2, \ldots, p-1)$$
als Teilungslinien, so erhalten wir eine Zerlegung von $\mathfrak{B}$ in p^2 Normalbereiche. (Fig. 29 zeigt dies für den Fall $p = 4$.)

Ein solcher Teilbereich wird durch die Ungleichungen
$$(\mathfrak{B}_{\mu\nu}) \qquad \alpha_{\mu-1} \leqq x \leqq \alpha_\mu, \quad \varphi_{\nu-1}(x) \leqq y \leqq \varphi_\nu(x)$$
$$(\mu, \nu = 1, \ldots, p) \quad \text{dargestellt.[2]}$$

l_ν sei die Länge[3]) von $\quad y = \varphi_\nu(x) \qquad\qquad (\alpha \leqq x \leqq \beta)$ und $l_0 = l$, $l_p = \bar{l}$.

---

1) $\varphi(x)$, $\psi(x)$ sind in $\langle \alpha, \beta \rangle$ stetig, und man hat für $\alpha < x < \beta$ immer $\varphi(x) < \psi(x)$.

2) Wir setzen $\varphi(x) = \varphi_0(x)$, $\psi(x) = \varphi_p(x)$.

3) l_ν existiert, weil $\varphi_\nu(x)$ in $\langle \alpha, \beta \rangle$ stetig und von beschränkter Variation ist.

Man bestätigt leicht, daß $l_\nu < l + \bar{l}$
ist. Sind nämlich s, $\bar{s}$, s_ν drei entsprechende Sehnen[1]) der Kurven

$$y = \varphi(x), \quad y = \psi(x), \quad y = \varphi_\nu(x),$$

so hat man $$s_\nu < s + \bar{s}.$$

Der Rand von $\mathfrak{B}_{\mu\nu}$ enthält zwei Stücke, die parallel zur y-Achse sind. Sie sind zusammen kleiner gleich

$$2\,\frac{d-c}{p}.$$

Jedes der beiden andern Stücke des Randes ist nach dem Obigen kleiner als
$$l(\alpha_{\mu-1},\,\alpha_\mu) + \bar{l}(\alpha_{\mu-1},\,\alpha_\mu) = \frac{l+\bar{l}}{p}.\text{[2])}$$
Der ganze Rand von $\mathfrak{B}_{\mu\nu}$ ist also kleiner als

$$\delta_p = \frac{2}{p}\left\{l + \bar{l} + d - c\right\} = \frac{K}{p}.$$

Unter den von uns gemachten Voraussetzungen existieren die Integrale
$$\int_{\mathfrak{B}} f\,dg \quad \text{und} \quad \int_{\mathfrak{B}_{\mu\nu}} f\,dg.$$

Wir können uns hier auf den Satz in § 228 stützen. f ist längs des Integrationsweges stetig und g ist auf ihm von beschränkter Variation. Aus

$$g(x',y') - g(x,y) = (x'-x)g_1(\bar{x},\bar{y}) + (y'-y)g_2(\bar{x},\bar{y})$$

(vgl. § 111) folgt nämlich
$$|g(x',y') - g(x,y)| < 2\,M\sqrt{(x'-x)^2 + (y'-y)^2},$$

wenn wir mit M den größten Wert von $|g_1|$ und $|g_2|$ in $\langle a, b;\, c, d\rangle$ bezeichnen. Wenden wir diese Ungleichung auf beliebig viele aufeinanderfolgende Punkte des Integrationsweges an und bedenken, daß dieser im vorliegenden Fall eine Länge hat, so ergibt sich, daß g auf ihm von beschränkter Variation ist.

Man hat offenbar $$\int_{\mathfrak{B}} f\,dg = \sum \int_{\mathfrak{B}_{\mu\nu}} f\,dg.$$

---

1) Die Anfangspunkte dieser Sehnen haben dieselbe Abszisse, ebenso die Endpunkte.

2) $l(\alpha_{\mu-1},\,\alpha_\mu)$ bedeutet den Teil des Bogens $y = \varphi(x)$, der zwischen $x = \alpha_{\mu-1}$ und $x = \alpha_\mu$ liegt. Eine ähnliche Bedeutung hat $\bar{l}\,(\alpha_{\mu-1},\,\alpha_\mu)$.

Statt $f(x, y)$, $g(x, y)$, ... werden wir im folgenden kurz $f(\mathfrak{p})$, $g(\mathfrak{p})$, ... schreiben, indem wir unter $\mathfrak{p}$ den Punkt (x, y) verstehen.

Wir wollen auf zwei Punkte $\mathfrak{p}$ und $\mathfrak{p}_0$ von $\mathfrak{B}_{\mu\nu}$ die Formel in § 111 anwenden. Danach ist

$$f(\mathfrak{p}) - f(\mathfrak{p}_0) = (x - x_0)f_1(\bar{\mathfrak{p}}) + (y - y_0)f_2(\bar{\mathfrak{p}}).$$

$\bar{\mathfrak{p}}$ liegt auf der Verbindungsstrecke von $\mathfrak{p}_0$ und $\mathfrak{p}$.

Weil f_1, f_2, g_1, g_2 in $\langle a, b; c, d\rangle$ stetig sind, können wir auf Grund der gleichmäßigen Stetigkeit (vgl. § 211) p so groß wählen, daß

$$f_1(\mathfrak{p}') - f_1(\mathfrak{p}''), \quad f_2(\mathfrak{p}') - f_2(\mathfrak{p}''),$$
$$g_1(\mathfrak{p}') - g_1(\mathfrak{p}''), \quad g_2(\mathfrak{p}') - g_2(\mathfrak{p}'')$$

ihrem Betrage nach kleiner als ε sind, sobald $\mathfrak{p}'$ und $\mathfrak{p}''$ Punkte von $\langle a, b; c, d\rangle$ sind, deren Entfernung kleiner als der oben angegebene Wert δ_p ist.

Da nun der Abstand von $\mathfrak{p}$ und $\mathfrak{p}_0$ kleiner als der Umfang von $\mathfrak{B}_{\mu\nu}$, mithin kleiner als δ_p ist, so ist auch $\bar{\mathfrak{p}}$ von $\mathfrak{p}_0$ um weniger als δ_p entfernt, und man kann schließen, daß $|f_1(\bar{\mathfrak{p}}) - f_1(\mathfrak{p}_0)|$, $|f_2(\bar{\mathfrak{p}}) - f_2(\mathfrak{p}_0)|$ kleiner als ε sind.

Beachtet man noch die Ungleichungen

$$|x - x_0| < \delta_p, \quad |y - y_0| < \delta_p,$$

so ergibt sich $f(\mathfrak{p}) = f(\mathfrak{p}_0) + (x - x_0)f_1(\mathfrak{p}_0) + (y - y_0)f_2(\mathfrak{p}_0) + \varrho,$

$$|\varrho| < 2\varepsilon\delta_p.$$

Man hat also[1)]

$$(*) \qquad \int_{\mathfrak{B}_{\mu\nu}} f\,dg = f_1(\mathfrak{p}_0)\int_{\mathfrak{B}_{\mu\nu}} x\,dg + f_2(\mathfrak{p}_0)\int_{\mathfrak{B}_{\mu\nu}} y\,dg + \int_{\mathfrak{B}_{\mu\nu}} \varrho\,dg.$$

Nun bedenke man, daß $\displaystyle\int_{\mathfrak{B}_{\mu\nu}} \varrho\,dg$

der Grenzwert einer Summe von der Form

$$\mathfrak{S} = \sum_{n=1}^{N} \varrho(\mathfrak{q}_{n-1})\{g(\mathfrak{q}_n) - g(\mathfrak{q}_{n-1})\} \qquad \text{ist.}[2)]$$

[1)] $\displaystyle\int_{\mathfrak{B}_{\mu\nu}} dg$ ist gleich Null.

[2)] $\mathfrak{q}_0, \mathfrak{q}_1, \ldots, \mathfrak{q}_N$ sind aufeinanderfolgende Punkte des Randes von $\mathfrak{B}_\mu$ und $\mathfrak{q}_N$ fällt mit $\mathfrak{q}_0$ zusammen.

x_n, y_n seien die Koordinaten von $\mathfrak{q}_n$. Dann hat man

$$g(\mathfrak{q}_n) - g(\mathfrak{q}_{n-1}) = (x_n - x_{n-1})g_1(\bar{\mathfrak{q}}_n) + (y_n - y_{n-1})g_2(\bar{\mathfrak{q}}_n),$$

also $\quad |g(\mathfrak{q}_n) - g(\mathfrak{q}_{n-1})| < M\{|x_n - x_{n-1}| + |y_n - y_{n-1}|\}.$[1]

Hiernach ist

$$|\mathfrak{S}| \leqq 2M\varepsilon\delta_p \sum\{|x_n - x_{n-1}| + |y_n - y_{n-1}|\},$$

mithin
$$\left|\int_{\mathfrak{B}_{\mu\nu}} \varrho\,dg\right| < 4M\varepsilon\delta_p^2.$$

Kehren wir zu der mit (*) bezeichneten Formel zurück, so ist (vgl. § 227)

$$\int_{\mathfrak{B}_{\mu\nu}} x\,dg = -\int_{\mathfrak{B}_{\mu\nu}} g\,dx$$

und
$$\int_{\mathfrak{B}_{\mu\nu}} y\,dg = -\int_{\mathfrak{B}_{\mu\nu}} g\,dy.$$

Nun gilt aber die Gleichung

$$g(\mathfrak{p}) = g(\mathfrak{p}_0) + (x - x_0)g_1(\mathfrak{p}_0) + (y - y_0)g_2(\mathfrak{p}_0) + \bar{\varrho},$$

wobei
$$|\bar{\varrho}| < 2\varepsilon\delta_p$$

ist. Es wird also, wenn man berücksichtigt, daß die Integrale

$$\int_{\mathfrak{B}_{\mu\nu}} dx, \quad \int_{\mathfrak{B}_{\mu\nu}} dy, \quad \int_{\mathfrak{B}_{\mu\nu}} x\,dx, \quad \int_{\mathfrak{B}_{\mu\nu}} y\,dy$$

verschwinden, $\quad \displaystyle\int_{\mathfrak{B}_{\mu\nu}} g\,dx = g_2(\mathfrak{p}_0)\int_{\mathfrak{B}_{\mu\nu}} y\,dx + \int_{\mathfrak{B}_{\mu\nu}} \bar{\varrho}\,dx$

und $\quad \displaystyle\int_{\mathfrak{B}_{\mu\nu}} y\,dy = g_1(\mathfrak{p}_0)\int_{\mathfrak{B}_{\mu\nu}} x\,dy + \int_{\mathfrak{B}_{\mu\nu}} \bar{\varrho}\,dy.$

Die Integrale $\int \bar{\varrho}\,dx, \int \bar{\varrho}\,dy$ sind ihrem Betrage nach kleiner als $2\varepsilon\delta_p^2$.

Es hat sich also ergeben

$$\int_{\mathfrak{B}_{\mu\nu}} \iint f\,dg = -f_1(\mathfrak{p}_0)g_2(\mathfrak{p}_0)\int_{\mathfrak{B}_{\mu\nu}} y\,dx - f_2(\mathfrak{p}_0)g_1(\mathfrak{p}_0)\int_{\mathfrak{B}_{\mu\nu}} x\,dy + \varrho_{\mu\nu}.$$

---

[1] M wählen wir mit Rücksicht auf das Folgende gleich so, daß in $\langle a,b;\ c,d\rangle$ $f_1(x, y)$; $f_2(x, y)$, $g_1(x, y)$, $g_2(x, y)$ ihrem Betrage nach kleiner als M sind.

oder, da

$$\int_{\mathfrak{B}_{\mu\nu}} y\,dx = -\int_{\mathfrak{B}_{\mu\nu}} x\,dy$$

ist,

$$\int_{\mathfrak{B}_{\mu\nu}} f\,dg = \{f_1(\mathfrak{p}_0)g_2(\mathfrak{p}_0) - f_2(\mathfrak{p}_0)g_1(\mathfrak{p}_0)\}\int_{\mathfrak{B}_{\mu\nu}} x\,dy + \varrho_{\mu\nu}.$$

Für $\varrho_{\mu\nu}$ gilt die Gleichung

$$\varrho_{\mu\nu} = \int_{\mathfrak{B}_{\mu\nu}} \varrho\,dg - f_1(\mathfrak{p}_0)\int_{\mathfrak{B}_{\mu\nu}} \bar\varrho\,dx - f_2(\mathfrak{p}_0)\int_{\mathfrak{B}_{\mu\nu}} \bar\varrho\,dy.$$

Es ist demnach $\qquad\qquad |\,\varrho_{\mu\nu}\,| < 8\,M\varepsilon\delta_p^{\,2}.$

Wir wissen nun, daß

$$\int_{\mathfrak{B}_{\mu\nu}} x\,dy$$

den Inhalt $B_{\mu\nu}$ von $\mathfrak{B}_{\mu\nu}$ darstellt. Bei passender Wahl des Punktes $\mathfrak{p}_0$ wird aber (vgl. § 221)

$$\int\int_{\mathfrak{B}_{\mu\nu}} \{f_1(x,y)g_2(x,y) - f_2(x,y)g_1(x,y)\}\,dx\,dy$$
$$= \{f_1(\mathfrak{p}_0)g_2(\mathfrak{p}_0) - f_2(\mathfrak{p}_0)g_1(\mathfrak{p}_0)\}\,B_{\mu\nu},$$

so daß

(**)
$$\int_{\mathfrak{B}_{\mu\nu}} f\,dg = \int\int_{\mathfrak{B}_{\mu\nu}} \binom{f\,g}{x\,y}\,dx\,dy + \varrho_{\mu\nu}$$

ist. Dabei haben wir für die Funktionaldeterminante

$$f_1(x,y)g_2(x,y) - f_2(x,y)g_1(x,y)$$

das Symbol $\qquad\qquad \binom{f\,g}{x\,y} \qquad$ geschrieben.

Addiert man alle Formeln (**), so kommt

$$\int_{\mathfrak{B}} f\,dg = \int\int_{\mathfrak{B}} \binom{f\,g}{x\,y}\,dx\,dy + \Sigma\varrho_{\mu\nu},$$

und man hat $\qquad\qquad |\,\Sigma\varrho_{\mu\nu}\,| < 8\,M\varepsilon p^2\delta_p^{\,2}$

oder, da $\delta_p = K/p$ war (vgl. S. 367),

$$|\,\Sigma\varrho_{\mu\nu}\,| < 8\,MK^2\varepsilon.$$

ε ist aber eine beliebig gewählte positive Zahl. Es folgt also

$$\int_{\mathfrak{B}} f\,dg = \int\int_{\mathfrak{B}} \binom{f\,g}{x\,y}\,dx\,dy.$$

Wenn $\mathfrak{B}$ ein rektifizierbarer Normalbereich in bezug auf die y-Achse ist, so gilt dieselbe Formel.

$\mathfrak{A}$ liege in $\langle a, b; c, d\rangle$ und sei in eine endliche Anzahl rektifizierbarer Normalbereiche[1]) $\mathfrak{B}$ zerlegbar. Dann ist

$$\int_{\mathfrak{A}} f\,dg = \sum \int_{\mathfrak{B}} f\,dg = \sum \int_{\mathfrak{B}}\int \binom{f\,g}{x\,y}\,dx\,dy = \int_{\mathfrak{A}}\int \binom{f\,g}{x\,y}\,dx\,dy,$$

d. h.

$$\int_{\mathfrak{A}} f\,dg = \int_{\mathfrak{A}}\int \binom{f\,g}{x\,y}\,dx\,dy.$$

Man führt diese Formel gewöhnlich auf die Greensche Formel zurück. In

$$\int_{\mathfrak{A}} (F\,dx + G\,dy) = \int_{\mathfrak{A}}\int (G_x' - F_y')\,dx\,dy$$

wird für F und G fg_x' bzw. fg_y'

gesetzt. Dann ist

$$G_x' = f_x'\,g_y' + fg_{xy}'',$$
$$F_y' = f_y'\,g_x' + fg_{xy}'',$$

also

$$G_x' - F_y' = f_x'\,g_y' - f_y'\,g_x'.$$

Andererseits wird

$$F\,dx + G\,dy = f(g_x'\,dx + g_y'\,dy) = f\,dg.$$

Wie man sieht, kommen bei diesem Beweis die Ableitungen

$$g_{xy}'' \quad \text{und} \quad g_{yx}''$$

vor, während unser Beweis nichts über die zweiten Ableitungen voraussetzt.

§ 231. **Transformation des Doppelintegrals.** Wir machen über f und g zunächst dieselben Voraussetzungen wie in § 230. Diese Funktionen sollen also in $\langle a, b; c, d\rangle$ stetige erste Ableitungen f_1, f_2, g_1, g_2 besitzen. Ferner nehmen wir aber an, daß die Funktionaldeterminante

$$\binom{f\,g}{x\,y} = f_1 g_2 - f_2 g_1$$

in $\langle a, b; c, d\rangle$ nirgends null ist. Endlich fordern wir noch, daß die Gleichungen

$$f(x, y) = f(\bar{x}, \bar{y}), \quad g(x, y) = g(\bar{x}, \bar{y})$$

---

1) Beide Arten von Normalbereichen sind hier zugelassen.

nur dann beide erfüllt sind, wenn die Punkte (x, y) und $(\bar{x}, \bar{y})$ zusammenfallen.

Diese letzte Forderung gewinnt eine anschauliche Bedeutung, wenn man die Abbildung

$$u = f(x, y), \quad v = g(x, y)$$

betrachtet.[1]) Sie kommt dann darauf hinaus, daß verschiedene Punkte von $\langle a, b; c, d \rangle$ stets verschiedene Bildpunkte haben sollen.

Den Inbegriff aller Bildpunkte, die sich bei Anwendung unserer Abbildung auf das Rechteck $\langle a, b; c, d \rangle$ ergeben, wollen wir mit $\Re$ bezeichnen. Jedem Punkt (u, v) von $\Re$ entspricht dann ein ganz bestimmter Punkt (x, y) in $\langle a, b; c, d \rangle$. Es sind auf diese Weise in $\Re$ zwei Funktionen $\qquad F(u, v), \quad G(u, v)$

definiert, und die Abbildung

$$x = F(u, v), \quad y = G(u, v)$$

ordnet jedem Punkt von $\Re$ den Punkt von $\langle a, b; c, d \rangle$ zu, dessen Bildpunkt er bei der ersten Abbildung ist. Beide Abbildungen nennen wir (wie in § 123) zueinander invers.

Aus § 124 ist zu entnehmen, daß F und G im Innern von $\Re$ stetige erste Ableitungen haben. Inneres von $\Re$ nennen wir hier den Inbegriff aller Punkte, die inneren Punkten von $\langle a, b; c, d \rangle$ entsprechen. Nach § 123 läßt sich jeder innere Punkt (u, v) von $\Re$ mit einem Quadrat $\langle u - \varepsilon, u + \varepsilon; v - \varepsilon, v + \varepsilon \rangle$ umgeben, das aus lauter Punkten von $\Re$ besteht.

$\mathfrak{B}$ sei ein Normalbereich im Innern von $\Re$[2]). Wir wenden auf $\mathfrak{B}$ die in § 223 benutzte Zerlegung $\mathfrak{Z}_p$ an. Die entstehenden Teilbereiche nennen wir $\mathfrak{B}_1, \mathfrak{B}_2, \ldots \mathfrak{B}_{p^2}$.

$\mathfrak{A}, \mathfrak{A}_1, \ldots, \mathfrak{A}_{p^2}$ seien die Bereiche in $\langle a, b; c, d \rangle$, denen $\mathfrak{B}$, $\mathfrak{B}_1, \ldots \mathfrak{B}_{p^2}$ vermöge der Abbildung entsprechen.

Der Inhalt von $\mathfrak{B}_r$ wird durch das Integral

$$\int\limits_{\mathfrak{B}_r} u\, dv$$

---

1) u, v sind Punktkoordinaten in der Bildebene.
2) Man denke sich etwa einen Normalbereich in Bezug auf die u-Achse.

dargestellt. Dieses Integral ist der Grenzwert einer Summe von der Form

$$\sum_{\varrho=1}^{r} \bar{u}_\varrho (v_\varrho - v_{\varrho-1}),$$

wobei (u_0, v_0), $(\bar{u}_1, \bar{v}_1)$, (u_1, v_1), $(\bar{u}_2, \bar{v}_2)$, (u_2, v_2), . . ., $(\bar{u}_r, \bar{v}_r)$, (u_r, v_r) aufeinanderfolgende Punkte des Randes von $\mathfrak{B}_\nu$ sind und $(\bar{u}_\varrho, \bar{v}_\varrho)$ auch mit $(u_{\varrho-1}, v_{\varrho-1})$ oder (u_ϱ, v_ϱ) zusammenfallen kann. (u_r, v_r) ist derselbe Punkt wie (u_0, v_0). Die entsprechenden Punkte

$$(x_0, y_0), (\bar{x}_1, \bar{y}_1), (x_1, y_1), (\bar{x}_2, \bar{y}_2), (x_2, y_2), \ldots, (\bar{x}_r, \bar{y}_r), (x_r, y_r)$$

auf dem Rande von $\mathfrak{A}_1$ folgen in einer bestimmten Richtung aufeinander.[1])

δ sei die größte der Zahlen

$$\sqrt{(x_\varrho - x_{\varrho-1})^2 + (y_\varrho - y_{\varrho-1})^2},$$

$\bar{\delta}$ die größte der Zahlen

$$\sqrt{(u_\varrho - u_{\varrho-1})^2 + (v_\varrho - v_{\varrho-1})^2}.$$

Wegen der Stetigkeit von f und g zieht $\lim \delta = 0$

$$\lim \bar{\delta} = 0$$

nach sich (vgl. S. 331 Fußnote). Aus

$$\sum \bar{u}_\varrho (v_\varrho - v_{\varrho-1}) = \sum f(\bar{x}_\varrho, \bar{y}_\varrho)\{g(x_\varrho, y_\varrho) - g(x_{\varrho-1}, y_{\varrho-1})\}$$

folgt also für $\lim \delta = 0 \quad \int\limits_{\mathfrak{B}_\nu} u\, dv = \pm \int\limits_{\mathfrak{A}_\nu} f\, dg$.

Nach § 230 hat man aber[2])

$$\int\limits_{\mathfrak{A}_\nu} f\, dg = \iint\limits_{\mathfrak{A}_\nu} \binom{f\ g}{x\ y} dx\, dy.$$

Da die Funktionaldeterminante in $\langle a, b; c, d \rangle$ nirgends null ist,

---

1) Wenn (u, v) den Rand von $\mathfrak{B}_\nu$ in positivem Sinne durchläuft, so bewegt sich der entsprechende Punkt (x, y) auf dem Rande von $\mathfrak{A}_\nu$ immer derselben Richtung folgend.

2) Wir nehmen hier an, daß sich auf $\mathfrak{A}$, $\mathfrak{A}_1$, . . ., $\mathfrak{A}_p$ die Formel in § 230 anwenden läßt. Das ist der Fall, wenn diese Bereiche in rektifizierbare Normalbereiche zerlegbar sind. Vgl. hierüber § 232.

so hat sie beständig dasselbe Zeichen. Mithin wird

$$\int\limits_{\mathfrak{B}_\nu} u\,dv = \int\limits_{\mathfrak{A}_\nu}\!\!\int \left| \binom{f\ g}{x\ y} \right| dx\,dy\,.$$

Jetzt sei $\varPhi(u, v)$ eine in $\mathfrak{B}$ stetige Funktion. Aus der Stetigkeit von $f(x, y)$, $g(x, y)$ folgt dann, daß

$$\varPhi(f(x, y), g(x, y)) \qquad \text{in } \mathfrak{A} \text{ stetig ist.}$$

Wenden wir auf das Integral

$$\int\limits_{\mathfrak{A}_\nu}\!\!\int \varPhi(f, g) \left| \binom{f\ g}{x\ y} \right| dx\,dy$$

den Mittelwertsatz an, so ergibt sich

$$\int\limits_{\mathfrak{A}_\nu}\!\!\int \varPhi(f, g) \left| \binom{f\ g}{x\ y} \right| dx\,dy = \varPhi(f(x_\nu, y_\nu), g(x_\nu, y_\nu)) \int\limits_{\mathfrak{A}_\nu}\!\!\int \left| \binom{f\ g}{x\ y} \right| dx\,dy\,.$$

(x_ν, y_ν) ist ein Punkt in $\mathfrak{A}_\nu$. Sein Bildpunkt (u_ν, v_ν) liegt also in $\mathfrak{B}_\nu$.

Die Summe $\qquad \mathfrak{S}(\mathfrak{B}_p) = \sum\limits_{\nu=1}^{p^2} \varPhi(u_\nu, v_\nu) \int\limits_{\mathfrak{B}_\nu} u\,dv$

ist nach dem Obigen gleich

$$\sum\limits_{\nu=1}^{p^2} \int\limits_{\mathfrak{A}_\nu}\!\!\int \varPhi(f, g) \left| \binom{f\ g}{x\ y} \right| dx\,dy = \int\limits_{\mathfrak{A}}\!\!\int \varPhi(f, g) \left| \binom{f\ g}{x\ y} \right| dx\,dy\,.$$

Lassen wir p die Folge $1, 2, 3, \ldots$ durchlaufen, so wird (vgl. § 322)

$$\lim \mathfrak{S}(\mathfrak{B}_p) = \int\limits_{\mathfrak{B}}\!\!\int \varPhi(u, v)\,du\,dv\,.$$

Es gilt also die Gleichung

$$\int\limits_{\mathfrak{B}}\!\!\int \varPhi(u, v)\,du\,dv = \int\limits_{\mathfrak{A}}\!\!\int \varPhi(f, g) \left| \binom{f\ g}{x\ y} \right| dx\,dy\,.$$

§ 232. **Beispiele.** 1. Lineare Transformation. Wenn die Gleichungen zwischen den x, y und den u, v die Form haben

$$\begin{aligned} u &= \alpha x + \beta y + \gamma, \\ v &= \alpha_1 x + \beta_1 y + \gamma_1, \end{aligned} \qquad (\alpha\beta_1 - \alpha_1\beta \gtrless 0)$$

so spricht man von einer linearen Abbildung oder Transformation.

Die Funktionaldeterminante ist hier $\alpha\beta_1 - \beta\alpha_1$. Die Transformationsformel für das Doppelintegral lautet also

$$\iint\limits_{\mathfrak{B}} \Phi(u,\,v)\,du\,dv$$

$$= |\,\alpha\beta_1 - \beta\alpha_1\,|\iint\limits_{\mathfrak{A}} \Phi(\alpha x + \beta y + \gamma,\; \alpha_1 x + \beta_1 y + \gamma_1)\,dx\,dy.$$

2. **Polarkoordinaten.** Die Polarkoordinaten $r,\,\varphi$ hängen mit den rechtwinkligen cartesischen Koordinaten durch die Formeln zusammen $\qquad x = r\cos\varphi, \quad y = r\sin\varphi.$

Als Funktionaldeterminante von $x,\,y$ nach $r,\,\varphi$ findet man

$$\begin{vmatrix} \cos\varphi & -\,r\sin\varphi \\ \sin\varphi & r\cos\varphi \end{vmatrix} = r.$$

Die **Transformationsformel** für Doppelintegrale lautet also

$$\iint\limits_{\mathfrak{B}} \Phi(x,\,y)\,dx\,dy = \iint\limits_{\mathfrak{A}} \Phi(r\cos\varphi,\,r\sin\varphi)\,r\,dr\,d\varphi.$$

Kapitel XIX.

Geometrische Anwendungen der Doppelintegrale.

§ 233. **Volumina.** $y = f(x,\,y)$ sei in dem Bereich $\mathfrak{A}$, den wir in Normalbereiche zerlegbar annehmen, stetig und nirgends negativ.[1])

Wir zerlegen $\mathfrak{A}$ in Teilbereiche $\mathfrak{A}_1,\,\mathfrak{A}_2,\,\ldots,\,\mathfrak{A}_n$ von demselben Charakter wie $\mathfrak{A}$ und bezeichnen diese Zerlegung mit $\mathfrak{Z}$.

m_ν sei der kleinste, M_ν der größte Wert von f in $\mathfrak{A}_\nu$. Das körperliche Gebiet, das durch die Fläche $z = f(x,\,y)$, die $(x,\,y)$-Ebene und die auf dem Rande von $\mathfrak{A}\,(\mathfrak{A}_\nu)$ errichteten Lote begrenzt wird, wollen wir $K(K_\nu)$ nennen.

K_ν liegt in dem Zylinder mit der Basis $\mathfrak{A}_\nu$ und der Höhe M_ν, und der Zylinder mit der Basis $\mathfrak{A}_\nu$ und der Höhe m_ν liegt in K_ν.

Dies führt dazu, den gemeinsamen Grenzwert von

$$s\,(\mathfrak{Z}) = \sum_{\nu=1}^{n} m_\nu A_\nu, \quad S(\mathfrak{Z}) = \sum_{\nu=1}^{n} M_\nu A_\nu$$

---

1) $x,\,y,\,z$ sind Koordinaten in bezug auf ein rechtwinkliges Achsensystem.

(A_ν der Inhalt von $\mathfrak{A}_\nu$), für den Fall, daß $\mathfrak{Z}$ eine ausgezeichnete $\mathfrak{Z}$-Folge durchläuft, das Volumen von K zu nennen. Bezeichnen wir es auch mit K, so ist also

$$K = \iint\limits_{\mathfrak{A}} f(x, y)\, dx\, dy.$$

§ 234. Beispiel. Setzen wir

$$f = \sqrt{1 - x^2 - y^2}$$

und definieren $\mathfrak{A}$ durch die Bedingung

$$x^2 + y^2 \leqq 1,$$

so ist

$$\iint\limits_{\mathfrak{A}} f(x, y)\, dx\, dy$$

das Volumen der Halbkugel vom Radius 1.

Nach § 223 wird

$$\iint\limits_{\mathfrak{A}} f\, dx\, dy = \int\limits_{-1}^{1} \left(\int\limits_{-\sqrt{1-x^2}}^{\sqrt{1-x^2}} f(x, y)\, dy \right) dx.$$

$\mathfrak{A}$ ist nämlich ein Kreis, der sich durch die Ungleichungen

$$-1 \leqq x \leqq 1, \quad -\sqrt{1 - x^2} \leqq y \leqq \sqrt{1 - x^2}$$

definieren läßt.
$$\int\limits_{-\sqrt{1-x^2}}^{\sqrt{1-x^2}} \sqrt{1 - x^2 - y^2}\, dy$$

ist der Inhalt eines Halbkreises vom Radius $\sqrt{1 - x^2}$, also gleich

$$\frac{1}{2}\pi(1 - x^2).$$

Der Inhalt der Halbkugel ergibt sich somit gleich

$$\frac{1}{2}\pi \int\limits_{-1}^{1} (1 - x^2)\, dx = \frac{1}{2}\pi \left(x - \frac{x^3}{3} \right)_{-1}^{1} = \frac{2}{3}\pi.$$

§ 235. Berechnung von Oberflächen. $z = f(x, y)$ habe in $\mathfrak{A}$ stetige erste Ableitungen

$$z_x = f_x{}'(x, y), \quad z_y = f_y{}'(x, y).$$

Die Ebene $\quad\quad \mathfrak{z} - z = z_x{'}(\mathfrak{x} - x) + z_y{'}(\mathfrak{y} - y)$

heißt die **Tangentialebene** der Fläche im Punkte (x, y, z).[1]

Legt man durch (x, y, z) eine Ebene senkrecht zur (x, y)-Ebene, so entsteht auf der Fläche eine Schnittkurve und auf der Tangentialebene eine Schnittgerade und man sieht leicht, daß die Schnittgerade die Tangente der Schnittkurve im Punkte (x, y, z) ist.

Mit der Tangentialebene steht im engen Zusammenhang das Differential von $f(x, y)$.

$$\Delta f(x, y) = f(x + \Delta x, y + \Delta y) - f(x, y)$$

geht nämlich in $\quad\quad df(x, y) = f_x{'}\,\Delta x + f_y{'}\,\Delta y$

über, wenn man die Fläche $z = f(x, y)$ durch ihre Tangentialebene im Punkte (x, y, z) ersetzt.[2]

Die auf dem Rande von $\mathfrak{A}(\mathfrak{A}_\nu)$ errichteten Lote grenzen auf der Fläche $z = f(x, y)$ ein Gebiet $\mathfrak{G}(\mathfrak{G}_\nu)$ ab.

(x_ν, y_ν) sei ein beliebiger Punkt von $\mathfrak{A}_\nu$ und (x_ν, y_ν, z_ν) der entsprechende Flächenpunkt. Wir konstruieren die Tangentialebene in (x_ν, y_ν, z_ν). Auf ihr bestimmen die Randlote von $\mathfrak{A}_\nu$ ein Gebiet $\overline{\mathfrak{A}}_\nu$.

$\overline{A}_\nu$ sei der Inhalt von $\overline{\mathfrak{A}}_\nu$. Lassen wir $\mathfrak{Z}$ eine ausgezeichnete $\mathfrak{Z}$-Folge durchlaufen, so konvergiert, wie wir sehen werden,

$$\sum_{\nu=1}^{n} \overline{A}_\nu$$

nach einem Grenzwert. Diesen Grenzwert nennt man den Inhalt von $\mathfrak{G}$.

Um $\overline{A}_\nu$ zu berechnen, bemerken wir, daß die Projektion von $\overline{\mathfrak{A}}_\nu$ auf die (x, y)-Ebene $\mathfrak{A}_\nu$ ist. Wenn die Tangentialebene zur (x, y)-Ebene parallel ist, so wird $\overline{A}_\nu = A_\nu$. Wenn die beiden Ebenen nicht parallel sind, so machen wir ihre Schnittlinie zur $\mathfrak{x}$-Achse und wählen senkrecht zu dieser in der Tangentialebene die Achse $\mathfrak{O}\mathfrak{y}$, in der (x, y)-Ebene die Achse $\mathfrak{O}\mathfrak{y}_1$. Dann hat ein Punkt $(\mathfrak{x}, \mathfrak{y})$ der

----

1) Es wird angenommen $z = f(x, y)$. $\mathfrak{x}, \mathfrak{y}, \mathfrak{z}$ sind die laufenden Koordinaten.

2) Vgl. den analogen Zusammenhang von $\Delta f(x)$ und $df(x)$, den wir in § 56 besprachen.

Tangentialebene als Projektion in der (x, y)-Ebene einen Punkt $(\mathfrak{x}_1, \mathfrak{y}_1)$, dessen Koordinaten sich aus folgenden Gleichungen berechnen:

$$\mathfrak{x}_1 = \mathfrak{x}; \quad \mathfrak{y}_1 = \mathfrak{y} \cos \varphi_\nu.$$

φ_ν ist dabei der Winkel, den die beiden Ebenen miteinander bilden. Nun hat man (vgl. § 229)

$$A_\nu = -\int_{\mathfrak{A}_\nu} \mathfrak{y}\, d\mathfrak{x}, \quad \bar{A}_\nu = -\int_{\overline{\mathfrak{A}}_\nu} \mathfrak{y}_1\, d\mathfrak{x}_1,$$

also
$$A_\nu = A_\nu \cos \varphi_\nu.$$

Für $\cos \varphi_\nu$ findet man den Wert

$$\cos \varphi_\nu = \frac{1}{\sqrt{1 + f_x'^2(x_\nu, y_\nu) + f_y'^2(x_\nu, y_\nu)}}.$$

Demnach ist $\quad \bar{A}_\nu = A_\nu \sqrt{1 + f_x'^2(x_\nu, y_\nu) + f_y'^2(x_\nu, y_\nu)}.$

Aus der Stetigkeit von f_x', g_x' folgt die Stetigkeit von

$$\varphi(x, y) = \sqrt{1 + f_x'^2 + f_y'^2}.$$

Wir wissen aber, daß
$$\sum_{\nu=1}^{n} A_\nu \varphi(x_\nu, y_\nu)$$

dem Grenzwert
$$\iint_{\mathfrak{A}} \varphi(x, y)\, dx\, dy$$

zustrebt, wenn $\mathfrak{Z}$ eine ausgezeichnete $\mathfrak{Z}$-Folge durchläuft.

Der Inhalt von $\mathfrak{G}$ ist somit gleich
$$\iint_{\mathfrak{A}} \sqrt{1 + p^2 + q^2}\, dx\, dy,$$

wobei wir mit Euler $\quad f_x'(x, y) = p, \quad f_y'(x, y) = q \quad$ gesetzt haben.

Wir wollen in das obige Integral neue Veränderliche u, v einführen, und zwar sei[1])

$$x = x(u, v), \quad y = y(u, v).$$

z wird dann auch eine Funktion von (u, v). Wir setzen also

$$z = z(u, v).$$

---

1) Die in § 231 angegebenen Bedingungen nehmen wir als erfüllt an. Vor allem muß $x_u' y_v' - y_u' x_v'$ von Null verschieden sein. Diesmal sind x, y die alten und u, v die neuen Veränderlichen. Damals waren die Bezeichnungen gerade die umgekehrten.

Zur Berechnung von p und q haben wir die Gleichung

$$dz = p\,dx + q\,dy.$$

Sie spaltet sich in $\quad z_u' = p x_u' + q y_u', \quad z_v' = p x_v' + q y_v'.$

Daraus ergibt sich $\quad p = \dfrac{z_u' y_v' - y_u' z_v'}{x_u' y_v' - y_u' x_v'}, \quad q = \dfrac{x_u' z_v' - z_u' x_v'}{x_u' y_v' - y_u' x_v'},$

also $\quad 1 + p^2 + q^2 = \dfrac{(y_u' z_v' - z_u' y_v')^2 + (z_u' x_v' - x_u' z_v')^2 + (x_u' y_v' - y_u' x_v')^2}{(x_u' y_v' - y_u' x_v')^2}.$

Setzt man

$$E = x_u'^2 + y_u'^2 + z_u'^2,$$
$$F = x_u' x_v' + y_u' y_v' + z_u' z_v',$$
$$G = x_v'^2 + y_v'^2 + z_v'^2,$$

so wird der Zähler des letzten Bruches gerade gleich

$$EG - F^2.$$

Man hat also $\quad \sqrt{1 + p^2 + q^2} = \dfrac{\sqrt{EG - F^2}}{|x_u' y_v' - y_u' x_v'|}.$

Nach der Regel für die Transformation eines Doppelintegrals (vgl. § 232, Schluß) ist nun

$$\sqrt{1 + p^2 + q^2}\, dx\, dy$$

durch $\quad \sqrt{1 + p^2 + q^2}\, \left| \begin{pmatrix} x\,y \\ u\,v \end{pmatrix} \right|\, du\,dv = \sqrt{EG - F^2}\, du\,dv$

zu ersetzen, und es ergibt sich somit für den Inhalt von $\mathfrak{G}$ der Ausdruck

$$\iint\limits_{\mathfrak{u}} \sqrt{EG - F^2}\, du\,dv.$$

$\mathfrak{u}$ ist der Bereich in der (u, v)-Ebene, der dem Bereich $\mathfrak{A}$ entspricht.

Wir wollen jetzt annehmen, daß drei Gleichungen

(*) $\qquad x = x(u, v), \quad y = y(u, v), \quad z = z(u, v)$

gegeben sind, und daß x, y, z in dem Rechteck $\langle a, b;\, c, d \rangle$ stetige Ableitungen

$$x_u', y_u', z_u',$$
$$x_v', y_v', z_v'$$

besitzen. Ferner soll in $\langle a, b;\, c, d \rangle$ überall

$$EG - F^2 > 0$$

sein. Endlich sollen verschiedenen Punkten (u, v) in $\langle a, b;\, c, d \rangle$ stets verschiedene Punkte (x, y, z) entsprechen.

Wir setzen

$$X(\mathfrak{p}, \mathfrak{q}) = \begin{vmatrix} y_u{}'(u, v) & y_v{}'(u, v) \\ z_u{}'(\bar{u}, \bar{v}) & z_v{}'(\bar{u}, \bar{v}) \end{vmatrix},$$

$$Y(\mathfrak{p}, \mathfrak{q}) = \begin{vmatrix} z_u{}'(u, v) & z_v{}'(u, v) \\ x_u{}'(\bar{u}, \bar{v}) & x_v{}'(\bar{u}, \bar{v}) \end{vmatrix},$$

$$Z(\mathfrak{p}, \mathfrak{q}) = \begin{vmatrix} x_u{}'(u, v) & x_v{}'(u, v) \\ y_u{}'(\bar{u}, \bar{v}) & y_v{}'(\bar{u}, \bar{v}) \end{vmatrix},$$

und verstehen unter $\mathfrak{p}$ den Punkt mit den Koordinaten u, v, unter $\mathfrak{q}$ den Punkt mit den Koordinaten $\bar{u}$, $\bar{v}$.

$\langle a', b'; c', d' \rangle$ sei ein Rechteck im Innern von $\langle a, b; c, d \rangle$.

Durch Parallelen zu den Achsen läßt sich $\langle a', b'; c', d' \rangle$ so in Teilrechtecke zerlegen, daß in jedem Teilrechteck eine der drei Funktionen $\quad X(\mathfrak{p}, \mathfrak{q}), \quad Y(\mathfrak{p}, \mathfrak{q}), \quad Z(\mathfrak{p}, \mathfrak{q})$ ein konstantes Zeichen bewahrt, wie man auch $\mathfrak{p}$, $\mathfrak{q}$ innerhalb de Teilrechtecks herumrücken läßt.

Angenommen, das sei nicht möglich. Ist dann $\mathfrak{Z}_1, \mathfrak{Z}_2, \mathfrak{Z}_3, \cdots$ eine ausgezeichnete $\mathfrak{Z}$-Folge, so gäbe es bei $\mathfrak{Z}_n$ ein Teilrechteck, in welchem jede der drei Funktionen verschwindet, d. h. es gäbe darin sechs Punkte $\qquad \mathfrak{p}_n, \mathfrak{q}_n, \mathfrak{p}_n{}', \mathfrak{q}_n{}', \mathfrak{p}_n{}'', \mathfrak{q}_n{}'',$ so daß $\qquad X(\mathfrak{p}_n, \mathfrak{q}_n) = Y(\mathfrak{p}_n{}', \mathfrak{q}_n{}') = Z(\mathfrak{p}_n{}'', \mathfrak{q}_n{}'') = 0$ ist. $\bar{\mathfrak{p}}_1, \bar{\mathfrak{p}}_2, \bar{\mathfrak{p}}_3, \cdots$ sei eine konvergente Teilfolge von $\mathfrak{p}_1, \mathfrak{p}_2, \mathfrak{p}_3, \cdots$ und $\mathfrak{p}$ ihr Grenzpunkt. Dann ist auch

$$\lim \bar{\mathfrak{q}}_n = \lim \bar{\mathfrak{p}}_n{}' = \lim \bar{\mathfrak{q}}_n{}' = \lim \bar{\mathfrak{p}}_n{}'' = \lim \bar{\mathfrak{q}}_n{}'' = \mathfrak{p}.$$

Wegen der Stetigkeit der Ableitungen $x_u{}', x_v{}', y_u{}', y_v{}', z_u{}', z_v{}'$ würde folgen: $\qquad X(\mathfrak{p}, \mathfrak{p}) = Y(\mathfrak{p}, \mathfrak{p}) = Z(\mathfrak{p}, \mathfrak{p}) = 0,$

also $\qquad\qquad\qquad EG - F^2 = 0,$

gegen die Voraussetzung.

$\langle a', b'; c', d' \rangle$ läßt sich also in der gewünschten Weise zerlegen. Ist nun z. B. $\langle \alpha, \beta; \gamma, \delta \rangle$ ein Teilrechteck, in welchem $Z(\mathfrak{p}, \mathfrak{q})$ ein konstantes Zeichen hat, so entsprechen zwei verschiedenen Punkten (u, v), $(\bar{u}, \bar{v})$ in $\langle \alpha, \beta; \gamma, \delta \rangle$ vermöge der Gleichungen (*) zwei Punkte (x, y, z), $(\bar{x}, \bar{y}, \bar{z})$ mit verschiedenen Projektionen auf die (x, y)-Ebene. (Vgl. § 123.)

Wenn wir also von der durch (*) dargestellten Fläche das Stück betrachten, das dem Teilrechteck $\langle \alpha, \beta; \gamma, \delta \rangle$ entspricht, so ist es von dem zu Anfang betrachteten Typus $z = f(x, y)$. $\mathfrak{A}$ sei die Projektion dieses Flächenstücks auf die (x, y)-Ebene. Aus § 123 können wir ferner entnehmen, daß u, v als Funktionen von x, y in dem Bereich $\mathfrak{A}$ stetige Ableitungen haben.[1]) Dasselbe gilt daher von

$$f(x, y) = z(u, v),$$

weil $z_u{}', z_v{}'$ stetige Funktionen von u, v sind.

Das betrachtete Stück der Fläche (*) hat also den Inhalt

$$\iint\limits_{\langle \alpha, \beta; \gamma, \delta \rangle} \sqrt{EG - F^2}\, du\, dv:$$

Entsprechendes gilt für die anderen Teilrechtecke. Jedesmal wird das zugehörige Stück unserer Fläche von den Parallelen zu einer Achse höchstens in einem Punkt getroffen.

Der Inhalt des dem Rechteck $\langle a', b'; c', d' \rangle$ entsprechenden Flächenstücks ist also gleich

$$\iint\limits_{\langle a', b'; c', d' \rangle} \sqrt{EG - F^2}\, du\, dv.$$

Wenn $\mathfrak{B}$ ein in $\langle a', b'; c', d' \rangle$ enthaltener Normalbereich ist, so gilt für den Inhalt des entsprechenden Flächenstücks die Formel

$$\iint\limits_{\mathfrak{B}} \sqrt{EG - F^2}\, du\, dv.$$

$\mathfrak{B}$ sei durch die Ungleichungen

$$a' \leqq u \leqq b', \quad \varphi(u) \leqq v \leqq \psi(u)$$

dargestellt. Wir zerlegen $\langle a', b' \rangle$ in Teilintervalle $\langle u_{\nu-1}, u_\nu \rangle$ und bezeichnen mit $m_\nu(\overline{m}_\nu)$ den kleinsten, mit $M_\nu(\overline{M}_\nu)$ den größten Wert

---

1) Das Rechteck $\langle \alpha, \beta; \gamma, \delta \rangle$ behält die Eigenschaft $Z(\mathfrak{p}, \mathfrak{q}) \gtrless 0$, wenn wir es durch $\langle \alpha - \varepsilon, \beta + \varepsilon; \gamma - \varepsilon, \delta + \varepsilon \rangle$ ersetzen und das positive ε hinreichend klein wählen. u und v haben also auch am Rande von $\mathfrak{A}$ stetige Ableitungen nach x, y. Jetzt sieht der Leser, weshalb wir statt $\langle a, b; c, d \rangle$ das Rechteck $\langle a', b'; c', d' \rangle$ benutzt haben.

von $\varphi(u)$ bzw. $\psi(u)$ in $\langle u_{\nu-1}, u_\nu\rangle$. Wir führen, wie in § 223, noch ein Symbol m_ν' ein, das folgende Bedeutung haben soll.

Wenn $M_\nu \leqq \bar{m}_\nu$ ist, setzen wir $m_\nu' = \bar{m}_\nu$. Wenn dagegen $M_\nu > \bar{m}_\nu$ ist, setzen wir $m_\nu' = M_\nu$. Dann ist immer

$$0 \leqq \bar{M}_\nu - m_\nu' \leqq \bar{M}_\nu - \bar{m}_\nu.$$

Das Rechteck $\qquad \langle u_{\nu-1}, u_\nu;\ M_\nu, m_\nu'\rangle$

heiße q_ν, das Rechteck $\quad \langle u_{\nu-1}, u_\nu;\ m_\nu, \bar{M}_\nu\rangle$

$\mathfrak{Q}_\nu$. Das dem Bereich $\mathfrak{B}$ entsprechende Flächenstück $\mathfrak{S}$ hat offenbar einen Inhalt, der größer gleich

$$\sum_{q_\nu} \iint \sqrt{EG - F^2}\, du\, dv$$

und kleiner gleich $\qquad \displaystyle\sum_{\mathfrak{Q}_\nu} \iint \sqrt{EG - F^2}\, du\, dv$

ist. In demselben Intervall liegt das Integral

$$\iint_\mathfrak{B} \sqrt{EG - F^2}\, du\, dv.$$

σ sei die Maximalschwankung von $\varphi(u)$ und $\psi(u)$ in den Teilintervallen $\langle u_{\nu-1}, u_\nu\rangle$. Die Inhalte q_ν, Q_ν von q_ν, $\mathfrak{Q}_\nu$ erfüllen dann folgende Ungleichung:

$$0 < Q_\nu - q_\nu < 2\sigma(u_\nu - u_{\nu-1}).$$

Ist $\mathfrak{M}$ der größte Wert von $\sqrt{EG - F^2}$ in $\langle a', b';\ c', d'\rangle$, so hat man also

$$\iint_{\mathfrak{Q}_\nu} \sqrt{EG - F^2}\, du\, dv - \iint_{q_\nu} \sqrt{EG - F^2}\, du\, dv < 2\sigma(b' - a')\,\mathfrak{M}.$$

$\mathfrak{S}$ und $\displaystyle\iint_\mathfrak{B} \sqrt{EG - F^2}\, du\, dv$ differieren also auch um weniger als

$2\sigma(b' - a')\,\mathfrak{M}$. Da σ beliebig klein gemacht werden kann, so gilt die Formel

$$\mathfrak{S} = \iint_\mathfrak{B} \sqrt{EG - F^2}\, du\, dv.$$

Sie behält ihre Gültigkeit, wenn $\mathfrak{B}$ im Innern von $\langle a, b; c, d \rangle$ liegt und in eine endliche Anzahl von Normalbereichen zerlegbar ist.

§ 236. **Kugeloberfläche.** Wir charakterisieren die Punkte der Kugelfläche durch ihre geographische Länge und Breite (λ und β). Dann ist, wenn wir den Radius gleich 1 setzen,

$$x = \cos \beta \cos \lambda, \quad y = \cos \beta \sin \lambda, \quad z = \sin \beta,$$

und für β, λ gelten die Ungleichungen

$$-\frac{\pi}{2} \leqq \beta \leqq \frac{\pi}{2}, \quad 0 \leqq \lambda \leqq 2\pi.$$

Man erhält hier für die Ableitungen

$$x'_\beta, \; y'_\beta, \; z'_\beta,$$
$$x'_\lambda, \; y'_\lambda, \; z'_\lambda$$

die Werte $\quad -\sin \beta \cos \lambda, \quad -\sin \beta \sin \lambda, \quad \cos \beta,$
$$-\cos \beta \sin \lambda, \quad \cos \beta \cos \lambda, \quad 0.$$

Daraus folgt:
$$y'_\beta z'_\lambda - z'_\beta y'_\lambda = -\cos^2 \beta \cos \lambda,$$
$$z'_\beta x'_\lambda - x'_\beta z'_\lambda = -\cos^2 \beta \sin \lambda,$$
$$x'_\beta y'_\lambda - y'_\beta x'_\lambda = -\cos \beta \sin \beta,$$

mithin $\qquad\qquad EG - F^2 = \cos^2 \beta.$

Das dem Bereich $\mathfrak{B}$ in der (β, λ)-Ebene entsprechende Stück der Kugelfläche hat also den Inhalt

$$\iint_{\mathfrak{B}} \sqrt{EG - F^2}\, d\beta\, d\lambda = \iint_{\mathfrak{B}} \cos \beta\, d\beta\, d\lambda. \text{[1]}$$

Ist $\mathfrak{B}$ ein Normalbereich, der durch die Ungleichungen

$$\lambda_0 \leqq \lambda \leqq \lambda_1, \quad \varphi(\lambda) \leqq \beta \leqq \psi(\lambda)$$

dargestellt wird, so hat man (vgl. § 223)

$$\iint_{\mathfrak{B}} \cos \beta\, d\beta\, d\lambda = \int_{\lambda_0}^{\lambda_1} \{\sin \psi(\lambda) - \sin \varphi(\lambda)\}\, d\lambda.$$

---

[1] $\mathfrak{B}$ liege innerhalb $\left\langle -\dfrac{\pi}{2}, \dfrac{\pi}{2}; 0, 2\pi \right\rangle$ und sei in eine endliche Anzahl von Normalbereichen zerlegbar.

Wird $\mathfrak{B}$ durch die Ungleichungen

$$\beta_0 \leqq \beta \leqq \beta_1, \quad \varphi(\beta) \leqq \lambda \leqq \psi(\beta)$$

dargestellt, so wird

$$\iint_{\mathfrak{B}} \cos\beta \, d\beta \, d\lambda = \int_{\beta_0}^{\beta_1} \{\psi(\beta) - \varphi(\beta)\} \cos\beta \, d\beta.$$

Ist im ersten Falle $\quad \varphi(\lambda) = \beta_0, \quad \psi(\lambda) = \beta_1$

oder im zweiten $\quad \varphi(\beta) = \lambda_0, \quad \psi(\beta) = \lambda_1,$

so wird das Integral gleich

$$(\sin\beta_1 - \sin\beta_0)(\lambda_1 - \lambda_0).$$

Daraus geht hervor, daß der Inhalt der ganzen Kugelfläche gleich 4π ist.

Einiges aus der Determinantentheorie.

Die Determinanten wurden durch Leibniz eingeführt, um Systeme von linearen Gleichungen in bequemer Weise aufzulösen.

Um die n-reihige Determinante zu definieren, müssen wir zuerst einiges über Permutationen sagen.

Es gibt, wie dem Leser bekannt ist,

$$1 \cdot 2 \ldots n = n! \qquad (n \text{ Fakultät})$$

Permutationen der Zahlen $1, 2, \ldots, n$.

Die Permutation $\qquad 1, 2, \ldots, n$

ist dadurch ausgezeichnet, daß in ihr von zwei Zahlen immer die kleinere links von der größeren steht. In jeder anderen Permutation

$$k_1, k_2, \ldots, k_n$$

kommt es vor, daß eine größere Zahl vor einer kleineren steht. Ein solches Vorkommnis nennt man einen Fehlstand (oder eine Inversion oder ein dérangement)[1].

Um nachzuzählen, wie viele Fehlstände in der Permutation k_1, $k_2, \ldots, k_n$ vorhanden sind, kann man so verfahren.

Man sieht nach, wie viele kleinere Zahlen auf k_1 folgen, dann, wie viele kleinere Zahlen auf k_2 folgen, usw.

Um z. B. die Anzahl der Fehlstände in der Permutation
$$7531264$$
zu erhalten, beachte man, daß

auf 7 sechs kleinere Zahlen folgen,

auf 5 vier kleinere Zahlen,

---

[1] Wir nehmen an, daß $n > 1$ ist.

auf 3 zwei kleinere Zahlen,
auf 6 eine kleinere Zahl.

Es gibt also bei dieser Permutation

$$6 + 4 + 2 + 1 = 13 \quad \text{Fehlstände.}$$

Wir wollen jetzt zwei Permutationen betrachten, die auseinander durch Vertauschung zweier benachbarter Glieder entstehen, wie z. B.

$$7531264 \quad \text{und} \quad 7513264.$$

Die beiden zu vertauschenden Glieder seien r und s ($>r$). Dann lautet die eine Permutation

$$\ldots rs \ldots, \quad \text{die andere} \ldots sr \ldots$$

In der zweiten hat man außer den Fehlständen der ersten noch einen neuen, der von r, s herrührt.

Durch Vertauschung von zwei benachbarten Gliedern wird die Anzahl der Fehlstände in einer Permutation um 1 vermehrt oder vermindert.

Es liege nun eine Permutation vor, in der auf r zuerst μ andre Glieder folgen, hinter denen dann s steht, also eine Permutation von dieser Gestalt:

$$\ldots r z_1 z_2 \ldots z_\mu s \ldots$$

Vertauscht man $(\mu + 1)$-mal das Glied r mit seinem rechten Nachbar, so gelangt man über

$$\ldots z_1 r z_2 \ldots z_\mu s \ldots,$$
$$\ldots z_1 z_2 r \ldots z_\mu s \ldots,$$
$$\cdot \quad \cdot \quad \cdot \quad \cdot \quad \cdot \quad \cdot$$
$$\ldots z_1 z_2 z_3 \ldots r s \ldots$$

zu

$$\ldots z_1 z_2 \ldots z_\mu s r \ldots$$

Vertauscht man jetzt das Glied s μ-mal mit seinem linken Nachbar, so gelangt man zu

$$\ldots s z_1 z_2 \ldots z_\mu r \ldots$$

Man sieht hieraus, daß $2\mu + 1$ Vertauschungen benachbarter Glieder ausreichen, um r und s ihre Plätze wechseln zu lassen.

Dabei vermehrt oder vermindert sich die Zahl der Fehlstände um einen ungeraden Betrag, weil sie $(2\mu + 1)$-mal aus einer geraden eine ungerade oder aus einer ungeraden eine gerade wird.

Man teilt die Permutationen in zwei Klassen ein, je nachdem sie eine gerade oder eine ungerade Anzahl von Fehlständen aufweisen, und spricht von geraden und ungeraden Permutationen.

Eine Permutation wechselt ihre Klasse, wenn man in ihr zwei Glieder vertauscht.

Es gibt ebensoviele gerade wie ungerade Permutationen. Um sich davon zu überzeugen, denke man sich alle $n!$ Permutationen der n Zahlen 1, 2, ..., n in irgendeiner Reihenfolge aufgeschrieben. Es mögen p gerade und q ungerade darunter sein. Vertauscht man nun in allen Permutationen die Zahlen 1 und 2, so hat man wieder alle $n!$ Permutationen, nur in einer andern Reihenfolge. Aus den p geraden sind aber p ungerade, aus den q ungeraden q gerade Permutationen geworden. Daraus ersieht man, daß $p = q$ ist.

Definition der n-reihigen Determinante.

Wir betrachten n^2 Zahlen, die in quadratischer Anordnung vorliegen und durch Doppelindizes[1]) bezeichnet sind:

$$
(1) \qquad
\begin{matrix}
a_{11} a_{12} \cdots a_{1n} \\
a_{21} a_{22} \cdots a_{2n} \\
\cdot \quad \cdot \quad \cdot \quad \cdot \quad \cdot \\
a_{n1} a_{n2} \cdots a_{nn} \cdot
\end{matrix}
$$

Der erste Index des Elements a_{rs} gibt die Zeile an, in der es steht, der zweite die Spalte.

Wir wollen jetzt n Elemente herausgreifen, die in lauter verschiedenen Zeilen und in lauter verschiedenen Spalten stehen, und ihr Produkt bilden. Dieses Produkt hat folgendes Aussehen:

$$
a_{1 r_1} a_{2 r_2} \cdots a_{n r_n}
$$

und $r_1, r_2, \ldots, r_n$ ist eine Permutation von 1, 2, ..., n. Es gibt offenbar $n!$ Produkte dieser Art. Wir können sie in zwei Klassen einteilen. Zur ersten Klasse rechnen wir die Produkte, bei denen $r_1, r_2, \ldots, r_n$ eine gerade Permutation ist, zur zweiten die Produkte, bei denen $r_1, r_2, \ldots, r_n$ eine ungerade Permutation ist.

---

1) Die Bezeichnung durch Doppelindizes rührt von Leibniz her.

Subtrahiert man von der Summe aller Produkte erster Klasse die Summe aller Produkte zweiter Klasse, so entsteht ein Ausdruck, den man die **Determinante** des Schemas (1) nennt und mit

$$(2) \qquad \begin{vmatrix} a_{11} a_{12} \cdots a_{1n} \\ a_{21} a_{22} \cdots a_{2n} \\ \cdot \quad \cdot \quad \cdot \quad \cdot \\ a_{n1} a_{n2} \cdots a_{nn} \end{vmatrix} \qquad \text{bezeichnet.}$$

Im Falle $n = 2$ gibt es nur zwei Produkte $a_{1\,r_1} a_{2\,r_2}$, nämlich

$$a_{11} a_{22} \quad \text{und} \quad a_{12} a_{21}.$$

Das erste gehört zur ersten, das zweite zur zweiten Klasse, weil 1, 2 eine gerade und 2, 1 eine ungerade Permutation ist.

Man hat also

$$\begin{vmatrix} a_{11} \, a_{12} \\ a_{21} \, a_{22} \end{vmatrix} = a_{11} a_{22} - a_{12} a_{21}$$

oder mit anderen Bezeichnungen

$$\begin{vmatrix} a\,b \\ c\,d \end{vmatrix} = ad - bc.$$

Im Falle $n = 3$ gibt es $3! = 6$ Produkte $a_{1\,r_1} a_{2\,r_2} a_{3\,r_3}$, nämlich folgende:

$$a_{11} a_{22} a_{33}, \quad a_{12} a_{23} a_{31}, \quad a_{13} a_{21} a_{32}$$
$$a_{11} a_{23} a_{32}, \quad a_{12} a_{21} a_{33}, \quad a_{13} a_{22} a_{31}.$$

Die drei ersten gehören zur ersten, die drei letzten zur zweiten Klasse, weil

$$1, 2, 3; \quad 2, 3, 1; \quad 3, 1, 2$$

gerade und

$$1, 3, 2; \quad 2, 1, 3; \quad 3, 2, 1$$

ungerade Permutationen sind.

Man hat also

$$\begin{vmatrix} a_{11} a_{12} a_{13} \\ a_{21} a_{22} a_{23} \\ a_{31} a_{32} a_{33} \end{vmatrix} = \begin{cases} a_{11} a_{22} a_{33} + a_{12} a_{23} a_{31} + a_{13} a_{21} a_{32} \\ - a_{11} a_{23} a_{32} - a_{12} a_{21} a_{33} - a_{13} a_{22} a_{31}. \end{cases}$$

Man sieht, daß diejenigen Produkte negativ zu nehmen sind, die nur einen Faktor mit gleichen Indizes enthalten.

Verhalten der Determinante bei gewissen Vertauschungen der Elemente.

Das Produkt $a_{1 r_1} a_{2 r_2} \cdots a_{n r_n}$ bleibt ungeändert, wenn man seine n Faktoren irgendwie vertauscht. Man kann jede beliebige Reihenfolge dieser Faktoren dadurch erreichen, daß man in $a_{1 r_1} a_{2 r_2} \cdots a_{n r_n}$ eine gewisse Anzahl von Malen nur zwei Faktoren vertauscht.

Geht durch p solche Vertauschungen

$$a_{1 r_1} a_{2 r_2} \cdots a_{n r_n} \quad \text{in} \quad a_{s_1 1} a_{s_2 2} \cdots a_{s_n n}$$

über, so sind $r_1, r_2, \ldots, r_n$ und $s_1, s_2, \ldots, s_n$ gerade oder ungerade Permutationen, je nachdem p gerade oder ungerade ist. Wir wissen nämlich, daß eine Permutation ihre Klasse wechselt, wenn man in ihr zwei Glieder vertauscht. $1, 2, \ldots, n$ und $r_1, r_2, \ldots, r_n$ gehen aber durch p solche Vertauschungen in $s_1, s_2, \ldots, s_n$ bzw. $1, 2, \ldots, n$ über

Man teile nun die $n!$ Produkte

$$a_{s_1 1} a_{s_2 2} \cdots a_{s_n n} \quad (s_1, s_2, \ldots, s_n \text{ eine Permutation von } 1, 2, \ldots, n)$$

in zwei Klassen. Zur ersten Klasse rechne man diejenigen Produkte, bei denen $s_1, s_2, \ldots, s_n$ eine gerade, zur zweiten Klasse diejenigen, bei denen $s_1, s_2, \ldots, s_n$ eine ungerade Permutation ist.

Die Determinante (2) wird dann gleich der Summe der Produkte erster Klasse, vermindert um die Summe der Produkte zweiter Klasse.

Die beiden Determinanten

$$A = \begin{vmatrix} a_{11} a_{12} \cdots a_{1n} \\ a_{21} a_{22} \cdots a_{2n} \\ \cdot \quad \cdot \quad \cdot \quad \cdot \\ a_{n1} a_{n2} \cdots a_{nn} \end{vmatrix} \quad \text{und} \quad B = \begin{vmatrix} b_{11} b_{12} \cdots b_{1n} \\ b_{21} b_{22} \cdots b_{2n} \\ \cdot \quad \cdot \quad \cdot \quad \cdot \\ b_{n1} b_{n2} \cdots b_{nn} \end{vmatrix}$$

mögen in solcher Beziehung zueinander stehen, daß für $r = 1, 2, \ldots, n$ und $s = 1, 2, \ldots, n$

$$b_{rs} = a_{sr}$$

ist. Die r-te Zeile der einen Determinante stimmt überein mit der r-ten Spalte der andern.

Nun ist $\quad A = \sum \operatorname{sgn}(s_1 s_2 \cdots s_n)\, a_{s_1 1}\, a_{s_2 2} \cdots a_{s_n n},$

wobei man $\operatorname{sgn}(s_1 s_2 \cdots s_n)$ gleich $+1$ oder -1 zu setzen hat, je nachdem die Permutation $s_1, s_2, \cdots, s_n$ gerade oder ungerade ist.

Andererseits ist aber

$$B = \sum \operatorname{sgn}(s_1 s_2 \cdots s_n)\, b_{1 s_1}\, b_{2 s_2} \cdots b_{n s_n}.$$

Da nach Vorraussetzung

$$b_{1 s_1} = a_{s_1 1},\quad b_{2 s_2} = a_{s_2 2},\quad \ldots,\quad b_{n s_n} = a_{s_n n},$$

so ergibt sich $\qquad\qquad A = B.$

Satz 1. Eine Determinante bleibt ungeändert, wenn man sie so umschreibt, daß die r-te Zeile die r-te Spalte wird $(r = 1, 2, \ldots, n)$.

Wir machen jetzt die Voraussetzung, daß B aus A durch Vertauschung der r-ten und s-ten Zeile entsteht. Man bezeichne die neue Permutation, die aus $s_1, s_2, \cdots, s_n$ durch Vertauschung von r und s entsteht, mit $\sigma_1, \sigma_2, \ldots, \sigma_n$. Dann ist

$$\operatorname{sgn}(\sigma_1 \sigma_2 \cdots \sigma_n) = -\operatorname{sgn}(s_1 s_2 \cdots s_n)$$

und wir können schreiben

$$A = -\sum \operatorname{sgn}(\sigma_1 \sigma_2 \cdots \sigma_n)\, a_{s_1 1}\, a_{s_2 2} \cdots a_{s_n n}.$$

Nach Voraussetzung ist aber

$$a_{s_1 1}\, a_{s_2 2} \cdots a_{s_n n} = b_{\sigma_1 1}\, b_{\sigma_2 2} \cdots b_{\sigma_n n},$$

also $\quad A = -\sum \operatorname{sgn}(\sigma_1 \sigma_2 \cdots \sigma_n)\, b_{\sigma_1 1}\, b_{\sigma_2 2} \cdots b_{\sigma_n n} = -B.$

Satz 2. Eine Determinante multipliziert sich mit -1, wenn man in ihr zwei Zeilen vertauscht.

Wenn in der Determinante A die r-te Zeile mit der s-ten Zeile übereinstimmt, wenn also

$$a_{r1} = a_{s1},\ a_{r2} = a_{s2},\ \ldots,\ a_{rn} = a_{sn}$$

ist $(r \gtrless s)$, so geht A bei Vertauschung der r-ten mit der s-ten Zeile in $-A$ über. Andererseits bleibt aber bei dieser Vertauschung A ungeändert. Es ist daher

$$A = -A,\quad \text{d. h.}\quad A = 0.$$

Satz 3. Eine Determinante mit zwei übereinstimmenden Zeilen ist gleich Null.

Beachtet man Satz 1, so erkennt man, daß die Sätze 2 und 3 auch für die Spalten gelten.

Satz 2 läßt sich in folgender Weise verallgemeinern:

Satz 2'. Wenn $r_1, r_2, \ldots, r_n$ eine beliebige Permutation von $1, 2, \ldots, n$ ist, so hat man

$$\begin{vmatrix} a_{r_1 1} a_{r_1 2} \cdots a_{r_1 n} \\ a_{r_2 1} a_{r_2 2} \cdots a_{r_2 n} \\ \cdot \ \cdot \ \cdot \ \cdot \ \cdot \ \cdot \\ a_{r_n 1} a_{r_n 2} \cdots a_{r_n n} \end{vmatrix} = \operatorname{sgn}(r_1 r_2 \cdots r_n) \begin{vmatrix} a_{11} a_{12} \cdots a_{1n} \\ a_{21} a_{22} \cdots a_{2n} \\ \cdot \ \cdot \ \cdot \ \cdot \ \cdot \ \cdot \\ a_{n1} a_{n2} \cdots a_{nn} \end{vmatrix}.$$

Die Determinante links entstehe aus der rechts durch p Vertauschungen zweier Zeilen. Dann ist nach Satz 2

$$\begin{vmatrix} a_{r_1 1} a_{r_1 2} \cdots a_{r_1 n} \\ a_{r_2 1} a_{r_2 2} \cdots a_{r_2 n} \\ \cdot \ \cdot \ \cdot \ \cdot \ \cdot \ \cdot \\ a_{r_n 1} a_{r_n 2} \cdots a_{r_n n} \end{vmatrix} = (-1)^p \begin{vmatrix} a_{11} a_{12} \cdots a_{1n} \\ a_{21} a_{22} \cdots a_{2n} \\ \cdot \ \cdot \ \cdot \ \cdot \ \cdot \ \cdot \\ a_{n1} a_{n2} \cdots a_{nn} \end{vmatrix}.$$

Andererseits aber ist $\operatorname{sgn}(r_1 r_2 \cdots r_n) = (-1)^p$,

weil man beim Übergange von $1, 2, \ldots, n$ zu $r_1, r_2, \ldots, r_n$ p-mal die Klasse wechselt.

Die Determinante als Funktion der Elemente einer Zeile.

Jedes Glied der Determinante A hat die Form $a_{1 r_1} a_{2 r_2} \cdots a_{n r_n}$. Es enthält aus jeder Zeile ein und nur ein Element.

Satz 4. Die Determinante ist eine lineare homogene Funktion der Elemente einer Zeile.

Es ist also z. B.

$$A = a_{r1} A_{r1} + a_{r2} A_{r2} + \cdots + a_{rn} A_{rn},$$

wobei $A_{r1}, A_{r2}, \ldots, A_{rn}$ von den Elementen der r-ten Zeile gänzlich unabhängig sind.

Man nennt A_{rs} das algebraische Komplement von a_{rs}. Um A_{rs} zu finden, wollen wir zuvor in A die r-te Zeile mit der $(r-1)$-ten,

der $(r-2)$-ten, ..., schließlich mit der ersten vertauschen und sie dadurch an die erste Stelle bringen. Dadurch erhalten wir eine Determinante, die gleich $(-1)^{r-1}A$ ist. In dieser wollen wir die s-te Spalte mit der $(s-1)$-ten, der $(s-2)$-ten, ..., schließlich mit der ersten vertauschen. Die neue Determinante hat dann den Wert $(-1)^{r-1+s-1}A$ oder
$$(-1)^{r+s}A.$$

Ausführlich geschrieben lautet sie

$$\begin{vmatrix} a_{rs} & a_{r1} & \cdots & a_{r,s-1} & a_{r,s+1} & \cdots & a_{rn} \\ a_{1s} & a_{11} & \cdots & a_{1,s-1} & a_{1,s+1} & \cdots & a_{1n} \\ \cdot & \cdot & \cdot & \cdot & \cdot & \cdot & \cdot \\ a_{r-1,s} & a_{r-1,1} & \cdots & a_{r-1,s-1} & a_{r-1,s+1} & \cdots & a_{r-1,n} \\ a_{r+1,s} & a_{r+1,1} & \cdots & a_{r+1,s-1} & a_{r+1,s+1} & \cdots & a_{r+1,n} \\ \cdot & \cdot & \cdot & \cdot & \cdot & \cdot & \cdot \\ a_{ns} & a_{n1} & \cdots & a_{n,s-1} & a_{n,s+1} & \cdots & a_{nn} \end{vmatrix}.$$

Ist $\bar{A}_{rs}$ das algebraische Komplement von a_{rs} in dieser Determinante, so wird
$$A_{rs} = (-1)^{r+s}\bar{A}_{rs}.$$

Es handelt sich also jetzt nur darum, in einer Determinante

$$B = \begin{vmatrix} b_{11} & b_{12} & \cdots & b_{1n} \\ b_{21} & b_{22} & \cdots & b_{2n} \\ \cdot & \cdot & \cdot & \cdot \\ b_{n1} & b_{n2} & \cdots & b_{nn} \end{vmatrix}$$

das algebraische Komplement B_{11} von b_{11} zu finden. Die Glieder von B, die das Element b_{11} enthalten, haben die Form
$$\operatorname{sgn}(1\,r_2 \cdots r_n)\,b_{11}\,b_{2r_2} \cdots b_{nr_n}.$$

$r_2, \ldots, r_n$ ist eine Permutation von $2, \ldots, n$.

Setzen wir für einen Augenblick
$$c_{rs} = b_{r+1,s+1}, \qquad (r, s = 1, 2, \ldots, n-1)$$

so wird
$$b_{11}\,b_{2r_2} \cdots b_{nr_n} = b_{11}\,c_{1,r_2-1} \cdots c_{n-1,r_n-1}$$

und $r_2-1, \ldots, r_n-1$ ist eine Permutation von $1, 2, \ldots, n-1$. Offenbar gibt es in $1, r_2, \ldots, r_n$ ebensoviele Inversionen wie in $r_2-1, \ldots, r_n-1$, so daß
$$\operatorname{sgn}(1\,r_2 \cdots r_n) = \operatorname{sgn}(r_2-1, \ldots, r_n-1) \qquad \text{ist.}$$

Hieraus ergibt sich

$$B_{11} = \sum \mathrm{sgn}\,(r_2 - 1, \ldots, r_n - 1)\, c_{1, r_2 - 1} \cdots c_{n-1, r_n - 1}$$

$$= \begin{vmatrix} c_{11} & c_{12} & \cdots & c_{1, n-1} \\ c_{21} & c_{22} & \cdots & c_{2, n-1} \\ \cdot & \cdot & \cdot & \cdot \\ c_{n-1, 1} & c_{n-1, 2} & \cdots & c_{n-1, n-1} \end{vmatrix}$$

oder $\qquad B_{11} = \begin{vmatrix} b_{22} & b_{23} & \cdots & b_{2n} \\ b_{32} & b_{33} & \cdots & b_{3n} \\ \cdot & \cdot & \cdot & \cdot \\ b_{n2} & b_{n3} & \cdots & b_{nn} \end{vmatrix}.$ $\qquad$ Demnach ist

$$A_{rs} = (-1)^{r+s} \begin{vmatrix} a_{11} & \cdots & a_{1, s-1} & a_{1, s+1} & \cdots & a_{1n} \\ \cdot & \cdot & \cdot & \cdot & \cdot & \cdot \\ a_{r-1, 1} & \cdots & a_{r-1, s-1} & a_{r-1, s+1} & \cdots & a_{r-1, n} \\ a_{r+1, 1} & \cdots & a_{r+1, s-1} & a_{r+1, s+1} & \cdots & a_{r+1, n} \\ \cdot & \cdot & \cdot & \cdot & \cdot & \cdot \\ a_{n1} & \cdots & a_{n, s-1} & a_{n, s+1} & \cdots & a_{nn} \end{vmatrix}.$$

Für die Bildung von A_{rs} gilt also folgende Regel:

Um das algebraische Komplement von a_{rs} in der n-reihigen Determinante A zu finden, streiche man in A die r-te Zeile und die s-te Spalte, d. h. die Zeile und Spalte, in der a_{rs} steht. Die übrigbleibende $(n-1)$-reihige Determinante ist, wenn man noch den Faktor $(-1)^{r+s}$ hinzufügt, gleich dem gesuchten algebraischen Komplement.

Satz 5. Multipliziert man in einer Determinante jedes Element einer Zeile mit dem algebraischen Komplement des entsprechenden Elements einer andern Zeile, so ist die Summe dieser Produkte gleich Null.

Ersetzt man nämlich in A die Elemente der r-ten Zeile, d. h. $a_{r1}, a_{r2}, \ldots, a_{rn}$ bezüglich durch $a_{s1}, a_{s2}, \ldots, a_{sn}$ so verwandelt sich

$$a_{r1} A_{r1} + a_{r2} A_{r2} + \cdots + a_{rn} A_{rn}$$

in $\qquad a_{s1} A_{r1} + a_{s2} A_{r2} + \cdots + a_{sn} A_{rn}.$

Da die neue Determinante zwei übereinstimmende Zeilen hat, so ist

$$a_{s1} A_{r1} + a_{s2} A_{r2} + \cdots + a_{sn} A_{rn} = 0. \qquad (s \gtrless r)$$

Satz 6. Sind die Elemente einer Zeile Binome, so läßt sich die Determinante als Summe von zwei Determinanten darstellen. Die erste ergibt sich, wenn man nur die ersten, die zweite, wenn man nur die zweiten Bestandteile jener Binome stehen läßt.

Stehen in der r-ten Zeile die Binome

$$x_1 + y_1, \; x_2 + y_2, \; \ldots, \; x_n + y_n,$$

so ist die Determinante gleich

$$(x_1 + y_1)A_{r1} + (x_2 + y_2)A_{r2} + \cdots + (x_n + y_n)A_{rn},$$

d. h. gleich

$$(x_1 A_{r1} + x_2 A_{r2} + \cdots + x_n A_{rn}) + (y_1 A_{r1} + y_2 A_{r2} + \cdots + y_n A_{rn}).$$

Satz 7. Wenn man alle Elemente einer Zeile mit dem Faktor λ versieht, so multipliziert sich die Determinante mit dem Faktor λ.

Ersetzt man nämlich $a_{r1}, a_{r2}, \ldots, a_{rn}$ durch $\lambda a_{r1}, \lambda a_{r2}, \ldots, \lambda a_{rn}$ so verwandelt sich

$$a_{r1}A_{r1} + a_{r2}A_{r2} + \cdots + a_{rn}A_{rn}$$

in
$$\lambda(a_{r1}A_{r1} + a_{r2}A_{r2} + \cdots + a_{rn}A_{rn}).$$

Satz 8. Addiert man zu den Elementen einer Zeile die mit λ multiplizierten entsprechenden Elemente einer andern Zeile, so bleibt die Determinante ungeändert.

Die neue Determinante läßt sich nämlich nach Satz 6 und 7 in der Form $A + \lambda B$ schreiben, und B ist eine Determinante mit zwei identischen Zeilen, also gleich Null.

Die Sätze 4 bis 8 gelten auf Grund von Satz 1 auch für die Spalten.

Der Multiplikationssatz.

Wir bilden aus der r-ten Zeile der Determinante

$$A = \begin{vmatrix} a_{11} & a_{12} & \cdots & a_{1n} \\ a_{21} & a_{22} & \cdots & a_{2n} \\ \cdot & \cdot & \cdot & \cdot \\ a_{n1} & a_{n2} & \cdots & a_{nn} \end{vmatrix}$$

und aus der s-ten Zeile der Determinante

$$B = \begin{vmatrix} b_{11} & b_{12} & \cdots & b_{1n} \\ b_{21} & b_{22} & \cdots & b_{2n} \\ \cdot & \cdot & \cdot & \cdot \\ b_{n1} & b_{n2} & \cdots & b_{nn} \end{vmatrix}$$

den Ausdruck $\quad c_{rs} = a_{r1} b_{s1} + a_{r2} b_{s2} + \cdots + a_{rn} b_{sn}$

und betrachten die Determinante

$$C = \begin{vmatrix} c_{11} & c_{12} & \cdots & c_{1n} \\ c_{21} & c_{22} & \cdots & c_{2n} \\ \cdot & \cdot & \cdot & \cdot \\ c_{n1} & c_{n2} & \cdots & c_{nn} \end{vmatrix}.$$

Sie zerlegt sich bei wiederholter Anwendung von Satz 6 in Summanden von folgender Form

$$\begin{vmatrix} a_{1r_1} b_{1r_1}, & a_{1r_1} b_{2r_1}, & \ldots, & a_{1r_1} b_{nr_1} \\ a_{2r_2} b_{1r_2}, & a_{2r_2} b_{2r_2}, & \ldots, & a_{2r_2} b_{nr_2} \\ \cdot & \cdot & \cdot & \cdot \\ a_{nr_n} b_{1r_n}, & a_{nr_n} b_{2r_n}, & \ldots, & a_{nr_n} b_{nr_n} \end{vmatrix}.$$

Ein solcher Summand ist aber nach Satz 7 gleich

$$a_{1r_1} a_{2r_2} \cdots a_{nr_n} \begin{vmatrix} b_{1r_1} & b_{2r_1} & \cdots & b_{nr_1} \\ b_{1r_2} & b_{2r_2} & \cdots & b_{nr_2} \\ \cdot & \cdot & \cdot & \cdot \\ b_{1r_n} & b_{2r_n} & \cdots & b_{nr_n} \end{vmatrix}.$$

Der zweite Faktor verschwindet, wenn $r_1, r_2, \ldots, r_n$ nicht alle verschieden sind. Andernfalls ist nach Satz 2'

$$\begin{vmatrix} b_{1r_1} & b_{2r_1} & \cdots & b_{nr_1} \\ b_{1r_2} & b_{2r_2} & \cdots & b_{nr_2} \\ \cdot & \cdot & \cdot & \cdot \\ b_{1r_n} & b_{2r_n} & \cdots & b_{nr_n} \end{vmatrix} = \operatorname{sgn}(r_1 r_2 \cdots r_n) \begin{vmatrix} b_{11} & b_{21} & \cdots & b_{n1} \\ b_{12} & b_{22} & \cdots & b_{n2} \\ \cdot & \cdot & \cdot & \cdot \\ b_{1n} & b_{2n} & \cdots & b_{nn} \end{vmatrix}$$

$$= \operatorname{sgn}(r_1 r_2 \cdots r_n) B.$$

Man hat demnach

$$C = B \sum \operatorname{sgn}(r_1 r_2 \cdots r_n)\, a_{1r_1} a_{2r_2} \cdots a_{nr_n} = AB,$$

d. h. die Determinante C ist das Produkt von A und B.

Systeme linearer Gleichungen.

Wir betrachten ein System von n linearen Gleichungen mit n Unbekannten. Ein solches System hat folgende Form:

$$(3) \quad \begin{cases} a_{11}\,x_1 + a_{12}\,x_2 + \cdots + a_{1\,n}\,x_n = b_1, \\ a_{21}\,x_1 + a_{22}\,x_2 + \cdots + a_{2\,n}\,x_n = b_2, \\ \cdot \quad \cdot \quad \cdot \quad \cdot \quad \cdot \quad \cdot \quad \cdot \quad \cdot \\ a_{n1}\,x_1 + a_{n2}\,x_2 + \cdots + a_{nn}\,x_n = b_n. \end{cases}$$

Die Determinante
$$A = \begin{vmatrix} a_{11} & a_{12} & \cdots & a_{1\,n} \\ a_{21} & a_{22} & \cdots & a_{2\,n} \\ \cdot & \cdot & & \cdot \\ a_{n1} & a_{n2} & \cdots & a_{nn} \end{vmatrix}$$

nennt man die Determinante des Systems (3). Wir wollen annehmen, daß sie von Null verschieden ist.

A_{rs} sei das algebraische Komplement von a_{rs}. Multipliziert man die Gleichungen (3) der Reihe nach mit

$$A_{1r}, A_{2r}, \ldots, A_{nr}$$

und addiert sie dann alle, so erhält man nach Satz 4 und 5

$$A x_r = b_1 A_{1r} + b_2 A_{2r} + \cdots + b_n A_{nr},$$

d. h.
$$x_r = \frac{b_1 A_{1r} + b_2 A_{2r} + \cdots + b_n A_{nr}}{A}. \qquad (r = 1, 2, \cdots, n)$$

Umgekehrt überzeugt man sich leicht, daß diese Werte das System (3) befriedigen. Es wird nämlich

$$\sum_r a_{kr}\,x_r = \frac{b_1}{A} \sum a_{kr}\,A_{1r} + \cdots + \frac{b_n}{A} \sum a_{kr}\,A_{nr} = b_k.$$

Ein System von n linearen Gleichungen mit n Unbekannten hat also, wenn die Determinante von Null verschieden ist, eine und nur eine Lösung.

Um sie zu finden, ersetze man in der Determinante A die r-te Spalte durch
$$\begin{matrix} b_1 \\ b_2 \\ \vdots \\ b_n \end{matrix}$$

Nennt man die so entstehende Determinante B_r, so ist die gesuchte Lösung

$$x_1 = \frac{B_1}{A}, \; x_2 = \frac{B_2}{A}, \; \cdots, \; x_n = \frac{B_n}{A}.$$

Im Falle $b_1 = b_2 = \cdots = b_n = 0$ haben wir ein System von n linearen homogenen Gleichungen mit n Unbekannten.

Ist die Determinante eines solchen Systems von Null verschieden, so müssen alle Unbekannten gleich Null sein.

Hat ein System von n linearen homogenen Gleichungen mit n Unbekannten eine verschwindende Determinante, so gibt es, wie wir jetzt zeigen wollen, außer der trivialen Lösung $x_1 = 0$, $x_2 = 0$, $\cdots$, $x_n = 0$ noch andre.

Streicht man in der Determinante A $n - h$ Zeilen und $n - h$ Spalten, so entsteht eine h-reihige Determinante, die man einen **Minor** oder eine **Unterdeterminante** von A nennt.

Gibt es unter den Minoren von A einen r-reihigen, der von Null verschieden ist, aber keinen mehr als r-reihigen, dem diese Eigenschaft zukommt, so sagt man, daß A vom **Range r** ist.

Es liege nun das System

$$(4) \quad \begin{cases} a_{11}\, x_1 + a_{12}\, x_2 + \cdots + a_{1n}\, x_n = 0, \\ a_{21}\, x_1 + a_{22}\, x_2 + \cdots + a_{2n}\, x_n = 0, \\ \phantom{a_{11}\,} \cdot \quad \cdot \quad \cdot \quad \cdot \quad \cdot \quad \cdot \quad \cdot \\ a_{n1}\, x_1 + a_{n2}\, x_2 + \cdots + a_{nn}\, x_n = 0 \end{cases}$$

vor, und die Determinante A sei gleich Null. Dann wird ihr Rang r kleiner als n sein. Ist er gleich Null, d. h. sind alle Koeffizienten gleich Null, so werden unsere Gleichungen von jedem Wertsystem $x_1, x_2, \ldots, x_n$ befriedigt.

Im Falle $0 < r < n$ können wir die Gleichungen so umordnen und die Unbekannten so umnumerieren, daß gerade

$$\begin{vmatrix} a_{11} & a_{12} & \cdots & a_{1r} \\ a_{21} & a_{22} & \cdots & a_{2r} \\ \cdot & \cdot & \cdots & \cdot \\ a_{r1} & a_{r2} & \cdots & a_{rr} \end{vmatrix}$$

von Null verschieden ist.

In der Determinante
$$\begin{vmatrix} a_{11} & a_{12} & \cdots & a_{1r} & a_{1k} \\ a_{21} & a_{22} & \cdots & a_{2r} & a_{2k} \\ \cdot & \cdot & \cdot & \cdot & \cdot \\ a_{r1} & a_{r2} & \cdots & a_{rr} & a_{rk} \\ u_1 & u_2 & \cdots & u_r & u_k \end{vmatrix}$$

seien die algebraischen Komplemente von $u_1, u_2, \ldots, u_r, u_k$

$$U_1, U_2, \ldots, U_r, U_k.$$

Setzen wir $\quad x_1 = U_1,\ x_2 = U_2,\ \cdots,\ x_r = U_r,\ x_k = U_k$

und alle übrigen x gleich Null, so haben wir eine Lösung des Systems (4).
Denn es wird $\qquad a_{h1} x_1 + a_{h2} x_2 + \cdots + a_{hn} x_n$

$$= a_{h1} U_1 + a_{h2} U_2 + \cdots + a_{hr} U_r + a_{hk} U_k$$

$$= \begin{vmatrix} a_{11} & a_{12} & \cdots & a_{1r} & a_{1k} \\ a_{21} & a_{22} & \cdots & a_{2r} & a_{2k} \\ \cdot & \cdot & \cdot & \cdot & \cdot \\ a_{r1} & a_{r2} & \cdots & a_{rr} & a_{rk} \\ a_{h1} & a_{h2} & \cdots & a_{hr} & a_{hk} \end{vmatrix}$$

und diese Determinante ist im Falle $h \leq r$ gleich Null, weil sie zwei
übereinstimmende Zeilen hat, im Falle $h > r$, weil der Rang von A
gleich r ist, also alle mehr als r-reihigen Minoren von A verschwinden.

Da $\qquad\qquad U_k = \begin{vmatrix} a_{11} & a_{12} & \cdots & a_{1r} \\ a_{21} & a_{22} & \cdots & a_{2r} \\ \cdot & \cdot & \cdot & \cdot \\ a_{r1} & a_{r2} & \cdots & a_{rr} \end{vmatrix} \gtrless 0$

ist, so haben wir eine Lösung gewonnen, die nicht aus lauter Nullen
besteht.[1])

Da k die Werte $r + 1, \cdots, n$ annehmen kann, sind durch das
obige Verfahren $n - r$ Lösungen gefunden. Wir wollen sie jetzt in
folgender Weise bezeichnen:

$$(5) \qquad \begin{cases} x_1^{(1)}, & x_2^{(1)}, & \cdots, x_r^{(1)}, & 1, 0, \cdots, 0 \\ x_1^{(2)}, & x_2^{(2)}, & \cdots, x_r^{(2)}, & 0, 1, \cdots, 0 \\ \cdot & \cdot & \cdot \cdot \cdot \cdot \cdot & \cdot \\ x_1^{(n-r)}, & x_2^{(n-r)}, & \cdots, x_r^{(n-r)}, 0, 0, \cdots, 1. \end{cases}$$

---

1) Multiplizieren wir alle x mit $1/U_k$, so wird x_k gleich 1.

Aus diesen $n-r$ Lösungen läßt sich jede Lösung des Systems (4) linear zusammensetzen. Ist nämlich $x_1, x_2, \ldots, x_n$ eine Lösung von (4), so ergibt sich eine Lösung desselben Systems, wenn man die Lösungen (5) mit irgend welchen Faktoren multipliziert und zu $x_1, x_2, \ldots, x_n$ addiert. Multiplizieren wir die Lösungen (5) der Reihe nach mit

$$-x_{r+1}, \ -x_{r+2}, \cdots, \ -x_n$$

und addieren sie dann zu $x_1, x_2, \ldots, x_n$, so kommt eine Lösung von folgender Form heraus

$$x_1', x_2', \ldots, x_r', 0, 0, \ldots, 0.$$

Aus
$$a_{11} x_1' + a_{12} x_2' + \cdot\,, \cdot + a_{1r} x_r' = 0,$$
$$a_{21} x_1' + a_{22} x_2' + \cdots + a_{2r} x_r' = 0,$$
$$\cdot \quad \cdot \quad \cdot \quad \cdot \quad \cdot \quad \cdot \quad \cdot \quad \cdot \quad \cdot \quad \cdot$$
$$a_{r1} x_1' + a_{r2} x_2' + \cdots + a_{rr} x_r' = 0$$

folgt aber, weil die Determinante nicht verschwindet,

$$x_1' = x_2' = \cdots = x_r' = 0.$$

$x_1, \ldots, x_n$ setzt sich also linear aus den Lösungen (5) zusammen. Umgekehrt ist jede lineare Kombination der Lösungen (5) wieder eine Lösung.

Funktionaldeterminanten.

Die Funktionen
$$u_1(x_1, x_2, \cdots, x_n), u_2(x_1, x_2, \cdots, x_n), \cdots, u_n(x_1, x_2, \cdots, x_n)$$
mögen an der Stelle $(x_1, x_2, \ldots, x_n)$ die Ableitungen
$$(u_r)'_{x_s}$$
besitzen $(r, s = 1, 2, \ldots, n)$ oder in Jacobis Schreibweise
$$\frac{\partial u_r}{\partial x_s}.$$

Die Determinante
$$\begin{vmatrix} \dfrac{\partial u_1}{\partial x_1} & \dfrac{\partial u_1}{\partial x_2} & \cdots & \dfrac{\partial u_1}{\partial x_n} \\ \dfrac{\partial u_2}{\partial x_1} & \dfrac{\partial u_2}{\partial x_2} & \cdots & \dfrac{\partial u_2}{\partial x_n} \\ \cdot & \cdot & \cdot & \cdot \\ \dfrac{\partial u_n}{\partial x_1} & \dfrac{\partial u_n}{\partial x_2} & \cdots & \dfrac{\partial u_n}{\partial x_n} \end{vmatrix}$$

heißt die **Funktialdeterminante** oder die **Jacobische Determinante** der Funktionen $u_1, u_2, \ldots, u_n$. Man hat für sie die Bezeichnungen

$$\begin{pmatrix} u_1 \, u_2 \cdots u_n \\ x_1 \, x_2 \cdots x_n \end{pmatrix}, \quad \frac{d(u_1, u_2, \ldots, u_n)}{d(x_1, x_2, \ldots, x_n)}.$$

Die zweite Bezeichnung hat ihren Grund in den zahlreichen Analogien, die zwischen einem Differentialquotienten und einer Funktionaldeterminante bestehen. Eine von diesen Analogien ist folgende (vgl. § 64):

Die Funktionen

$$\varphi_1(u_1, u_2, \ldots, u_n), \ \varphi_2(u_1, u_2, \ldots u_n), \ \cdots, \ \varphi_n(u_1, u_2, \ldots, u_n)$$

mögen in einer gewissen Umgebung von $(u_1, u_2, \ldots, u_n)$ stetige erste Ableitungen $\dfrac{\partial \varphi_r}{\partial u_s}$ haben $(r, s = 1, 2, \ldots, n)$.

$\varphi_1, \varphi_2, \ldots, \varphi_n$ sind durch Vermittelung der Funktionen $u_1, u_2, \ldots, u_n$ (die wir uns in einer gewissen Umgebung von $(x_1, x_2, \ldots, x_n)$ definiert denken) selbst Funktionen von $x_1, x_2, \ldots, x_n$, und es gelten an der Stelle $(x_1, x_2, \ldots, x_n)$ folgende Relationen:

$$\frac{\partial \varphi_r}{\partial x_s} = \frac{\partial \varphi_r}{\partial u_1} \frac{\partial u_1}{\partial x_s} + \frac{\partial \varphi_r}{\partial u_2} \frac{\partial u_2}{\partial x_s} + \cdots + \frac{\partial \varphi_r}{\partial u_n} \frac{\partial u_n}{\partial x_s}.$$

$$(r, s = 1, 2, \cdots, n)$$

Mit Hilfe des Multiplikationssatzes der Determinanten ergibt sich hieraus

$$\begin{pmatrix} \varphi_1 \, \varphi_2 \cdots \varphi_n \\ x_1 \, x_2 \cdots x_n \end{pmatrix} = \begin{pmatrix} \varphi_1 \, \varphi_2 \cdots \varphi_n \\ u_1 \, u_2 \cdots u_n \end{pmatrix} \begin{pmatrix} u_1 \, u_2 \cdots u_n \\ x_1 \, x_2 \cdots x_n \end{pmatrix}$$

oder in der andern Schreibweise

$$\frac{d(\varphi_1, \varphi_2, \cdots, \varphi_n)}{d(x_1, x_2, \cdots, x_n)} = \frac{d(\varphi_1, \varphi_2, \cdots, \varphi_n)}{d(u_1, u_2, \cdots, u_n)} \frac{d(u_1, u_2, \cdots, u_n)}{d(x_1, x_2, \cdots, x_n)}.$$

Ist $\varphi_1, \varphi_2, \ldots, \varphi_n$ die Umkehrung des Funktionssystems $u_1, u_2, \ldots, u_n$, so wird

$$\frac{d(\varphi_1, \varphi_2, \cdots, \varphi_n)}{d(x_1, x_2, \cdots, x_n)} = \begin{vmatrix} 1 & 0 & \cdots & 0 \\ 0 & 1 & \cdots & 0 \\ \cdot & \cdot & & \cdot \\ 0 & 0 & \cdots & 1 \end{vmatrix} = 1$$

und man hat also

$$\frac{d(x_1, x_2, \cdots, x_n)}{d(u_1, u_2, \cdots, u_n)} = 1 : \frac{d(u_1, u_2, \cdots, u_n)}{d(x_1, x_2, \cdots, x_n)}.$$

Über Fredholmsche Determinanten und Integralgleichungen.

Fredholmsche Determinanten.

Bei vielen Fragen kommt man auf eine Determinante von der Form

$$D(x) = \begin{vmatrix} a_{11} + x, & a_{12} & , \cdots, & a_{1n} \\ a_{21} & , a_{22} + x, & \cdots, & a_{2n} \\ \cdot \ \cdot \ \cdot \ \cdot & \cdot \ \cdot \ \cdot \ \cdot & \cdot \ \cdot & \cdot \ \cdot \ \cdot \\ a_{n1} & , a_{n2} & , \cdots, & a_{nn} + x \end{vmatrix},$$

die sogenannte Säkulardeterminante. Auf Grund des Satzes 6 (S. 394) zerlegt sich diese Determinante in eine Summe von 2^n Determinanten, weil man ihre Elemente als Binome $(a_{rr} + x, a_{rs} + 0)$ auffassen kann. Man erhält einen dieser 2^n Summanden, indem man in jeder Zeile alle ersten oder alle zweiten Bestandteile der Binome streicht. Streicht man überall die zweiten Bestandteile, so bleibt die Determinante $A = D(0)$ übrig. Streicht man durchweg die ersten Bestandteile, so entsteht eine Determinante, die in der Hauptdiagonale lauter x und sonst nur Nullen aufweist, also den Wert x^n hat. Werden in den Zeilen $r_1, r_2, \ldots, r_p$ die zweiten, in den übrigen Zeilen aber die ersten Bestandteile, also die a, beibehalten, so entsteht eine Determinante von folgendem Aussehen. In den Zeilen $r_1, r_2, \ldots, r_p$ sind die Hauptelemente (d. h. die in der Hauptdiagonale befindlichen) gleich x, alle andern aber gleich Null. Entwickelt man nach diesen Zeilen (vgl. Satz 4), so ergibt sich

$$x^p A_{r_1 r_2 \ldots r_p}_{r_1 r_2 \ldots r_p}.$$

Der zweite Faktor ist diejenige Unterdeterminante (derjenige Minor) von A, die (der) nach Streichung der Zeilen und Spalten mit den Indizes $r_1, r_2, \ldots, r_p$ stehen bleibt, ein sogenannter $(n-p)$-reihiger Hauptminor von A. Für $D(x)$ gilt also folgende Entwicklung:

$$D(x) = x^n + S_1 x^{n-1} + S_2 x^{n-2} + \cdots + S_n,$$

wobei S_k die Summe aller k-reihigen Hauptminoren von A bedeutet und $S_n = A$ ist. Insbesondere gilt die Gleichung

$$(*) \qquad \begin{vmatrix} a_{11} + 1, & a_{12} & , \cdots, & a_{1n} \\ a_{21} & , a_{22} + 1, & \cdots, & a_{2n} \\ \cdot & \cdot \cdot \cdot \cdot \cdot & \cdot & \cdot \\ a_{n1} & , a_{n2}, & , \cdots, & a_{nn} + 1 \end{vmatrix} = 1 + S_1 + S_2 + \cdots + S_n.$$

Die linksstehende Determinante ist, so kann man sagen, gleich der Summe aller Hauptminoren der Determinante A. Dabei muß man die 1 als den einzigen nullreihigen Hauptminor rechnen.

Es ist das Verdienst des jüngst verstorbenen schwedischen Mathematikers Ivar Fredholm, die Gleichung (*) ins kontinuierlich Unendliche übertragen zu haben. Man gelangt dadurch zu einem analytischen Gebilde, das sich als äußerst wertvolles Instrument erwiesen und den Namen Fredholmsche Determinante erhalten hat. Ein anderer nordischer Mathematiker, Helge von Koch, hat die Gleichung (*) ins abzählbar Unendliche übersetzt, ein ebenso wichtiger Schritt, aber doch vielleicht nicht von so großer Bedeutung, wie die Idee Fredholms.

Um die Fredholmsche Übertragung bequem durchführen zu können, ist noch eine kleine Umgestaltung der Gleichung (*) nötig, und zwar eine besondere Schreibung der S. Es ist zunächst

$$S_k = \sum \begin{vmatrix} a_{r_1 r_1} \cdots a_{r_1 r_k} \\ \cdot \quad \cdot \quad \cdot \quad \cdot \\ a_{r_k r_1} \cdots a_{r_k r_k} \end{vmatrix} \cdot \quad (r_1 < r_2 < \cdots < r_k)$$

Man kann aber die Indizes r von den einschränkenden Ungleichungen ganz befreien und jeden dieser Indizes unabhängig von den andern die ganze Reihe $1, 2, \ldots, n$ durchlaufen lassen. Dabei kommt dann jeder der Summanden von S_k gerade $k!$-mal vor, und sonst treten nur noch verschwindende Bestandteile hinzu (bei Koinzidenzen der r, vgl. Satz 3). Wir können also schreiben

$$S_k = \sum \frac{1}{k!} \begin{vmatrix} a_{r_1 r_1} \cdots a_{r_1 r_k} \\ \cdot \quad \cdot \quad \cdot \quad \cdot \\ a_{r_k r_1} \cdots a_{r_k r_k} \end{vmatrix},$$

wobei nun jeder der Indizes r die Werte $1, 2, \ldots, n$ annimmt, so daß rein formal eine n^k-gliedrige Summe vorliegt.

Gleichung (*) nimmt bei dieser Schreibweise folgende Gestalt an:

$$(**) \quad \begin{vmatrix} a_{11} + 1, a_{12} & , \cdots, a_{1n} \\ a_{21} & , a_{22} + 1, \cdots, a_{2n} \\ \cdot \quad \cdot \quad \cdot \quad \cdot \quad \cdot \quad \cdot \quad \cdot \\ a_{n1} & , a_{n2} & , \cdots, a_{nn} + 1 \end{vmatrix}$$

$$= 1 + \frac{1}{1!} \sum a_{r_1 r_1} + \frac{1}{2!} \sum \begin{vmatrix} a_{r_1 r_1} & a_{r_1 r_2} \\ a_{r_2 r_1} & a_{r_2 r_2} \end{vmatrix} + \cdots$$

Das letzte Glied der Entwicklung würde lauten

$$\frac{1}{n!} \sum \begin{vmatrix} a_{r_1 r_1} & a_{r_1 r_2} \cdots a_{r_1 r_n} \\ a_{r_2 r_1} & a_{r_2 r_2} \cdots a_{r_2 r_n} \\ \cdot \quad \cdot \quad \cdot \quad \cdot \quad \cdot \\ a_{r_n r_1} & a_{r_n r_2} \cdots a_{r_n r_n} \end{vmatrix}$$

Es sei nochmals bemerkt, daß die Indizes r, jeder für sich, die Reihe $1, 2, \ldots, n$ durchlaufen.

Nun wollen wir die Fredholmsche Übertragung durchführen. $f(x, y)$ sei eine reelle stetige Funktion, die in dem Gebiete $0 \leq x$, $y \leq 1$ definiert ist. Faßt man x, y als rechtwinklige Koordinaten auf, so ist dieses Gebiet ein Quadrat von der Seitenlänge 1, eingelagert in den Winkelraum des ersten Quadranten. Dieses Quadrat werde durch die Geraden

$$x = \frac{1}{n}, \cdots, x = \frac{n-1}{n}$$

und

$$y = \frac{1}{n}, \cdots, y = \frac{n-1}{n}$$

in n^2 kleinere Quadrate zerlegt. Das durch $x = \frac{r-1}{n}$, $x = \frac{r}{n}$ und $y = \frac{s-1}{n}$, $y = \frac{s}{n}$ begrenzte Teilquadrat wollen wir Q_{rs} nennen. Endlich sei $\mathfrak{x}_r, \mathfrak{y}_s$ der Mittelpunkt von Q_{rs}, also $\mathfrak{x}_r = \frac{2r-1}{2n}$, $\mathfrak{y}_s = \frac{2s-1}{2n}$, und man setze $a_{rs} = \dfrac{1}{n} f(\mathfrak{x}_r, \mathfrak{y}_s)$. Dann wird die Determinante (**) sich folgendermaßen schreiben lassen:

$$D_n = 1 + \frac{1}{1!} \sum \frac{1}{n} f(\mathfrak{x}_{r_1}, \mathfrak{y}_{r_1}) + \frac{1}{2!} \sum \frac{1}{n^2} \begin{vmatrix} f(\mathfrak{x}_{r_1}, \mathfrak{y}_{r_1}), & f(\mathfrak{x}_{r_1}, \mathfrak{y}_{r_2}) \\ f(\mathfrak{x}_{r_2}, \mathfrak{y}_{r_1}), & f(\mathfrak{x}_{r_2}, \mathfrak{y}_{r_2}) \end{vmatrix} + \cdots$$

$$+ \frac{1}{n!} \sum \frac{1}{n^n} \begin{vmatrix} f(\mathfrak{x}_{r_1}, \mathfrak{y}_{r_1}), & f(\mathfrak{x}_{r_1}, \mathfrak{y}_{r_2}), & \ldots, & f(\mathfrak{x}_{r_1}, \mathfrak{y}_{r_n}) \\ f(\mathfrak{x}_{r_2}, \mathfrak{y}_{r_1}), & f(\mathfrak{x}_{r_2}, \mathfrak{y}_{r_2}), & \ldots, & f(\mathfrak{x}_{r_2}, \mathfrak{y}_{r_n}) \\ \cdot & \cdot & \cdots & \cdot \\ f(\mathfrak{x}_{r_n}, \mathfrak{y}_{r_1}), & f(\mathfrak{x}_{r_n}, \mathfrak{y}_{r_2}), & \ldots, & f(\mathfrak{x}_{r_n}, \mathfrak{y}_{r_n}) \end{vmatrix}.$$

Was wird nun aus D_n, wenn n über alle Grenzen zunimmt? Das ist die Frage, die Fredholm sich vorgelegt hat. Es ist leicht, die Grenzwerte der einzelnen Glieder obiger Entwicklung anzugeben. Offenbar wird nämlich bei unendlich zunehmendem n

$$\lim \sum \frac{1}{n} f(\mathfrak{x}_{r_1}, \mathfrak{y}_{r_1}) = \int_0^1 f(x_1, x_1)\, dx_1,$$

$$\lim \sum \frac{1}{n^2} \begin{vmatrix} f(\mathfrak{x}_{r_1}, \mathfrak{y}_{r_1}), & f(\mathfrak{x}_{r_1}, \mathfrak{y}_{r_2}) \\ f(\mathfrak{x}_{r_2}, \mathfrak{y}_{r_1}), & f(\mathfrak{x}_{r_2}, \mathfrak{y}_{r_2}) \end{vmatrix} = \int_0^1 \int_0^1 \begin{vmatrix} f(x_1, x_1), & f(x_1 . x_2) \\ f(x_2, x_1), & f(x_2, x_2) \end{vmatrix} dx_1\, dx_2,$$

$\cdot \quad \cdot \quad \cdot \quad \cdot \quad \cdot \quad \cdot \quad \cdot \quad \cdot \quad \cdot \quad \cdot \quad \cdot \quad \cdot \quad \cdot \quad \cdot \quad \cdot \quad \cdot$

Die Schwierigkeit liegt darin, daß mit wachsendem n immer mehr Glieder hinzutreten. Man kann zunächst nur die Vermutung aussprechen, daß

$$\lim D_n = 1 + \sum_{p=1}^{\infty} \frac{1}{p!} \int_0^1 \cdots \int_0^1 \begin{vmatrix} f(x_1, x_1), & \ldots, & f(x_1, x_p) \\ \cdot & \cdot & \cdot \\ f(x_p, x_1), & \ldots, & f(x_p, x_p) \end{vmatrix} dx_1 \cdots dx_p$$

sein wird, weiß aber weder, ob die rechts stehende unendliche Reihe konvergiert, noch, ob ihre Summe wirklich der Grenzwert von D_n ist. Beides ist, wie wir in aller Strenge nachweisen werden, tatsächlich der Fall, und die hier gewonnene unendliche Reihe ist die zur Funktion f gehörige Fredholmsche Determinante. Der zu erbringende Beweis beruht auf einem von Hadamard herrührenlen Determinantensatz, der so lautet: Das Quadrat einer Deter minante ist nie größer als das Normenprodukt ihrer Zeilen. Als Norm einer Determinantenzeile wird die Quadratsumme der darin auftretenden Elemente bezeichnet. Um den Gedankengang nicht zu unterbrechen, werden wir den Beweis dieses wichtigen Hilfssatzes hier beiseite lassen.

Mittels des Hadamardschen Satzes läßt sich die Konvergenz der Fredholmschen Reihe sofort feststellen. Wenn wir unter M den Maximalbetrag von $f(x, y)$ in dem Quadrat $0 \leq x,\ y \leq 1$ verstehen, so ist in der Determinante

$$\begin{vmatrix} f(x_1, x_1), \ldots, f(x_1, x_p) \\ \cdot \quad \cdot \quad \cdot \quad \cdot \quad \cdot \quad \cdot \quad \cdot \quad \cdot \\ f(x_p, x_1), \ldots, f(x_p, x_p) \end{vmatrix},$$

die Fredholm durch das Symbol $f\begin{pmatrix} x_1, \ldots, x_p \\ x_1, \ldots, x_p \end{pmatrix}$ zu bezeichnen pflegt, die Norm jeder Zeile kleiner oder gleich pM^2, also das Quadrat der Determinante nach dem Hadamardschen Satz höchstens gleich $(pM^2)^p$ und der Betrag von

$$\frac{1}{p!} \int\limits_0^1 \cdots \int\limits_0^1 f\begin{pmatrix} x_1, \ldots, x_p \\ x_1, \ldots, x_p \end{pmatrix} dx_1 \cdots dx_p$$

höchstens gleich $\dfrac{(\sqrt{p})^p}{p!} M^p$.

Die Glieder der Fredholmschen Reihe sind demnach absolut genommen nicht größer als die entsprechenden Glieder der Reihe

$$1 + \frac{\sqrt{1}}{1!} M + \frac{(\sqrt{2})^2}{2!} M^2 + \frac{(\sqrt{3})^3}{3!} M^3 \mid \cdots$$

Sie ist, wie man zu sagen pflegt, eine Majorante der Fredholmschen Reihe. Hat man sich von der Konvergenz der Majorante überzeugt, so ist die absolute Konvergenz der Fredholmschen Reihe bewiesen. Bei der Majorante ist aber

$$\frac{u_{n+1}}{u_n} = \frac{(\sqrt{n})^n M}{n(\sqrt{n-1})^{n-1}} = \frac{M}{\sqrt{n}} \sqrt{\left(1 + \frac{1}{n-1}\right)^{n-1}}.$$

Da nun $\qquad \lim \sqrt{\left(1+\dfrac{1}{n-1}\right)^{n-1}} = \sqrt{e}, \quad \lim \left(\dfrac{M}{\sqrt{n}}\right) = 0,$

so folgt $\qquad\qquad\qquad \lim \dfrac{u_{n+1}}{u_n} = 0.$

Damit ist die Konvergenz der Majorante bewiesen (vgl. Seite 75 und 76), mithin auch die absolute Konvergenz der Fredholmschen Reihe. Es fehlt noch der Nachweis, daß $\lim D_n$ gleich der Summe dieser Reihe ist. Wir wollen s_ν die Summe der ν ersten Glieder in der Fredholmschen Reihe nennen und r_ν den Rest, also die Summe aller übrigen Glieder. S_ν und P_ν seien dasselbe bei der Majorante und σ_ν und ϱ_ν bei der endlichen Reihe D_n. Das $(p+1)$-te Glied der Reihe D_n lautet

$$\frac{1}{p!} \begin{vmatrix} f(\mathfrak{x}_1, \mathfrak{y}_1), \ldots, f(\mathfrak{x}_1, \mathfrak{y}_p) \\ \cdot \quad \cdot \quad \cdot \quad \cdot \quad \cdot \quad \cdot \quad \cdot \\ f(\mathfrak{x}_p, \mathfrak{y}_1), \ldots, f(\mathfrak{x}_p, \mathfrak{y}_p) \end{vmatrix}$$

und sein absoluter Betrag ist nach dem Hadamardschen Satze nicht größer als

$$\frac{(\sqrt{p})^p M^p}{p!}.$$

Die Glieder der endlichen Reihe D_n sind also, genau so wie die der Fredholmschen Reihe, ihrem Betrage nach kleiner als die entsprechenden Glieder der Majorante. Es ist somit

$$|r_\nu| < R_\nu, \qquad |\varrho_\nu| < R_\nu.$$

Es handelt sich für uns um die Differenz zwischen der Fredholmschen Determinante $D = s_\nu + r_\nu$ und der endlichen Reihe $D_n = \sigma_\nu + \varrho_\nu$, also um $\qquad\qquad D - D_n = (s_\nu - \sigma_\nu) + r_\nu - \varrho_\nu.$

Da r_ν und ϱ_ν ihrem Betrage nach kleiner als R_ν sind und $R_\nu < \varepsilon$ bleibt, sobald ν eine genügende Größe hat, so wird dann

$$|D - D_n| < |s_\nu - \sigma_\nu| + 2\varepsilon$$

sein. Jetzt kann man unter Festhaltung von ν das n wachsen lassen. Da hierbei $s_\nu - \sigma_\nu$ dem Grenzwert Null zustrebt, so wird, sobald n genügend groß geworden ist, $|s_\nu - \sigma_\nu| < \varepsilon$ bleiben und daher $\qquad\qquad\qquad |D - D_n| < 3\varepsilon.$

Dies gilt für jedes positive ε. Mithin können wir sagen, daß bei unendlich zunehmendem n

$$\lim D_n = D$$

ist. Das aber war zu beweisen.

Fredholmsche Minoren.

Außer der Fredholmschen Determinante

$$1 + \frac{1}{1!}\int_0^1 f\binom{x_1}{x_1}\, dx_1 + \frac{1}{2!}\int_0^1\int_0^1 f\binom{x_1,\ x_2}{x_1,\ x_2}\, dx_1\, dx_2 + \cdots$$

sind noch andere, ähnlich gebaute Reihen von Wichtigkeit, die als Fredholmsche Minoren bezeichnet werden. Um auf natürliche Weise zu ihnen zu gelangen, gehen wir wieder von der Determinante (*) aus und stellen zunächst für ihre Minoren eine zweckmäßige Formel auf, an der sich die Übertragung ins kontinuierlich Unendliche bequem durchführen läßt. Es handle sich z. B. um das algebraische Komplement von a_{rs} $(r \gtreqless s)$. Bezeichnen wir die Zahlen, die in der Reihe $1, 2, \ldots, n$ nach Streichung von r und s übrig bleiben, mit $k_1, \ldots, k_{n-2}$, so läßt sich die Determinante (*) folgendermaßen schreiben:

$$\begin{vmatrix} a_{rr}+1, & a_{rs} & , & a_{rk_1} & , \ldots, & a_{rk_{n-2}} \\ a_{sr} & , & a_{ss}+1, & a_{sk_1} & , \ldots, & a_{sk_{n-2}} \\ a_{k_1 r} & , & a_{k_1 s} & , & a_{k_1 k_1}+1, \ldots, & a_{k_1 k_{n-2}} \\ \cdot & \cdot & \cdot & \cdot & \cdot & \cdot \\ a_{k_{n-2} r} & , & a_{k_{n-2} s} & , & a_{k_{n-2} k_1} & , \ldots, & a_{k_{n-2} k_{n-2}}+1 \end{vmatrix},$$

und das algebraische Komplement von a_{rs} lautet

$$A_{rs} = - \begin{vmatrix} a_{sr} & , & a_{sk_1} & , \ldots, & a_{sk_{n-2}} \\ a_{k_1 r} & , & a_{k_1 k_1}+1, \ldots, & a_{k_1 k_{n-2}} \\ \cdot & \cdot & \cdot & \cdot & \cdot \\ a_{k_{n-2} r}, & a_{k_{n-2} k_1} & , \ldots, & a_{k_{n-2} k_{n-2}}+1 \end{vmatrix}.$$

Hierfür ergibt sich durch ganz ähnliche Überlegungen, wie bei der Determinante (*) selbst, folgende Entwicklung:

$$(\dagger) \quad -A_{rs} = a_{sr} + \frac{1}{1!}\sum \begin{vmatrix} a_{sr} & a_{s\varkappa_1} \\ a_{\varkappa_1 r} & a_{\varkappa_1\varkappa_1} \end{vmatrix} + \frac{1}{2}\sum \begin{vmatrix} a_{sr} & a_{s\varkappa_1} & a_{s\varkappa_2} \\ a_{\varkappa_1 r} & a_{\varkappa_1\varkappa_1} & a_{\varkappa_1\varkappa_2} \\ a_{\varkappa_2 r} & a_{\varkappa_2\varkappa_1} & a_{\varkappa_2\varkappa_2} \end{vmatrix} + \cdots$$

$$+ \frac{1}{(n-2)!}\sum \begin{vmatrix} a_{sr} & a_{s\varkappa_1} & \cdots & a_{s\varkappa_{n-2}} \\ a_{\varkappa_1 r} & a_{\varkappa_1\varkappa_1} & \cdots & a_{\varkappa_1\varkappa_{n-2}} \\ \cdot & \cdot & \cdot & \cdot \\ a_{\varkappa_{n-2} r} & a_{\varkappa_{n-2}\varkappa_1} & \cdots & a_{\varkappa_{n-2}\varkappa_{n-2}} \end{vmatrix}.$$

Die Summationsindizes $\varkappa$ durchlaufen, unabhängig voneinander, die Reihe $1, 2, \ldots, n$.

Um nun den Übergang ins kontinuierlich Unendliche durchzuführen, operieren wir wieder mit der Funktion $f(x, y)$. Aus dem quadratischen Bereich $0 \leq x, y \leq 1$ werde ein Punkt $x = \xi$, $y = \eta$ herausgegriffen, der in dem Teilquadrat Q_{rs} liege. Es sei also

$$\frac{r-1}{n} \leq \xi \leq \frac{r}{n}, \qquad \frac{s-1}{n} \leq \eta \leq \frac{s}{n}.$$

Sollten ξ und η beide in dasselbe n-tel von $(0, 1)$ fallen, so wollen wir, damit $r \gtrless s$ wird, unter $\left(\frac{s-1}{n}, \frac{s}{n}\right)$ nicht das Intervall verstehen, in welchem η liegt, sondern eins der benachbarten Teilintervalle. Wieder sei $\mathfrak{x}_r, \mathfrak{y}_s$ der Mittelpunkt von Q_{rs}, und man setze, wie früher, $a_{\varrho\sigma} = \frac{1}{n}f(\mathfrak{x}_\varrho, \mathfrak{y}_\sigma)$. Es ist dann leicht, eine Vermutung über den Grenzwert des mit n multiplizierten Minors $(\dagger)$ aufzustellen, für den Fall eines unendlich zunehmenden n. Man hat nämlich $\qquad \lim na_{sr} = f(\eta, \xi), \qquad$ ferner

$$\lim n \sum \begin{vmatrix} a_{sr} & a_{s\varkappa_1} \\ a_{\varkappa_1 r} & a_{\varkappa_1\varkappa_1} \end{vmatrix} = \lim \sum \frac{1}{n} \begin{vmatrix} f(\mathfrak{x}_s, \mathfrak{y}_r), & f(\mathfrak{x}_s, \mathfrak{y}_{\varkappa_1}) \\ f(\mathfrak{x}_{\varkappa_1}, \mathfrak{y}_r), & f(\mathfrak{x}_{\varkappa_1}, \mathfrak{y}_{\varkappa_1}) \end{vmatrix}$$

$$= \lim \sum \frac{1}{n} \begin{vmatrix} f(\eta, \xi), & f(\eta, \mathfrak{y}_{\varkappa_1}) \\ f(\mathfrak{x}_{\varkappa_1}, \xi), & f(\mathfrak{x}_{\varkappa_1}, \mathfrak{y}_{\varkappa_1}) \end{vmatrix} = \int_0^1 \begin{vmatrix} f(\eta, \xi), & f(\eta, x_1) \\ f(x_1, \xi), & f(x_1, x_1) \end{vmatrix} dx_1,$$

weiter

$$\lim n \sum \begin{vmatrix} a_{sr} & a_{s\varkappa_1} & a_{s\varkappa_2} \\ a_{\varkappa_1 r} & a_{\varkappa_1 \varkappa_1} & a_{\varkappa_1 \varkappa_2} \\ a_{\varkappa_2 r} & a_{\varkappa_2 \varkappa_1} & a_{\varkappa_2 \varkappa_2} \end{vmatrix} = \lim \sum \frac{1}{n^2} \begin{vmatrix} f(\mathfrak{x}_s, \mathfrak{y}_r), & f(\mathfrak{x}_s, \mathfrak{y}_{\varkappa_1}), & f(\mathfrak{x}_s, \mathfrak{y}_{\varkappa_2}) \\ f(\mathfrak{x}_{\varkappa_1}, \mathfrak{y}_r), & f(\mathfrak{x}_{\varkappa_1}, \mathfrak{y}_{\varkappa_1}), & f(\mathfrak{x}_{\varkappa_1}, \mathfrak{y}_{\varkappa_2}) \\ f(\mathfrak{x}_{\varkappa_2}, \mathfrak{y}_r), & f(\mathfrak{x}_{\varkappa_2}, \mathfrak{y}_{\varkappa_1}), & f(\mathfrak{x}_{\varkappa_2}, \mathfrak{y}_{\varkappa_2}) \end{vmatrix}$$

$$= \lim \sum \frac{1}{n^2} \begin{vmatrix} f(\eta, \xi), & f(\eta, \mathfrak{y}_{\varkappa_1}), & f(\eta, \mathfrak{y}_{\varkappa_2}) \\ f(\mathfrak{x}_{\varkappa_1}, \xi), & f(\mathfrak{x}_{\varkappa_1}, \mathfrak{y}_{\varkappa_1}), & f(\mathfrak{x}_{\varkappa_1}, \mathfrak{y}_{\varkappa_2}) \\ f(\mathfrak{x}_{\varkappa_2}, \xi), & f(\mathfrak{x}_{\varkappa_2}, \mathfrak{x}_{\varkappa_1}), & f(\mathfrak{x}_{\varkappa_2}, \mathfrak{y}_{\varkappa_2}) \end{vmatrix}$$

$$= \int_0^1 \int_0^1 \begin{vmatrix} f(\eta, \xi), & f(\eta, x_1), & f(\eta, x_2) \\ f(x_1, \xi), & f(x_1, x_1), & f(x_1, x_2) \\ f(x_2, \xi), & f(x_2, x_1), & f(x_2, x_2) \end{vmatrix} dx_1 dx_2$$

usf. Bei jeder dieser Limesrelationen handelt es sich um ein gleichmäßiges Konvergieren nach dem Grenzwert, d. h. es gibt jedesmal eine von ξ, η unabhängige Zahl N, so daß für $n > N$ die Abweichung vom Grenzwert kleiner als ε ist.

Es liegt nach dem Obigen die Vermutung nahe, daß

$$(\dagger\dagger) \quad \lim (-n A_{rs}) = f(\eta, \xi) + \frac{1}{1!} \int_0^1 \begin{vmatrix} f(\eta, \xi), & f(\eta, x_1) \\ f(x_1, \xi), & f(x_1, r_1) \end{vmatrix} dx_1$$

$$+ \frac{1}{2!} \int_0^1 \int_0^1 \begin{vmatrix} f(\eta, \xi), & f(\eta, x_1), & f(\eta, x_2) \\ f(x_1, \xi), & f(x_1, x_1), & f(x_1, x_2) \\ f(x_2, \xi), & f(x_2, x_1), & f(x_2, x_2) \end{vmatrix} dx_1 dx_2 + \cdots$$

sein wird. Man kann mittels des Hadamardschen Satzes leicht die absolute und (für alle ξ, η) gleichmäßige Konvergenz dieser Reihe nachweisen und sich von der Richtigkeit der Limesrelation überzeugen. Doch soll dies hier nicht ausführlich dargelegt werden, weil die Überlegungen ganz ähnlich sind, wie bei der Fredholmschen Determinante D. Die aus $-n A_{rs}$ durch Grenzübergang gewonnene Reihe wird als ein Minor von D bezeichnet und dafür das Symbol $-D\left(\begin{smallmatrix} \xi \\ \eta \end{smallmatrix}\right)$ gebraucht. Will man die Zugehörigkeit zur Funktion f hervorheben, so hängt man an das D den Index f an, schreibt also D_f und $D_f\left(\begin{smallmatrix} \xi \\ \eta \end{smallmatrix}\right)$.

Auflösung linearer Integralgleichungen.

Die Fredholmschen Determinanten und Minoren sind von Wichtigkeit bei der Auflösung gewisser Integralgleichungen, und zwar der linearen Integralgleichungen 2. Art (nach Hilberts Terminologie). Eine solche Gleichung hat folgende Gestalt:

$$\text{(I)} \qquad \varphi(x) + \int_0^1 f(x, y)\, \varphi(y)\, dy = \psi(x).$$

$\psi(x)$ ist, ebenso wie $f(x, y)$, gegeben, $\varphi(x)$ wird gesucht. Um auf einfache Weise, zu erkennen, daß hier gerade die Fredholmschen Determinanten und Minoren die gebotenen Hilfsmittel sind, kann man wie folgt verfahren. Die obige Gleichung soll im ganzen Intervall $(0, 1)$ gelten. Sie wird also insbesondere in den Mitten der n-tel dieses Intervalles ihre Gültigkeit haben. Es werden also, wenn wir die früher eingeführten Bezeichnungen festhalten, folgende n Gleichungen stattfinden:

$$\varphi(\mathfrak{x}_r) + \int_0^1 f(\mathfrak{x}_r, y)\, \varphi(y)\, dy = \psi(\mathfrak{x}_r). \qquad (r = 1, \ldots, n)$$

Je größer n ist, desto genauer werden auch folgende Gleichungen bestehen

$$\varphi(\mathfrak{x}_r) + \sum_s{}' \frac{1}{n} f(\mathfrak{x}_r, \mathfrak{y}_s)\, \varphi(\mathfrak{y}_s) = \psi(\mathfrak{x}_r)$$

oder, wenn man, wie früher, $a_{rs} = \dfrac{1}{n} f(\mathfrak{x}_r, \mathfrak{y}_s)$ setzt,

$$\varphi(\mathfrak{x}_r) + \sum a_{rs}\, \varphi(\mathfrak{y}_s) = \psi(\mathfrak{x}_r).$$

Das ist ein lineares Gleichungssystem mit der Determinante D_n. Löst man es nach den Regeln der Determinantentheorie auf, so ergibt sich

$$\varphi(\mathfrak{y}_s) D_n = \sum_r{}' A_{rs}\, \psi(\mathfrak{x}_r) + A_{ss}\, \psi(\mathfrak{y}_s).$$

Der Akzent beim Summenzeichen soll andeuten, daß $r = s$ ausgeschlossen ist. Denken wir uns wieder ein bestimmtes η, das in dem Intervall $\left(\frac{s-1}{n}, \frac{s}{n} \right)$ liegt, so wird (bei wachsendem n) $\mathfrak{y}_s$ nach

η konvergieren, ferner D_n (ebenso auch, wie leicht zu zeigen, A_{ss}) nach D_f, endlich

$$\sum_r{}' A_{rs}\,\psi(\mathfrak{x}_r) = \sum{}' \frac{1}{n}\,(n\,A_{rs})\,\psi(\mathfrak{x}_r)$$

nach

$$\int_0^1 D_f\begin{pmatrix}\xi\\\eta\end{pmatrix}\psi(\xi)\,d\xi,$$

so daß also nach Ausführung des Grenzüberganges

$$\varphi(\eta) = \psi(\eta) + \int_0^1 D_f^{-1}\,D_f\begin{pmatrix}\xi\\\eta\end{pmatrix}\psi(\xi)\,d\xi$$

sein wird oder in andern Bezeichnungen

$$(\text{I*})\qquad \psi(x) + \int_0^1 D_f^{-1}\,D_f\begin{pmatrix}y\\x\end{pmatrix}\psi(y)\,dy = \varphi(x).$$

Damit ist die Auflösung der Integralgleichung (I) geleistet. Vorausgesetzt wird hierbei $D_f \neq 0$.

Die strenge Begründung des obigen Grenzüberganges bereitet keinerlei ernste Schwierigkeit. Wir müssen hier aber der Kürze halber auf ihre Darlegung verzichten.

Sachregister.

(Die Zahlen beziehen sich auf die Seiten des Buches.)

Einleitung in die Infinitesimalrechnung. Von Prof. *E. Cesàro*, Neapel. Mit zahlr. Übungsbeispielen. Nach einem Manuskript des Verf. deutsch herausg. von Dr. *G. Kowalewski*, Prof. a. d. Univ. Bonn. 2., gekürzte Aufl. Mit 26 Fig. [IV u. 488 S.] gr. 8. 1922. Geb. $\mathcal{RM}$ 20.—

Bei der zweiten Auflage des umfangreichen Elementarbuches beschränkten sich Herausgeber und Verlag auf die Wiedergabe derjenigen Teile, die für eine Einführung in die höhere Analysis besonders wichtig erscheinen, wie Determinanten, lineare und quadratische Formen, irrationale Zahlen, Grenzwerte, unendliche Reihen und Produkte, Theorie der Funktionen, komplexe Zahlen und algebraische Gleichungen.

Differential- und Integralrechnung. Von Dr. *L. Bieberbach*, Prof. a. d. Univ. Berlin. (Teubn. techn. Leitf. Bd. 4 u. 5)

I. Differentialrechnung. 3., verm. u. verb. Aufl. Mit 34 Fig. [VI u. 142 S.] 8. 1927. Geb. $\mathcal{RM}$ 4.40

II. Integralrechnung. 2., verb. und verm. Aufl. Mit 25 Fig. [IV u. 152 S.] 8. 1923. Kart. $\mathcal{RM}$ 4.—

Das Werk wendet sich auch in seiner sorgfältig durchgearbeiteten Neuauflage vornehmlich an die Studierenden unserer Universitäten und technischen Hochschulen und will ihnen in wissenschaftlich einwandfreier, doch möglichst faßlicher Form das Grundlegende über Grenzwerte, Reihen, Differential- und Integralrechnung darbieten. Die beiden Bände werden die Anschaffung umfangreicherer Lehrbücher für den gedachten Zweck erübrigen und daher die Bestrebungen nach vertiefter mathematischer Bildung der Ingenieure wie auch die Ausbildung der höheren Lehrer fördern.

Vorlesungen über Differential- und Integralrechnung. Von Hofrat Prof. Dr. *E. Czuber*. gr. 8. I. Bd. 5. Aufl. Mit 128 Fig. [XII u. 569 S.] 1922. Geh. $\mathcal{RM}$ 15.40, geb. $\mathcal{RM}$ 18.—. II. Bd. 6. Aufl. Mit 119 Fig. [XI u. 590 S.] 1924. Geh. $\mathcal{RM}$ 15.40, geb. $\mathcal{RM}$ 18.—

„Die Darstellung ist ungemein klar und einfach, die Anordnung des Stoffes musterhaft, die Anwendungen, besonders aus dem Gebiete der Geometrie, vortrefflich ausgewählt."
(Archiv d. Math. u. Phys.)

Lehrbuch der Differential- und Integralrechnung und ihrer Anwendungen. Von Geh. Hofrat Dr. *R. Fricke*, Prof. a. d. Techn. Hochschule in Braunschweig. 2. u. 3. Aufl. gr. 8. 1921. Geh. je $\mathcal{RM}$ 10.60, geb. je $\mathcal{RM}$ 13.—

I. Band: Differentialrechnung. Mit 129 in den Text gedr. Fig., 1 Sammlung von 253 Aufg. u. 1 Formeltab. [XII u. 388 S]

II. Band: Integralrechnung. Mit 100 in den Text gedr. Fig., 1 Sammlung von 242 Aufg. u. 1 Formeltab. [IV u. 406 S]

„Dieses Lehrbuch ist ein ausgezeichnetes Werk eines erfahrenen akademischen Lehrers. Es kann allen, die ihre mathematischen Kenntnisse auf eine sichere Grundlage stellen wollen, insbesondere den Studierenden auf den technischen Hochschulen wie auf den Universitäten aufs wärmste empfohlen werden." (Zeitschr. d. Vereins deutscher Ingen.)

Lehrbuch der Differential- und Integralrechnung. Ursprünglich Übersetzung des Lehrbuches von *J. A. Serret*, seit der 3. Aufl. gänzlich neubearb. von Geh. Reg.-Rat Dr. *G. Scheffers*, Prof. a. d. Techn. Hochschule in Berlin.

I. Band: Differentialrechnung. 8. Aufl. Mit 70 Fig. im Text. [XVI u. 670 S.] gr 8. 1924. Geb. $\mathcal{RM}$ 22.—

II. Band: Integralrechnung. 6. u. 7. Aufl. Mit 108 Fig. im Text. [XII u. 612 S.] gr. 8. 1921. Geh. $\mathcal{RM}$ 17.60, geb. $\mathcal{RM}$ 20.—

III. Band: Differentialgleichungen und Variationsrechnungen. 6. Aufl. Mit 64 Fig. im Text. [XII u. 732 S.] gr. 8. 1924. Geb $\mathcal{RM}$ 24.—

Verlag von B. G. Teubner in Leipzig und Berlin

Höhere Mathematik für Mathematiker, Physiker und Ingenieure.
Von Dr. *R. Rothe*, Prof. a. d. Techn. Hochsch. in Berlin. (Teubn. techn.
Leitf. Bd. 21—23)

   I. Band: Differentialrechnung und Grundformeln der Integralrechnung
     nebst Anwendungen. 2. Aufl. Mit 155 Fig. im Text. [VII u. 186 S.] 8.
     1927. Kart. $\mathcal{RM}$ 5.—

   II. Band: Integralrechnung, Unendliche Reihen, Vektorrechnung nebst
     Anwendungen. [In Vorb. 1928]

   III. Band: Raumkurven und Flächen, Linienintegrale und mehrfache
     Integrale, gewöhnliche und partielle Differentialgleichungen nebst
     Anwendungen. [In Vorb. 1928]

Angewandte Infinitesimalrechnung. Von Prof. Dr. *F. F. P. Bisacre*,
Ascania Helensburgh. Deutsch von Dr. *E. Trefftz*, Prof. a. d. Techn. Hochschule in Dresden, und Dr. phil. *E. König*, Elberfeld. [U. d. Pr. 1928]

Das Buch gibt eine Einführung in die Infinitesimalrechnung etwa in dem Umfange,
der dem Unterricht im ersten Semester an unseren Technischen Hochschulen entspricht
(Koordinaten, Funktionen, Grenzwerte, Differentiation, Integration einfacher Funktionen,
einfachste Differentialgleichungen). Es wendet sich in erster Linie an solche Studierenden
der Naturwissenschaften und Technik, „die sich die Fähigkeit erwerben wollen, die Infinitesimalrechnung praktisch zu handhaben." Dementsprechend enthält es in besonders ausführlicher Darstellung eine reiche Auswahl von Anwendungen aus der Mechanik, der
Elektrizitätslehre, der physikalischen Chemie und der Thermodynamik.

**Sammlung von Aufgaben zur Anwendung der Differential- und
Integralrechnung.** Von Geh. Hofrat Dr. *F. Dingeldey*, Prof. a. d.
Techn. Hochschule in Darmstadt. (Teubners Lehrbücher der mathem.
Wissensch. Bd. XXXII, 1 u. 2)

   I. Teil: Aufgaben zur Anwendung der Differentialrechnung. 2. Aufl.
     Mit 99 Fig. [V u. 202 S.] gr. 8. 1921. Geh. $\mathcal{RM}$ 6.—, geb. $\mathcal{RM}$ 8.—

   II. Teil: Aufgaben zur Anwendung der Integralrechnung. 3. Aufl. Mit
     96 Fig. [IV u. 387 S.] gr. 8. 1923. Geh. $\mathcal{RM}$ 13.—, geb. $\mathcal{RM}$ 15.—

Praktische Analysis. Von Dr. *H. v. Sanden*, Prof. a. d. Techn. Hochschule
in Hannover. 2., verb. Aufl. Mit 32 Abb. im Text. [XVIII u. 195 S.] 8. 1923.
(Handb. d. ang. Math. 1.) Kart. $\mathcal{RM}$ 5.60

Mathematisches Praktikum. Von Dr. *H. v. Sanden*, Prof. a. d. Techn.
Hochschule in Hannover. (Teubn. techn. Leitf. Bd. 27)

   1. Band. Mit 17 Fig. im Text sowie 20 Zahlentaf. als Anhang. [V u. 122 S.]
     8. 1927. Geb. $\mathcal{RM}$ 6.80

   2. Band. [In Vorb. 1928]

Für viele Berufe bedarf das Studium der systematischen Mathematik anerkanntermaßen
einer Ergänzung in praktischer Richtung. Diesem Bedürfnis kommt das „Mathematische
Praktikum" entgegen, das in der Form einer Aufgabensammlung die Anwendbarkeit der
mathematischen Begriffe auf Probleme der Praxis zeigt und eine gewisse Gewandtheit
im numerischen Rechnen ausbilden will.

Der vorliegende erste Band setzt nur die Grundbegriffe der Differential- und Integralrechnung voraus und behandelt den Rechenschieber, den Lehrsatz von Taylor, die Auflösung algebraischer und transzendenter Gleichungen, die Ausgleichsrechnung, die numerische Integration und Differentiation sowie die Zerlegung und Zusammensetzung perio-
discher Funktionen. Die wichtigsten mathematischen Grundlagen sind jeweils kurz
zusammengestellt und die Aufgaben selbst unter sorgfältiger Genauigkeitsdiskussion bis
zur letzten Zahl durchgerechnet. Ein zweiter Band ist in Vorbereitung und soll in gleicher
Weise die gewöhnlichen Differentialgleichungen behandeln.

Pascals Repertorium der höheren Mathematik. 2., völlig umgearb.
Aufl. der deutschen Ausgabe. Unter Mitwirkung zahlreicher Mathematiker
herausg. von Dr. *E. Salkowski*, Prof. a. d. Techn. Hochschule in Berlin,
u. Dr. *H. E. Timerding*, Prof. a. d. Techn. Hochschule in Braunschweig.

  I. Band: Analysis. Herausg. von *E. Salkowski.*
    1. Teilband: Algebra, Differential- und Integralrechnung. [XV u. 527 S.]
      gr. 8. 1910. Geb. $\mathcal{R}\mathcal{M}$ 18.—
    2. Teilband: Differentialgleichungen, Funktionentheorie. Mit 26 Fig.
      im Text. [XII u. S. 529—1023.] gr. 8. 1927. Geb. $\mathcal{R}\mathcal{M}$ 18.—
    3. Teilband: Reelle Funktionen, Neuere Entwicklungen, Zahlentheorie.
      [Erscheint Frühjahr 1928]
  II. Band: Geometrie. Herausg. von *H. E. Timerding.*
    1. Teilband: Grundlagen und ebene Geometrie. Mit 54 Fig. [XVIII
      u. 534 S.] gr. 8. 1910. Geb. $\mathcal{R}\mathcal{M}$ 18.—
    2. Teilband: Raumgeometrie. Mit 12 Fig. im Text. [XII u. 628 S.]
      gr. 8. 1922. Geh. $\mathcal{R}\mathcal{M}$ 17.—, geb. $\mathcal{R}\mathcal{M}$ 20.—

Mit dem in Kürze erscheinenden 3. Teilbande des ersten Bandes, der die reellen
Funktionen, die neueren Entwicklungen sowie die Zahlentheorie behandelt, kommt die Bear-
beitung der zweiten Auflage des „Pascal" zum Abschluß. Unter Wahrung seiner bekannten
Vorzüge ist bei dieser Anpassung an die Gegenwart durch die, Form wie Inhalt betreffenden, durchgreifenden Änderungen ein neues Werk entstanden, das nicht eine große Menge
von Einzelheiten lose aneinanderreiht, sondern auf eine zusammenhängende und in sich ge-
schlossene Darstellung des Gesamtgebietes Wert legt. Das Werk soll nach der Absicht
der Herausgeber nicht bloß eine Übersicht über den weiten Bereich der Algebra, Analysis
und Geometrie im einzelnen, sondern auch eine Darlegung ihrer allgemeinen Prinzipien und
Methoden geben und von dem heutigen Stand der Forschungen Rechenschaft ablegen;
es soll so nicht nur eine sichere Führung und eine zuverlässige Orientierung während
des mathematischen Studienganges bieten, es soll auch der selbständigen wissenschaftlichen Arbeit eine brauchbare Hilfe gewähren.

Zur Geschichte der Logik. Grundlagen und Aufbau der Wissenschaft im
Urteil der mathematischen Denker. Von Dr. *F. Enriques,* Prof. a. d. Univ.
Rom. Deutsch v. Dr. *L. Bieberbach,* Prof. a. d. Univ. Berlin. [V u. 240 S.] 8.
1927. (Wissenschaft und Hypothese Bd. XXVI.) Geb. $\mathcal{R}\mathcal{M}$ 11.—

Die Übersetzung dieses Werkes, das in einem Gang durch die Geschichte der mathematischen Ideen zeigt, wie die Entwicklung der Mathematik im Laufe der Jahrhunderte
ein entsprechendes Fortschreiten und eine Wandlung der Logik zur Folge gehabt hat,
wird willkommen sein, da die deutsche Literatur darüber nichts aufzuweisen hat; denn
wir haben keine Forscher gleicher Richtung, und Enriques beherrscht sowohl den philolo-
gischen Apparat als auch das philosophische und mathematische Denken so wie wohl
überhaupt kein anderer. Das Buch wird nicht nur dem Fachmann Neues bieten, sondern auch
jedem verständlich und anregend sein, der Fühlung mit dem wissenschaftlichen Denken hat.

Das Wissenschaftsideal der Mathematiker. Von Prof. *P. Boutroux.*
Autorisierte deutsche Ausgabe mit erläuternden Anmerkungen von Dr.
H. Pollaczek-Geiringer, Berlin. [IV u. 253 S.] 8. 1927. (Wissenschaft und
Hypothese Bd. XXVIII.) $\mathcal{R}\mathcal{M}$ Geb. 11.—

Boutroux stellt sich in seinem Buch, das in deutscher Übersetzung von H. Pollaczek
herausgegeben wird, die Aufgabe, durch eine philosophisch-kritisch gerichtete Durchfor-
schung der Geschichte der Mathematik zu untersuchen, welche Gedanken sich die Mathematiker über ihre Wissenschaft machen, welche Richtung sie verfolgen und welche die
leitenden Prinzipien ihrer Tätigkeit sind. Die Darstellung ist allgemeinverständlich. Das
Werk beginnt mit der Herausarbeitung der leitenden Ideen der hellenischen Mathematiker,
geht dann zur zweiten Epoche in der Geschichte der Mathematik zu Ende des 17. Jahrhunderts
über und endet mit der Betrachtung der modernsten mathematischen Richtungen, die den
Verfasser am meisten fesseln. Ganz besonders interessieren ihn die mehr philosophisch
orientierten Gebiete der Mathematik, wie Axiomatik, Logistik, Intuitionismus, da sie am
deutlichsten das wissenschaftliche Ideal des Mathematikers von heute widerspiegeln.

Verlag von B. G. Teubner in Leipzig und Berlin

Sammlung
mathematisch=physikalischer Lehrbücher
Herausgegeben von Prof. Dr. E. Trefftz

VERLAG VON B. G. TEUBNER IN LEIPZIG UND BERLIN